普通高等教育茶学专业教材

中国轻工业"十四五"规划立项教材

安徽省"十三五"规划教材

中华茶史

夏　涛　主编

中国轻工业出版社

图书在版编目（CIP）数据

中华茶史/夏涛主编．—北京：中国轻工业出版社，
2024.5
ISBN 978-7-5184-4650-6

Ⅰ.①中… Ⅱ.①夏… Ⅲ.①茶文化—文化史—中国—
高等学校—教材 Ⅳ.①TS971.21

中国国家版本馆CIP数据核字（2024）第038494号

责任编辑：贾　磊　　责任终审：劳国强
文字编辑：吴梦芸　　责任校对：朱燕春　　封面设计：锋尚设计
策划编辑：贾　磊　　版式设计：砚祥志远　　责任监印：张　可

出版发行：中国轻工业出版社（北京鲁谷东街5号，邮编：100040）
印　　刷：三河市万龙印装有限公司
经　　销：各地新华书店
版　　次：2024年5月第1版第1次印刷
开　　本：787×1092　1/16　印张：16.25
字　　数：350千字
书　　号：ISBN 978-7-5184-4650-6　定价：58.00元
邮购电话：010-85119873
发行电话：010-85119832　010-85119912
网　　址：http://www.chlip.com.cn
Email：club@chlip.com.cn

本书编写人员

主　编

　　夏　涛（安徽农业大学）

副主编

　　丁以寿（安徽农业大学）

　　郭桂义（信阳农林学院）

参　编

　　关剑平（浙江农林大学）

　　宋时磊（武汉大学）

　　陶德臣（陆军工程大学）

　　章传政（安徽农业大学）

习近平文化思想为推进文化强国建设提供了全面指引，标志着我们党对中国特色社会主义文化建设规律的认识达到了新高度，表明我们党的历史自信、文化自信达到了新高度。习近平文化思想强调，中华优秀传统文化是中华文明的智慧结晶和精华所在，是中华民族的根和魂，要传承和弘扬。要传播更多承载中国文化、中国精神的价值符号和文化产品，坚定文化自信、巩固文化主体性，让中华文脉绵延赓续、文明薪火代代相传。2022 年 10 月，习近平总书记在河南安阳殷墟考察时指出："中华文明源远流长，从未中断，塑造了我们伟大的民族，这个民族还会伟大下去的。"2023 年 6 月，习近平总书记在中国国家版本馆总馆考察时强调："盛世修文，我们这个时代，国家繁荣、社会平安稳定，有传承民族文化的意愿和能力，要把这件大事办好。"

2022 年 11 月，"中国传统制茶技艺及其相关习俗"列入联合国教科文组织人类非物质文化遗产代表作名录，标志着中国茶文化进入了全球化的大时代。中国是茶的祖国、茶文化的发祥地，茶伴随中华民族走过五千年的文明史，是传承中华优秀传统文化的重要载体。《中华茶史》教材的出版，是传承中华茶史、弘扬与发展中华茶文化的重要手段，是贯彻落实习近平文化思想的重要成果。

《中华茶史》曾于 2008 年出版，出版后得到高校和社会的充分肯定，还获得了2015 年安徽省教学成果二等奖。作为国内第一部关于中华茶史方面的大学教材，既填补了高校中华茶史教材的空白，又为茶文化学科建设提供了坚实的材料。教材出版 15年以来，一方面由于中国茶叶科学技术、经济贸易、文化与传播等方面有新变化、新材料、新成果，需要及时补充到教材中，以促进教与学质量的提升；另一方面，在教学过程中也发现，原有内容有的部分比较繁复、琐细，有的部分又显得过于简略，因此需要调整、压缩和补充。

本版《中华茶史》吸收了近十几年来茶史研究的最新成果，特别是对中华民国时期茶史、中华人民共和国成立后的茶史做了重点修订。与原先相比，有30%以上的部分得以修订。同时，调整了章节的设置，补充、调整部分内容，使得全书整体结构更为合理、条理更为清晰、重点更为突出。2008 年版本设置先秦时期、汉魏六朝时期、唐五代时期、宋元时期、明清时期、现代时期六章。因考虑到先秦时期材料稀少，文献不足征，故将先秦与汉魏六朝合并。同时考虑到明清时期共五百多年，且清朝六大茶类的成熟、茶叶对外贸易极其重要，因此将明朝和清朝独立成章撰写。经过调整，设上古魏晋南北朝时期、隋唐五代时期、宋元时期、明朝时期、清朝时期和近现代时期六章。时间上，从上古一直到 21 世纪第二个十年。每章分别从茶叶科技、茶叶经贸、茶文化和茶的传播四个方面展开叙述。

2017 年，《中华茶史》获批安徽省"十三五"规划教材立项建设（2017ghjc054）。

经过全体编写人员多年的努力，本版《中华茶史》由中国轻工业出版社纳入普通高等教育茶学专业系列教材，同时获批中国轻工业"十四五"规划立项教材。本教材同步配建了数字资源，如慕课、数字图片等，之后将逐步丰富相关内容，以便提升学生的学习效果。

《中华茶史》教材由丁以寿（安徽农业大学）、关剑平（浙江农林大学）、宋时磊（武汉大学）、郭桂义（信阳农林学院）、夏涛（安徽农业大学）、陶德臣（陆军工程大学）、章传政（安徽农业大学）共同编写，由夏涛担任主编并负责统稿。编写分工：绪论由夏涛和丁以寿编写；第一章第一节由夏涛和章传政编写；第一章第三节，第二章第三节，第三章第三节，第四章第三节，第五章第三节，第六章第四节由丁以寿编写；第二章第一节，第三章第一节，第四章第一节，第五章第一节由郭桂义编写；第一章第二节，第二章第二节的"三"由陶德臣编写；第二章第二节的"一、二、四"，第四章第二节，第六章第二节由宋时磊编写；第三章第二节，第五章第二节由陶德臣和宋时磊共同编写；第一章第四节，第二章第四节，第三章第四节，第四章第四节，第五章第四节由关剑平编写；第六章第一节、第三节、第五节由章传政编写。书中图片由丁以寿提供。

由于编者的学识和水平有限，难免有错误和疏漏之处，竭诚欢迎广大教师、学生、读者批评指正，我们将不胜感激。

编　者
2023 年 9 月

目录

🍃 绪论 ··· 1

🍃 **第一章 上古魏晋南北朝时期** ··························· 7

第一节 茶树的起源和原产地 ····················· 7

第二节 茶叶生产和茶经济的初起 ············· 14

第三节 茶文化的酝酿 ······························· 18

第四节 茶向江淮和中原地区的传播 ········· 26

🍃 **第二章 隋唐五代时期** ··································· 31

第一节 茶叶生产技术的进步 ···················· 31

第二节 茶叶生产和经济勃兴 ···················· 37

第三节 茶文化的形成 ······························· 48

第四节 茶向边疆和其他亚洲地区的传播 ···· 62

🍃 **第三章 宋元时期** ··· 70

第一节 茶叶生产技术的发展 ···················· 70

第二节 茶叶生产和经济的发展 ················· 75

第三节 茶文化的发展 ······························· 86

第四节 茶向周边地区和国家的传播 ········· 105

第四章　明朝时期 ································ 117

第一节　茶叶生产技术的变革 ······················ 117

第二节　茶叶生产和经济的发展 ·················· 121

第三节　茶文化的兴盛 ····························· 129

第四节　茶向亚欧地区的传播 ···················· 148

第五章　清朝时期 ································ 152

第一节　茶叶生产技术的发展 ···················· 152

第二节　大起大落的茶业 ························· 158

第三节　茶文化的衰退 ····························· 170

第四节　茶向世界的广泛传播 ···················· 188

第六章　近现代时期 ···························· 193

第一节　茶叶科技的创立和发展 ·················· 193

第二节　茶叶经济和贸易的曲折发展 ·············· 204

第三节　茶学教育的诞生和发展 ·················· 217

第四节　茶文化的曲折 ····························· 222

第五节　近现代时期中国茶的传播 ················ 239

参考文献 ······································ 244

绪论

一、中华茶史研究现状

当代，关于中华茶史的研究起步最早，目前已成为中华茶文化研究中的热门方向。

茶史研究最早、最重要的成果是茶学家陈椽的《茶业通史》（1984），全书43万字，有茶的起源、茶叶生产的演变、中国历代茶叶产量变化、茶业技术的发展与传播、中外茶学、制茶的发展、茶类与制茶化学、饮茶的发展、茶与医药、茶与文化、茶叶生产发展与茶叶政策、茶业经济政策、国内茶叶贸易、茶叶对外贸易、中国茶业今昔共15章。作为世界上第一部茶学通史著作，书中对茶叶科技、茶叶经贸、茶文化作了全面论述，是一部体大思精之著，是构建茶史学科的奠基之著。其后，陈椽又著《中国茶叶外销史》（1993），对中国茶叶对外贸易的历史作了深入研究。

庄晚芳的《中国茶史散论》（1988）从茶的发展史、饮用史等来论证茶的发源地，着重论述了茶的栽制技术的演变以及茶叶科学研究的进展等，具有较高的学术价值；朱自振的《茶史初探》（1997），论述了茶之纪原、茶文化的摇篮、秦汉和六朝茶业、称兴称盛的唐代茶业、宋元茶业的发展和变革、我国传统茶业的由盛转衰、清末民初我国茶叶科学技术的向近代转化、抗战前后我国茶叶科技的艰难发展，为茶史学科建设作了重要贡献。郭孟良的《中国茶史》（2000）是一部简明扼要的中国茶史读本；中华茶人联谊会编辑的《中国茶叶五千年》（2001）是第一部编年体的中国茶史著作，对近现代茶界大事记载尤详。

在茶文化史方面，沈汉、朱自振的《中国茶酒文化史》（1995）上篇是由朱自振撰写的《中国茶文化史》，是一部中国茶文化简史之作；余悦的《茶路历程——中国茶文化流变简史》（1999）是一部简明的中国茶文化史著作；关剑平的《茶与中国文化》（2001）选择中国茶史研究薄弱的时期——魏晋南北朝迄初唐时期入手，从文化史角度阐明当时饮茶习俗的发展状况以及饮茶习俗形成的社会文化基础，特别是饮茶习俗产生的原因、茶文化在中国酝酿的过程，对汉魏六朝茶史作了深入的考证和研究；陈文华的《长江流域茶文化》，实际上是一部关于长江流域的茶文化发展史；滕军的《中日茶文化交流史》（2003）对中国茶文化向日本的传播历程作了细致的研究；丁以寿的《中国茶文化》（2011），从茶文化的酝酿、茶文化的形成、茶文化的发展、茶文化的曲折四个阶段阐述中国茶文化的发展历程。

在茶业经济史方面，凌大珽的《中国茶税简史》（1986）讨论中国茶税史，陶德臣的《中国茶叶商品经济研究》（1999）、《中国传统市场研究——以茶叶为考察中心》（2013）、《中国茶叶流通与市场管理研究》（2016）分别论述了中国茶叶商品经济、茶叶市场、茶叶流通与管理的发展历程。

断代茶史或专门史著作有梁子的《中国唐宋茶道》（1994）、沈冬梅的《宋代茶文化》（1999）、丁文的《大唐茶文化》（1999）、李斌城、韩金科的《中华茶史：唐代卷》（2013）、沈冬梅的《中华茶史：宋辽金元卷》（2016）、宋时磊的《唐代茶史研究》（2017）、施由明的《明清茶文化》（2017）、刘淼的《明代茶业经济研究》（1997）、孙洪升的《唐宋茶业经济》（2001）、黄纯艳的《宋代茶法研究》（2002）、李晓的《宋代茶业经济研究》（2008）、陈慈玉的《中国近代茶业之发展》（2013）等。还有少量地方茶史著作，如贾大泉、陈一石的《四川茶业史》（1989）、阮浩耕的《浙江省茶叶志》（2005）、谢文柏的《顾渚山志》（2007）等。另外还有关于茶人的著作，如王旭烽的《茶者圣——吴觉农传》（2003）就是第一部关于当代茶人的传著。王镇恒的《茶学名师拾遗》（2019）记录了吴觉农、王泽农、陈椽、庄晚芳、张天福五位现代茶学教育家的事迹。

此外，各种杂志上还发表了一批关于中华茶史的研究论文。

关于茶叶科技史研究，有陈文怀的《茶树起源与原产地》（《茶业通报》，1981）、王潮生的《古代茶树栽培技术初探》（《农业考古》，1983）、史念书的《略论我国茶类生产的发展》（《农业考古》，1984）和《我国古代茶树栽培史略》（《茶业通报》，1986）、陈以义的《绿乌龙、红乌龙和青乌龙的发展史》（《古今农业》，1987）、程启坤和姚国坤的《论唐代茶区与名茶》（《农业考古》，1995）、舒耕的《中国茶叶科学技术史大事纪要》（《农业考古》，1997；1998）、王赛时的《略论唐代的茶叶产地与制作》（《古今农业》，2000）。

关于茶叶经济史研究，有唐耕耦和张秉伦的《唐代茶业》（《社会科学战线》，1979）、张泽咸的《汉唐时期的茶叶》（《文史》第 11 辑，1981）、王洪军的《唐代的茶叶生产》（《齐鲁学刊》，1987）和《唐代的茶叶产量贸易税收与榷茶》（《齐鲁学刊》，1989）、方健的《唐宋茶产地和产量考》（《中国经济史研究》，1993）、吕维新的《唐代贡茶制度的形成和发展》（《农业考古》，1995）和《宋代的茶马贸易》（《农业考古》，1998）还有《辽、西夏、金时期茶叶贸易史略》（《农业考古》，2000），陶德臣的《近代中国茶叶对外贸易的发展阶段与特点》（《中国农史》，1996）和《中国古代茶叶商品化程度的发展状况》（《农业考古》，1999）还有《中国古代的茶商和茶叶商帮》（《农业考古》，1999）以及《近代中国茶农的经营状况（1840—1917）》（《中国农史》，2003），林文勋的《唐宋茶叶生产发展原因补充》（《中国农史》，2000）、孙洪升的《明清时期的茶叶生产形态探析》（《中国农史》，2001）刘淼的《战前祁门红茶的海外销售和市场价格分析》（《中国农史》，2004）。

关于茶文化史研究，有周兆望的《略论两晋南北朝饮茶风气的形成和转盛》（《农业考古》，1994）、李斌城的《唐人与茶》（《农业考古》，1995）、韩金科的《试论大唐茶文化》（《农业考古》，1995）、王赛时的《论唐代的饮茶风习》（《农业考古》，

2002）、施由民的《走向幽雅——晚明茶文化散论》（《农业考古》，1998）、王河的《唐代古逸茶书钩沉》（《农业考古》，1998）和《唐代茶文与茶杂著述略》（《农业考古》，2000）、方健的《宋代茶书考》（《农业考古》，1998）、丁以寿的《中国茶道发展史纲要》（《农业考古》，1999）和《中国饮茶法源流考》（《农业考古》，1999）、胡长春的《从明代茶书看明人的茶文化取向等》（《农业考古》，2004）。

关于地方茶史研究，有李家光的《古蜀蒙山茶史考》（《农业考古》，1991）和《巴蜀茶史三千年》（《农业考古》，1995）、姜世碧的《四川茶史述略》（《农业考古》，1992）、巩志和姚月明的《建茶史征》（《农业考古》，1995）、徐晓望的《清代福建武夷茶生产考证》（《中国农史》，1988）、陶德臣的《清代福建茶叶生产述论》（《古今农业》，2003）、赵大川的《徽茶考》（《农业考古》，2004）；吴旭霞的《宋代江西的茶叶》（《农业考古》，1991）、施由民和文士丹的《元明清时期的江西茶叶》（《农业考古》，1991）；朱自振的《太湖西部"三兴"地区茶史考略》（《农业考古》，1990）、陶德臣的《近代浙江茶业述论》（《古今农业》，2000）、杨载田和王鹏的《历史时期的湘茶生产及其发展探索》（《中国农史》，2003）、邵宛芳和沈柏华的《云南普洱茶发展简史及其特性》（《农业考古》，1993）、黄桂枢的《云南普洱茶史与茶文化略考》（《农业考古》，1995）、陶德臣的《日据时代台湾茶业的经济结构与贸易》（《中国农史》，1995）和《光复初期的台湾茶业》（《中国农史》，2000）等。

日本、韩国的一些学者对于中华茶史的研究也有可观的成果。

当前对中华茶史的研究基本集中于古代（清代及其以前），对20世纪中华茶史的研究则十分不足。然而20世纪是中国茶学、茶叶科技发展最重要、成就最大的一个世纪，理应得到重视和加强。

中华茶史研究虽然取得了很大的成绩，但仍存在诸多不足。有关先秦的茶史，扑朔迷离；汉魏两晋南北朝茶史，语焉不详；中华民国时期以及中华人民共和国成立以来的茶史，亦待补阙如之憾；至今尚无一部涵盖中华民国时期、中华人民共和国成立以来的全面、系统、科学的茶史著作。除陆羽、吴觉农外，古今众多杰出茶人尚无传记。中华茶史研究中还存在着许多空白，亟待从学术角度上去填补、开拓。

二、中华茶史资料的挖掘、整理和汇编

茶史文献资料的挖掘、整理和汇编，是中华茶史研究的基础性工作，也是中华茶史学科建设的应有之义。

现代最早的茶史文献资料是胡山源辑、世界书局1941年出版的《古今茶事》。该书汇集了22种茶书以及部分茶事文献，选材的下限仅及于清代，"将古今有关茶事的文献，汇成一编""统由各种丛书及笔记中采撷而来"，首创之功值得肯定。

万国鼎的《茶书总目提要》（《农业遗产研究集刊》第二辑，1958），是权威性的中国古代茶书的版本目录学研究成果。

当代最早出版的茶史文献资料汇集是由陈祖椝、朱自振辑编的《中国茶叶历史资料选辑》（1981），收入自唐至清58种茶书和少量杂著、艺文。虽然仅40余万字，但重要的茶书和史料基本都有收录。

20世纪90年代初，吴觉农辑《中国地方志茶叶历史资料选辑》（1990），将南宋嘉泰年间至1948年编撰的16个省、区的1226种省志和县志中有关茶和山、水的历史资料悉数收录；朱自振辑《中国茶叶历史资料续辑（方志茶叶资料汇编）》（1991），收录了26个省、自治区、直辖市的1080种方志中有关茶的资料。

20世纪90年代末，阮浩耕、沈冬梅、于良子释注点校的《中国茶叶全书》（1999）收录现存茶书64种，其中辑佚7种，后附已佚存目茶书60种。加以点校和注释，并附作者简介，考定版本源流，具有较高的使用价值；陈彬藩主编的《中国茶文化经典》（1999），是收集中国古代茶文化文献资料最全面的资料汇编，为中华茶史研究搭建了坚实的基础。

余悦主编的《中国茶叶艺文丛书》（2002），目光关注当代茶文化资料，从收录的茶事诗词（古体）、散文、小说、歌曲和论文来看，虽非各类资料的"全编"，但也颇具参考价值。

郑培凯、朱自振主编的《中国历代茶书汇编校注本》（2007）收录古代茶书114种，后附已佚存目茶书65种。汇编校注本对所收茶书重新予以标点，考定版本源流，并附以作者简介、书的简评、注释和校记，是一部既有很高的学术价值又方便实用的中国古代茶书总汇。

陈宗懋主编的《中国茶经》（1992），王镇恒、王广智主编的《中国名茶志》（2000），陈宗懋主编的《中国茶叶大辞典》（2001），朱世英、王镇恒、詹罗九主编的《中国茶文化大辞典》（2002），其中也有部分茶叶历史文化资料。

中华茶人联谊会编辑的《中国茶叶五千年》（2001）虽说是一部编年体茶史著作，但也可视之为茶史资料集，该书收录的近现代中国茶叶科技、经济、文化、教育、对外交流等资料，极具参考价值。

方健的《中国茶书全集校证》（2015），收书范围最广，数量最多，严格学术规范，学术价值很高。茶书中有大量附图、插图，在众多茶书汇编中独树一帜。

王河的《中国散佚茶书辑考》（2015），对中国历代散佚茶书、茶叶文献辑考、钩沉。

钱时霖、姚国坤、高菊儿辑《历代茶诗集成·唐代卷》（2016），从《全唐诗》《全唐诗补编》中寻找出唐代茶诗624首，作者161人；钱时霖、姚国坤、高菊儿辑《历代茶诗集成·宋金卷》（2016），从《全宋诗》《全金诗》中寻找出宋代茶诗5315首，作者915人；金代茶诗117首，作者54人。

此外，日本学者布目潮沨对中国古代茶书的汇辑，也取得了可观的成绩。

三、中华茶史的分期

关于中华茶史的分期，学者们从各自的角度提出了不尽一致的看法。

陈椽的《茶业通史》是采取分类叙述，没有对整个中华茶史进行分期。

庄晚芳的《中国茶史散论》也没有对整个中华茶史进行分期，而是把茶的生产发展进程分为公元前的阶段、东汉到南北朝阶段、隋到唐宋阶段、元到明清阶段共四个阶段。

首先对中华茶史进行分期的是朱自振的《茶史初探》，书中将中华茶史首先划分为古代和近代两大时期，在古代时期又分为茶之纪原（上古）、茶文化的摇篮（三代至战国）、秦汉和六朝、唐代、宋元、明清五个阶段，在近代时期又分为清末民初、抗战前后两个阶段。

王玲在《中国茶文化》中，将中国茶文化史划分为茶文化的酝酿（两晋南北朝）、形成（唐代）、发展（宋辽金）、曲折发展（元明清）四个时期。

关剑平在《茶与中国文化》中，以制茶技术的发展变化为基础，根据饮茶方式、风俗及茶的文化精神的递变特征，将中华茶史划分为公元前316年以前的史前期、从战国后期到秦汉的酝酿期、以三国两晋南北朝为中心持续到唐代前期的成立期、唐代中后期至五代的兴盛期、以两宋为中心的极致期、以元代为中心到明朝前期的转型期、明代中后期以及清代前期的复兴期、清代中后期开始的国际化八个阶段。

郭孟良在《中国茶史》中，按传统茶业经济发展的时代特征，兼及制茶技术与饮茶风尚的变化，将中国茶业史划分为唐代以前、唐代、两宋、元明、清五个阶段。

由上可知，关于中华茶史的历史分期，各位学者的依据和出发点不同，所以标准不一样，划分的时期不尽一致。本书原先基于制茶技术和饮茶方式的发展演变特征，结合中国历史的发展，将中华古今茶史划分为六个时期：

（1）先秦　这是茶树起源和进化、茶树被发现和利用、饮茶和茶业的起源时期。但这一时期的茶史材料匮乏，往往是传说和间接推测，有待文献和考古的支持。

（2）汉魏六朝　这是中国茶叶生产和经济初步发展、饮茶习俗确立、茶文化酝酿的时期。从西汉开始，已有可靠的茶事文献记载，中国茶史进入信史阶段。

（3）唐五代　这是以蒸青团饼茶为代表的制茶技术成熟、饮茶习俗普及，以煎茶道为中心的茶文化形成、茶业经济兴盛、茶向周边国家传播的时期。

（4）宋元　这是蒸青团饼茶制茶技术进一步提高和蒸青散茶崛起、以点茶道为中心的茶文化兴盛、茶业经济继续发展、茶向周边国家继续传播的时期。

（5）明清　这是从蒸青散茶向炒青、烘青散茶发展及六大茶类形成、以泡茶道为中心的茶文化盛极而衰、茶业经济继续发展、茶向欧美传播和茶叶对外贸易兴盛的时期。

（6）现代　指五四运动至今。这是制茶机械化、现代茶叶科学确立、茶学教育创立、茶业经济新发展、茶文化复兴的时期。

现考虑到先秦时期材料稀少，文献不足征，因此将先秦与汉魏六朝合并。同时考虑到明清两朝共五百多年，而且清代六大茶类技术成熟、茶叶对外贸易极繁荣，因此有必要将明清分开。经过调整，我们将中华茶史划分为上古魏晋南北朝、隋唐五代、宋元、明、清和近现代六个时期。

四、《中华茶史》课程体系和学习方法

（一）《中华茶史》课程体系

茶学是关于茶的学科体系，包含茶的自然科学、社会科学和人文科学。茶史不仅是茶文化的重要组成部分，也是茶学的分支学科之一。

《中华茶史》是属于茶文化类课程中的一门骨干课程。一般作为茶学、茶艺、茶文化类专业的专业必修课或选修课，以及大学生文化素质教育公选课。

《中华茶史》课程依据中华茶史的分期，设立上古魏晋南北朝、隋唐五代、宋元、明、清和近现代六章。每章按照茶叶科技、茶叶经贸、茶文化和茶的传播四个方面展开叙述，古今中外熔于一炉。

（二）《中华茶史》课程学习方法

1. 博览古今茶学典籍

现存中国古代茶书有 100 多部，而现代茶书则有近千种，可谓琳琅满目。其中既有内容艰深的学术专著，也有通俗易懂的普及读物；既有系统全面的综合性著作，也有某一事项的专题论著；更为大量的茶史文献资料则散见于各时期的史记、文集、类书等著作中，可谓浩如烟海。学习中华茶史，首先要了解中华茶史的文献典籍，在博览的同时要对其加以分析，去伪存真、取其精髓，从而做到真正的"古为今用"。

2. 广涉经史百科

中华茶史博大精深，涉及中国历史、经济、科技、宗教、哲学、文学、艺术等中国传统文化艺术的诸多学科，包容着政治、经济、文化、社会等诸多方面的内容。因此，要想学好中华茶史这门课程，只有广泛涉猎中国传统文化艺术诸多学科著作，才能触类旁通、融会贯通，从而掌握中华茶史的理论体系。

3. 理论与实践相结合

本课程是一门理论和实践相结合的课程，主要以理论讲授为主，但也不废实践，提倡知行合一，即知即行。将所学中华茶史知识落实于日常生活之中，在日常生活中时刻践行，从而弘扬中华茶文化，振兴中华茶经济，发展中华茶科技。

第一章　上古魏晋南北朝时期

第 一 节　茶树的起源和原产地

　　茶树起源，包括茶树起源时间、起源地点、在植物系统分类中的地位等内容。由于茶树化石的缺乏，有关茶树起源时间、地点的研究难度较大。它不仅涉及考古学、地质学等学科，甚至与政治经济有关。已经有许多科学家从形态学、解剖学、生物化学、细胞学等方面对茶树在植物系统分类中的地位开展了研究。20 世纪 90 年代以后，又从基因研究水平上进行了一些开创性的研究，并取得了可喜的成绩，为茶树的起源、进化、分类和亲缘关系的研究提供了科学依据。

一、茶树的起源与演化

（一）茶树分类

　　目前在植物分类系统中，茶树被定位于被子植物门（Embryophyto），双子叶植物纲（Dicotyledoneae），山茶目（Theales），山茶科（Theaceae），山茶属（Camellia），茶种［Camellia sinensis（L.）O. Kuntze］。

　　经过漫长的历史过程，茶树从原始种群演变成多个种（species）、亚种（subspecies）、变种（variety）和变型（form）。茶树变异体多、生态型复杂，这给茶种的划分带来很大难度。两百多年来，已出现了十多种分类法，但迄今还没有一个国际公认的分类系统①。

　　早在 1753 年，瑞典植物学家卡尔·冯·林奈（Carl von Linné）以中国灌木型茶树的产地和叶片的大小、形态为分类根据，将其定名为 Thea sinensis Linne，并建立了茶属 Genus Thea L.。1881 年，德国植物学家孔茨氏（O. Kuntze）将其改名为 Camellia sinensis（L.）O. Kuntze。1874 年，英国戴尔氏（W. Dyer）将茶属并入山茶科山茶属，建立了茶组 Sect Thea（L.）Dyer.。1981 年，中国植物学家张宏达以花器官的分化程度，尤其以子房室数，子房茸毛的有无，以及花柱裂数为主要依据，将山茶属分成 4 个系 17 种 3 变种，包括五室茶系 Ser. Quinqueloculari Chang、五柱茶系 Ser. Pentastylae

---

　　① 王平盛，虞富莲. 中国野生大茶树的地理分布、多样性及其利用价值. 茶叶科学，2002（2）：105-108.

Chang、秃房茶系 *Ser. Gymnogynae* Chang 和茶系 *Ser. Sinenses* Chang 等，以后又陆续修订茶组植物有 44 种和 3 变种。1992 年，中国科学院昆明植物研究所闵天禄在张宏达系统基础上将茶组和秃茶组共 47 种和 3 变种进行归并，取消系的分类阶元，认为茶组植物有 12 种和 6 变种。2004 年，陈亮等通过对野生大茶树居群的考察和对其他茶树种质资源的系统研究，并结合前人的茶组分类方法，依据子房室数、花柱裂数、子房茸毛、花冠大小、果皮厚度及树型、枝叶等形态特征，把张宏达分类系统的 42 种 4 变种茶组植物（即广义茶树种质资源）归并为大厂茶 *C. tachangensis* F C Zhang、大理茶 *C. talien*（W W Smith）Melchior、厚轴茶 *C. crassicolumna* Chang、秃房茶 *C. gymnogyna* Chang 和茶 *C. sinensis*（L.）O. Kuntze 共 5 种，在茶下还有普洱茶 *C. sinensis var. assamica*（Masters）Kitamura、白毛茶 *C. sinensis var pubilimba* Chang 2 个变种，并认为除茶为广布种外，其余 4 种和 2 变种主要分布在中国云南、广西和贵州等地。随着形态分类、化学分类、数值分类学、细胞分类和分子系统分类学等研究的进一步深入，一个更科学、更完善、更实用的为世人所能接受的茶树分类系统将会建立起来[①]。

（二）茶树起源时间和地点

化石是推测植物起源年代的最直接证据，但迄今为止，并未找到茶树种群的化石，因此只能根据茶树种群在系统进化中的地位来推测茶树种群起源时间和地点。根据植物学界哈钦森（Hutchinson）、塔赫他间（Takhtajan）、克朗奎斯特（Cronquist）的分类系统，茶树种群的系统发育途径可能是被子植物—木兰目—五桠果目—山茶目—山茶科—山茶属—原始山茶亚属—茶亚属—茶组—茶系—茶种。

被子植物的化石在白垩纪（距今 1.45 亿~0.65 亿年）爆发性地大量出现，因此当前多数学者认为被子植物起源于白垩纪或晚侏罗纪，其中木兰目的发展先于被子植物的其他类群，为被子植物中较原始的类群。1992 年，中国学者陶君容等在吉林延吉的早白垩纪化石中发现了喙柱始木兰（*Archimagnolia rostrato—stylosa*）花的化石，它兼具现代木兰科几个属的特征，却又与各属有所区别，证明它是尚未分化的原始的木兰科植物[②]。这一发现比美国的迪尔切（D. L. Dilcher）（1979）、瑞典的傅睿思（Else Marie Friis）教授（1985）发表的中、晚白垩纪的化石花更早，被认为是目前世界上最早的花的化石。根据植物学家估计，较原始的山茶目植物出现是在古第三纪的古新世和始新世之间，即距今 6000 万~5000 万年，而山茶属植物的出现，大约是在距今 3000 万~2000 万年之间的古第三纪渐新世。

要证明一个地方是作物的起源中心，目前植物学界最主要的依据是：要有该作物的出土化石，同时该地又是这个作物物种的多样性中心，但迄今为止没有发现茶树化石。虽然如此，我国在云南景谷县发现有渐新世"景谷植物群"化石，共有 19 科、25 属、36 种，其中有宽叶木兰（*Magnolia latifoila*），在野生茶树分布最集中的滇西南的景谷、临沧、沧源、澜沧、景东、梁河、腾冲等地发现了中华木兰（*Magnolia*

① 陈亮，杨亚军，虞富莲. 中国茶树种质资源研究的主要进展和展望. 植物遗传资源学报，2004（5）：389-392.

② 陶君容，张川波. 中国早白垩纪被子植物生殖器官. 植物分类学报，1992（30）：423-426.

miocenica）化石，年代较宽叶木兰晚，为中新世（距今 2000 万~500 万年）。何昌祥在《云南省西南部茶树种植与地质背景条件相关性研究》报告中，从古木兰与茶树真叶形态特征、宽叶木兰的发生与发展，以及与野生大茶树群落的生态环境和生物地理分布区系特征分析对比后认为，生长在云南西南部的野生大茶树，可能是由本地区第三纪宽叶木兰经中华木兰进化而来，同时在未遭受到第四纪更新世多期毁灭性冰川活动袭击环境条件下，茶树得以生存和发展，因此推测云南西南部是茶树的起源地[①]。

（三）茶树的演化

云南西南部是茶树的起源地，茶树在长期的进化过程中，受到自然环境变化和人为因素的影响，逐步传播并不断发生演化，形成了十分丰富的茶树资源。随着科技的进步，研究者不断地从染色体组型、形态结构、表征性化学成分、同工酶谱、DNA 遗传差异等方面，对茶树种质资源的亲缘关系、起源、进化等内容进行分析，结果均表明中国茶树具有丰富的遗传多样性，与我国是茶树的原产地和起源中心有着密切的关系。

茶组植物的系统演化表现在心皮或子房的数目、花柱分裂、子房茸毛、花冠大小及树型、枝叶等特征，并以此为演化线索和种类划分依据。多数研究结果表明，茶组的系统演化途径可分为子房多毛和无毛两条路线，由子房 5 室向 3 室、乔木向灌木、大花多瓣向小花少瓣演化。厚轴茶、大理茶、大厂茶等代表了茶组植物早期分化的原始种系。原始茶亚属植物可分为两条演化线路：从子房 5 室无茸毛的大厂茶演化为子房 3 室的无茸毛的秃房茶；从子房 5 室有茸毛的厚轴茶、大理茶演化为子房 3 室和多茸毛的普洱茶、白毛茶和茶[②]。

茶树的演化过程受到自然因素和人为因素的影响。由于喜马拉雅造山运动以及第四纪冰川的影响，中国西南地区的地质条件发生了很大的改变，原始型茶树也出现了不同的演化。地壳板块的运动使得西南地区出现盆地、河谷、丘陵、低山、中山、高山、山原、高原相间分布，各类地貌之间条件差异很大。在低纬度和海拔悬殊的情况下，使平面与垂直气候分布差异很大。由于垂直气候的影响，使得同一区域内，既有热带和亚热带，又有温带和寒带，茶树出现了同源隔离分居现象。由于各自所处地理和气候条件的差异，在漫长的历史长河中，原始型茶树发生了遗传上的变化以适应各自不同的环境条件，并形成了茶树不同的生态型。位于热带高温、多雨地带的，逐渐形成了湿润、强日照性状的大叶种乔木型和小乔木型茶树；位于温带气候地带的，逐渐形成了耐寒、耐旱性状的中叶种和小叶种灌木型茶树；位于上述两者之间的亚热带地区的，逐渐形成了具有喜温、喜湿性状的小乔木型和灌木型茶树。这种变化，在人工杂交、引种驯化和选种繁育的情况下，会加剧茶树的变异和复杂性，最终形成形态各异的各种茶树资源。

茶树的演化还随着茶树的传播方向，表现出有规律的变化，当向北迁移至冬季气温较低的地区就演变成为中小叶变种的茶树；当向南迁移至冬季温和而夏季炎热的地

① 何昌祥. 从木兰化石论述茶树起源和原产地. 云南茶叶, 1995（12）: 1-9.
② 陈亮, 虞富莲, 童启庆. 关于茶组植物分类与演化的讨论. 茶叶科学, 2000（2）: 89-94.

区就演变成为阿萨姆大叶变种和掸部大叶变种等的茶树。

当茶树沿着云贵高原的横断山脉，沿澜沧江、怒江等水系向西南方向传播，即向着低纬度、高湿度的方向传播时，由于湿热多雨的气候条件，使得这一地区较为原始的野生大茶树得到大量保存。当茶树沿着云贵高原向东及东南方向传播，即向着受东南季风影响，且又干湿分明的方向演变，这一地区的茶树特点是乔木型或小乔木型，如广西凌云白毛茶、广东乐昌白毛茶、湖南江华苦茶等。当茶树沿着云贵高原的金沙江、长江水系东北大斜坡传播，即向着纬度较高、冬季气温较低、干燥度增加的方向演变时，这一地区茶树适应冬季寒冷、干旱，夏秋炎热的气候条件，逐渐演化成为灌木型的茶树。

二、茶树原产地的几种观点

茶树原产于中国，这本是一个不争的事实。但在 1824 年，驻印度英军勃鲁士（R. Bruce）少校在印度阿萨姆省沙地耶（Sadiya）地区发现了乔木型野生大茶树，定名为 *Camellia assamica*，并认为 *C. sinensis* 是由 *C. assamica* 演化所致，这就意味着茶树的原产地在印度。从此，在国际学术界开展了一场茶树原产地之争，国外学者中代表性的论点主要有 4 个，即中国说、印度说、无名高地说和二源论说①。

（一）中国源学说

这个学派的代表性人物和著作有法国金奈尔（D. Genine）1813 年的《植物自然分类》、美国瓦尔茨（J. M. Walsh）1892 年的《茶的历史及其秘诀》、俄国勃列雪尼德（E. Brelschncder）1893 年的《植物科学》、英国哈勒（C. R. Harler）1964 年的《茶的栽培与贸易》，都坚持中国是茶树原产地的事实。虽然在印度发现了野生大茶树，但1935 年经过调查后，植物学家瓦里茨（Wallich）和格里费（Griffich）认为，勃鲁士发现的野生茶树，与从中国传入印度的茶树同属中国变种。20 世纪七八十年代，日本的志村桥和桥本实从细胞遗传学、形态学角度对中国种茶树和印度种茶树进行比较研究，发现两者间并无差异，并得出茶树的原产地在中国的云南、四川一带的结论。20 世纪末以来，许多学者还从同工酶谱、生化成分等方面展开了研究。特别是近年来，随着分子生物学技术的普及，有关中国是茶树的原产地的研究取得了很大的进展。2004 年，陈亮等采用 RAPD 分子标记技术，对茶树优异种质资源的遗传多态性、亲缘关系和分子鉴别进行了研究，结果表明中国茶树种质资源具有更高的遗传多态性和更复杂的遗传背景，这也从 DNA 层面佐证了我国是茶树的原产地和起源中心②。

（二）印度源学说

这个学派的代表人物是英国人勃鲁士（R. Bruce）。1877 年，英国人贝尔登（S. Baidond）在《阿萨姆的茶叶》（*Tea In Assam*）一书中也反对"茶树原产地在中国"的论点，主张"印度是茶树原产地"。印度、日本、美国也有些学者附和，他们的所谓

---

① 陈宗懋. 中国茶经. 上海文化出版社，1992：5-6.
② 陈亮，杨亚军，虞富莲. 应用 RAPD 分子标记进行茶树优异种质资源的遗传多态性、亲缘关系分析和分子鉴别. 分子植物育种，2004（2）：385-390.

证据仅是印度有野生茶树，而中国没有。

（三）无名高地学说

这个学派以美国乌克斯（W. H. Ukers）为代表。他在1935年出版《茶叶全书》（*All About Tea*）并主张"凡是自然条件有利于茶树生长的茶区都是原产地"，认为茶树原产地应包括缅甸东部、泰国北部、越南、中国云南和印度阿萨姆的森林中。因为这些地区的生态条件极适宜于茶树生长繁殖，所以这个地区的野生茶树也比较多。英国艾登（T. Eden）在1958年所著的《茶》（*Tea*）书中写道："茶树原产地在伊洛瓦底江发源处的某个中心地带，更有可能在这个中心地带以北的无名高地。"

（四）二源论说

这个学派以爪哇茶叶试验场植物学家科恩司徒（C. Stuart）为代表。1918年，当他在中国边境发现有野生茶树后，认为在中国东部和东南部无大叶种茶树的记载。他在1919年的著作中主张茶树大叶种和小叶种分属于两个不同原产地："大叶种原产地印度，小叶种原产地中国。"

三、中国是茶树原产地

（一）中国野生大茶树

"印度源"这个学说之所以认为"印度是茶树原产地"，关键是在印度找到了野生大茶树，而没有人提到中国有野生茶树。但是，实际上中国的野生大茶树自古有之。《茶经》称："茶者，南方之嘉木也，一尺、二尺乃至数十尺"，可见早在1200多年前中国就有大茶树的记载了。

野生大茶树，是指一类非人工栽培也很少采制茶叶的大茶树，它通常是在一定的自然条件下经过长期的演化和自然选择而生存下来的一个类群，不同于早先人工栽培后丢荒的"荒野茶"。当然这是相对而言的，目前将树体高大、年代久远的野生型或栽培型非人工栽培的大茶树统称为野生大茶树（Wild tea camellia），但对野生大茶树的高度、粗度、年龄等尚无确切的标准。

20世纪80年代，中国作物种质资源考察队先后在云南、贵州、广西、四川、广东、江西、海南等地进行考察，对中国的野生大茶树的分布有了进一步的了解。中国野生大茶树主要分布在西南和华南地区，集结在北纬30°线以南，其中尤以北纬25°线附近居多，并沿着北回归线向两侧扩散，这与山茶属植物的地理分布规律是一致的。

中国野生大茶树有四大分布区域，包括横断山脉分布区、滇桂黔分布区、滇川黔分布区和南岭山脉分布区等[1][2]。横断山脉分布区包括云南西南部和西部，地处青藏高原东延部的横断山脉中段，属于怒江、澜沧江流域地区。目前已发现的树体最大、年代最久远的大茶树都分布在该区，如巴达大茶树、千家寨大茶树、邦崴大茶树等，其中巴达大茶树是迄今已发现的最古老而又原始的野生大茶树。滇桂黔分布区地跨云南、广西、贵州三省交界，著名大茶树有云南的师宗大茶树、广西的巴平大茶树、贵州的

①　陈宗懋. 中国茶经. 上海文化出版社，1992：7.

②　王平盛，虞富莲. 中国野生大茶树的地理分布、多样性及其利用价值. 茶叶科学，2002（2）：105-108.

兴义大茶树等。滇川黔分布区是云南、四川、贵州三省接合部，也是云贵高原向第二台地的过渡带，该区多生长乔木、小乔木野生茶树，如云南镇雄大茶树、四川古蔺大茶树、贵州习水大茶树。南岭山脉分布区地跨南岭山脉两侧，其北侧多以小乔木型大叶类为主的苦茶，如湖南的江华苦茶、炎陵苦茶，广东的龙山苦茶、乳源苦茶，江西的安远苦茶、寻乌苦茶等；在南侧，沿广西的红水河流域到广东北部的大瑶山一带生长着多毛型茶树，植株多为小乔木，如广东的从化野茶和连南大叶茶、广西的钟山雷电茶和开山白毛茶等。除了以上四大连续分布区外，零星分布的还有福建、台湾和海南，如海南省五指山大茶树，台湾省南投县眉原山海拔 1400 米的野生大茶树。在上述 4 个分布区中的野生大茶树，以云南省的南部和西南部为最多；其次是四川省的南部和贵州省，这些地区的茶树多属高大乔木树型，具有较典型的原始形态特征，且常与山茶科植物混生，形成山茶科植物的分布区系。

下面列举云南省内几个比较著名的大茶树品种。

1. 南糯山大茶树

该树种位于海拔 1100 米的茶树林中，树高 9.55 米，树幅 10 米，主干直径 1.38 米，树龄 800 余年，属栽培型茶树。1950 年在西双版纳勐海县南糯山半坡寨被发现。

2. 巴达大茶树

该树种位于勐海县巴达乡大黑山密林中，距中缅边界七八千米。1961 年发现时，树高达 32.12 米。属野生大茶树。就树高而言，在山茶属植物中堪称世界第一。

3. 金平大茶树

1976 年在红河哈尼族彝族自治州金平苗族瑶族傣族自治县城关水平大队老寨生产队海拔 2000 米的原始森林中发现成片大茶树，其中最大的树高 17.9 米，树幅 10.7 米，主干直径 0.86 米。另外，该县十里村和红星村山林中也有大茶树被发现，即为金平大茶树。

4. 邦崴大茶树

该树种 1991 年在澜沧县富东乡邦崴村被发现。树姿直立，分枝密，树高 11.8 米，树幅 9 米，根茎处直径 1.14 米。属野生型与栽培型之间的过渡类型。

此外，树高在 10 米以上的，还有苏湖大茶树（勐海县）、曼宋大茶树（勐海县）、振太大茶树（景谷县）、镇康大山茶（镇康县）、香竹箐大茶树（凤庆县）、师宗大茶树（师宗县）、昭通高树茶（大关、绥江、盐津等县）等。

根据上述发现，1993 年 4 月在云南省思茅市召开了中国古茶树保护研讨会，来自日本、韩国、新加坡、马来西亚、印度尼西亚、美国和中国的一百多位专家学者一致通过《保护古茶树倡议书》，郑重宣布："中国是茶树的原产地，茶的故乡。中华茶文化传播于全世界。目前，云南、贵州、四川、广西、广东、湖南、江西、福建、海南、台湾等省（自治区）生长着数百年至千年的古茶树。有野生型的，也有栽培型的，也有过渡型的，其中部分珍稀大茶树为世界所罕见。它们是茶树原产地的活见证，是茶文化的宝贵遗产，是茶叶科学研究的重要资源。保护古茶树是人类的共同任务。"[①]

国内外茶界对野生型大茶树和栽培型茶树进行了系统的比较研究，发现从形态特

---

① 中华茶人联谊会，中国茶叶学会．中国古茶树．上海文化出版社，1994：119．

征、遗传基础等方面由野生型到栽培型都发生了连续的、渐进的变化，并表现出极为丰富的多样性。学者根据野生大茶树的遗传多样性和分布区域的集中性，提出云南是茶树原产地。

（二）云南是茶树原产地中心

虽然迄今为止没有发现茶树化石，但在云南景谷县发现有渐新世"景谷植物群"化石，其中有宽叶木兰化石；在野生茶树分布最集中的滇西南的景谷、临沧、沧源、澜沧、景东、梁河、腾冲等地发现了中华木兰化石。而云南西南部的野生大茶树，可能是由本地区第三纪宽叶木兰经中华木兰进化而来。

有许多证据证明云南是茶树物种多样性的中心。

首先，云南之所以成为茶树的起源中心，是与其地理、气候条件和地质变迁密切相关的。从地理条件看，云南由于位处低纬度，又受太平洋和印度洋季风的吹拂，属亚热带至热带高原型湿润季风气候区，绝大多数地区都适宜于茶树的生长发育。由于地质变迁，喜马拉雅造山运动使得云南不少地区在短距离内地形高低悬殊，垂直分异十分明显，气候垂直变化也随之分明、类型多样，这为云南成为茶树类型演化变异中心提供了不可多得的天然条件。这样的条件致使原来生长在这里的茶树，逐渐演化形成了热带型和亚热带型的大叶种和中叶种茶树，以及温带型的中叶种和小叶种茶树。在漫长的地质变迁过程中，地球的气候也发生着剧烈变化，第四纪冰川给地球上的植物带来毁灭性的打击，但云南是受到冰河期灾害较轻的地方，因此保存下来的植物也最多。中国植物分类学家吴征镒在《中国植被》（1980）一书中指出："我国的云南西北部、东南部、金沙江河谷、川东、鄂西和南岭山地，不仅是第三纪古热带植物区系的避难所，也是这些区系成分在古代分化发展的关键地区……这一地区是它们的发源地"。

其次，云南等低纬度地区是被子植物的起源地。关于被子植物的发源地存在着十分对立的观点：高纬度——北极或南极起源说和低纬度——热带或亚热带起源说，但大多数学者支持后一个学说。资料表明，大量被子植物化石在中、低纬度出现的时间实际上早于高纬度。被子植物在热带或亚热带首先出现，然后逐渐向高纬度地区扩展。现代被子植物地理分布情况，同样说明被子植物可能起源于中、低纬度地区。在被子植物现存的四百余科中，有半数以上的科依然集中分布在中、低纬度地区，尤其是那些较原始的木兰科、八角科、昆栏树科和水青树科等更是如此。虽然由于缺乏茶树植物化石，无法直接证明云南就是茶树的原产地，但在云南景谷县临沧、沧源、澜沧、景东、梁河、腾冲等地发现的木兰化石，为引证茶树的最原始产地提供了依据。

同时，云南也是木兰科和山茶科植物的分布中心和重要的保存中心。据《中国树木志》第一卷（1983）资料统计，分布在中国的现代木兰植物有 11 属 90 余种，其中云南有 9 属 38 种之多，而滇西南地区就占了 5 属 13 种，它们分别是 *Manglietia*（木莲属）3 种，*Magnolia*（木兰属）6 种，*Alcimandra*（长蕊木兰属）1 种，*Paramichelia*（合果属）1 种，*Michelia*（含笑属）2 种。其中木兰属在全国有 30 余种，其中云南有 9 种，而滇西南地区就有 6 种[①]。在云南的北回归线两侧也是山茶科植物的集中分布区，

---

① 何昌祥. 从木兰化石论述茶树起源和原产地. 云南茶叶，1995（12）：1-9.

在全世界山茶科植物 23 个属中，其中中国有 15 个属，而云南就 14 个属，如山茶属（*Camellia*）、红淡属（*Adinandra*）、安纳香属（*Anneslea*）、杨桐属（*Cleyera*）、柃属（*Eurya*）、舟柄茶属（*Hartia*）、大头茶属（*Polyspora*）、木荷属（*Schima*）、厚皮香属（*Tern-stroemia*）、石笔木属（*Tutcheria*）等。

此外，云南还是茶树种群和野生大茶树分布最集中的地区。云南野生大茶树含有茶组植物大多数的种和变种，在中国植物学家张宏达分类系统的 37 个种、3 个变种中，云南有 31 个种、2 个变种，占 82.5%，其中最原始的大厂茶、厚轴茶和大理茶等在云南东南部和南部分布最多，这是作物原产地物种在地域分布上最显著的特点①。而云南东部、东北部地区、滇川黔交界附近的"云贵高原"等地的野生大茶树，都是第四纪冰后期由滇西南地区向四周自然迁徙、辐射和靠其他媒介传播的结果。

第 二 节　茶叶生产和茶经济的初起

汉魏六朝时期，中国茶业已初具规模。四川茶叶生产得到进一步发展，并逐渐向东南及其他地区广为传播，形成了较为广阔的茶叶产区，区域性茶叶市场也开始形成。

一、两汉茶业

秦朝统一中国后，采取了一系列政治、经济、文化措施，为加速各民族融合、促进国内经济发展和市场发育提供了有利条件。巴蜀茶业开始走向全国，到两汉时期，茶叶逐渐成为社会经济生活中的重要物品，茶叶生产区域扩大，培育了中国最早的茶叶区域市场。

（一）茶业文献的出现是茶业发展的标志

先秦时期，有关茶或茶业的最早文献，如托名神农、周公及所谓三代以前的著作多出自战国人之手。一些学者认为"六经中无茶字""九经中无茶字"，一些学者则认为《诗经》等古籍中的"荼"字多义，不专以名茶，但包括了茶。经过秦始皇焚书坑儒这一文化浩劫，流传下来的先秦茶业文献很少。两汉时期的茶业文献和茶业记载却大大超过前一时期。这些文献往往都是写当代的茶事，可信度更高。

《尔雅》等重要字书茶字的出现，是茶业发展的语言学反映。《尔雅》为中国第一部字书，《释木》部分收有"槚，苦荼"的字条和释义。《尔雅》是中国最早收入茶义并释茶的辞书，这也是中国现存最早的茶叶记载。《尔雅》作者未详，一般认为是西汉初年学者杂采战国以来多家训诂材料编纂而成。"槚"是当时所用的茶义之一，音 jiǎ，和民间口语 chá 音近，故借之代表"茶"字。语言文字是现实生活的写照，当社会对茶及茶有关的内容有了了解后，迫切需要从语言文字上加以收录和解释。这部权威性字书的出现，足以说明两汉茶业发展对社会生活造成的深刻影响。

介绍和记述茶的医药著作和涉茶文学作品的出现，是茶业发展的生动体现。西汉时期，假托神农氏所撰，实为当时儒生所作的《神农食经》，就明确谈到"茶茗久服，

---

① 王平盛，虞富莲. 中国野生大茶树的地理分布、多样性及其利用价值. 茶叶科学，2002（2）：105-108.

令人有力、悦志"的功效。东汉名医华佗《食论》指出："苦茶久食，益意思"，东汉壶居士《食忌》称："苦茶，久食羽化，与韭同食，令人体重"，这是中国古代有关茶宜、茶忌的最早记录。

西汉时期，司马相如、扬雄、王褒三大著名文学家都在他们的文学作品中提到茶叶，有的还作了较详细的记录。陆羽《茶经》提到司马相如、扬雄及他们的文学作品《凡将篇》《方言》。司马相如，蜀郡成都人，西汉中期著名文学家，他在《凡将篇》中把茶称作"荈诧"，与其他19种药材并列。王褒，犍为郡资中（今四川资阳）人，他所作的《僮约》无疑是一篇极为重要的茶文献。汉宣帝神爵三年（前59），王褒详细规定了名为"便了"的奴仆的工作任务，其中有"烹茶尽具，酺已盖藏""牵犬贩鹅，武阳买茶"。这表明西汉贵族以饮茶为风尚，同时也反映巴蜀一带已形成茶叶产区，茶叶经加工后，汇集到附近的市场上进行销售，出现了与武阳类似的中国历史上最早的茶叶贸易市场，足见两汉茶业的发展。

（二）茶叶市场的形成是两汉茶业发展的突出表现

两汉时期，四川茶业已相当发达，形成了茶业经济的完整产业链。四川茶叶区域市场的形成和发展有其深刻的社会经济基础和客观必然性，是经济发展、交通改善、茶业兴盛、饮茶成习的必然结果。

首先，以成都为中心的城镇交通便捷、经济发达、市场繁荣，为茶叶区域市场发育提供了良好外部环境。早在秦时成都已与中原陆路相通，从今天陕西勉县西南行、越七盘岭入四川境的蜀栈在崇山峻岭间傍山凿穴、架木为栈，蜿蜒千里。汉时，陆路分两路抵达长安，并打通了与西南滇、黔的通道。水路交通也很发达："蜀守李冰凿离堆，避沫水之害，穿二江成都中。此渠皆可行舟，有余则用溉，百姓飨其利。"（《汉书》卷二十九《沟洫志》）从成都顺江东下，可达长江中下游地区。四川当地的交通也畅通无阻，成都至临邛、武阳的运输繁忙。成都当时是全国仅次于长安的第二大重要城市和蜀地重要的中心城市，是中原地区连接南越的中转站，这里商贾云集、生意兴隆，相当繁华。在发达的交通、繁华的商业、热闹的城镇的带动下，各地茶叶从产区源源不断地流向成都、武阳等集散市场，并在此做成交易，再通过水陆两路运销四方。

其次，成都附近植茶历史悠久，产区广阔，为茶市发育提供了充足货源。秦汉时期，巴蜀植茶有新的发展，主要有以葭萌为中心的川北茶区，以成都、武阳一带为中心的川西茶区，包括今什邡、乐山、峨眉山、洪雅、夹江、犍为、丹棱、青神、彭山、眉山、新津等县市区及井研、仁寿等部分地区。除此之外，四川周围的汉中、湘鄂、滇黔北也有茶区分布。如此广阔的产区和发达的茶业，每年生产的大量茶叶有很大一部分依托附近的市镇进行交易，从初级市场汇集到中级市场；除在当地消费部分外，相当一部分通过商业网络输至外地。只有产销之间的有机联系才能顺利维系生产、交换、消费三大环节。

再次，巴蜀一带饮茶成习，茶叶消费增加，为茶叶产品找到了消费主体，并直接推动了茶叶市场的发育。只有供求关系都存在，且保持恰当比例关系，才有茶叶市场的产生和发展。茶叶消费需求是茶叶市场产生的最现实的推动力，是市场机制得以发挥作用的重要方面。秦汉时期，巴蜀地区饮茶的人越来越多，尤其是贵族豪富常以饮茶和乐舞消遣，过着奢侈的生活。文人墨客饮茶作赋、谈论时势，这些人中最著名的有扬雄、司马相如、王褒等人，他们都是四川人。西汉中期蜀郡成都人司马相如的《凡将篇》称茶为"荈诧"，而西汉晚期犍为郡资中人王褒在《僮约》中则称"茶"。他们对茶的不同称谓，正好说明饮茶人的地域性特征。消费刺激生产，生产又为消费提供更多货源，如此反复，巴蜀茶叶市场自然走在全国前列。

（三）两汉茶区向长江中下游推进

两汉茶区已向长江中游的荆楚等地推进。巴蜀茶业继续兴盛，同时茶业重心开始东移。西汉时湖南种茶已颇为发达，荆楚茶业一直发展到今湘粤赣交界的茶陵。鄂西原为巴人旧地，巴人西迁入川东前，已经发现茶并加以利用。班固《汉书·地理志》卷二十八（下）记载，长沙国有县13个，其中就有"茶陵"县。陆羽《茶经·七之事》引《茶陵图经》解释说："茶陵者，所以陵谷生茶茗焉"。

两汉时期，长江下游和江浙一带已有植茶迹象。华中地区成为植茶东扩的桥梁，包括河南、皖西等地的淮河流域和江淮之地均可视作荆楚茶业扩张的地域。唐代陆羽《茶经·七之事》列举了汉代四位茶人："仙人丹丘子，黄山君，司马文园令相如，扬执戟雄"。司马相如、扬雄为蜀郡成都名士，借此反映四川产茶、饮茶没有什么歧义。丹丘、黄山，大约在江南一带，说明茶已经传到长江下游了。长江下游地区甚至整个江南饮茶、植茶的时间，从正史《三国志·吴书·韦曜传》吴主孙皓"以茶代酒"的史实可以肯定，不会晚于东汉。

二、三国两晋茶业

三国时期，大批北方人南渡，避乱江东，加速了江南的开发。西晋实现了国家的短暂统一，促进了南北经济文化的交流与发展。东晋时期，晋室南渡，南方再次成为北人南迁的主要地区。这时期，中国茶业中心由巴蜀开始东移，荆楚茶业在全国传播并日益发展，逐渐取代巴蜀，其重要性也开始凸显。

孙权据有的东南半壁江山，是中国茶业发展的主要区域。据史料记载，三国时吴地已有饮茶，北方也已开始饮茶。饮茶发展既是茶叶生产发展的结果，反过来又直接推动了茶叶生产的发展。"（孙）皓每飨宴，无不竟日，坐席无能否，率以七升为限……曜素饮酒不过二升，初见礼异，时常为裁减，或密赐茶荈以当酒"（《三国志》卷六十五《韦曜传》），这是中国正史中以茶为饮的最早记载。吴宫中备有茶叶，除了"密赐"韦曜等大臣当酒外，还可能自用或赏赐给近臣、后妃、宫人或其他人，贮藏量想必不少。无疑，在三国时江东统治阶级上层已开始流行饮茶。南朝宋人山谦之《吴兴记》云："乌程温山，县西北二十里，出御荈"，温山在今浙江湖州郊区。刘宋时进贡御茶，则茶叶的生产史要前推到两晋，这样湖州一带的茶业在两晋时可能已有一定程度的发展。杜育《荈赋》证明晋代茶业之盛，"灵山惟岳，奇产所钟，厥生荈草，弥谷被岗……月惟初秋，农功少休，结偶同旅，是采是求"，反映了山区漫山遍野长满茶树和茶农上山采茶的实况。不但浙西产茶，浙东一带也产茶了，《神异记》载，余姚人虞洪入山采茗，遇一道士说："闻子善具饮，常思见惠。山中有大茗相给"，后"常令家人入山，获大茗焉"。

东南沿海和传统产茶区巴蜀、荆楚茶业得到一定发展。东晋裴渊《广州记》载："酉平县出皋卢，茗之别名，叶大而涩，南人以为饮"，其中皋卢就是茶叶。南朝刘宋时的《南越志》说："茗，苦涩，亦谓之过罗"。巴蜀的产茶情况可证之《华阳国志》，其《南中志》载平夷县"山出茶、蜜"，《巴志》云："涪陵郡，巴之南鄙……惟出茶、丹漆、蜜蜡"。西晋时巴蜀茶产区又有所拓展，产生了一批新的名茶。《述异记》卷上有："巴东有真香茗"。《桐君录》载："又巴东别有真茗，煎饮令人不眠"。西晋将领刘琨在《与兄子南兖州刺史演书》中说："前得安州干姜二斤……常仰真茶，汝可置之"。荆楚的情况有点类似，《荆州土地记》载："武陵七县通出茶，最好"，"浮陵茶最好"，浮陵当为武陵之误。可见，三国两晋时巴蜀荆楚仍是中国产茶和茶叶生产技术中心。值得一提的是，文学家也用美好的词汇来歌颂巴蜀茶。张载《登成都白菟楼诗》就很典型，诗云："芳茶冠六清，溢味播九区"。

植茶业的发展和饮茶风习的兴起，一方面要求生产对应发展，以求相衬；另一方面很大部分茶叶通过市场进行交换，因而直接刺激了茶叶市场的产生和茶叶商品化程度的提高。两晋时就明显出现了售茶信息。西晋将领刘琨给侄子南兖州刺史刘演写信，要求侄子为他备茶，说："前得安州干姜二斤，桂一斤，黄芩一斤，皆所须也。吾患体中愦闷，常仰真茶，汝可置之"。这说明即使是当时的官员所用茶也主要来自市场，市场上的好茶可以满足他们的消费需求。同样是西晋人，生年早于刘琨20余年的傅咸在《司隶教》中说到洛阳一个故事："闻南市有蜀姬作茶粥卖，为廉事打破其器具，后又卖饼于市。而禁茶粥以困蜀姥，何哉？"蜀姬在南市中卖茶粥遭廉事禁止，透露了如下信息：茶与普通土特产一样进入了市场，成为买卖的对象。蜀姬的行为得到作者的支持，他责备廉事、同情蜀姥，至少说明作者对茶叶买卖的积极态度。类似的故事还见于《广陵耆老传》："晋元帝时有老姥，每旦独提一器茗，往市鬻之，市人竞买。自旦至夕，其器不减，所得钱散路旁孤贫乞人"。这一故事带有某些神秘色彩，但从当时所售茶水来看，完全符合社会现实，由于老姥之茶满足了社会需求，因此深受欢迎，"市人竞买"。这两则故事共同说明了一个事实：茶叶已经市场化，从简单的卖茶叶，变成了卖茶水，更加直接满足消费者的需求。这两个故事的发生地点颇具代表性，一个在中原洛阳，一个在江东广陵，也就是说在传统茶业中心和新兴饮茶发展区域售茶均有市场，而且成为一种民生手段。以上内容说明三国两晋茶业发展进入一个新阶段，即长江中下游地区茶业有后来居上之势，茶叶区域市场正在各茶区形成，售茶方式日益多样化。

三、南北朝茶业

南北朝时的南朝茶业，突出表现为江淮和江浙沿海一带茶叶生产有了较大发展。《夷陵图经》云："黄牛、荆门、女观、望州等山，茶茗出焉"。夷陵即今湖北宜昌，这些山都在宜昌附近。同样位于荆楚的湖南茶山也不少，《坤元录》谈到湖南沅陵一带"蛮俗当吉庆之时，亲族集会歌舞于山上。山多茶树"；《括地图》明确提到"临遂县东一百四十里有茶溪"。关于江浙地区的史料也有，如《淮阴图经》云："山阳县（江苏淮安）南二十里有茶坡"。浙江植茶已经从浙西、浙东推进到浙南的永嘉一带。又如

《永嘉图经》载："永嘉县东三百里有白茶山"。"三百里"当为"三十里误"。老茶区继续生产，新茶区不断出现，茶叶生产数量和质量都有所提高。还有山谦之的《吴兴记》云："乌程县西二十里有温山，出御荈"。

南北朝茶业的发展还可从文学作品中窥见一二。仅从《茶经·七之事》所载内容看，这个时期第一次出现了专门以咏茶为内容的诗，如南朝宋人王微的《杂诗》；还出现了历史上第二篇茶赋——南朝宋人鲍令晖的《香茗赋》。该赋与西晋杜育的《荈赋》同为南方人所作，这表明随着茶业经济的发展，文人自觉或不自觉地以文学的形式对其加以表现。

总的来说，南北朝以前茶叶消费区域不断扩大，已从巴蜀之地传播到长江中下游地区，并且日益转盛。伴随着饮茶人员的增多，茶叶消费量水涨船高，一方面植茶业的发展为茶叶消费提供了货源；另一方面，茶叶消费又刺激和推动了植茶业的进一步发展。这些都不可避免地催生交换的产生、发展和市场的孕育、拓展，茶叶市场体系的产生和发展势在必然。

第 三 节　茶文化的酝酿

一、饮茶的起源和发展

（一）茶的利用源起

对茶的利用，传说始于神农时代。归纳起来，不外乎食用、药用和饮用，至于其他，如祭祀之用等，都是附属于食用、药用和饮用的。

1. 茶的食用

在生存第一、果腹为先的上古社会，茶不会首先作为饮料，也不可能首先作为药物。

传说中的神农氏时期处于渔猎社会向农耕社会转变的时代，当时先民的生活十分艰难，采集经济在社会生活中占据重要地位。

至于神农，以为行虫走兽难以养民，乃求可食之物，尝百草之实，察酸苦之味，教民食五谷。（陆贾《新语·道基》）

古者，民茹草饮水，采树木之实，食蠃蚌之肉，时多疾病毒伤之害。于是神农乃始教民播种五谷，相土地宜，燥湿肥墝高下；尝百草之滋味，水泉之甘苦，令民知所辟就。当此之时，一日而遇七十毒。（刘安《淮南子·修务训》）

说的是在上古时代，人民吃草喝水，食草木之实、鸟兽之肉。神农开始教人民种植五谷，品尝各种植物的滋味、水泉的甘苦，教人民知道避开什么、利用什么。在这个过程中，曾经一天遇到七十种毒害。

虽然神农时代农耕已经萌芽，但采集、渔猎仍然在经济生活中占据重要地位。因为在当时生产力水平极其低下的情况下，"求可食之物""尝百草"是十分自然的事。在此前提下，采集茶树芽叶、烹煮食用便也便理所当然。事实上，茶叶的确可以食用，尤其是茶树幼嫩的芽叶。茶叶食用的传统至今仍在一些地区保留，特别是一些少数民族地区。实际上，中国人对茶的发现、利用很可能远在神农之前。

2. 茶的药用

茶叶在被先民长期食用过程中，其药用功能逐渐被发现、认识。于是，茶叶又成为人们保健、治病的良药。上古先民在长期搜寻食物的过程中，尝百草之滋味，逐渐获得关于某些植物的药用知识和治病的经验。

古人对茶的药效进行总结，再写进医药书，经历了漫长的时间，因此先秦时期对茶的药效记载并不多。传为神农所作、实为西汉儒生所著的《神农食经》说到"茶茗久服，令人有力、悦志。"东汉名医华佗《食论》也有"苦茶久食，益意思"的类似记载。正因为茶能治病，所以古人把茶归入药材一类。司马相如在《凡将篇》中列举了20多种药材，其中就有"荈诧"即茶叶。茶叶能够提神、益思，西汉以后的文献对茶的药用记述增多，这说明茶作为药用越来越广泛。

3. 茶的饮用

茶的饮用起源较晚，是在食用和药用的基础上慢慢形成的。中国有"药食同源"的说法，所以到底是从食用还是药用演变出饮用，已无从探究，抑或兼而有之。

在茶的食用—药用—饮用的利用过程中，其实也有交叉。也就是说茶叶一开始是作为果腹之用，一旦认识到它还有神奇的医药作用，就会把重心转移到药用上来，因为药用价值高于食用价值。茶除了药效成分外，还有安神、兴奋和营养成分，这样对茶的利用就逐渐向饮料过渡。饮茶归根到底是利用茶叶的营养成分和药效成分，茶的饮用与茶的药用其实也是难解难分。所以，茶的食用、药用、饮用是相互交叉的，只是茶的饮用在确立之后便逐渐发展成为对茶的利用的主流，茶的食用、药用降为支流，但三者并行不悖。

（二）饮茶的起始

唐人陆羽根据《神农食经》"茶茗久服，令人有力、悦志"的记载，认为饮茶始于神农时代，"茶之为饮，发乎神农氏"（陆羽《茶经·六之饮》）。然而《神农食经》据考证，其成书在汉代以后。饮茶始于上古时代只是传说，不是信史。

"自秦人取蜀，而后始有茗饮之事。"（《日知录·茶》）清人顾炎武认为饮茶始于战国时代，但也只是推测，未有实证。

中国人利用茶的年代久远，但饮茶的历史相对要晚一些。有关先秦的饮茶，不是源于传说，就是间接推测，并无直接的材料来证明。推测先秦时期，在局部地区已有饮茶，但目前还缺乏文献和考古的直接支持。

"茗饮之法，始见于汉末，而已萌芽于前汉。"（郝懿行《证俗文》）郝懿行认为饮茶始见于东汉末，而萌芽于西汉。因为西汉时王褒《僮约》有"烹茶尽具"，东汉末的华佗《食论》有"苦茶久服，益意思"，所以郝懿行此言不虚。

晋人陈寿《三国志·吴书·韦曜传》记："曜饮酒不过二升。皓初礼异，密赐茶荈以代酒。"其中"密赐茶荈以代酒"，这种能代酒的茶荈当为茶饮料。三国时代已有饮茶应是确凿无疑。但是，中国的饮茶的起始一定早于三国时代。

近年在陕西咸阳渭城汉景帝（前157年—前141年在位）阳陵的考古发掘中，在其随葬品中发现了芽型茶叶。这里的茶叶应该是日常生活用品，即作为饮料用的茶。

时在西汉早期，距今 2150 多年。

应该说，中国人饮茶不晚于西汉，西汉著名辞赋家王褒《僮约》是关于饮茶最早的可信文字记载。《僮约》中有"烹茶尽具""武阳买茶"，一般都认为"烹茶""买茶"之"茶"为茶。既然用来待客，不会是药而是饮料。《僮约》订于西汉宣帝神爵三年（前59），属西汉晚期。西汉晚期，中国人不仅饮茶，茶叶也已作为商品开始流通。

王褒是四川资中人，买茶之地为今四川彭山地区，最早在文献中对茶有过记述的司马相如、王褒、扬雄均是蜀人，可以确定是巴蜀之人发明了饮茶。

（三）煮茶流行

茶的饮用脱胎于茶的食用和药用，故早先的饮茶方式源于茶的食用和药用方式。从食用而来，是用鲜叶或干叶烹煮成羹汤而饮，往往加盐调味；从药用而来，用鲜叶或干叶，往往佐以姜、桂、椒、橘皮、薄荷等熬煮成汤汁而饮。那时也没有专门的煮茶、饮茶器具，往往是在鼎、釜中煮茶，用食器、酒器饮茶。

西汉王褒《僮约》称："烹茶尽具"。东晋郭璞注《尔雅》说："槚，苦荼"；"树小如栀子，冬生，叶可煮作羹饮。"《桐君录》记："巴东别有真香茗，煎饮，令人不眠。"或烹或煮或煎，茶叶加水煮熬成羹汤而饮。

晚唐皮日休《茶中杂咏》序说："自周以降及于国朝茶事，竟陵子陆季疵言之详矣。然季疵以前称茗饮者，必浑以烹之，与夫瀹蔬而啜者无异也。"皮日休认为陆羽以前的饮茶，"浑以烹之"，喝茶如同喝蔬菜汤。

唐杨晔《膳夫经手录》记："茶，古不闻食之。近晋、宋以降，吴人采其叶煮，谓之茗粥。"茗粥即是用茶叶煮成浓稠的羹汤。

汉魏六朝时期的饮茶方式，诚如皮日休所言："浑以烹之"，煮成羹汤而饮。煮茶，茶叶加水，煮至沸腾，乃至百沸。

饮茶始于巴蜀地区，源于药用的煎熬和源于食用的烹煮是其主要形式。煮茶法的发明当属于巴蜀之人，时间不晚于西汉。

（四）煎茶萌芽

西晋杜育《荈赋》关于煎茶的描写，如择水："水则岷方之注，挹彼清流"，择取岷江中的清水；如选器："器择陶简，出自东瓯"，茶具选用产自东瓯（今浙江东部）的瓷器；如煎茶："沫沉华浮，焕如积雪，晔若春敷"，煎好的茶汤，汤华浮泛，像白雪般明亮，如春花般灿烂；如酌茶："酌之以匏，取式公刘"，用匏瓢酌分茶汤。

岷江是流经川西的主要河流，由此可见中国煎茶萌芽于蜀。但在当时还不普及，局限在饮茶的发源地巴蜀一带。

（五）饮茶习俗的形成

中国人饮茶习俗的形成，是在两晋南北朝时期。当此时期，上自帝王将相，下到平民百姓，中及文人士大夫、宗教徒，社会各个阶层普遍饮茶，成一时风尚。

1. 宫廷饮茶

陆羽《茶经·七之事》引《晋四王起事》："惠帝蒙尘，还洛阳，黄门以瓦盂盛茶上至尊。"晋惠帝在蒙难而初返洛阳时，侍从以"瓦盂盛茶"供惠帝饮用，可见晋室宫廷日常生活中应当饮茶。

晋元帝时期（317—322），宣城郡太守温峤上表称"贡茶千斤、茗三百斤。"（宋·寇宗奭《本草衍义》）仅宣城郡一地就向皇室进贡茶叶1300斤。

南朝宋人山谦之《吴兴记》载："乌程县西二十里有温山，出御荈。"在吴兴温山建御茶园，茶叶专供皇室。

两晋南北朝，宫廷皇室普遍饮茶。

2. 文人士大夫饮茶

从两汉到三国，在巴蜀之外，茶是供上层社会享用的珍稀之物，饮茶限于王公朝士。晋以后，饮茶进入中下层社会。

两晋南北朝时期，张载、杜育、陆纳、谢安、桓温、刘琨、王濛、褚裒、王肃、刘镐等文人士大夫均喜饮茶。茶，作为风流雅尚而被士人广泛接受。

刘琨《与兄子兖州刺史演书》："吾体中溃闷，恒假真茶，汝可致之。"

南朝宋刘义庆《世说新语·轻诋》记，褚裒"初渡江，尝入东至金昌亭，吴中豪右宴集亭中"，因褚裒初来乍到，吴中豪右不识，故意捉弄他，"敕左右多与茗汁"，"使终不得食"，可见士大夫宴会前敬茶已成规矩。

后魏杨衒之《洛阳伽蓝记》卷三城南报德寺："肃初入国，不食羊肉及酪浆，常饭鲫鱼羹，渴饮茗汁。……时给事中刘镐，慕肃之风，专习茗饮。"北朝人原本渴饮酪浆，但受南朝人的影响，如刘镐等，也喜欢上饮茶，并向王肃专习茶艺。

两晋南北朝时期，文人士大夫饮茶风气很盛。

3. 宗教徒饮茶

汉魏六朝时期，是中国本土宗教——道教的形成和发展时期，同时也是起源于印度的佛教在中国的传播和发展时期，茶以其清淡、虚静的本性和疗病的功能广受宗教徒的青睐。

（1）道教与茶　道家清静淡泊、自然无为的思想，与茶的清和淡静的自然属性极其吻合。中国的饮茶始于巴蜀，而巴蜀也是道教的诞生地。道教徒很早就接触到茶，在茶从食用、药用向饮用的转变中，发挥了重要作用。

"苦茶久食，羽化。"（壶居士《食忌》）壶居士传说为道教的真人，又称壶公，他把饮茶与道教联系在一起。南朝著名道教理论家陶弘景在药书《杂录》记："苦茶轻身换骨，昔丹丘子、黄山君服之"。丹丘子、黄山君是传说中的神仙人物，他们饮茶"轻身换骨"。

余姚人虞洪，入山采茗。遇一道士，牵三青牛，引洪至瀑布山，曰："予丹丘子也。闻子善具饮，常思见惠。山中有大茗，可以相给，祈于他日有瓯牺之余，乞相遗也。"因立奠祀。后常令家人入山，获大茗焉。（王浮《神异记》）

王浮是西晋早期道教五斗米道的祭酒。道士丹丘子，性喜饮茶。

道教徒崇尚饮茶，他们对饮茶功效的宣扬，在一定程度上提高了茶的地位，促进了饮茶的广泛传播和饮茶习俗的形成。

（2）佛教与茶　《续名僧录》："宋释法瑶，姓杨氏，河东人……年垂悬车，饭所饮茶。"法瑶是东晋名僧慧远的再传弟子，以擅长讲解《涅槃经》著称。法瑶性喜饮茶，每饭必饮茶。

《宋录》："新安王子鸾、鸾弟豫章王子尚诣昙济道人于八公山，道人设茶茗，子尚味之曰：'此甘露也，何言茶茗。'"昙济拜鸠摩罗什高徒僧导为师。他从关中来到寿春（今安徽寿县），与其师一起创立了成实师说的南派——寿春系。昙济擅长讲解《成唯识论》，对"三论"、《涅槃》也颇有研究，曾著《六家七宗论》。他在八公山东山寺住了很长时间。两位小王子造访昙济，昙济设茶待客。

两晋南北朝时期，佛教徒以茶资修行，以茶待客。

4. 平民饮茶

《广陵耆老传》："晋元帝时有老姥，每旦独提一器茗，往市鬻之，市人竞买。"老姥每天早晨到街市卖茶，市民争相购买，这反映平民的饮茶风尚。

《南齐书·武帝本纪》："我灵上慎勿以牲为祭，唯设饼、茶饮、干饭、酒脯而已，天下贵贱，咸同此制。"南齐武帝诏告天下，灵前祭品设茶等四样，不论贵贱，一概如此，可见南朝时茶已进入寻常百姓家中。

其他如陆羽《茶经·七之事》所载宣城秦精（陶潜《搜神后记》）、剡县陈务妻（刘敬叔《异苑》）、余姚虞洪（王浮《神异记》）、沛国夏侯恺（干宝《搜神记》），都是平民饮茶的例子。

两晋南北朝时期，平民阶层的饮茶也越来越普遍。

饮茶起源于巴蜀，经两汉、三国、两晋、南北朝，逐渐向中原广大地区传播，饮茶由上层社会向民间发展，饮茶的地区越来越广。除四川、重庆之外，湖北、湖南、安徽、江苏、浙江、广东、云南、贵州这些地区均已有茶叶生产。张载《登成都白菟楼》诗云："芳茶冠六清，溢味播九区。"说四川的香茶传遍九州，这里虽有文人的夸张，却也近于事实。至两晋南北朝，中国人的饮茶习俗终于形成。

二、茶与社会生活

两晋南北朝时期，茶在社会生活的功用逐渐加大，在人际交往、祭祀祖先活动中都少不了茶。

（一）以茶待客

王褒《僮约》中的"烹茶尽具"便是规定在家中来客之后烹茶敬客。

南朝宋人何法盛《晋中兴书》记："陆纳为吴兴太守时，卫将军谢安常欲诣纳……安既至，所设唯茶、果而已。"陆纳以茶和水果待客。

南朝宋人刘义庆《世语新说·纰漏》记："任育长年少时，甚有令名。……坐席竟，下饮，便问人云：'此为茶，为茗？'"客人入座完毕，便开始上茶。同书还记："晋司徒长史王濛好饮茶，人至辄命饮之，士大夫皆患之。每欲往候，必云今日有水厄。"王濛"人至辄命饮之"，这是他好客的表现。

弘君举《食檄》："寒温既毕，应下霜华之茗。"客来到来，见面寒暄之后，先奉茶。

两晋南北朝时期，客来敬茶成为中华民族普遍的礼俗。客来敬茶不仅是世俗社会的礼仪，也影响到宗教界，如昙济和尚也是以茶待客，道俗相同。

（二）以茶祭祀

南朝宋刘敬叔《异苑》记剡县陈务妻，好饮茶茗。宅中有一古冢，每饮，辄先祀之。南齐武帝诏告天下，灵前祭品设茶等四样。

用茶祭祀亡灵、先祖，这一风俗后来成为中国社会的普遍风俗。

（三）茶与宗教结缘

道士丹丘子、黄山君饮茶"轻身换骨"，释法瑶"饭所饮茶"，释昙济以茶待客，等等。茶与宗教在两晋南北朝时期广为结缘。

三、茶字草创

秦代以前，中国各地的文字还不统一，茶的名称也存在同物异名。因此在汉魏六朝时期，表示茶的字有多个，"其字，或从草，或从木，或草木并。其名，一曰茶，二曰槚，三曰蔎，四曰茗，五曰荈。"（陆羽《茶经·一之源》）"茶"字是由"荼"字直接演变而来的，所以，在"茶"字形成之前，荼、槚、蔎、茗、荈都曾用来表示茶。

（一）借"荼"为"茶"的由来

《尔雅·释草第十三》："荼，苦菜。"苦菜为田野自生之多年生草本，菊科。三国·吴国陆玑《毛诗草木鸟兽鱼疏》记苦菜的特征：生长在山田或沼泽中，经霜之后味甜而脆。茶具苦涩味，便用同样具有苦味的荼（苦菜）来借指茶。

《尔雅·释木第十四》，"槚，苦荼"。槚从木，当为木本，则苦荼亦为木本，由此知苦荼非从草的苦菜而是从木的茶。《尔雅》一书，非一人一时所作，最后成书于西汉，乃西汉以前古书训诂之总汇。由《尔雅》最后成书于西汉，可以确定以荼借为茶不会晚于西汉。

西汉王褒《僮约》中有"烹荼尽具""武阳买荼"，一般认为这里的"荼"指茶。王褒《僮约》订于西汉宣帝神爵三年，由此也可知，用荼借指茶当在西汉宣帝之前。

在汉魏六朝时期的茶文献中，荼、苦荼、荼茗、荼荈多见，茗、荈也较荼为少见，槚、蔎都是偶见，由此看来，荼是汉魏六朝时期对茶的最主要称谓。

（二）茶的异名

1. 槚

槚，又作榎。《说文解字》："槚，楸也。""楸，梓也。"按照《说文解字》，槚即楸即梓。《埤雅》："楸梧早落，故楸谓之秋。楸，美木也。"楸叶在早秋落叶，故音秋，是一种品质高的树木。《通志》："梓与楸相似。"《韵会》："楸与梓本同末异。"陆玑《毛诗草木鸟兽鱼疏》："楸之疏理白色而生子者为梓。"《埤雅》："梓为百木长，故呼梓为木王。"综上所述，槚（榎）为楸、梓一类树木，且楸、梓是美木、木王。

"槚，苦荼"（《尔雅》）。槚为楸、梓之类如何借指茶？《说文解字》："槚，楸也，从木，贾声。"因茶为木本而非草本，遂用槚来借指茶。"其味甘，槚也"（《茶经》"五之煮"），由美木借为美味、甘味的茶。

因《尔雅》最后成书于西汉，所以槚借指茶也不晚于西汉。

2. 茗

茗，古通萌。"萌，草木芽也，从草明声。""芽，萌也，从草牙声。"（《说文解字》）茗、萌本义是指草木的嫩芽，茶树的嫩芽当然也可称茗。后来茗、萌分工，以茗专指茶树嫩芽，"嫩叶谓之茗。"（《魏王花木志》）所以，北宋徐铉校定《说文解字》时补："茗，茶芽也。从草名声。"

西晋王浮《神异记》载："余姚人虞洪入山采茗"，东晋郭璞《尔雅》"槚，苦荼"注云："早取为荼，晚取为茗，或一曰荈，蜀人名之苦荼。"唐前饮茶往往是生煮羹饮，因此，年初正月、二月采的是上年生的老叶，三四月采的才是当年的新芽，所以晚采的反而是"茗"。以茗专指茶芽，当在汉晋之时。

3. 荈

《三国志·吴书·韦曜传》："密赐茶荈以代酒"，茶荈代酒，"茶荈"当是茶饮。

《魏王花木志》："茶……其老叶谓之荈，嫩叶谓之茗。"南朝梁人顾野王《玉篇》："荈……茶叶老者。"陆德明《经典释文·尔雅音义下·释木第十四》："荈、茶、茗，其实一也。"陆羽《茶经》"五之煮"载："不甘而苦，荈也；啜苦咽甘，茶也。"综上所述，荈是指粗老茶叶，因而苦涩味较重，所以《茶经》称"不甘而苦，荈也。"

荈不像槚、荼等字是借指茶，只有茶一种含义。"荈"字可能是在"荼"字出现之前的茶的专有名字，但南北朝后就很少使用了。

4. 蔎

《说文解字》："蔎，香草也，从草设声。"段玉裁注云："香草当作草香。"蔎本义是指香草或草香。因茶具香味，故用蔎借指茶。西汉杨雄《方言注》："蜀西南人谓茶曰蔎。"但以蔎指茶仅蜀西南这样用，应属方言用法，古籍仅此一见。

（三）茶字的创造

在荼、槚、茗、荈、蔎五种茶的称谓中，以荼为最普遍，流传最广。但"荼"字多义，容易引起误解。"荼"是形声字，从草余（通"涂"）声。草头是义符，说明它是草本。但从《尔雅》起，已认识到茶是木本，用荼指茶名实不符，故借用"槚"。但槚本指楸、梓之类树木，借为茶也会引起误解。所以，在"槚，苦荼"的基础上，造一形声"梌"字，从"木""徒"声，以代替原先的槚、荼字。另一方面，仍用"荼"字，改读"加、诧"音。

陆德明《经典释文·尔雅音义下·释木第十四》云："荼，埤苍作梌。"《埤苍》乃三国魏张缉所著文字训诂书，则"梌"字至迟出现在三国初年。

南朝梁代顾野王《玉篇》"草部"第一百六十二，"荼，杜胡切。……又除加切。"隋陆德明《经典释文·尔雅音义下·释木第十四》："荼，音徒，下同。埤苍作梌。按：今蜀人以作饮，音直加反，茗之类。"除加切，直加切，音茶。"荼"读茶音约始于南北朝时期。

"梌"（音"徒"）形改音未改，"荼"（音"荼"）音改形未改，因此，梌在读音上及荼在书写上还会引起误解，于是进一步出现既改形又改音的"搽"（音茶）和"茶"。

隋陆法言《广韵》"下平声，莫霞麻第九；春藏叶可以为饮，巴南人曰葭茶。""茶，俗。""茶"字列入"麻韵"，下平声，当读"茶"，非读"徒"。"茶"字由"荼"字减去一画，仍从草，不合造字法，但它比"槚"书写简单，所以"槚"的俗字"茶"，首先使用于民间。"槚"（音茶）和"茶"大约都起始于梁陈之际。

尽管《广韵》收有"茶"字，但在正式场合仍用"槚"（音"茶"）。直到后世陆羽著《茶经》之后，"茶"字才逐渐流传开来。

四、茶文学初起

（一）茶诗

现存最早的涉茶诗，是西晋孙楚（220—293）《出歌》："茱萸出芳树颠，鲤鱼出洛水泉。白盐出河东，美豉出鲁渊。姜桂茶荈出巴蜀，椒橘木兰出高山。……""茶荈"即是茶，"茶荈出巴蜀"，说明直到西晋时期，茶叶仍是巴蜀的特产。

西晋张载，太康（280—289）初，至蜀省父，其父张收时为蜀郡太守。其《登成都白菟楼》诗应是当时的作品。诗的最后四句："芳茶冠六清，溢味播九区。人生苟安乐，兹土聊可娱。""六清"是指古代的六种饮料，即水、浆、醴、凉、医、酏。"芳茶冠六清"是说香茶胜过其他六种饮料，可以说茶是所有饮料之冠。"九区"即九州，泛指全国，"溢味播九区"是说茶的美味传遍全国各地。

（二）茶文

最早的涉茶文是西汉王褒的记事散文《僮约》，其中有"烹茶尽具""武阳买茶"。南朝鲍令晖曾撰《香茗赋》，但已散佚。

杜育，与左思、陆机、刘琨、潘岳等合称"二十四友"。杜育《荈赋》是现存最早的一篇茶文，但是原文散佚，唐代欧阳询编纂《艺文类聚》，部分才得以保留下来。存文如下：

> 灵山惟岳，奇产所钟。厥生荈草，弥谷被岗。承丰壤之滋润，受甘霖之宵降。月惟初秋，农功少休。结偶同旅，是采是求。水则岷方之注，挹彼清流；器择陶简，出自东瓯。酌之以匏，取式公刘。惟兹初成，沫沉华浮，焕如积雪，晔若春敷。……调神和内，慵解倦除。

《荈赋》写到"弥谷被岗"的植茶规模，写到秋茶的采制，特别是其中对于茶艺的描写，还写到饮茶的功用："调神和内，慵解倦除"。《荈赋》是文学史中第一篇以茶为题材的散文，才辞丰美，对后世的茶文学颇有启发。

（三）茶事小说

中国茶事小说的起源，可以追溯到魏晋时期。其时，茶的故事已在志怪小说集中出现。西晋王浮《神异记》有"虞洪在丹丘子的指引下获大茗"的故事，东晋干宝《搜神记》有"夏侯恺死后为鬼而回家饮茶"的故事，旧题东晋陶潜撰实是后人伪托的《搜神后记》（又名《续搜神记》）有"秦精采茗遇毛人"的故事。南朝宋刘敬叔《异苑》记剡县陈务妻好饮茶，宅中有古冢，每饮辄先祀之，后竟获钱。《广陵耆老传》记广陵茶姥者，轻健有力，耳聪目明，发鬓滋黑。历四百年，颜状不改。吏系之于狱，姥持所卖茶器，自牖中飞去。

魏晋南北朝，茶由巴蜀向中原广大地区传播，茶叶生产地区不断扩大，饮茶从上层社会逐渐向民间发展。茶字草创，有多个异名。煮茶流行，茶艺亦于西晋时萌芽。从汉代开始，就有了客来敬茶的礼节，到两晋南北朝时，客来敬茶成了普遍的礼仪。不仅如此，茶也成了祭祀的祭品。从晋代开始，道教、佛教徒与茶结缘，以茶养生，以茶助修行。两晋南北朝是中国茶文学的发轫期，《搜神记》《神异记》《搜神后记》《异苑》等志怪小说集中有一些涉茶的故事。孙楚、张载均撰有涉茶诗篇。杜育的《荈赋》、鲍令晖的《香茗赋》都是以茶为题材的散文。这一切足以说明，汉魏六朝是中华茶文化的起源和酝酿时期。

第 四 节　茶向江淮和中原地区的传播

饮茶习俗起源于巴蜀，茶树起源地的核心区域是云贵高原，四川正在其中。茶成为世界性饮料的第一步就是走出四川，顾炎武给出的时间是公元前 316 年。秦于是年灭巴蜀，并在两年后设置了巴郡和蜀郡，为文化传播消除了政治藩篱，由此开始了更大规模的茶文化传播。

一、茶向江淮的传播

茶首先沿长江东下，传播到生活习惯相似尤其是饮食结构相同的楚、吴、越文化圈，在湖南、湖北、安徽、浙江、江苏形成了颇具规模的产茶能力。从魏晋南北朝的产茶地分布可以看出，大致沿长江分布的中国产茶地基本格局已形成。在此基础上又可分成四个相对集中的产茶区，即以成都为中心的产茶区、川鄂湘贵产茶区、皖鄂赣产茶区和江浙产茶区。产茶区的划分至今也没有发生本质变化。尤其江浙产茶区虽然不似以上三个产茶区广阔，但相关史料却均具体地落实到县。

南朝宋人山谦之在《吴兴记》中记载了乌程的产茶情况："乌程县西二十里，有温山，出御荈。"山谦之在宋文帝时由史学生升迁至学士，孝武帝孝建（454—456）初亡于任上。宋是南朝的第一个小王朝，从 420 年宋建立到山谦之去世只不过相隔 30 多年，因此御茶园的建立很可能是在晋代。皇帝御用茶叶生产的专门化首先说明皇室饮茶习俗已经完全确立，对于茶的需求数量庞大而稳定，魏晋以来皇帝或者皇室的饮茶史料就是最好的证明。皇帝御用茶的消费非常少，更多的部分则是通过赏赐而被高级官僚和贵族们享用。御茶标志着最先进的技术与最优异的品质，也就是说六朝时期茶叶生产的龙头在吴兴、乌程，即在现在的浙江湖州。

吴兴之所以能够走在六朝茶业的最前端，是因为该地区有着方方面面优越的条件，其中基础条件是吴兴拥有适宜茶树生长的自然环境。但是类似的自然环境并不仅仅是浙江具备，吴兴能够扮演领导中国茶叶生产的角色，还与浙江悠久饮茶传统的大背景以及由此形成的浓厚坚实的文化与技术基础分不开。

吴兴郡乌程县的茶农们为在其北面的建康帝王们采制御用茶时，在南方士族的聚居地——会稽郡，虞洪之流也在余姚县句余山为制茶而忙碌。在浙江这块土地上的人们与茶有着不解之缘，陆纳拟以茶宴款待谢安，桓温茶果待客被视为节俭，陈务的妻子在南迁北方士族集中的剡县（今浙江新昌）以茶祭鬼。在这些特别的饮茶事例背后，是更加普遍的饮茶生活。长江流域的人们，尤其是有着悠久文化传统与优雅品位的南方贵族将茶的文化与技术加以洗练提升；在浙江的人们，把原来的地方口味加工、推广成为全国的口味标准，从而独占鳌头。

吴兴郡设立于三国吴宝鼎元年，治所在乌程（今浙江湖州南部，东晋义熙初移至今湖州），辖境相当于今浙江临安、余杭、德清一线西北，兼有江苏宜兴市。

吴兴郡在东晋有特别的地位，有以三品以上京官出任吴兴郡太守的惯例。比如陆纳，"累迁黄门侍郎、本州别驾、尚书吏部郎，出为吴兴太守……顷之，征拜左民尚书，领州大中正。"[1] 征西大将军桓温的司马谢安也曾出任吴兴太守，"温当北征，会万病卒，安投笺求归。寻除吴兴太守……顷之，征拜侍中，迁吏部尚书、中护军。"[2] 吴兴太守既是具有相当地位的京官的外任职位，也是进一步晋升的阶梯。

吴兴郡处于六朝经济、文化繁荣的地区，北边是以首都建康为代表的政治中心。晋元帝在建康即位建立东晋之后，随他南渡的北方士族多聚居在建康附近，桓温也率兵驻扎在姑熟（今安徽当涂）。南面的会稽郡则以优雅的贵族文化氛围著称。两晋之交，大量北方士族来到会稽，集中在相对落后、有待开发的曹娥江流域的剡、始宁、上虞等地，而原来的会稽豪族则聚居在位于平原之上的山阴、余姚。南北士族保持着比较和谐的关系。东晋中期以后，大批风流名士相继来到会稽，人文荟萃、佛道云集，所谓"会稽有佳山水，名士多居之"[3]，以脱离政界的贵族们的隐居地为特色。他们在会稽郡过着优雅、闲适的隐居生活。"兰亭之会"是南北士族在会稽的代表性的集会，风流盛事，千古绝唱。

把御茶园放在靠近消费中心的吴兴可以保障供给。原来交通就不是很方便的四川，由于三国时期长时间处于割据状态，西晋末年又一度成立巴氏的成汉政权，东晋初再为前秦所有，导致川茶的销售渠道更不通畅。对于中原，尤其是长江中下游的茶的消费者来说，因其市场需求得不到保障，所以刺激了长江中下游地区的制茶产业，以乌程为代表的吴兴茶业则独领风骚。因此，吴兴的重要不仅是它自身所拥有的经济、文化实力，还有一个重要条件是它所处的地理位置，增强了它的重要性。

饮茶早已走出巴蜀，从荆楚传播到了长江下游的东南沿海一带。吴地最确凿的饮茶史料来自陈寿所撰《三国志·吴志·韦曜传》。孙皓"密赐"韦曜茶水代酒的故事说明吴地宫廷及上层统治阶级中已流行饮茶。

两晋时南方饮茶更为普遍，并且形成了一种社会风气。宫廷宴会用茶，一般请客也用茶；上层社会喝茶，民间下层也饮茶；待客用茶，敬鬼神也用茶；家中可饮茶，市场上也可买茶饮。从饮茶地域来看，包括了四川、云贵、荆楚、皖南、江浙一带和两广地区。《北堂书钞》引东晋裴渊《广州记》有："酉平县出皋卢，茗之别名，叶大

———————
① 房玄龄. 晋书：卷77《列传第四十七·陆纳》. 北京：中华书局，2003：2026-2027.
② 房玄龄. 晋书：卷79《列传第四十九·谢安》. 北京：中华书局，2003：2073.
③ 房玄龄. 晋书：卷80《列传第五十·王羲之》. 北京：中华书局，2003：2598-2599.

而涩，南人以为饮"，两广人饮的皋卢是茶。刘宋时的《南越志》有："茗，苦涩，亦谓之过罗"①，过罗也是茶。可见两晋时植茶、饮茶已扩展到整个南方。

南北朝期间茶传播的一个突出表现是饮茶风习继续蔓延，尤其是南方各地日趋转盛，另一突出表现为江淮和江浙沿海一带茶业的较大发展。

二、茶向中原的传播

从文化人类学的文化传播理论出发推论，当茶成为四川的代表性文化，引起各方的关注后便开始了传播。四川是一个盆地，从自然地理、人文环境等条件上看，四川茶首先沿长江向东传播。当陈仓道、保斜道、子午道等被开通后，四川茶又沿着这些栈道迅速向北、向中国的政治中心传播。

秦始皇统一中国以后，以"焚书坑儒"为代表的高压政策摧残了关东地区的文化，而以发达的神仙方术为特征的巴蜀文化则不仅没有受到冲击，反而因秦始皇热衷于神仙方术而得以发展。中原地区在接受神仙方术等四川文化时，没有出现史料证明有茶，但是相同的价值观至少使得社会容易接受茶。

在汉初解除秦代的思想、文化禁忌时，关东地区因文化人在"焚书坑儒"和"楚汉战争"中遭受到空前浩劫，元气大伤，一时难以恢复。而巴蜀以其得天独厚的地理条件，使得其文化精英避免了战争的涂炭及政治的镇压，并且在秦汉之际还吸引了中原士人入蜀避难，储备了人才资源，一旦出现合适的社会环境，其文化就会更加迅猛地发展。汉景帝时，促使四川文化事业发展的契机出现了，那就是蜀郡太守文翁制定了鼓励学习中原文化，为蜀郡培养本地出身的管理人才的政策。文翁起用学成归蜀的蜀郡子弟协助自己工作，或让他们从政，或让他们办学，进一步繁荣了蜀郡的文化教育事业。

> 景、武间，文翁为蜀守，教民读书法令，未能笃信道德，反以好文刺讥，贵慕权势。及司马相如游宦京师诸侯，以文辞显于世，乡党慕循其迹。后有王褒、严遵、扬雄之徒，文章冠天下。②

也许有偶然性因素，在以上提到的四位代表性四川文人中，竟有司马相如、王褒、扬雄三人留下了有关茶的史料。司马相如、王褒、扬雄都曾在京师长安（今陕西西安）任职为官，深得皇帝赏识，均为近臣，在上层社会有着相当的影响力。他们著述的影响也是全国性的，他们在诗文中对茶的介绍与关注，尤其对当时茶在主流社会的传播具有非常重要的意义。

西晋傅咸（239—294）《司隶教》证明饮茶习俗至迟在晋代初年的北方已经成为平民的饮料。他在《司隶教》中写道："闻南市有蜀妪作茶粥卖之，廉事打破其器

---

① 沈怀远.《南越志》，原书佚，见李昉等撰《太平御览》第 867 卷《饮食部·茗》. 中华书局，2006：3845.

② 班固撰，颜师古注. 汉书：卷28 下《地理志》. 中华书局，2006：1645.

物。"① "教"是一种文体，为官府或长辈、上司的告谕，其不同于文学作品，具有很强的真实性。《司隶教》当是他在司隶校尉任上所作。自汉武帝始设司隶校尉，起先是皇帝的钦命使者，持节、领兵可以奏弹、审讯和逮捕所有官僚和贵族，其后的地位和职掌不断变化。判断在西晋初，首都洛阳的市场上已经有人经营茶汤，因为是市场上的商品，所以是针对平民的饮料，从一个侧面反映了茶叶消费的状况。

由于魏晋南北朝在中国历史上是一个民族大迁徙的时期，为茶向北方传播增添了民族的元素。这种状况一方面延长了茶在北方的发展进程，另一方面为茶文化发展和中华文化要素奠定了更加扎实的基础。

永安二年（529），南朝梁的主书陈庆之随元颢到洛阳，应车骑将军张景仁之邀赴宴。酒席宴上，陈庆之与中原士族杨元慎就魏梁孰为中华正统而发生争执，二人十分不愉快。几天后，杨元慎借陈庆之生病的机会进行恶作剧性的报复。

于后数日，庆之遇病，心上急痛，访人解治。元慎自云"能解"，庆之遂凭元慎。元慎即口含水噀庆之曰："吴人之鬼，居住建康，小作冠帽，短制衣裳。自呼阿侬，语则阿傍。菰稗为饭，茗饮作浆，呷啜莼羹，唼嗍蟹黄，手把豆蔻，口嚼槟榔。乍至中土，思忆本乡。急手速去，还尔丹阳……"庆之伏枕曰："杨君见辱深矣。"②

尽管这是北方少数民族文化与南方汉族文化冲突的一个事例，对于饮茶习俗的描述是负面的态度，但是把饮茶作为南方饮食习俗的一个象征来对待，这种观点在北魏有一定的代表性：

肃初入国，不食羊肉及酪浆等物，常饭鲫鱼羹，渴饮茗汁。京师士子，道肃一饮一斗，号为"漏卮"。经数年已后，肃与高祖殿会，食羊肉酪粥甚多。高祖怪之，谓肃曰："卿中国之味也。羊肉何如鱼羹？茗饮何如酪浆？"肃对曰："羊者是陆产之最，鱼者乃水族之长。所好不同，并各称珍。以味言之，甚是优劣。羊比齐鲁大邦，鱼比邾莒小国。唯茗不中与酪作奴。"……彭城王谓肃曰："卿不重齐鲁大邦，而爱邾莒小国。"肃对曰："乡曲所美，不得不好。"彭城王重谓曰："卿明日顾我，为卿设邾莒之食，亦有酪奴。"因此复号茗饮为酪奴。③

王肃出身世家大族，因父兄在 493 年（孝文帝太和十七年，齐武帝永明十一年）被齐武帝所杀，亡命北魏，辅佐孝文帝建立、健全北魏的国家制度，深得孝文帝信任，是北朝的汉文化代表人物。开始时，他不习惯北方饮食中的羊肉、酪乳，尽管在北方生活，依然像在南方那样吃米饭、喝鱼羹、饮茶水。在京师洛阳，由于大家对饮茶不甚了解，于是对王肃的饮茶习惯越传越离谱，说他一次要饮用一斗，因此给他起一个"漏斗"的外号。数年后，王肃逐渐接受了部分北方饮食，在与孝文帝一起用餐时食用了大量羊肉、酪乳，很让孝文帝惊奇："你的口味北方化了。和羊肉相比，鱼羹的

---

① 虞世南．北堂书钞：卷 144《酒食部·粥篇》．天津古籍出版社，1988：647.
② 杨衒之．洛阳伽蓝记：卷 2《城东》．长春：时代文艺出版社，2004：52-53.
③ 杨衒之．洛阳伽蓝记：卷 3《城南》．长春：时代文艺出版社，2004：65-66.

滋味如何？和茶汁相比酪乳的滋味如何？"王肃回答说："羊肉是畜类之最，鱼是水产之最。爱好不同，都可以说是珍味。以滋味而言，优劣差别显著。羊好比是齐鲁大国，而鱼则似邾莒小国。但是茶不应该与酪为奴。"王肃在评论南北饮食时在措辞上贬低自己的南方饮食习惯，表现得十分谦恭。事后彭城王针对王肃的饮食嗜好指出他："不看重齐鲁大邦，而爱惜邾莒小国"。王肃解释说："家乡的特产，不得不爱好。"以个人爱好、风土习俗为由，替自己无法割舍对于南方饮食的留恋而辩解。其中更理直气壮的言语是："不应该视茶为酪奴"，然而由他这句话反而制造出一个茶的蔑称——酪奴。在这里茶的地位被抬高了，成为羊与鱼、酪与茶矛盾的对立面之一，可见茶在南方生活中的代表性、典型性。

汉化问题对于北魏非常重要。日益扩大的疆域，无法依赖鲜卑的文化来统合，要想统治中国，除了汉化别无选择。太和十八年（494），孝文帝出于汉化、南下统一中国以及经济政策的考虑，以南伐为名，离开平城，迁都洛阳。进而通过鲜卑贵族与中原士族的联姻、鲜卑人改汉姓、禁止在朝廷使用鲜卑语和穿鲜卑民族服装等措施，加速了鲜卑族的汉化。鲜卑族大臣刘缟仰慕王肃的风流，模仿、学习饮茶就是其中一个侧面的反映：

> 时给事中刘缟慕肃之风，专习茗饮，彭城王谓缟曰："卿不慕王侯八珍，好苍头水厄。海上有逐臭之夫，里内有学颦之妇，以卿言之，即是也。"其彭城王家有吴奴，以此言戏之。自是朝贵宴会，虽设茗饮，皆耻不复食，唯江表残民远来降者好之。[①]

总的说来，彭城王元勰是支持孝文帝政策的重要鲜卑贵族。然而放弃自己的民族传统，恐怕对于绝大多数人来说都是一件痛苦的事情，出现一些情绪化的指责也不足为奇。元勰的嘲讽形成了一种舆论压力，对当时、当地的饮茶风气造成了一定影响，不过从唐代回鹘以马易茶上看，北方民族最终还是接受了茶。

---

① 杨衒之. 洛阳伽蓝记：卷3《城南》. 长春：时代文艺出版社，2004：66.

第二章 隋唐五代时期

第一节 茶叶生产技术的进步

一、茶树栽培技术

唐代之前，茶树栽培技术发展缓慢。虽然史传、诗赋、方志等古籍中有所反映，也仅一鳞半爪。直到唐代，饮茶迅速普及和茶叶生产空前兴盛，人们对茶树的认识有了提高并积累了许多经验，栽培技术得到较大范围的普及与提高。

古籍对茶树栽培技术的记载一般都晚于实际，从茶树栽培技术的产生到见诸记载，往往要经过几十年，甚至更长的时间。所以，古籍中关于某项茶树栽培技术的最早记载，并不是这项技术形成和产生的最早年代。它不是源，而是流，可以作为当时社会所达到的水平的一种参照。

（一）对茶树形态的认识

西晋以前，中国古籍中没有任何茶作知识和栽培技术的记载。中国有关茶树形态的最早记载，可上溯到西晋郭义恭《广志》："茶，丛生"。对于茶树形态的记载，从晋朝开始，直到唐朝陆羽《茶经》才完整。

东晋郭璞注《尔雅》，关于茶树写道："树小似栀子，冬生，叶可煮作羹饮。"说明茶是一种常绿灌木，而且是一种叶用植物。但对茶树性状，未作具体的说明。南朝梁代任昉《述异记》："巴东有真香茗，其花白色如蔷薇。"表明茶树开白色小花。

唐代陆羽的《茶经》，对茶树性状的描述已很具体。"一之源"中载："茶者，南方之嘉木也。一尺、二尺乃至数十尺，其巴山峡川有两人合抱者，伐而掇之。其树如瓜芦，叶如栀子，花如白蔷薇，实如栟榈，茎如丁香，根如胡桃。"从这个记载至少可以看出：茶的原产地是在气候温暖的南方；茶树有灌木和乔木两种类型，在乔木类型中，有大到两人合抱的高大茶树，要砍下枝条，才能采摘芽叶；对其根、茎、叶、花、果的性状，也都作了近似的、形象化的描述。《茶经》从整体说到局部，从花叶一直说到种子、根、茎，完成了前代学者四五个世纪要说而没有说完整的茶树形态问题。陆羽《茶经》以后的古代茶书中，虽然也有一些关于茶树性状的描述，但与《茶经》中记载的都没有什么大的出入。

（二）茶园生态条件

随着茶叶产区的扩展，人们在生产实践中逐渐认识了茶树适宜的生态条件，开始重视生态环境对茶树的影响。晋以前只知茶树适生在丘陵山地，如西晋杜育的《荈赋》中载："灵山惟岳，奇产所钟，厥生荈草，弥谷被岗。承丰壤之滋润，受甘露之霄降"，指出茶树种在名山谷岗上，土壤肥沃，雨露滋润而生长繁茂。茶树适生的土壤条件，陆羽《茶经》载："其地，上者生烂石，中者生砾壤，下者生黄土"，"野者上，园者次。阳崖阴林，紫者上，绿者次。笋者上，牙者次。叶卷上，叶舒次。阴山坡谷者，不堪采撷"，"茶之笋者，生烂石、沃土"，明确指出了茶的品质与生长环境有较大关系。陆羽在这里所讲的烂石，无疑是指土层比较深厚、排水良好的风化坡积土，因为只有这类土壤，才能与"沃土"并称，也才能够萌发生长出粗壮有芽的新梢（"笋者"）；"砾壤"虽然不及"烂石"，但较之结构与排水不良、有机质贫乏的"黄土"，仍然稍胜一筹。

茶树适生的地势和方位，关系到茶树生育所需的光、温、湿等气候条件。陆羽在《茶经》中首先指出茶树适宜生长在林木多的向阳山坡上（"阳崖阴林"），背阴谷地（"阴山坡谷"）不宜种茶。唐末韩鄂《四时纂要》："此物畏日，桑下竹阴地种之皆可……大概宜山中带坡峻，若于平地，即须于两畔深开沟垄泄水，水浸根必死。"茶宜种在一定坡度的山坡，平地"须于两畔开沟垄泄水"。五代蜀人毛文锡在《茶谱》（约935）中也说："宣城县有丫山……其山东为朝日所烛，号曰阳坡，其茶最胜。"

综合上面记载，不难看出，关于茶树对外界环境条件的要求，至少在唐朝时就认识到这样几点：

（1）茶树是一种喜温湿的作物，寒冷干旱的北方不宜种植；

（2）茶树不喜阳光直射，具有耐荫的特性；

（3）茶宜种于土质疏松、肥沃的地方，黏重的黄土不利茶树生长；

（4）茶树根系对土壤的通透性有一定要求，耘治能促进茶树生长；

（5）茶地要求排水良好，地下水位不能过高，更不能积水。

（三）茶树品种资源和选育

茶树是异花授粉植物，后代为杂合体，适应性强。中国种茶历史悠久，茶区广阔，原始杂合群体是自然选择的结果，为日后的人工选育创造了丰富的种质资源。茶树在长期的自然因素和人工选择作用下，产生了一些变种和许多地方品种。

茶树是多年生木本植物，从野生型过渡为栽培型，经历了漫长的过程。西晋王浮《神异记》记载余姚人虞洪，至瀑布山获"大茗"（大茶树）。陆羽《茶经》也称"其巴山峡川有两人合抱者"，高可达数十尺（1尺≈0.33米）。说明当时已有乔木型茶树，乃至野生大茶树。在陆羽《茶经》中，不但第一次提到了茶有灌木和乔木等不同品种，而且指出生长在"阴山坡谷"的茶树，由于其生长环境有逆茶树植物学情况，品种不好，因此"不堪采撷"。陆羽在《茶经》"一之源"中首先提出"紫者上，绿者次；笋者上，牙者次；叶卷上，叶舒次"的分类标准，并且把叶片深绿带紫色、芽头粗壮、叶片隆起背卷的，作为优良品种的代表，这是对茶树品种资源进行分类的最初尝试。

（四）茶树繁殖

在唐朝以前，茶树虽有野生和园生之别（园生茶树可能是移植而来），但未见种植方法之文字记载。对于茶树繁殖，一般是采用"丛直播"的方法。陆羽《茶经》说："法如种瓜，三岁可采。"说明种茶要像种瓜那样，挖坑下种育苗，三年可采茶。唐末韩鄂《四时纂要》详细地介绍：

种茶：二月中，于树下或北阴之地，开坎，圆三尺，深一尺，熟斸著粪和土。每坑种六七十颗子，盖土厚一寸强，任生草不得耘。相去二尺种一方，旱即以米泔浇。……三年后每科收茶八两，每亩计二百四十科，计收茶一百二十斤。

种茶在二月中，选择树下或背阴之地。播时，开直径约 3 尺、深 1 尺左右的圆坎，将坎底土壤锄松，施入粪肥，与土拌匀，然后每坎播六七十颗子，盖土厚 1 寸左右，任土上长草不得耕锄。每丛茶树相距 2 尺左右，干旱时以米泔水浇灌。……三年后，每丛茶树可收茶半斤，每亩种茶 240 丛，可收茶 120 斤。

中国古代在留种和种子贮藏方面，不但注意较早，而且技术的发展和成熟也早。从《四时纂要》可以清楚地看出，早在唐代人们就懂得和掌握了用沙土保存茶种的方法，这种沙藏法，一直沿用了下来。沙藏保种，在古代条件下，无疑是一种有效的良好方法，对保持种子的水分需要、促进种子后熟和保证有较高的发芽率等，都是有较好作用的。

（五）茶园管理

中国茶树栽培的具体记载，首见于《四时纂要》：

此物畏日，桑下竹阴地种之皆可。二年外方可耘治，以小便稀粪蚕沙浇拥（壅）之。又不可太多，恐根嫩故也。大概宜山中带坡峻，若于平地，即须于两畔深开沟垄泄水，水浸根必死。

其认为茶树生长二年后，可耘治，以小便稀粪蚕沙浇壅之，宜山中带坡峻，若于平地，即须于两畔深开沟垄泄水。……幼茶期间作套种雄麻黍稷等。显而易见，《四时纂要》所说的这些内容，基本是唐朝后期群众栽培茶树经验的记录，提出了茶树的翻耕施肥、间作、开沟排水等技术。种茶二年后方可开始"耘治"，这是为了怕损伤幼树的根系，影响成活率。

陆羽《茶经》和后来《四时纂要》记载的有关内容，比较全面地反映了唐朝茶作学说和栽培技术的实际情况。茶园管理中的中耕、除草、施肥与间作套种等农活，至少在唐代就已具备。当然，《四时纂要》记载的内容不免有些原始、简单。

（六）茶叶采摘

当茶树处在野生状态时期，先民采茶多供药用，谈不上什么采摘技术。后来，随着茶叶成为饮品并发展为一种商品进行生产，对采摘技术才逐渐讲究。关于采茶，六朝以前的文献中没有留下多少记载。

西晋杜育《荈赋》载："月惟初秋，农功少休，结偶同侣，是采是求。"看来在两晋南北朝时期，曾有采摘秋茶。东晋郭璞注《尔雅》载："今呼早采者为茶，晚取者为茗。"这些茶的名称，都是与采茶时期相联系着的。

比较系统反映古代采摘的文献，尚属陆羽《茶经》：

> 凡采茶，在二月、三月、四月之间，茶之笋者，生烂石沃土，长四、五寸。若薇蕨始抽，凌露采焉。茶之牙者，发于丛薄之上，有三枝、四枝、五枝者，选其中枝颖拔者采焉，其日有雨不采，晴有云不采，晴采之。

指明当时采茶的季节、采茶的标准和采茶的天气要求。当时只采春、夏茶，并要求"晴采之"，即采的天气宜晴不宜雨。

当然，唐朝还有采冬茶的情况，如《文宗本纪》说：大和七年，"吴蜀贡新茶，皆于冬中作法为之。"这是一个例外，是为抢早进贡作的弊，不是定制。

二、制茶技术

中国茶的早期加工，大致经历了烧烤、晒干、原始蒸青和晒青散茶、蒸青饼茶和散末茶的漫长历史过程。

陆羽《茶经》称"茶之为用，发乎神农氏"，说神农氏为了寻找能治病的药材和能食用的植物，嚼食各种植物叶片时发现茶的。说明，茶之为用，最早是从咀嚼茶树鲜叶开始的。这种最原始的咀嚼茶树鲜叶的利用方法，经进一步发展便是生煮羹饮。生煮羹饮，是直接利用未经任何加工的茶树鲜叶。生煮羹饮的习俗，延续至唐代仍有出现。

（一）烧烤

在原始生煮羹饮利用的基础上，进一步发展的结果，就是生叶经烧烤后再煮饮。可以想象，将采集到的茶树新梢，放在火上经烧烤再放在水中去煮，煮出的茶汤供人们解渴消暑，这种"烧烤鲜茶"的做法，也许就是最原始的绿茶加工了。现代"绿茶"的概念就是通过高温杀青以后制成的茶叶，现代杀青有蒸青、锅炒青等，都是利用高温抑制酶的活性，保持清汤绿叶的绿茶特征。"烧烤鲜茶"，实际上也达到了杀青的目的。用现代的语言就是将"杀青叶"（烧烤叶）直接煮饮，无非是没有制成干茶而已。中国云南西双版纳部分地区的人们，至今还保留着这种"烤鲜茶煮饮"习俗。

（二）晒干

进一步的发展，就是"晒干收藏"，以备后用。因为不少植物的可利用部分，如果实、种子、块根、块茎、新梢芽叶等，都是有季节性的。如春、夏、秋茶季才能采到新梢芽叶，为了在冬季能喝到茶，或是想把产茶地的茶运输到较远的非产茶地去，就需要经晒干加工成为"干茶"才行。因此茶叶的最初加工方式，可能就是"晒干"了，将采集来的新鲜茶枝叶利用阳光直接晒干或烧烤后再晒干，这样就能保存了。

唐代樊绰《蛮书》记载了当时云南西双版纳一带茶叶采制烹饮的情况："茶出银生城界诸山，散收，无采造法，蒙舍蛮以椒、姜、桂和烹而饮之。"银生城是现在云南省景东彝族自治县，"蒙舍"是唐代南诏，六诏之一，在今云南巍山、南涧一带。所谓"散收"，收购的可能就是简单的晒干散茶；所谓"无采造法"，是相对于唐代巴蜀地区、江浙一带已出现的蒸青饼茶、散末茶而言，云南的"晒干收藏"法就显得简单，可以说是"无采造法"。

（三）原始蒸青和晒青散茶

在烧烤鲜叶的基础上，人们利用水蒸气来蒸茶。蒸完以后，再用锅炒或烘焙至干，于是就发明了原始的"蒸青"。有太阳的天气，可能是蒸后利用太阳晒干，产生原始的晒青茶。

（四）蒸青饼茶和散末茶

陆羽《茶经》"七之事"引《广雅》："荆巴间采茶作饼"。尽管此条肯定不会出于《广雅》，但它一定是中唐之前材料。将采来的茶树鲜叶，蒸后做成茶饼。由于老叶黏性差，就加些米膏做成茶饼。于是发明了原始的蒸青饼茶，这是在原始蒸青散茶基础上的技术进步。

加工工艺比较成熟的蒸青饼茶，出现在中唐时期，是在原始蒸青饼茶的基础上创造出来的。陆羽《茶经》称："饮有粗茶、散茶、末茶、饼茶者。"粗茶就是粗老茶叶加工成的散茶。这里的散茶是指幼嫩芽叶加工成的蒸青、晒青散茶，如唐时蜀州所产的雀舌、鸟嘴、麦颗、片甲、蝉翼之类的细嫩茶叶，是蒸后烘干而成。单芽者像麦颗，松散嫩叶者像片甲和蝉翼，一芽一二叶者像雀舌和鸟嘴。末茶是指蒸后捣碎再干燥的碎末茶。

（五）蒸青饼茶工艺

蒸青饼茶的制造方法，在陆羽的《茶经》中有记述，即"晴，采之。蒸之，捣之，拍之，焙之，穿之，封之，茶之干矣。"并述：

> 茶有千万状，卤莽而言，如胡人靴者，蹙缩然；犎牛臆者，廉襜然；浮云出山者，轮囷然；轻飙拂水者，涵澹然；有如陶家之子，罗膏土以水澄泚之；又如新治地者，遇暴雨流潦之所经。此皆茶之精腴。有如竹箨者，枝干坚实，艰于蒸捣，故其形籭簁然；有如霜荷者，茎叶凋沮，易其状貌，故厥状委萃然，此皆茶之瘠老者也。自采至于封，七经目。自胡靴至于霜荷，八等。

唐代这种蒸青饼茶的制作，根据陆羽《茶经》，大体上有以下步骤。

1. 采茶

关于采茶季节，陆羽《茶经》称："凡采茶，在二月、三月、四月之间。"当茶发出新芽"若薇蕨始抽"时，采下嫩芽叶，粗老叶不好。即陆羽称之为"笋者上，牙者次。叶卷上，叶舒次。"采摘要及时且精细，"采不时，造不精，杂以卉莽，饮之成疾。"具体采茶时是用一种称作"籝"的竹篮子去采茶。

2. 蒸茶

采来的叶子放在箅中，置箅于甑（木制或瓦制的圆桶）中，甑置锅上，锅内盛水，烧水蒸叶。

3. 捣茶

蒸后的茶叶趁热放在杵臼（又称"碓"）中捣碎，但不必太细碎，有一些短碎嫩茎存在也不要紧。正如《茶经》所说："若茶之至嫩者，蒸罢热捣，叶烂而牙笋存焉。"

4. 拍茶

拍茶即压茶饼。将捣碎后的茶叶倒入铁制的规（又称模，规有方形、圆形、花形几种）中，规置垫有襜（又称衣，油绢制）的承（又称台、砧）上，用力拍压茶叶，使茶饼紧实平整。

5. 焙茶

将压好的茶饼从圈模中小心脱出，将脱出的茶饼列在芘箈（又称籯子、蒡篗，竹编成）上。陆羽《茶经》称，"焙茶"要在地灶上架焙茶棚，"编木两层，高一尺，以焙茶也。茶之半干，置下棚；全干，升上棚。"

6. 穿串

焙干的饼茶要穿孔，穿成串。制成的饼茶有大有小，有方形的、圆形的，也有花形的。陆羽《茶经》称，饼茶外观形态多种多样，大致而论，有的像唐代胡人的靴子，皮革皱缩着；有的像野牛的胸部，有细微的褶皱；有的像浮云出山屈曲盘旋；有的像轻风拂水，微波涟涟；有的像陶匠筛出细土，再用水沉淀出的泥膏那么光滑润泽；有的又像新开垦的土地，被暴雨急流冲刷而高低不平。这些都是品质好的饼茶。有的叶像笋壳，茎梗坚硬，很难蒸捣，所制茶饼表面像箩筛；有的像经霜的荷叶，茎叶凋败，样子改变，外貌枯干。这些都是粗老的茶叶。

（六）唐代名茶

唐代著名的饼茶与散茶，如唐代李肇《唐国史补》中记述：

> 风俗贵茶，茶之名品益众。剑南有蒙顶石花，或小方，或散芽，号为第一。湖州有顾渚之紫笋，东川有神泉小团、昌明兽目，峡州有碧涧明月、芳蕊、茱萸簝，福州有方山之露芽，夔州有香山，江陵有楠木，湖南有衡山，岳州有邕湖之含膏，常州有义兴之紫笋，婺州有东白，睦州有鸠坑，洪州有西山之白露，寿州有霍山之黄芽，蕲州有蕲门团黄，而浮梁有商货不在焉。

说明唐代的名品茶叶已出现很多，其中有团饼茶也有散茶，散茶中有芽茶也有叶茶。

据程启坤对唐代陆羽《茶经》和唐代李肇《唐国史补》（806—820）等历史资料的统计，唐代名茶计有下列五十余种，大部分都是蒸青团饼茶，少量是散茶。

顾渚紫笋：又名顾渚茶、紫笋茶，产于湖州。

阳羡茶：同紫笋茶，又名义兴紫笋，产于常州。

寿州黄芽：又名霍山黄芽，产于寿州。

蕲门团黄：产于湖北蕲春。

蒙顶石花：又名蒙顶茶，产于剑南雅州名山。

神泉小团、兽目：产于绵州四剑阁以南、西昌昌明神泉县西山。

碧涧明月、芳蕊、茱萸：产于峡州。

方山露芽：产于福州。

楠木茶：产于荆州江陵。

衡山茶：产于湖南省衡山，其中以石廪峰茶最著名。

东白：产于婺州。

鸠坑茶：产于睦州桐庐县山谷。

西山白露：产于洪州。

仙崖石花：产于彭州。

仙人掌茶：产于荆州。

夷陵茶：产于峡州。

义阳茶：产于义阳郡。

天柱茶：产于舒州潜山。

雅山茶：产于宣州宣城。

径山茶：产于杭州。

腊面茶：又名建茶、研膏茶，产于建州。

横牙、雀舌、麦颗、蝉翼：产于蜀州的晋源、洞口、横原、味江、青城等地，属蒸青散茶。

邛州茶：产于邛州的临邛、临溪、思安等地。出产早春、火前、火后、嫩绿等蒸青散茶。

泸州茶：又名纳溪茶，产于泸州纳溪。

剡溪茶：产于越州剡县。

蜀冈茶：产于扬州江都。

柏岩茶：又名半岩茶，产于福州鼓山。

九华英：产于剑阁以东蜀中地区。

小江园：产于剑州小江园。

第二节　茶叶生产和经济勃兴

隋朝结束了东晋以来 270 多年的分裂割据局面，再次建立了统一的中央集权国家。政治、经济的大力整顿和改革，贯通南北的大运河的开通，有利于南北经济文化交流，饮茶风尚进一步传播。直到唐代中期，茶业才真正达到昌盛。统治阶层喜好茶，进一步助推了茶业在唐代的发展。秦岭淮河以南广大地区，植茶业迅速发展，奠定了现代茶区的雏形，大量名茶脱颖而出；产生了世界上第一部茶书《茶经》，茶叶种植、制造技术有了很大提高；茶叶贸易兴旺，内销、边销、外销同时进行，茶商、茶市十分活跃；茶利骤兴，税茶榷茶之政创立。茶业开始从农业生产中分离出来，成为社会经济的重要部门，在国家政治、经济、思想、文化、生活领域发挥着重要作用，对后世产生了深远影响。受"茶为食物，无异米盐"的需求刺激和推动，唐代茶叶生产飞速发展。传统茶产区巴蜀等地又有新突破，江南一跃成为主要茶区和茶业中心，茶叶成为唐代最具典型的农业大宗商品。

一、茶叶生产和消费的勃兴

（一）茶区的扩大和茶园的发展

茶树种植在唐代成为一项重要产业，在众多州县得到推广。茶叶生产与气温、降水、地势等自然和地理环境有密切关系，具有很强的地域性，因此在地域的基础上形成了众多茶区。陆羽《茶经》首次详细记载了唐代茶叶产地的分布情况，表明唐代中期茶叶生产已经有了比较大的规模。

《茶经·八之出》中共记载 8 道、43 州、44 县，但是《茶经》的记载并没有完全涵盖唐代产茶区。从《全唐诗》《新唐书·地理志》等文献来看，会发现唐代产茶区更为广大。《全唐诗》所提到的产茶区有 6 道、27 州，主要分布在江南道，占 17 州。其中，有 9 州《茶经》并未记载，包括江南道饶州、洪州、江州、岳州、升州 5 州，山南道朗州、开州 2 州，岭南道容州，河东道潞州。吴觉农经整理发现，淮南道扬州、山南道夔州、剑南道眉州和汉州、黔中道的黔州等也被遗漏①。更有学者广泛搜集《通典》《唐国史补》《全唐文》《册府元龟》《太平广记》《元和郡县图志》《太平寰宇记》《事物纪原》《蛮书》《旧五代史》《新五代史》《画墁录》《东斋纪事》《能改斋漫录》等典籍资料进行分析，认为唐代产茶州共有 69 个②。王洪军则根据唐人、宋人在不同时期不同历史文献的记载统计发现，唐代茶叶产地共有 98 州，占全国州郡总数的 29%③。这也在客观上证明了产茶的州郡不断增多的事实，越来越多的州郡被纳入到茶业经济的体系之中。

茶区的扩大也意味着以茶为业的人数增多。江淮地区是茶叶的核心产区，已经达到"什二三以茶为业"的盛况，开成五年（840）盐铁司奏曰："伏以江南百姓营生，多以种茶为业。"巴蜀地区向来为重要产茶区，李商隐称泸州百姓以茶为生计来源，不再以农业为主，"作业多仰于茗茶，务本不同于秀麦"；益昌县令何易于则认为百姓"即山树茶、利私自入"，对当地经济发展极为有利，坚决反对对茶征税（《孙樵集》卷三）。

茶叶生产的空间布局形成，标志着产业布局的专业化分工完成。不仅如此，区域内部的专业性生产也已经出现。通过整理相关文献记载，我们发现唐代有官办茶园、寺庙茶园、私人茶园、小农茶园等。

1. 官办茶园

最早的官办茶园当数在顾渚设置的贡茶院，贡茶院的茶园面积很大，从事贡茶生产的劳工相当多，并设置了专门管理的官吏。除国家层面的贡茶院外，各州府一般都有直接管辖的茶园："诸州府，除京兆河南府外，应有官庄宅、铺店、碾砠、茶菜园、盐畦、车坊等，宜割属所管官府。"（《唐大诏令集》卷二）在唐代，官办茶园处于强势地位，依靠打压小农茶园获利，甚至出现官办茶园吞并小农茶园的情况："令百姓移茶树就官场中栽，摘茶叶于官场中造。"这种野蛮的剥夺行为引发了茶农的激烈反抗。

2. 私人茶园

私人茶园一般是士子、诗人、隐士等私人种植培育的茶园。这类茶园多是他们日常生活的重要组成部分，种茶不仅仅是为了获取茶叶，更多的是表达一种生活的情趣与意境。因此，这类茶园有私人性、封闭性、情趣性的特点。白居易在庐山香炉峰盖

---

① 郭亮. 从茶产地的分布看唐代区域经济的开发——读《全唐诗》《茶经》《新唐书·地理志》札记. 乐山师范学院，2006（4）：71-75.

② 张咸泽. 汉唐时期的茶叶. 文史 11 辑. 中华书局，1981：61-70.

③ 王洪军. 唐代的茶叶生产——唐代茶业史研究之一. 齐鲁学刊，1987（6）：14-21.

了一座草堂，开辟药圃、茶园，并以之为产业："长松树下小溪头，斑鹿胎巾白布裘。药圃茶园为产业，野鹿林鹤是交游。"767 年，岑参出任嘉州刺史时，作诗《郡斋平望江山》，其所居处所的庭院中也有小片茶园："水路东连楚，人烟北接巴。山光围一郡，江月照千家。庭树纯栽橘，园畦半种茶。"韦应物在料理州郡事务之余，不忘在自家后院开荒拓茶园，其《喜园中茶生》云："洁性不可污，为饮涤尘烦。此物信灵味，本自出山原。聊因理郡余，率尔植荒园。喜随众草长，得与幽人言。"

3. 寺庙茶园

寺庙一般都修建于名山大川之间，这样的地理环境易于茶树的生长，南方多数寺庙中都有成片的茶园。赵璘《因话录·角》记载卢子严说自己："早年随其懿亲郑常侍东之同游宣州当涂，隐居山岩……好事因说其先师，名彦范，姓刘……所居有小圃，自植茶。"除安徽宣州外，湖北寺庙中也有茶园，符载《送崔副使归洪州幕府序》云："江夏郡东有黄鹤山，山中头陀大云精舍颢师竹院，惟一师茶圃。"寺庙培育茶园的初衷是为了满足本寺庙僧人日常饮茶之需，种植面积和生产规模往往并不大。晚唐诗僧齐己《闻道林诸友尝茶因有寄》则描绘了寺庙中的茶园："枪旗冉冉绿丛园，谷雨初晴叫杜鹃。摘带岳华蒸晓露，碾和松粉煮春泉。高人梦惜藏岩里，白硾封题寄火前。应念苦吟耽睡起，不堪无过夕阳天。"

4. 小农茶园

唐代茶区主体是由小农茶园构成的，在其基础上形成的小农茶园经济是唐代茶叶生产的主要经济形态。小农茶园规模大小不一，茶园所出产的茶叶主要是为了交易，业者以茶园为生，衣食赋役皆赖于此，"千里之内，业于茶者七八矣，由是给衣食，供赋役，悉恃此。"（张途《祁门县新修阊门溪记》，见《全唐文》卷八百二十）小农茶园个体不占优势，但是众多的小农茶园连成一片，则形成了产茶区，韦处厚《茶岭》："顾渚吴商绝，蒙山蜀信稀。千丛因此始，含露紫英肥。"（《册府元龟》卷四百九十三·邦计部）这些成片的茶园在唐代的茶业经济中占有重要地位，经常会被地方藩镇势力觊觎："寿州茶园，辄纵凌夺。唐州诏使，潜构杀伤。"（《讨吴少诚诏》，见《全唐文》卷五十三）地方势力破坏茶园，给唐王朝经济基础造成威胁，唐宪宗元和十一年（816）政府派士兵看护茶园，"二月，诏寿州以兵三千，保其境内之茶园"。

随着茶业经济的发展，小农茶园之间买卖和兼并的现象时有发生，较大规模的小农茶园开始出现，这些茶园开始以雇佣劳动的形式来运作。九陇人张守珪的茶园面积很大，在产茶季节要雇用一百多人采摘茶叶，"初，九陇人张守珪，仙君山有茶园。每岁召采茶人力百余人，男女佣功者杂处园中。有一少年，自言无亲族，赁为摘茶，甚勤愿了慧。"（《阳平谪仙》，见《太平广记》卷三十七）同州人王体静在浮山观种茶，带动了当地经济的发展和人口的繁衍：

积十年，乃构草堂，植茶成园，犁田三十亩以供食，不畜妻子。少言说，有所问，尽诚以对。人或取其丝，约酬利，弗问姓名皆与，或负之者，终不言。凡居二十四年，年六十二。贞元二十年五月，卒于观原茶园。村人相与凿木为空，盛其尸埋于园中。观原积无人居，因野人遂成三百家。（李翱《李文公集》卷四文七首）

这类大茶园代表着茶园经济的发展方向，但是在晚唐社会动荡不安的状况下，大茶园经济运作模式还没有大规模的发展，尚未成为唐代茶园的主流形态。

（二）茶叶产量迅速增加

唐代全国茶的种植面积和总体产量现在无从考证，但是唐代文献记载了一些地方茶叶的产量情况。杨华《膳夫经手录》："新安茶，今蜀茶也，与蒙顶不远，但多而不精……自谷雨以后岁取数百斤。"在元和以前，蒙顶茶极为珍贵，以束帛不能易一斤，人们竞相种茶牟利，"不数十年间，遂新安草市，岁出千万斤"。这些茶多数并不是真正的蒙顶茶，而是蒙顶周边所出产的茶叶，名茶带动了一个地区茶叶的生产与发展。衡州衡山所产之茶产量也很大，远销广东、广西等地区，"团饼而巨串，岁收千万。自潇湘达于五岭，皆仰给焉。"浮梁县是唐代茶叶贸易的集散地，"每岁出茶七百万驮"。"驮"不是唐代正式的计量单位，所指之意应是马匹等牲畜所载的重量。马端临《文献通考》记载宋代嘉祐六年（1061），"以百四斤为一驮"。如果按照这个标准计算，浮梁县每年出产的茶叶量是很大的。

贞元九年（793）正月，诸道盐铁使张滂奏称："伏请于出茶州县及茶山外商人要路，委所由定三等时估，每十税一……自此每岁得钱四十万贯。"（《旧唐书》卷四十九志第二十九）茶税为40万贯，按照十税一的税率来逆推，茶的价值则为400万贯。由此我们可以推断，唐代1斤茶的茶价应该最多几十文钱。按照这个比例推算，唐代纳入商品流通范围的茶叶就有几千万斤。学者对唐代茶叶总产量的看法并不一致。吴觉农先生认为不低于80万担（1担=50千克），他按每斤茶50文，茶税40万贯折算出[1]。陈椽推算唐代纳税的商品茶数量有1亿斤，这不包括漏税、走私茶、贡茶、自饮茶等非商品茶，如此唐代茶叶总产量约等于10万吨，200万担[2]。

（三）消费群体及消费数量

唐代茶叶消费的群体主要有宗教群体、文人群体、宫廷官僚和市井乡村百姓等，不同群体在茶叶品质、消费需求、消费方式等方面各有特色。

宗教消费群体侧重于茶的提神作用。唐代佛教和道教盛行，而佛教最重要的修行之一便是坐禅。坐禅很枯燥，容易昏昏欲睡，茶驱睡意的功效有助于佛家修禅，于是茶在各名山大川的寺院中广泛种植，僧人饮茶之风极为盛行。《封氏闻见记》有段记载，明确指出大兴禅教对饮茶的影响："茶……南人好饮之，北人初不多饮。开元中，泰山灵岩寺有降魔师，大兴禅教。学禅务于不寐，又不夕食，皆许其饮茶。人自怀挟，到处煮饮。从此转相仿效，遂成风俗。"僧人饮茶成风，民间奉佛者自然争相效仿。可以说，佛教和道教在唐代被推广的同时，也带动了茶叶消费特别是北方茶叶消费的增长。另外，佛道二教寺庙、道观等往往建于深山大川之地，适合茶树的栽培，僧人、道士所消费的茶叶，有一部分是自产自销的。正是在他们的努力下，一批唐代名茶被培育出来。

文人消费群体重视茶的文化功能。茶能涤烦提神、醒脑益思，又能够愉悦精神、

① 吴觉农. 茶经述评. 农业出版社，2005：255.

② 陈椽. 茶业通史. 农业出版社，1984：56-57.

修身养性，特别是陆羽提升了茶的文化品位后，茶代表着高洁、脱俗，与文人们的审美情趣不谋而合，正如诗僧皎然所言"俗人多泛酒，谁解助茶香。"他们进行对弈、弹琴、赏竹、观景等活动时，总要一壶香茗相伴。在茶香的陪伴下，他们创作了大量的茶文、茶诗、茶画、茶歌。他们执社会文化活动之牛耳，借茶抒发一己情怀的同时，又提升了茶的文化内涵，使得茶在人们心中的地位逐渐上升。文人的嗜茶、赞茶之风，相互之间赠茶、谢茶、敬茶，引领着社会消费新风尚，在这股新风的吹拂下，茶逐渐渗透到寻常百姓之家。

宫廷茶叶消费群体看重茶所体现的身份和地位。皇帝提倡饮茶，热衷于茶事，还经常向大臣们分茶、赐茶，以显示官方的恩宠。宫廷之中的饮茶之风也很兴盛，并且一般都需要好茶，这在客观上推助茶叶品质的提升，促使名茶大量涌现。唐代宗开始，为满足宫廷对名茶的需要，建立了定时、定点、定量、定质的贡茶制度。宫廷对贡茶的需要以及因此而设置的贡茶制，客观上刺激了茶叶的生产，推动了饮茶消费风尚在全国的传播与推广，并对兴起竞制佳品名茶产生了深远的影响。

唐代人均茶叶消费量已经比较可观。冻国栋的《唐代人口问题研究》根据《元和郡县志》考证，元和二年至八年，"各州道残缺不完的户数总计，共有 2368775 户"①。茶叶产量如果按照 1000 万斤的下限计算，那么，唐代每户平均消费茶叶量应该 4.2 斤左右；如果按照五千万斤的上限计算，那么唐代每户茶叶消费量应该在 20.9 斤左右。按照人口史学界的折算方法，一户一般为五口人，则唐代人均茶叶消费推算量则在 0.84~4.2 斤。但唐代人口统计并不完善，实际人口可能会多于冻国栋的统计值，并且茶叶产量具体数字不可得，这使得计算可比性存在问题。

二、茶叶市场和茶商

唐代茶叶经济在社会经济生活中占有重要地位，影响着国计民生，其影响力远远超过一般商品。具体表现为交换频率的加强，全国市场体系的形成，茶商力量的增加等方面。

（一）茶叶生产商品化程度的提高

茶叶经济的繁荣必然从茶叶商品化程度的提高上体现出来，其发展状况又主要取决于茶叶商品生产与交换的实际水准。全国茶区的形成和茶叶产量的提高，从某种意义上表明茶叶商品化程度的提高。茶叶生产商品化程度提高后，交换频率得以加强，交换成为普遍的经常性现象，突出表现为唐代草市迅速发展，茶叶跻身为草市的常客。如"是以蒙顶前后之人，竞栽茶以规厚利，不数十年间，遂新安草市，岁出千万斤。"释皎然《顾渚行寄裴方舟》有"尧市人稀紫笋多，紫笋青芽谁得知"，可知尧市中茶叶买卖较多。杜牧的《入茶山下题水口草市》绝句也反映了同样的情况。

（二）全国茶叶市场体系的形成

唐代形成了各级茶叶贸易市场和机构。在一些地方出现了地方性的茶叶交易市场，称之为"草市"或"圩市"，杜牧的《入茶山下题水口草市》绝句描写了湖州长城和

① 冻国栋.唐代人口问题研究.武汉大学出版社，1993：107.

常州义兴茶山下的草市交易情景："倚溪侵岭多高树，夸酒书旗有小楼。惊起鸳鸯岂无恨，一双飞去却回头。"草市不仅有集市，还有酒楼和旅社等，为过往商人提供服务。在茶商特别是行商的带动下，一些毗邻产茶区、水陆交通比较便利的市镇成为茶叶贸易集散地。王建《寄汴州令狐相公》描写了水路码头茶叶贸易的繁荣景象："水门向晚茶商闹，桥市通宵酒客行。"许浑《送人归吴兴》也写了洞庭湖畔的一个茶叶贸易集散码头："绿水棹云月，洞庭归路长。春桥悬酒幔，夜栅集茶樯。"

唐代茶叶贸易最为著名的集散地是浮梁，浮梁之所以在唐代茶叶贸易中居于重要地位，这主要得益于浮梁所具备的特殊地理条件。昌江发源于祁门县大洪岭深处，最终汇入鄱江。该江上游山高水急，适合小船通行。下游水道变宽，适合大船通行。在唐代陆路交通不便的情况下，以昌江为轴心的水系，为浮梁茶对外运输提供重要的条件。同时，该地区又是唐代茶叶的重要产区。在《茶经》所列的八大产茶区中，浮梁属于浙西茶区中的歙州产区，包括歙县、浮梁、婺源、祁门、休宁等县。当时，赣东、皖南、浙西、闽北一带的茶叶都运往浮梁进行交易，刘津《婺源诸县都制置新城记》可证："大和中，以婺源、浮梁、祁门、德兴四县，茶货实多，兵甲且众，甚殷户口，素是奥区。"（《全唐文》卷八百七十一）这使得浮梁成为唐代重要的茶叶产区，浮梁茶叶产量很大。《元和郡县志》记载，唐元和八年（813）浮梁"每岁出茶七百万驮，税十五万贯。"（《元和郡县图志》卷二十八）一些商贾富豪云集浮梁，争购茶叶，转运各地。据史料记载，那时的西域一带，每年从浮梁运销的茶叶就达十几万驮之多，《茶酒论》即记录了"浮梁歙州，万国来求"的盛况。白居易在浔阳江头偶遇长安琵琶女，借《琵琶行》抒发了"商人重利轻别离，前月浮梁买茶去"的感慨。浮梁一方面是茶叶产区，同时是茶叶集散地，汇集周边歙县、婺源、祁门、休宁等县的茶叶。

唐代东南地区茶业发展迅速，已逐步取代巴蜀并成为全国茶业的中心。其所产茶叶，大多先集中到广陵、浮梁等水路交通极为便利的贸易中心，然后由大运河或两岸的"御道"转运两京或四方各地。《封氏闻见记》载："茶自江淮而来，舟车相继，所在山积，色额甚多。"南方产茶区的茶叶，在茶叶贸易中心交易后，行商经过水路和陆路源源不断地向北方的邹、齐、沧、棣以及京邑等地贩卖。繁荣的贸易和稳定的市场供应则进一步助推了饮茶风俗的盛行，商人在北方的大城市开设了众多茶店和茶铺。当时茶叶的大规模运销十分普遍，"皆是博茶北归本州货卖，循环往来，终而复始"（《全唐文》卷七百五十一）。唐代还出现了名为"邸店"的茶叶仓储机构的雏形，邸店不但代卖茶叶，还负责茶叶保管等，并收取一定数额的佣金。

饮茶风习在边疆塞外的兴盛，也带动了唐朝与周边少数民族以茶为贸易物件的市场发展，开辟了茶马互市先河。唐德宗贞元年间（785—805）有明确记载表明，西北边疆的回鹘已经与唐朝建立茶马互市，《封氏闻见记》："往年回鹘入朝，大驱名马市茶而归，亦足怪焉。"但唐朝茶马之间的交易数量较少，规模不大，这是由几个因素决定的。一是吐蕃、回鹘、突厥等地的饮茶习俗尚未在民众之间普及，茶叶市场需求量还不大。二是唐朝对边疆和塞外的民族采取"怀柔政策"，通过和亲、朝贡、册封、招降、盟誓等手段处理民族关系，以政治手段为主、经济手段为辅。三是唐朝国力强大、国库充盈，不需要边境交易来促进商贸发展。四是唐朝边患严重，统治者认识到马匹的重要性，十分重视马政，曾在秦州、兰州、原州、渭州四州，以及河曲等地设立马场，马匹的需求量不如宋代那样迫切。《封氏闻见记》"亦足怪焉"之语，从侧面说明当时唐代茶马交易确实不算普遍。尽管如此，当时唐代周边民族地区，茶不再是稀有之物，《唐国史补》云："常鲁公使西蕃，烹茶帐中。赞普问曰：'此为何物？'鲁公曰：'涤烦疗渴，所谓茶也。'赞普曰：'我此亦有'，遂命出之。以指曰：'此寿州者，此舒州者，此顾渚者，此蕲门者，此昌明者，此溢湖者。'"吐蕃赞普向唐使所展示的六种茶，都是内地南方产茶区出产的名茶。而赞普之茶并不是唐王朝所赠与的，而是由茶商向吐蕃贩运而来。

（三）茶商的类型及其力量的增强

唐代茶叶市场网络体系形成，茶商资本不断膨胀，茶商迅速崛起成为一支专业的商人队伍，这是茶叶经济繁荣的表现和必然结果。不同类型的茶商群体，开拓了固定的茶叶贸易路线，形成了全国性的茶叶贸易网络体系。

从经营方式看，唐代茶商可以分为行商和坐贾两种。行商即私人从茶叶产地采购茶叶，向官府缴纳税款。张途《祁门县新修阊门溪记》载："祁之茗，色黄而香，贾客咸议，愈于他方，每岁二三月，赍银缗缯素求市将货他郡者，摩肩接迹而至。"行商将茶叶贩卖到全国各地，他们沟通了茶叶的生产者、消费者、茶叶市场。《太平广记》载："唐天宝中，有刘清真者，与其徒二十人，于寿州作茶。人致一驮为货，至陈留遇贼。"寿州霍山黄芽为当时名品，畅销各地，并进入西南藏族聚居区，刘清真一人就雇用20人贩运茶叶，可算是规模不小的茶商。坐商一般有相对固定的经营场所，主要面向广大的茶叶消费者。茶商在都市中开设茶肆店铺，"煎茶卖之，不问道俗，投钱取饮"。（《封氏闻见记》卷六）

从经营主体看，茶商主要有官商、私商。官商一方面指封建国家直接插手茶叶买卖以博厚利，如政府专卖的榷茶之茶便是官制官销。于德辰《陈九事奏》："于夔州自立茶务，收税买茶，足以赡国。"（《唐文拾遗》卷四十七）另一方面也指某些机构或官员、地方割据势力私自经营茶叶牟利，如三司官员就曾将茶纲私自"赊卖与人"，借以营私舞弊。晚唐五代时期的地方藩镇更是垄断大宗茶货贸易，如乾宁元年（894），杨行密派遣押衙唐令回"持茶万余斤如汴贸易"（《资治通鉴》卷二百五十九）。在任何历史时期，官方经营都存在以公谋私、效率低下的问题，唐代茶叶贸易也不例外，官吏将茶私卖给豪强的现象屡见不鲜。

除官商之外，私商是茶叶流通领域中的主角，主要是由人数众多小本经营的私人茶贩组成，即所谓"或乘负，或肩荷，或小辙而陆也"（张途《祁门县新修阊门溪记》，见《全唐文》卷八百零二）。但茶商要受到官府的控制与盘剥，因此在中晚唐茶叶专卖之后，他们往往联合起来，铤而走险，从事走私贸易，"凡千万辈，尽贩私茶，亦有已聚徒党"（《上李太尉论江贼书》，《全唐文》卷七百五十一）。茶商为逃避高额茶税，多与地方政府官员勾结，让朝廷颇受损失："江淮富家大户，纳利殊少，影庇至多，私贩茶盐，颇挠文法，州县之弊，莫甚于斯。"（《追收江淮诸色人经纪本钱勒》，《全唐文》卷七十四）

茶商经营茶业获利，资本骤增，许多人一跃成为富甲一方的巨商大贾。实际上搞长途贩运的茶商大多资本雄厚，其资本一方面是其他资本向茶业贸易转移的产物，另一方面也是茶业获利的证明。洛阳富商王可久，"岁鬻茗于江湖间，常获丰利而归"（《唐阙史》卷下）；鄱阳人吕璜"以货茗为业，来往于淮浙间。时四方无事，广陵为歌钟之地。富商大贾，动逾百数。璜明敏，善酒律，多与群商游。"（《太平广记》卷二百九十）本为"细民"的吕璜因茶业致富，跻身于广陵大商贾之列；皖浙一带，茶商靠贩卖茶叶成为巨贾，"舒城太湖，买婢买奴。越郡余杭，金帛为囊。"（《茶酒论》）人们对茶商的富裕都习以为常："茶熟之际，四远商人皆将锦绣缯缬、金钗、银钏，入山交易，妇人稚子尽衣华服，吏见不问，人见不惊。"（《上李太尉论江贼书》，见《全唐文》卷七百五十一）

茶叶等大宗商品远程贸易的发展，带动了金融业的发展。中唐以后，"飞钱"开始出现。飞钱又称为"便钱"，最初是由于缺铜而产生的，据《新唐书》记载："宪宗以钱少，复禁用铜器。时商贾至京师，委钱诸道进奏院及诸军、诸使富室，以轻装趋四方，合券乃取之，号飞钱。"飞钱虽然不是真正意义上的纸币，但是作为一种新型、便捷的汇兑方式，受到茶商的欢迎，使用较为广泛，以至于不得不下禁用令："茶商等公私便换见钱，并须禁断。"（《旧唐书》卷四十八《食货志》）

三、五代十国茶叶经济的继续发展

五代十国茶业是唐代茶业经济的继续，同时为宋代茶业经济的繁荣奠定了基础。北方通过收取贡茶，进行茶叶贸易获取利益，南方受战乱影响较小，茶叶生产继续发展。

（一）北方贡茶的获取和茶叶贸易的开展

五代十国时期，南方热衷于向北方输贡茶，北方也乐于接受大批贡茶。后梁开平二年（908）秋七月，"王（马殷）奏……仍岁贡茶二十五万斤。梁主（梁太祖朱温）诏曰：'可'"（《十国春秋》卷六十七）。马殷每年向后梁进贡茶叶25万斤之巨，且成定制。此后南方其他政权也闻风而动，纷纷向中原王朝进贡茶叶。后梁乾化元年（911）十二月，吴越的钱镠进贡大方茶2万斤。后唐天成二年（927）五月，"伪吴杨溥贡新茶"；长兴三年（932）冬十月，"湖南（楚）马希范、荆南高重（从）海并进银及茶，乞赐战马。帝（后唐明宗李嗣源）还其直，各赐马有差"（《旧五代史·唐书》），这算是变相的茶马贸易。同光二年（924）春三月，吴王遣右卫上将军许确进贺效天，向后唐献细茶500斤。秋八月，右威卫将军雷峥献新茶；后晋天福六年（941）冬十月，楚遣使向后晋贡诸色香药蜡面含膏茶。前蜀高祖于天复三年（903）春正月，"唐帝还长安，王（建）贡茶布等十万"（《十国春秋·前蜀一·高祖本纪上》）。吴越宝正三年（928），派袁韬进贡后唐白金5000两，茶2.7万斤。后晋天福七年（942）十一月，吴越又向后晋贡茶2.5万斤及秘色瓷器；开运三年（946）冬，吴越再贡后晋脑源茶3.4万斤。后汉乾祐三年（950），吴越向后汉贡茶3.5万斤。后周显德三年（956），南唐国主李璟遣使至后周，表示愿依大国臣纳贡之意，仍进金器千两、锦绮绫罗2000匹，以及御衣犀带、茶茗、药物等。这表明南唐也向北方其他政权纳贡称臣，所贡物品包括茶。正因为此，后周显德五年（958）三月丙申，李璟派兵部侍郎陈觉向后周贡乳茶 3000 斤，同年丙午又派宰相冯延巳献茶 50 万斤。后周最后被北宋取代，宋唐对峙时南唐照常向宋廷贡茶和瓷器。

综上可见，北方的梁唐晋汉周及以后的宋朝都得到过包括楚、吴越、吴、前蜀、南唐等南方政权持续不断的贡茶。后蜀、南唐产茶，处于北方政权的虎视之下，进贡包括茶叶在内的物品是必然之事。至于闽、南汉虽离北方较远，但南汉的刘隐于 907 年接受过后梁"大彭郡王"的封号，而闽的王审知于 909 年也接受过后梁"闽王"的封号。这两地自唐代起就盛产茶叶，所以以茶输贡北方各朝的情况也就不可避免。五代十国时期，南方茶通过所谓纳贡源源不断地输入北方，既表明南北各政权实力对比，北方占有优势，又表明北方饮茶习俗尚很盛行。双方的朝贡贸易实质上又是一种互通有无的交换关系，表明南方茶叶生产的发展和南方维系北方茶叶市场的重要意义。

（二）南方茶叶生产的继续发展

南方九国是五代十国时的茶叶生产基地。其地处江南，受战乱影响较少，加上北方人口大量南移，农业迅速发展，商业相当活跃，全国经济重心从北方转移到南方。各国统治者为增强争霸实力或避免被别的政权吞并，大多比较重视发展生产、保护商业贸易，因此五代十国时期的南方茶业不但没有衰落，而且还在唐代基础上有所发展。

南方各国茶叶生产继续发展。主要表现为产茶州县的增加，茶叶品种和质量的提高。陆羽《茶经》载唐代 43 州产茶，五代宋初茶产地已达 60 州军，江南东西道增加的产茶地较多。四川、重庆也有较多增加。以毛文锡《茶谱》所载与陆羽《茶经》所载相比较，五代时四川产茶地彭州增加了洪雅、昌阖等地。五代时有些茶园已相当大，《宋史·毋守素传》载后蜀户部员外郎、知制诰、工部侍郎、云安榷盐使毋守素"蜀亡入朝，授工部侍郎，籍其蜀中庄产茶园以献，诏赐钱三百万以充其直，仍赐第于京师"，可见茶园之大。

南方各国重视茶叶生产，强化茶税征收。南方制茶业最为发达，统治者和民间都十分重视茶叶生产。割据楚地的马殷对发展茶叶生产采取了比较积极的态度，以促进茶叶贸易，完成向后梁岁贡茶 25 万斤的任务。具体办法是让人民自由买卖，设置回图务，征收高额茶税。马殷"初兵力尚寡"，又与杨行密、成汭等为敌国，马殷十分担心，向部将高郁寻求对策，高郁建议"内奉朝廷，以求封爵，而外夸邻敌，然后退修兵农，畜力而有待尔"。于是马殷与北方朝廷拉关系，907 年后梁封他为楚王，927 年后唐又封他为楚国王。楚国盛产茶叶，"岁贡不过所产茶茗而已"。马殷采取了比较宽松的茶业经济政策，"听民自采茶卖于北客"，官府只收茶税，"收其征以赡军"，收到了良好效果，茶叶生产得到发展，"湖南由是富赡"。

南唐是南方最强大的国家，曾西灭楚、东灭闽，占地 30 余州，广袤数千里。南唐在境内修筑圩田，奖励耕织，经济得以发展。南唐境内茶地甚多，建州（福建建瓯）一带"厥植惟茶"。南唐利用建州丰富的茶源，在南唐保大四年（946）建立了中国历史上继唐代顾渚贡茶院之后的第二个大型国家贡茶院，"岁率诸县民，采茶北苑，初造研膏，继造腊面，既又制其佳者，号曰京铤"（熊蕃《宣和北苑贡茶录》）以进贡。南唐北苑贡焙规模相当大，有茶焙 1336 处，其中官焙（官营制茶场）38 处，用 6 县民采造。从史料看建州茶膏制作十分精良、技术十分先进，足以代表五代团饼茶的制作水平。北苑贡焙的建立标志着五代茶叶制作技术提高到一个新水平，也标志着茶业重心的南移。

吴越茶区广阔，产茶地有10多个州。两浙地区唐代已盛产茶叶，五代时仍在生产，北苑乳茶充贡后才停止制造。吴越名茶众多，有睦州鸠坑茶、余姚仙茶、嵊县剡溪茶等，浙江所产"大方茶"被列为贡品。吴国扬州为茶叶集散地，大量茶叶由此北进。扬州禅智寺有茶园，所产茶甘香，一如蒙顶。

四川的前后蜀地区茶业也有所发展。四川团茶、饼茶、散茶都很有名，茶成了统治阶级的摇钱树。前蜀只征茶税，后蜀则榷茶。"孟氏（孟知祥）窃据国土，国用褊狭，始有榷茶之法"（《栾城集》卷三十六《论蜀茶五害状》）。各国茶叶生产发展，与统治阶级搜刮贡茶、征收茶税、扩大财源的措施同步进行。五代茶税既繁又重。后唐明宗李嗣源时，省司及诸府皆置税茶场院，自湖南至京城洛阳，六七处纳税，以至于商旅不通。商人视为畏途，最终受损失的还是统治者，因此就有北方政权"差清强官，于襄州自立茶务，收税买茶，足以赡国"。南唐时，庐州舒城县岁纳赡军茶7350斤；南汉大宝年间（958—971），新州等以运茶岁久损弃，竟将茶价数十万摊派给部民郭怀智等百余户输之，并沿以为常。一般而言，各国均设立了收税茶的机构。

南方各国普遍重视茶叶贸易，从中也可窥见南方各国茶叶生产的发展状况。《新五代史》说楚国马殷"自京师至襄、唐、郢、复等州，置邸务以卖茶，其利十倍"，同时"又令民自造茶，以通商旅，而收其算，岁入万计"，于是"地大力完"（《新五代史》卷六十六《楚世家》）。加上每年向中原王朝进贡25万斤茶，这种官方买卖收入就更可观了。两浙的钱镠有时也"差使押茶货往青州回变供军布衫段送纳"（《册府元龟》卷四百八十四）。淮南杨行密也派部下运茶万余斤，到梁汴宋地区进行贸易，被"（朱）全忠执令回，尽夺其茶"（《十国春秋·吴太祖世家》）。唐末茶利收入在官府财政收入中占有重要地位，"西川富强，只因北路商旅，托其茶利，赡彼军储"（《桂苑笔耕集》卷二《请巡幸江淮表》）。四川地区的茶利收入，足以弥补唐政府的巨大开支。五代前后蜀的统治者更是竞相垄断茶叶贸易。前蜀与秦王（李茂贞）和亲，许之茶布，"秦王大喜，率强丁及驴马，悉遣人入蜀搬役。其来也载有青盐、紫草，蜀得其厚利焉；其去也，载白布、黄茶，秦得粗货矣"（《戒鉴录》卷四《得夫地》）。

五代十国时期南北之间的民间茶叶贸易并非完全断绝，江陵、襄阳、扬州均为较大的茶叶市场。楚实行自由贸易，又开辟了湖南到北方的贸茶路线，因此民间商贸仍有存在。例如河北的富商往往到淮南买茶，后汉也曾派人往湘潭买茶。但茶商的正常贸易活动往往受到各级封建官吏的掠夺。吴主杨行密派人运万余斤茶到后梁汴宋之地贸易，就遭到朱全忠的扣留，更不必说一般商人了。地方割据势力依靠暴力掠夺到的茶叶数量相当惊人。后晋时平卢节度使房知温积货数百万，他死后，子房彦儒献之于国家，其中包括茶1500斤。襄阳是南北商人茶叶贸易的中心，襄州节度使安从进曾一年内两次向北方进贡茶，每次各1万斤。安州的李金全也曾一次进献茶3000斤。军阀官吏的暴力掠夺，严重侵害了茶商的利益、破坏了正常的商贸关系。

南方茶也已流入到北方及西北民族地区，如南唐境内的茶常常被运到契丹销售。

南唐升元二年契丹主弟东丹王"亦遣使以羊马入贡，别持羊三万口、马二百匹来鬻，以其价市罗执茶药"（《十国春秋》南唐一《烈祖本纪》）。南唐与契丹关系密切，输入契丹的茶叶数量可观。可见自唐以来的茶马互市仍未断绝，为宋代茶马互市大规模的发展奠定了基础。同时茶叶外贸也已开展，泉州是重要的外贸港口。

四、贡茶、税茶、榷茶的成制

贡茶是一种实物税，是统治阶级通过强制手段进行无偿掠夺茶叶的一种经济手段。虽然贡茶起源很早，但唐代以前尚未制度化。唐代贡茶中土贡不但贡有定额、特定地域，而且专门建立贡茶院，由专官督造，贡茶制度得以完善和严密，在社会经济生活中开始发挥重大作用。唐代进贡茶叶的区域，仅据《新唐书·地理志》就载有5道17个州郡。当时著名的茶产区，几乎无一例外都要进贡。为了满足统治者对精品茶的消费需求，封建政府还不惜役使大量人工制造贡茶。湖州贡茶每年要使用3万人制造1个月，起初只进万两，后越来越多，竟岁造18408斤。进贡顾渚茶要如此折腾，可见贡茶的危害及对人民搜刮的严重程度。全国贡茶总量无法作出准确地统计，天下所有贡茶堆在内库，皇帝用也用不完。唐宪宗元和十二年（817）五月，一次就"出内库茶三十万斤，付度支进其直"（《册府元龟》卷四百九十三《山泽一》），由此可知全国贡茶数量之庞大。此外，贡茶逐渐成为政府财政收入的一项内容。至唐末，茶助国用的作用更加明显。例如天复二年（902），宋州赵在礼进助国茶3万斤；九月，湖南马希范进3万斤；翌年，安州季金全、襄州安从进分别进茶3000斤和2万斤。

茶叶生产的迅速发展，丰厚的茶利使自诩不与民争利的封建政府也跃跃欲试。因而千方百计地将茶叶生产和贸易纳入官府控制之下，力图将巨额茶利据为己有。而且还一度榷茶，开创了封建社会税茶和榷茶的先例。当然茶税的征收和榷茶的成制，一方面反映了封建政府的贪婪和榨取，另一方面又说明了茶叶生产和贸易的繁荣，其在社会经济生活中的地位日益显著。安史之乱后，朝廷财政困难，藩镇坐大，势力猖獗，又有四镇叛乱，雪上加霜。为筹军费，建中三年（782）九月，户部判度支赵赞在筹常平本钱的名义下，上奏于诸道要津置吏税商货，"每贯税二十文，竹、木、茶、漆皆什税一，以充常平之本。"（《旧唐书》卷十二《德宗本纪》）茶税率是10%，由于抽税是临时性质，"盖是从权，兵罢自合便停"（《全唐文》卷四百五十五），所以兴元元年（784）正月，德宗下诏停止此税。虽然此次收茶税仅为临时性质，又与竹漆一起征收，非单列税，时间仅1年多，但它毕竟是由封建中央政府第一次征收的茶税，具有权威性，且茶税带来的好处给封建政府留下了深刻印象。

贞元九年（793）正月，唐政府正式税茶，"岁则钱四十万贯……茶之有税，自此始也"（《旧唐书》卷十三《德宗本纪》）。此次仍为十税一，收税理由表面上是792年发生水灾，国家税收受到影响。实际上封建政府关心的是每岁40多万贯的茶税，必须年年落实，所以第一次把茶作为一个收税对象，开辟了茶税这种新税种，并确定为一种具体法律效力的制度，故史书上才说贞元九年收茶税是"初茶税"。茶税占所抽贯钱300万贯的13.3%。这40多万贯茶税以充国用，补赋税之不足，成为国家财政的稳定来源之一。嗣后，茶税的基本发展态势是逐步加重。元和（806—820）前，茶税最低为 40 万贯，最高为 50 万贯，元和初茶税岁入 66 万余贯。穆宗即位后，长庆元年（821）借口"两镇用兵，帑藏空虚"，实际情况还有"禁中起百尺楼，费不可胜计"，统治者再次把宝押在加茶税上，于是"乃增天下茶税，率百钱增五十"（《新唐书》卷五十四《食货志四》）。《新唐书》卷一百八十三《李珏传》明言："盐铁使王播增茶税十之五，以佐国度"，可见茶税增加 50%，即征收 60 万贯以上。

由于茶叶利厚，封建政府再次加紧了对茶业的控制，标志性的事件是文宗太和九年（835）九月由王涯出面榷茶，即进行官制官卖。该项违反经济规律的政策严重侵害了茶农茶商的利益，激起了他们的强烈反对，王涯本人也成了政治斗争的牺牲品，榷茶政策实行不到一年就被迫取消。然后由令狐楚施行，"一依旧法，不用新条。惟纳榷之时，须节级加价，商人转卖，必较稍贵，即是钱出万国，利归有司，既无害茶商，又不扰茶户"（《请罢榷茶使奏》，见《全唐文》卷五百四十一）。榷茶虽被废除，但茶税却并未减少。开成元年（836），李石又"以茶税皆归盐铁，复贞元（785—805）之制"，即十税一制。武宗即位，"盐铁转运使崔珙又增江淮茶税。是时，茶商所过州县有重税。或掠夺舟车，露积雨中，诸道置邸以收税，谓之拓地钱。故私贩益起"。茶税又一次加重了。非但如此，地方官吏也巧取豪夺，横征暴敛。在重税、苛捐面前，茶叶贸易受到重创，人民起来反抗，因此私茶盛行，政府税收受到严重威胁。为此，大中（847—860）初年，盐铁转运使裴休提出了惩罚私贩的十二法条，采取阻与疏相结合的政策。经此整顿，达到了预期效果，朝廷收入大幅增加，"天下税茶增倍贞元"（《新唐书》卷五十四《食货志四》），一年的茶税竟达 80 万贯以上。茶税成为财政收入的重要组成部分和主要财政收入之一，几乎与盐税的收入相等，为缓和唐后期财政紧张状况、延长其政治生命提供了一定的经济基础。

第三节　茶文化的形成

一、饮茶的普及

（一）不得一日无茶

"滂时浸俗，盛于国朝两都并荆渝间，以为比屋之饮。"（陆羽《茶经·六之饮》）中唐时期，饮茶之风以东都洛阳和西都长安及湖北、重庆一带最为盛行，形成"比屋之饮"，即家家户户都饮茶。

"开元中，泰山灵岩寺有降魔师，大兴禅教。学禅务于不寐，又不夕食，皆许其饮茶。人自怀挟，到处煮饮。从此转相仿效，遂成风俗。……穷日竟夜，殆成风俗。始自中地，流于塞外。"（封演《封氏闻见记》卷六《饮茶》）唐开元（713）后，佛教禅宗大兴，促进了北方饮茶风俗的形成和传播。建中（780）以后，饮茶之风弥漫朝野，"穷日竟夜""殆成风俗"。不仅南北方广大地区饮茶，且"流于塞外"的边疆少数民族地区也习惯饮茶。

"茶为食物，无异米盐，于人所资，远近同俗，既祛竭乏，难舍斯须，田间之间，嗜好尤甚。"（《旧唐书·李钰传》）茶对于人如同米、盐一样每日不可缺少，田间农家，尤其嗜好。"累日不食犹得，不得一日无茶也。"（杨晔《膳夫经手录》）几天不食可以，一日无茶不可，可见茶在唐代人们日常生活中重要的地位。

由上可知，中国人的饮茶习俗普及于中唐。中唐以后，饮茶习俗日益发展。

（二）茶具独立发展

中唐以前，茶具往往与食器、酒具混用。随着饮茶的普及，促进了茶具的开发和生产。产茶之地的茶具发展更是迅速，越州、婺州、岳州、寿州、邛州等地是既盛产茶，也盛产茶器。当时最负盛名的为越窑和邢窑所产茶瓯，分别代表当时南青北白两大瓷系。

南方青瓷以越窑为代表，主要窑址在今浙江上虞、余姚、绍兴一带。越窑茶瓯是陆羽在《茶经》中所推崇的瓷器，并用"类玉""类冰"来形容越窑茶瓯的釉色之美。越窑瓯"口唇不卷，底卷而浅"，敞口浅腹，斜直壁，璧形足。越窑瓯还有带托连烧的茶瓯，托口一般较矮，托沿卷曲作荷叶形，茶瓯作花瓣形。

北方白瓷以邢窑为代表，窑址在今河北内丘、临城一带。陆羽《茶经》认为，邢窑茶瓯"类银""类雪"。"内丘白瓷瓯、端溪紫石砚，天下无贵贱通用之。"（李肇《唐国史补》）邢窑茶瓯较厚重，外口没有凸起卷唇。

唐代茶具已形成体系，煎茶器具有近30种之多。茶镀是专门的煎茶锅，此外尚有茶铛、茶铫、风炉、茶碾、茶罗等器具。晚唐时，茶盏（碗、瓯）的样式越来越多，有荷叶形、海棠式和葵瓣口形等，其足部已由玉璧形足改为圈足了。

唐五代茶具除陶瓷制品外，还有金、银、铜、铁、竹、木、石等制品。

（三）茶馆初起

唐玄宗开元年间，已出现了茶馆的雏形。"开元中……自邹、齐、沧、棣，渐至京邑城市，多开店铺，煎茶卖之。不问道俗，投钱取饮。"（封演《封氏闻见记》卷六《饮茶》）这种在乡镇、集市、道边"煎茶卖之"的"店铺"，当是茶馆的雏形。

"太和……九年五月……涯等仓惶步出，至永昌里茶肆，为禁兵所擒。"（《旧唐书·王涯传》）到了唐文宗太和年间已有正式的茶馆。

唐中期，国家政治稳定，社会经济空前繁荣，加之陆羽《茶经》的问世，使得"天下益知饮茶矣"，茶馆不仅在产茶的江南地区迅速普及，也传播到了北方城乡。

（四）茶会初兴

茶会萌芽于两晋南北朝，兴起于唐朝，是饮茶普及化的产物。"茶会"一词，首见于唐。在《全唐诗》中，有钱起的《过长孙宅与朗上人茶会》、刘长卿的《惠福寺与陈留诸官茶会》、武元衡的《资圣寺贲法师晚春茶会》等篇。由于"茶会"在唐属新起时尚，有时又称"茶宴""茶集"，如钱起的《与赵莒茶宴》、李嘉祐的《秋晚招隐寺东峰茶宴内弟阎伯均归江州》、鲍君徽的《东亭茶宴》以及王昌龄的《洛阳尉刘晏与府县诸公茶集天宫寺岸道上人房》等。当时茶会主角的是文人、僧人、道士，茶会的内容大致是主客在一起品茶，以及赏景叙情、挥翰吟诗等等，即钱起在《过长孙宅与朗上人茶会》中所说的"玄谈兼藻思"。

钱起的《过长孙宅与朗上人茶会》，写作者与佛徒朗上人在长孙家举行茶会；《与赵莒茶宴》则写文人雅士在幽静的竹林中举行茶会。

皎然在《晦夜李侍御萼宅集招潘述、汤衡、海上人饮茶赋》写道："晦夜不生月，琴轩犹为开。墙东隐者在，淇上逸僧来。茗爱传花饮，诗看卷素裁。风流高此会，晓景屡徘徊。"这场茶会中有李侍御、潘述、汤衡三位文士，海上人、皎然两个僧人，他们以茶集会，与赏花、吟诗、听琴、品茗相结合，堪称风雅茶会。

颜真卿、皎然等六人有《五言月夜啜茶联句》，月夜啜茶联句，是茶会也是诗会。

吕温《三月三日茶宴》序云：

> 三月三日，上巳禊饮之日，诸子议以茶酌而代焉。乃拨花砌，憩庭阴。清风逐人，日色留兴。卧指青霭，坐攀香枝。闻莺近席而未飞，红蕊拂衣而不散。乃命酌香沫，浮素杯，殷凝琥珀之色，不令人醉，微觉清思，虽五云仙浆，无复加也。

莺飞花拂，清风丽日，吕温、邹子、许侯诸子举行上巳茶会，同时也是诗会。

从唐代诗文中我们可以知道，茶会是唐代文人雅士的一种集会形式，同时也反映了茶会在唐代的流行。

二、煎茶道的奠定与盛行

（一）以煎茶为主的茶艺

1. 煮茶

"或用葱、姜、枣、橘皮、茱萸、薄荷之等，煮之百沸，或扬令滑，或煮去沫，斯沟渠间弃水耳，而习俗不已。"（陆羽《茶经·六之饮》）有的地方饮茶习俗，用葱、姜、枣、桔皮等佐料与茶和在一起混合煮沸，或者扬汤使之更加沸腾以求汤滑，或者煮去茶汤表面的浮沫。陆羽认为这种在茶中加入多种佐料，煮之百沸，以求汤滑、沫去的茶汤，好比倒在沟渠里的废水。

煮茶法虽受到陆羽的批评，但这一传统的饮茶法依旧绵延不绝。"皇孙奉节王煎茶加酥椒之类，求泌作诗，泌曰：旋沫翻成碧玉池，添酥散作琉璃眼。奉节王即德宗也。"（李繁《邺侯家传》）中唐，德宗少时煮茶加酥、椒等。"茶出银生城界诸山，散收，无采造法。蒙舍蛮以椒、姜、桂和烹而饮之。"（樊绰《蛮书》）晚唐，蒙舍（今云南巍山、南涧一带）人以椒、姜、桂和茶煮而饮之。

中唐以前，煮茶法是中国饮茶法的主要形式。中唐以后，随着制茶技术的提高和普及，直接取用鲜叶煮饮的饮茶法基本上不被采用了。但煮茶法作为支流形式却一直保留在局部地区，特别是少数民族地区。

2. 煎茶

煎茶法是从煮茶法演化而来的，是直接从末茶的煮饮法改进而来。在末茶煮饮情况下，茶叶中的内含物在沸水中容易浸出，故不需较长时间的煮熬。况茶叶经长时间的煮熬，其汤色、滋味、香气都会受到影响而不佳。正因如此，对末茶煮饮加以改进，在水二沸时下茶末，三沸时茶便煎成，这样煎煮时间较短，煎出来的茶汤色香味俱佳，于是形成了陆羽式的煎茶。根据陆羽《茶经》，煎饮法的程序有备器、择水、取火、候汤、炙茶、碾罗、煎茶、酌茶、品茶等。

备器：煎茶器具有风炉、茶鍑、茶碾、茶罗、竹夹、茶碗等二十四式，崇尚越窑青瓷和邢窑白瓷茶碗。

择水："其水，用山水上，江水中，井水下。""其山水，拣乳泉、石池漫流者上。""其江水，取去人远者。井，取汲多者。"（《茶经·五之煮》）

取火："其火，用炭，次用劲薪（原注：谓桑、桐、枥之类也）。其炭曾经燔炙为膻腻所及，及膏木、败器不用之（原注：膏木为柏、桂、桧也，败器谓朽废器也）。"（《茶经·五之煮》）

候汤：陆羽为烧火煮水设计了风炉和鍑。风炉形状像古鼎，三足间设三孔，底一孔作通风漏灰用。鍑比釜要小些，宽边、长脐、有两只方形耳。无鍑也可用铛（宽边、盆形锅）代替。《茶经》云："其沸，如鱼目，微有声为一沸，缘边如涌泉连珠为二沸，腾波鼓浪为三沸。已上水老，不可食。"（《茶经·五之煮》）

炙茶：炙烤茶饼，一是进一步烘干茶饼，以利于碾末；二是进一步消除残存的青草气，激发茶的香气。唐时茶叶以团饼为主，此外尚有粗茶、散茶、末茶。

碾罗：炙好的茶饼趁热用纸袋装好，隔纸用棰敲碎。纸袋既可免香气散失，又防茶块飞溅。继之入碾碾成末，再用罗筛去细末，使碎末大小均匀。《茶经》云，茶末以像米粒般大小为好。

煎茶：水一沸时，舀出一瓢水备用，并加盐调味。二沸时，用"则"量取适当量的末茶当中心投下，并用"竹夹"环搅鍑中心。不消片刻，水涛翻滚，这时用先前舀出备用的水倒回茶鍑以止其沸腾，使其生成"华"，华就是茶汤表面所形成的沫、饽、花。薄的称"沫"，厚的称"饽"，细而轻的称"花"，《茶经》形容花似枣花、青萍、浮云、青苔、菊花、积雪。

酌茶：三沸茶成，首先要把沫上形似黑云母的一层水膜去掉，因为它的味道不正。最先舀出的称"隽永"，或者放在"熟盂"里以备育华。而后依次舀出第一、第二、第三碗，茶味要次于"隽永"。"夫珍鲜馥烈者，其碗数三；次之者，碗数五。"（《茶经·六之饮》）好茶，仅舀出三碗；差些的茶，可舀出五碗。煮水一升，酌分五碗。

品茶：用匏瓢舀茶到碗中，趁热喝，重浊凝下，精英浮上；冷则精英随气而散。

煎茶法在实际操作过程中，视情况可省略一些程序和器具。若用散、末茶，或是新制的饼的茶，则只碾罗而不须炙烤。

用宽边、鼓腹、凸底的鍑用来煎茶，因鍑是凸底，不能平放，因而又发明交床以承鍑。如用铛（一种平底锅）煎茶，则不需用交床。皎然《对陆迅饮天目山茶因寄元居士晟》诗有"投铛涌作沫，着碗聚生花。"无论是用鍑还是铛煎茶，都需要用瓢将茶汤舀到茶碗中。于是改用铫（一种有柄有流的烹器）煎茶，直接从铫中将茶汤斟入茶碗，可省去瓢。唐元稹的《茶》诗有："铫煎黄蕊色，碗转曲尘花。"中唐以后，往往用铛和铫代替鍑来煎茶。

3. 泡茶

"饮有粗茶、散茶、末茶、饼茶，乃斫、乃熬、乃炀、乃舂，贮于瓶缶之中，以汤沃焉，谓之痷茶。"（《茶经·六之饮》）是说茶有粗、散、末、饼四类。饮用时粗茶要切碎，散茶、末茶入釜炒熬、烤干，饼茶舂捣成末。无论饮哪种茶，都可将茶投入瓶和缶（一种细口大腹的瓦器）之中，灌入沸水浸泡，称为"痷茶"。痷义同淹，痷茶即是用沸水淹泡茶，是原始的泡茶法。陆羽倡导煎茶，故对这种"痷茶"持反对态度，"痷茶"是指病态的、夹生的茶，具贬义。这种痷泡茶的方法简单方便，虽然陆羽贬低它，但在一些民间地方仍然流传。

4. 点茶

点茶法源于煎茶法，是对煎茶法的改革。煎茶是在鍑（铛、铫）中进行，待水二沸时下茶末，三沸时煎茶成，用瓢舀到茶碗中饮用。由此想到，既然煎茶是以茶入沸水（水沸后下茶），那么沸水入茶（先置茶后加沸水）也应该可行，于是发明了点茶法。

陶谷《荈茗录》"生成盏"条："沙门福全生于金乡，长于茶海，能注汤幻茶，成一句诗。并点四瓯，共一绝句，泛乎汤表。"其"茶百戏"条："近世有下汤运匕，别施妙诀，使汤纹水脉成物象者，禽兽虫鱼花草之属，纤巧如画。"其"漏影春"条："漏影春法用镂纸贴盏……沸汤点搅。"注汤幻茶成诗成画，谓之茶百戏、水丹青，即宋人所称"分茶"游戏。生成盏、茶百戏、漏影春均是点茶法的附属。

《荈茗录》原为陶谷《清异录·茗荈部》中的一部分，另一部分便是《十六汤品》。陶谷历仕晋、汉、周、宋，基本上算是五代人。《荈茗录》写定于北宋开宝初（968—970），据此，点茶法约起于唐末五代。

另外，《十六汤品》，第四中汤条有"注汤缓急则茶败"，第五断脉汤条有"茶已就膏，宜以造化成形，若手颤臂辄，惟恐其深瓶嘴之端，若存若亡，汤不顺通，茶不匀粹。"第六大壮汤条有"且一瓯之茗，多不二钱，茗盏量合宜，下汤不过六分，万一快泻而深积之，茶安在哉？"是说点茶之时，先注少量汤入盏，令茶末调匀。继之注汤入盏，不能快泻，也不能若存若亡，应不缓不急，一气呵成。《十六汤品》对汤器、薪火、候汤、点茶注汤技要、禁忌等作了准确生动的阐述。而《十六汤品》又为陶谷《清异录·茗荈部》所引，其成书当不晚于五代。由《十六汤品》也可知，点茶法的形成不晚于五代。

总之，唐五代时期，泡茶法萌芽，点茶法新起。煮茶法在唐代依然存在，往往加姜、桂、椒、酥等佐料，由于陆羽的批评和煎茶法的勃兴，已不普遍。中唐以后，煎茶法盛行，是唐代的主流茶艺方式。

（二）煎茶道的奠定

陆羽（733—约804），一名疾，字鸿渐，又字季疵，号桑苎翁、竟陵子、东冈子，复州竟陵县（今湖北天门）人。幼遭遗弃，竟陵龙盖寺智积和尚将其收养。一生坎坷，居无定所，闲云野鹤，四海为家。交友广泛，诸如崔国辅、皎然、皇甫冉、皇甫曾、刘长卿、戴叔伦、颜真卿、张志和、李冶、怀素、灵澈、孟郊、权德舆等，陆羽都曾与其来往。"上元初，结庐于苕溪之滨，闭关对书，不杂非类，名僧高士，谈燕永日。"（《全唐文·陆文学自传》）"上元初，更隐苕溪。自称桑苎翁，阖门著书，或独行野中，诵诗击木，徘徊不得意，或恸哭而归，故时谓今之接舆也。"（《新唐书·陆羽传》）。陆羽一生执着于茶的研究，用心血和汗水铸成不朽之著——《茶经》。《茶经》

的成书，标志着中国茶道的诞生。陆羽不仅是煎茶道的奠基人，也是中国茶道的奠基人，被后世尊为"茶圣"。

皎然（约720—805），俗姓谢，字清昼，湖州长城（今浙江湖州）人。天宝后期在杭州灵隐寺受戒出家，后来徙居湖州乌程杼山妙喜寺。为文清丽，尤工于诗。皎然《饮茶歌诮崔石使君》诗盛赞剡溪茶清郁隽永的香气，如甘露琼浆般的滋味，并生动描绘了一饮、再饮、三饮的感受："一饮涤昏寐，情思爽朗满天地。再饮清我神，忽如飞雨洒轻尘。三饮便得道，何须苦心破烦恼。三饮便得道，何须苦心破烦恼"，"孰知茶道全尔真，唯有丹丘得如此。"通过饮茶来修道、悟道、全真葆性。皎然首倡"茶道"，是陆羽的忘年之交，对中国茶道的创立有着极大的贡献。

约撰于八世纪末的封演《封氏闻见记》卷六"饮茶"条载：

> 楚人陆鸿渐为《茶论》，说茶之功效，并煎茶炙茶之法，造茶具二十四事，以都统笼贮之。远近倾慕，好事者家藏一副。有常伯熊者，又因鸿渐之《论》广润色之，于是茶道大行，王公朝士无不饮者。御史大夫李季卿宣慰江南，至临淮县馆，或言伯熊善茶者，李公请为之。伯熊著黄被衫、乌纱帽，手执茶器，口通茶名，区分指点，左右刮目。……

常伯熊大约是泗州临淮县（今淮河下游安徽江苏交界一带）人，与陆羽同时代。李季卿宣慰江南是在唐代宗广德二年（764），其时陆羽在《茶记》的基础上修改而成《茶论》（《茶经》的前身）。常伯熊又对《茶论》进行了润色修改，使得《茶论》广为流传，"于是茶道大行"。他不仅从理论上对陆羽《茶论》进行了广泛的润色，而且擅长实践，娴熟茶艺，是中国煎茶道的开拓者之一。

综上所述，在八世纪后期，中国茶道正式奠定。皎然是中国茶道先驱，陆羽是中国茶道的奠基人，常伯熊是中国茶道的早期推广者。在中国茶道的奠定过程中，皎然、陆羽、常伯熊之功尤大。

（三）煎茶道的盛行

九世纪初，陆羽、皎然、常伯熊相继去世，但由他们创立和开拓的煎茶道却深入社会，在中晚唐（九世纪）空前发展、风行天下。

李约，字存博，郑王元懿玄孙，号萧斋，官至兵部员外郎，后弃官归隐。"所居轩屏几案，必置古铜怪石，法书名画，皆历代所宝。坐间悉雅士，清谈终日，弹琴煮茗，心略不及尘事也。"（辛文房《唐才子传》）李约雅好琴、诗、酒、茶，善画梅，精书法，好蓄古玩。所交皆雅士，常在一起品茗听琴，虽清谈终日，却不涉凡尘俗事。存诗一卷，乐谱一卷，《道德真经新注》四卷。

李约"嗜茶，与陆羽、张又新论水品特详。"（《唐才子传》）李约于唐德宗时在浙西幕府任大理评事，与常居湖州的陆羽有过交往，曾在一起切磋茶艺，相较水品。唐宪宗时，也与新科状元、永嘉刺史张又新论水品。"曾奉使行至陕州硖石县东，爱渠水清流，旬日忘发。"（赵璘《因话录》）。李约善于鉴泉品水，遇佳水则流连忘返。"客至不限瓯数，竟日持茶器不倦。"（《因话录》）李约性喜接引人，客至则品茗论艺，竟日炙茶煎茗而不辍。

"李约，汧公子也。一生不近粉黛，性辨茶。尝曰：茶须缓火炙，活火煎。活火，谓炭之有焰者。当使汤无妄沸，庶可养茶。……三沸之法，非活火不能成也。"（温庭筠《采茶录》"辨"）唐代茶多为饼茶，煎时先用缓火（文火）炙烤，然后捣碎碾末入汤而煎。煎汤须用活火（武火），确为经验之谈。李约精于茶道，善于鉴泉评水、候汤煎茶，为唐代煎茶道的传播和发展做出重要贡献。

除李约之外，钱起、张又新、裴汶、白居易、刘禹锡、卢仝、孟郊、李德裕、杜牧、李商隐、温庭筠、皮日休、陆龟蒙、释齐己等也是煎茶道兴盛期的代表人物。

三、茶文学初兴

唐代是中国文学繁荣时期，同时也是饮茶习俗普及和流行的时期，茶与文学结缘，造就茶文学的兴盛。唐代茶文学的成就主要在诗，其次是散文和小说。唐代第一流诗人都写有茶诗，许多茶诗脍炙人口。

（一）茶诗

唐朝是中国诗歌的鼎盛时代，诗家辈出。同时，中国的茶业在唐代有了突飞猛进的发展，饮茶风尚在全社会普及开来，品茶成为诗人生活中不可或缺的内容。诗人品茶咏茶，因而茶诗大量涌现。李白写了仙人掌名茶诗，杜甫也写过 3 首涉茶诗。白居易写得更多，有 50 余首。卢仝写的《走笔谢孟谏议寄新茶》，更是千古绝唱。皮日休和陆龟蒙互相唱和，各写了 10 首茶诗。其他如钱起、皎然、皇甫冉、皇甫曾、刘长卿、孟郊、韦应物、刘禹锡、柳宗元、元稹、袁高、李郢、姚合、李嘉佑、李商隐、温庭筠、杜牧、李群玉、薛能、曹邺、郑谷、郑遨、施肩吾、鲍君徽、释灵一、释齐己等也都有茶诗传世。

1. 茶诗体裁

（1）古风　主要有五古和七古。五古如李白（701—762）的《答族侄僧中孚赠玉泉仙人掌茶》，这是中国历史上第一首以茶为主题的茶诗，也是名茶入诗第一首："常闻玉泉山，山洞多乳窟。仙鼠如白鸦，倒悬清溪月。茗生此中石，玉泉流不歇。根柯洒芳津，采服润肌骨。丛老卷绿叶，枝枝相接连。曝成仙人掌，似拍洪崖肩。……"在这首诗中，李白对仙人掌茶的生长环境、加工方法、形状、功效、名称来历等都作了生动地描述。

晚唐皮日休作《茶中杂咏》，包括十首五言古诗，即茶坞、茶人、茶笋、茶籝、茶舍、茶灶、茶焙、茶鼎、茶瓯、煮茶。其在序中说："茶之事，由周至今，竟无纤遗矣。昔晋杜育有《荈赋》，季疵有《茶歌》，余缺然于怀者，谓有其具而不形于诗，亦季疵之余恨也。遂为十咏，寄天随子。""天随子"为陆龟蒙号，陆龟蒙遂也作了《奉和袭美茶具十咏》。皮陆唱和组诗全面反映了唐代茶园、茶具、茶人以及茶叶采摘、加工、煎煮等具体情况，留下珍贵的茶文化史料。

七古名篇有刘禹锡的《西山兰若试茶歌》等。

（2）律诗　五言律诗如钱起的《过长孙宅与朗上人茶会》、皇甫冉的《送陆鸿渐栖霞寺采茶》、皇甫曾的《送陆鸿渐山人采茶》；七言律诗如白居易的《谢李六郎中寄蜀新茶》、白居易的《琴茶》、温庭筠的《西陵道士茶歌》；还有排律，如齐己的《咏茶十二韵》便是一首优美的五言排律。

（3）绝句　主要为五言绝句和七言绝句。五言绝句如顾况的《焙茶坞》、白居易的《山泉煎茶有怀》、张籍的《和韦开州盛山茶岭》等，七言绝句如钱起的《与赵莒茶宴》、刘禹锡的《尝茶》、张文规的《湖州贡焙新茶》、释灵一的《与元居士青山潭饮茶》等。

（4）歌行　歌行如皎然的《饮茶歌诮崔石使君》《饮茶歌送郑容》。卢仝的《走笔谢孟谏议寄新茶》则是著名的咏茶歌行体诗，该诗是他品尝友人谏议大夫孟简所赠新茶之后的即兴作品，直抒胸臆，一气呵成：

日高丈五睡正浓，军将打门惊周公。
口云谏议送书信，白绢斜封三道印。
开缄宛见谏议面，手阅月团三百片。
闻道新年入山里，蛰虫惊动春风起。
天子须尝阳羡茶，百草不敢先开花。
仁风暗结珠琲瓃，先春抽出黄金芽。
摘鲜焙芳旋封裹，至精至好且不奢。
至尊之余合王公，何事便到山人家。
柴门反关无俗客，纱帽笼头自煎吃。
碧云引风吹不断，白花浮光凝碗面。
一碗喉吻润，两碗破孤闷。
三碗搜枯肠，唯有文字五千卷。
四碗发轻汗，平生不平事，尽向毛孔散。
五碗肌骨清，六碗通仙灵。
七碗吃不得也，唯觉两腋习习清风生。
蓬莱山，在何处？玉川子，乘此清风欲归去。
山中群仙司下土，地位清高隔风雨。
安得知百万亿苍生命，堕在巅崖受辛苦。
便为谏议问苍生，到头还得苏息否？

这首诗由三部分构成。开头写孟谏议派人送来至精至好的新茶，本该是天子、王公才有的享受，如今竟到了山野人家，大有受宠若惊之感。中间叙述诗人反关柴门、自煎自饮的情景和饮茶的感受。一连吃了七碗，吃到第七碗时，觉得两腋生清风、飘飘欲仙。最后忽然笔锋一转，为苍生请命，希望养尊处优的居上位者在享受这至精至好的茶叶时，要知道它是茶农冒着生命危险、攀悬山崖峭壁采摘而来。可知卢仝写这首诗的本意，并不仅仅在说茶的神功奇效，其背后还蕴含了诗人对茶农的深刻同情。

卢仝的这首诗细致地描写了饮茶的身心感受，提高了饮茶和精神境界。对饮茶风气的普及，茶文化的传播，起到推波助澜的作用。

（5）宫词　这种诗体是以帝王宫中的日常琐事为题材，或写宫女的抑郁愁怨，一般为七言绝句。例如王建的《宫词一百首之七》："延英引对碧衣郎，江砚宣毫各别床。

天子下帘亲考试，宫人手里过茶汤。"

（6）宝塔诗　原称一字至七字诗，从一字句至七字句逐句成韵，或叠两句为一韵，后又增至八字句或九字句，每句或每两句字数依次递增。元稹写过一首咏茶的宝塔诗《一字至七字诗茶》：

茶

香叶、嫩芽。

慕诗客、爱僧家。

碾雕白玉、罗织红纱。

铫煎黄蕊色、碗转曲尘花

夜后邀陪明月、晨前命对朝霞。

洗尽古今人不倦、将至醉后岂堪夸。

2. 茶诗题材

（1）名茶　继李白"仙人掌茶"诗之后，许多名茶纷纷入诗，而数量最多的为湖常二州的紫笋茶，如白居易的《夜闻贾常州崔湖州茶山境会亭欢宴》、张文的《湖州贡焙紫笋》等。其他如蒙顶茶（白居易《琴茶》）、昌明茶（白居易《春尽日》）、石廪茶（李群玉《龙山人惠石廪方及团茶》）、九华英（曹邺《故人寄茶》）、䨲湖茶（齐己《谢䨲湖茶》）、碧涧春茶（姚合《乞新茶》）、小江园茶（郑谷《峡中尝茶》）、鸟嘴茶（薛能《蜀州郑使君寄鸟嘴茶》）、天柱茶（薛能《谢刘相公寄天柱茶》）、天目山茶（僧皎然《对陆迅饮天目山茶因寄元居士晟》）、剡溪茶（僧皎然《饮茶歌诮崔石使君》）、腊面茶（徐夤《谢尚书惠腊面茶》）等。

（2）茶圣陆羽　陆羽的友人和后人咏陆羽诗确有不少，这些诗对于研究陆羽很有价值。皎然是茶圣陆羽的忘年至交，两人情谊深厚，《寻陆鸿渐不遇》是他们之间的诚挚友情的写照："移家虽带郭，野径入桑麻。近种篱边菊，秋来未着花。扣门无犬吠，欲去问西家。报道山中去，归来每日斜。"这首诗是陆羽迁新居后，皎然造访不遇所作。写陆羽深入山中采茶，每每归来都很迟，甚至借宿山寺、山野人家，反映出陆羽倾身茶事的献身精神。皎然所写与陆羽有关的诗有十多首，如《九日与陆处士羽饮茶》《往丹阳寻陆处士不遇》《访陆处士羽》《赠韦卓陆羽》《赋得夜雨滴空阶送陆羽归龙山》《奉和颜使君真卿与陆处士羽登妙喜寺三癸亭》《喜义兴权明府自君山至集陆处士青塘别业》《寒食日同陆处士行报德寺宿解公房》《春夜集陆处士居玩月》《同李侍御萼李判官集陆处士羽新宅》《同李司直题武丘寺兼留诸公与陆羽之无锡》《泛长城东溪暝宿崇光寺寄处士陆羽联句》等，成了研究陆羽生平非常有价值的资料。

孟郊的《陆鸿渐上饶新辟茶山》诗，是陆羽到过江西上饶的佐证。孟郊的《送陆畅归湖州因凭题故人皎然塔陆羽坟》诗，是陆羽坟在湖州的佐证。齐己的《过陆鸿渐旧居》诗，是陆羽写过自传的佐证（诗有"读碑寻传见终初"之句）。

（3）煎茶、饮茶　以煎茶（含煮茶等）为题或内容的诗较多，如储光羲的《吃茗粥作》、刘言史的《与孟郊洛北野泉上煎茶》、杜牧的《题禅院》、成彦雄的《煎茶》等。

以饮茶（包括尝茶、啜茶、试茶等）为题或内容的诗，数量也相当多，如白居易的《闲眠》、施肩吾的《蜀茗词》、崔珏的《美人尝茶行》、齐己的《尝茶》。杜甫的《重过何氏五首之三》，情景交融，"落日平台上，春风啜茗时。石阑斜点笔，桐叶坐题诗。翡翠鸣衣桁，蜻蜓立钓丝。自逢今日兴，来往亦无期。"

（4）水泉　唐人饮茶讲究水质，常常不远千里地把有名的泉水取来煎茶。山泉为煎茶好水，故为诗人们所喜爱，如白居易有《山泉煎茶有怀》诗、陆龟蒙有《谢山泉》诗。惠山泉唐时已很有名，被评为天下第二泉。皮日休有《题惠山二首》，其第一首："丞相长思煮茗时，郡侯催发只忧迟，吴关去国三千里，莫笑杨妃爱荔枝。"丞相李德裕，为了用惠山泉水煮茶，命令地方官从三千里之外的无锡惠山把泉水送到京城里来。白居易诗有"蜀茶寄到但惊新，渭水煎来始觉珍"之句，他认为渭水是煎茶的好水。另外，雪水也是煎茶好水，陆龟蒙有"闲来松间坐，看煮松上雪。"（陆龟蒙《煮茶》）

（5）茶具　皮日休与陆龟蒙的《茶中杂咏》唱和诗都写了《茶鼎》《茶瓯》。徐夤写了《贡余秘色茶盏》诗，"捩翠融青瑞色新，陶成先得贡我君。巧剜明月染春水，轻旋薄冰盛绿云。古镜破苔当席上，嫩荷涵露别江濆。中山竹叶醅初发，多病那堪中十分。"秘色茶盏是产于浙江越窑的一种青瓷器，作为贡品，十分珍贵。

（6）采茶、制茶　皮日休、陆龟蒙的《茶人》诗都是描述采茶的，而姚合的《乞新茶》诗，可以从中了解到当时人们对制造"碧涧春"名茶是如何讲究："嫩绿微黄碧涧春，采时闻道断荤辛。不将钱买将诗乞，借问山翁有几人？"诗中表明采茶时要戒食荤辛。

袁高的《茶山诗》、杜牧的《题茶山》、李郢的《茶山贡焙歌》、皎然的《顾渚行寄裴方舟》都是洋洋大篇，从各个侧面反映了当时浙江长兴顾渚山采制紫笋贡茶的盛况。"溪尽停蛮棹，旗张卓翠苔"（杜牧诗），描写了造茶时节山上的一派繁华景象。而"扪葛上欹壁，蓬头入荒榛"（袁高诗）"凌烟触露不停采，官家赤印连帖催，朝饥暮匐谁兴哀"（李郢诗），则是讲采茶人的艰辛。

（7）茶园　如韦应物的《喜园中茶生》，韦处厚的《茶岭》，皮日休、陆龟蒙的《茶坞》诗，陆希声的《茗坡》等。

（8）茶功　饮茶之功有破睡、益思、醒酒、保健等。白居易诗："驱愁知酒力，破睡见茶功"。曹邺诗："六腑睡神去，数朝诗思清"。薛能诗："得来抛道药，携去就僧家"。皮日休诗："侥把沥中山，必无千日醉"，茶可醒酒。

茶能引发诗人的才思，因而备受诗人青睐。唐代茶诗的大量创作，明显促进了茶文化的传播和发展。

（二）茶事散文

散文是一个庞杂的体系，几乎凡不是韵文的作品都可以归入其中。唐代茶文琳琅满目，就体裁而言，有赋（如顾况的《茶赋》等）、序（如吕温的《三月三日茶宴序》等）、传（如陆羽的《陆文学自传》等）、表（如柳宗元的《代武中丞谢新茶表》等）、状（如崔致远的《谢新茶状》等）。此外尚有许多记事、记人、写景、状物的叙事抒情茶文。

顾况（约725—约814），字逋翁。曾官著作郎，后携家隐居润州延陵茅山，自号华阳真逸，作《茶赋》：

> 稽天地之不平兮，兰何为兮早秀，菊何为兮迟荣？皇天既孕此灵物兮，厚地复糅之而萌。惜下国之偏多，嗟上林之不生。如罗玳筵、展瑶席，凝藻思、开灵液，赐名臣、留上客，谷莺转、宫女嚬，泛浓华、漱芳津，出恒品、先众珍。君门九重、圣寿万春，此茶上达于天子也；滋饭蔬之精素，攻肉食之膻腻，发当暑之清吟，涤通宵之昏寐。杏树桃花之深洞，竹林草堂之古寺。乘槎海上来，飞锡云中至，此茶下被于幽人也。……

赋中赞颂茶乃造化孕育之灵物，写茶的社会功用：上可达于天子，下可广被百姓。表示自己只想在翠荫下用舒州如金铁鼎（风炉）烹泉煎茶，用越州似玉的瓷瓯来品茶，在茶烟袅袅中消磨时光，抒发了作者隐逸山林、无为淡泊的情怀。

（三）　茶事小说

唐代是中国小说发展的第一个高峰时期，此时的小说开始从志怪小说向轶事小说过渡，增强了纪实性。茶事小说作品迭出，唐至五代茶事小说有数十篇，散见于刘肃的《大唐新语》、段成式的《酉阳杂俎》、苏鹗的《杜阳杂编》、王定保的《唐摭言》、冯贽的《云仙杂记》、王仁裕的《开元天宝遗事》、孙光宪的《北梦琐言》、佚名的《玉泉子》等集子中。除《酉阳杂俎》为志怪、传奇小说集外，其余均为轶事小说集。也就是说，唐五代茶事小说的主要内容是记人物言行和琐闻轶事，纪实性较强。

四、茶艺术初起

（一）茶事书画

《萧翼赚兰亭图》（图2-1），相传是初唐时期的阎立本绘，但现存此画是宋人摹本。画面中有五位人物，中间坐着一位和尚即辨才，其对面为萧翼。左下有二人煎茶，一老仆蹲在风炉旁，炉火正红，炉上置一有流茶铛。铛中水已沸，末茶刚投下，老仆手持竹夹搅动茶汤。一童子弯腰，手捧茶盏，小心翼翼地等待酌茶。矮几上，放置着茶盏、茶罐等用具。这幅画不仅记载了古代僧人以茶待客的史实，而且再现了唐代煎饮茶所用的器具及方法。

图2-1　阎立本《萧翼赚兰亭图》

盛唐时周昉的《调琴啜茗图》（图2-2），以工笔重彩描绘了园林中贵妇品茗听琴的悠闲生活。画中描绘五个女性，中间三人系贵族妇女，一女坐在磐石上，正在调琴，另二人品茗听曲；红衣女坐在圆凳上，背向外，注视着抚琴者，执盏作欲饮之态。白衣女坐在椅子上，袖手侧身听琴。左侧立一侍女，手托木盘，另一侍女捧茶碗立于右侧。画以"调琴"为重点，但茶饮也相当引人注目。饮茶与听琴集于一画，说明了饮茶在当时的文化生活中已有相当重要的地位。

图2-2　周昉《调琴啜茗图》

现存最早的茶事书法是唐代僧人怀素的《苦笋帖》（图2-3）。这是一幅信札，其文曰："苦笋及茗异常佳，乃可迳来。怀素上。"全帖虽只有十四个字，但通篇气韵生动，神采飞扬，清逸多于狂诡，连绵的笔墨之中颇有几分古雅的意趣，从中也可以看出怀素对茶的喜爱。

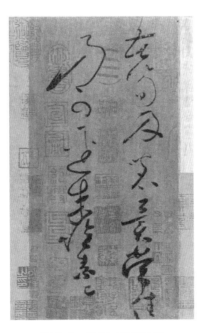

图2-3　怀素《苦笋帖》

除上面介绍的唐代茶书画外，见于著录的，尚有唐代周昉的《烹茶图》《烹茶仕女图》，张萱的《烹茶仕女图》《煎茶图》，杨升的《烹茶仕女图》，五代王齐翰的《陆羽煎茶图》和陆晃的《火龙烹茶》《烹茶图》等。

（二）茶歌舞

茶歌是以茶事为歌咏内容的山歌、民歌。至于茶歌从何而始，已无法稽考。在中国古代，如《尔雅》所说："声比于琴瑟曰歌"，《韩诗章句》所称："有章曲曰歌"，只要配以章曲，声如琴瑟，则诗词也可歌了。从皮日休《茶中杂咏序》"昔晋杜育有荈赋，季疵有茶歌"的记述中，可知唐代陆羽曾作《茶歌》。但是很可惜，这首茶歌也早已散佚。不过，有关唐代的茶歌，还能找到如皎然的《饮茶歌诮崔石使君》和《饮茶歌送郑容》、刘禹锡的《西山兰若试茶歌》、温庭筠的《西陵道士茶歌》等。

"歌之不足，舞之蹈之"，表现茶事的舞蹈就是茶舞。茶舞往往与茶歌配合而载歌载舞，也可独立表演。唐代杜牧的《题茶山》诗中就有"舞袖岚侵涧，歌声谷答回"，描写了当时采茶姑娘在茶山载歌载舞的情景。

五、茶书的初创

茶书的撰著肇始于唐。唐和五代的茶书，现存完整的有陆羽的《茶经》、张又新的《煎茶水记》、苏廙的《十六汤品》，部分存文的有裴汶的《茶述》、温庭筠的《采茶录》、毛文锡的《茶谱》，已佚的有皎然的《茶诀》、陆龟蒙的《品第书》。

陆羽的《茶经》（图2-4）总结了到盛唐为止的中国茶学，以其完备的体例囊括了茶叶从物质到文化、从技术到历史的各个方面。《茶经》的问世，奠定了中国古典茶学的基本构架，创建了一个较为完整的茶学体系，也是古代茶叶百科全书。《茶经》共三卷，分一之源、二之具、三之造、四之器、五之煮、六之饮、七之事、八之出、九之略、十之图，共十章。

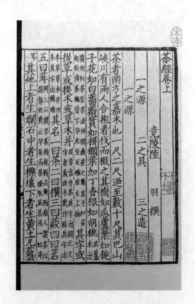

图2-4　陆羽《茶经》首页

一之源章论述茶树的起源、名称、品质，介绍茶树的形态特征、茶叶品质与土壤环境的关系，指出宜茶的土壤、地形、品种与鲜叶品质的关系，以及栽培方法、饮茶对人体的保健功能等。

二之具章介绍采制茶叶用具，详细介绍了采制饼茶所需的十九种工具名称、规格和使用方法，从中可以了解具体的唐代制茶技术，这也是关于唐代制茶技术最完整系统的资料。

三之造章介绍饼茶采制工艺和成品茶饼的外貌及等级以及鉴别方法。指出采茶的重要性和采茶要求，叙述了制造饼茶的六道工序：蒸熟、捣碎、入模拍压成形、焙干、穿成串、封装，"蒸之，捣之，拍之，焙之，穿之，封之，茶之干矣"。并将饼茶按外形的匀整和色泽分为八个等级。

四之器章是介绍煎茶、饮茶的器具，详细叙述了各种茶具的名称、形状、用材、规格、制作方法、用途，以及各地茶具的优劣、器具对茶汤品质的影响等。

五之煮章写煎茶的方法，叙述烤茶的方法、饼茶茶汤的调制、煎茶的燃料、煎茶用水和煎茶火候、水沸程度对茶汤色香味的影响。提出茶汤显现雪白而浓厚的乳沫是其精英所在。

六之饮章讲饮茶风俗，叙述饮茶风尚的起源、传播和饮茶习俗，提出饮茶的方式方法。

七之事章记录了陆羽之前的有关茶的历史资料、传说、掌故、诗词、杂文、药方等，虽有少数遗漏，但也难能可贵，为我们了解唐前的茶业史、茶文化史提供了宝贵的资料。

八之出章叙说唐代茶叶的产地和品质高低，将唐代全国茶叶生产区域划分八大茶区，每一茶区出产的茶叶按品质分上、中、下、又下四级。

九之略章说在某些实际情形、特殊情况下，茶叶加工的程序、加工的工具，煎茶的程序和器具，可以酌情省略。

十之图是说用白绢四幅或六幅，将上述九章的内容写出，张挂四周、随时观看，使《茶经》内容一目了然。

中唐张又新的《煎茶水记》主要叙述茶汤品质与用水的关系，着重于品水。全文仅九百五十字，首述已故刑部侍郎刘伯刍"较水之与茶宜者凡七等"，以扬子江南零水第一，无锡惠山寺石泉水第二。张又新在出任永嘉刺史赴任道上，过桐庐江，至严子濑，取水煎茶试之，认为其水超过扬子江南零水。到了永嘉，取仙岩瀑布水煎茶试之，亦与南零水不相上下。又记陆羽评水，以"楚水第一，晋水最下。"陆羽以庐山康王谷水帘水第一，无锡惠山寺石泉水第二，扬子江南零水第七，桐庐严陵滩水第十九，雪水第二十。"夫烹茶于所产处，无不佳也，盖水土之宜。离其处，水功其半。然善烹洁器，全其功也。"张又新认为用当地的水煎当地的茶，没有不好的。茶离开本地，就要选择好水以煎出好茶。如果善于烹煎，器具清洁，也可煎出好茶来。张又新此言确是经验之谈。

唐末五代毛文锡的《茶谱》是一部重要茶书。《茶谱》在陆羽《茶经·八之出》的基础上，对唐末五代时全国各地产茶地点、茶名、重量、制法、特点等，记述得很清楚。其一，所记茶产地，仅《茶谱》佚文就涉及 7 道、34 州产茶的情况，其中涪、渠、扬、池、洪、虔、谭、梓、渝、容 10 州，在《茶经·八之出》中未提及，可知中唐以后茶产地又有所扩大；其二，从《茶谱》不难看出，其较之《茶经》所反映的制茶技术，又要前进一步。《茶谱》不仅记录了各地形制和大小不一的团茶或饼茶，还记录了高档散茶。如眉州、蜀州皆产散茶，著名的有片甲（茶叶相抱如片甲）、蝉翼（叶嫩薄如蝉翼）；其三，对各地茶的味性记述很具体，如"眉州……其散者，叶大而黄，味颇甘苦""临邛数邑茶，有火前、火后、嫩绿、黄芽号。……其味甘苦""潭邵之间有渠江，中有茶……其色如铁，而芳香异常，烹之无滓也""婺州有举岩茶，片片方细，所出虽少，味极甘芳，煎如碧乳也""扬州禅智寺，隋之故宫，寺枕蜀冈，有茶园，其味甘香如蒙顶也"；其四，记录了各地的名茶，弥足珍贵。

唐末五代苏廙《十六汤品》也是一部独特而有价值的茶书，该书首标"汤者，茶之司命，若名茶而滥汤，则与凡末调矣"，可谓至理之言。所谓"十六汤品"，乃"煎以老嫩者凡三品，注以缓急言者凡三品，以器标者共五品，以薪论者共五品"，共计十六品。《十六汤品》对取火、候汤、点茶、注汤的技要和禁忌等作了形象生动的阐述，弥补了中国历史上取火候汤类茶书的空白，为点茶的代表之作，在中国茶艺、茶道及茶文化史上有着不可或缺的价值。

唐代，茶文学兴盛，李白、杜甫、钱起、白居易、元稹、刘禹锡、柳宗元、韦应物、孟郊、卢仝、杜牧、李商隐、温庭筠、皮日休、陆龟蒙等唐代一流诗人，无不撰有茶诗。此外，唐代尚有茶事绘画、书法的出现。饮茶在唐代普及，茶具独立发展，茶馆和茶会兴起，煎茶道形成并广泛流行。特别是陆羽《茶经》的问世，终于使得茶文化在唐代创成体系，并在中唐形成了中华茶文化的第一个高峰。

第 四 节　茶向边疆和其他亚洲地区的传播

一、茶传播的社会环境

唐朝在建立之初面临着与周边其他强大政权的竞争，经过一系列的政治、文化、经济、军事磨合，最终从朝鲜半岛到中亚建立起和平稳定的国际关系，国家、民族间的交往更加密切，人员往来更加自由、频繁。在南方，各少数民族、东南亚和南亚的各个国家也都加强了与唐朝的联系，可以说所有的亚洲国家都有人来到唐朝。在各种身份的外国人中，最主要的是使臣、僧侣和商人，表现出当时亚洲各国对于唐朝在政治、宗教和商业上的浓厚兴趣。印度是对中国文化影响最大的国家，在唐代有大量的佛教僧侣来中国传道布教，同时祆教、景教、摩尼教的信徒也纷纷在中国建立寺院。商人们更加活跃，他们数量庞大，建立了稳定有效的贸易网络。

当时海外通往唐朝的途径主要有两类：陆路和海路。丝绸之路是陆路的代表，沿着戈壁荒漠的边缘、穿越西北边疆，直达乌兹别克斯坦的撒马尔罕、波斯（今伊朗）和叙利亚。从玉门关向西有两条路可以选择，但是两条路同样充满艰辛，令人生畏。一是由敦煌经罗布泊到吐鲁番；二是取道哈密，以避开罗布泊。从吐鲁番可以走北疆或南疆，经过库车以及塔里木盆地西行，这是北道。南道沿着昆仑山脉北缘西行，然后到达和阗（今和田）和帕米尔高原。此外还可以从四川经过云南再分两条道路：一条通过缅甸伊洛瓦底峡谷，前往孟加拉地区；另一条途径缅甸北部密支那琥珀矿区。另外，朝圣的佛教徒还可以通过吐蕃，经由尼泊尔到天竺（古印度）。

另一类是海路。朝鲜人掌握了东亚海路贸易，并且在中国形成了一个重要的侨民团体，得到唐朝政府的保护，享有某种形式的治外法权。与东亚海路贸易相比，通过中国南海和印度洋的贸易对于唐朝来说更加重要，阿拉伯商人利用季风往来于千里之外的中国和波斯湾之间。广州是最主要的港口城市，各种肤色、使用各种语言、信仰不同宗教的外国人居住在当地，和平相处、交往密切，等待回故乡的风向。中国沿海各港口挤满了远涉重洋的商船，其中最大的商船来自锡兰（今斯里兰卡）。

八世纪时，扬州是中国的一颗璀璨明珠，这首先要归功于其优越的地理位置，长江与运河的交汇处这个地理位置成就了扬州水路运输枢纽的重要地位。成都素以殷实著称，而这时流行的认知是"扬一益二"，扬州已经超过益州成为中国最繁荣兴旺的商业城市，至于两京长安和洛阳也难以望其项背。"江淮之间，广陵大镇，富甲天下。"[1] 唐诗的描绘更加形象："江横渡阔烟波晚，潮过金陵落叶秋。嘹唳塞鸿经楚泽，浅深红树见扬州。夜桥灯火连星汉，水郭帆樯近斗牛。今日市朝风俗变，不须开口问迷楼。"（李绅《宿扬州》）

尽管南方富裕，但是北方仍然是中国政治、文化的中心，长安、洛阳仍然是世界各国旅游者向往的地方。长安城人口近二百万，是广州的十倍，洛阳也有一百多万人口。相应的，外来人口的数量也相当庞大，贞观五年（631）就有一万户突厥人定居在长安。与广州的外来人口以林邑人、爪哇人、僧伽罗人为主的特征相比，长安、洛阳等北方城市则以来自北方和西方的突厥、回鹘、吐火罗、粟特等民族的人口为主。而大食人、波斯人、天竺人则分布在各主要城市，从唐朝开始政府专门设置了官员管理伊朗人，可见其人口众多。

其实，大量的外国商人对于居住地的选择原则是商业利益，因此哪里有利可图、哪里就有外国人，商队必经之地——河西走廊也就成了外国人最乐意居住的地方，凉州就是一个典型。八世纪的凉州有十万多常住人口，民族构成复杂，胡汉文化在此达到高度融合，政治、军事变故也异常频繁。

文化交流一般的规律是，越是发达的文化，越是大量引进其他文化，同时也大量输出本土文化。唐代文化高度发达，在输出的中国文化中，就包括茶文化。如上所述，至少亚洲各国都有相当数量的使者、商人往来于其祖国与中国之间，他们往往在中国生活一段时间，接触中国方方面面的文化，尤其像饮食这种生活文化。就饮茶来说，尽管受史料限制，明确可考的茶文化传播仅见于回鹘、吐蕃等边疆地区，还有朝鲜、日本等国家，但传播到其他国家、地区的可能性完全存在。

---

① 刘昫. 旧唐书：卷182. 中华书局，2002：4716.

二、茶向边疆的传播

（一）茶向西藏地区的传播

当茶文化毋庸置疑地成为汉文化的代表时候，周边民族也对它另眼相看。南北朝时期的少数民族对于是否应该接受饮茶习俗尚有异议，彭城王元勰对于王肃、刘缟的嘲讽就是最典型的例子。到了唐代，少数民族对于汉族的饮茶习俗在观念上发生了根本的变化，以下吐蕃的例子最能反映这种变化：

> 常鲁公使西蕃，烹茶帐中。赞普问曰："此为何物？"鲁公曰："涤烦疗渴，所谓茶也。"赞普曰："我此亦有。"遂命出之。以指曰："此寿州者，此舒州者，此顾渚者，此蕲门者，此昌明者，此溆湖者。"①

松赞干布统一西藏后，向唐朝要求通婚，于是唐太宗把文成公主嫁到了吐蕃。由于文成公主的努力，她得到了吐蕃民众的爱戴，这对于唐朝文化的传播发挥了积极的作用。但是之后双方的关系时好时坏，唐玄宗曾经用兵吐蕃，吐蕃在安史之乱中一度占领长安。822年，双方再度媾和，竖起了"唐蕃会盟碑"。

建中二年（781），常鲁被任命为入蕃使。他出使吐蕃，在帐篷中烹茶时，吐蕃王赞普问道："这是什么？"常鲁回答："这是去烦闷、解干渴的茶。"赞普说："我也有茶。"赞普向常鲁逐一介绍他的茶："这是安徽寿州的茶，这是安徽舒州的茶，这是浙江长兴的茶，这是湖北蕲春的茶，这是四川绵阳的茶，这是湖南岳阳的茶。"唐代与吐蕃相关的史料过于稀少，唐代吐蕃地区的茶叶流通状况难以追究。但是根据宋代吐蕃地区完全接受饮茶习俗的历史发展过程推测，唐代吐蕃地区的茶叶供应应该在某种程度上得到了保证，因为这是形成饮茶习俗的基础。至于赞普收集的茶叶，这里想强调的是他对于饮茶的态度。与彭城王元勰迥然不同，赞普先是明知故问，然后主动炫耀，似乎想通过茶叶表现自己的汉文化修养不亚于唐朝大臣。

（二）茶向新疆地区的传播

吐蕃赞普对于饮茶习俗的看法不仅在一定程度上代表了吐蕃人民的看法，而且反映了这个时代边疆地区对于饮茶的认识，因为生活在新疆的回鹘人民对于饮茶的态度同样与鲜卑贵族元勰的看法有天壤之别。

> 按此古人亦饮茶耳，但不如今人溺之甚。穷日尽夜，殆成风俗。始自中地，流于塞外。往年回鹘入朝，大驱名马，市茶而归。亦足怪焉。②

回鹘是现在维吾尔族的古称，唐初臣服于东突厥，在744年灭东突厥之后的一百多年里控制了整个蒙古高原。安史之乱时，回鹘协助唐朝平叛，由此与唐朝建立了更加密切的关系。但是密切的交往也带来了频繁的冲突，双方关系也有很大的波动。与

---

① 李肇．唐国史补：卷下．上海古籍出版社，1979：66.
② 封演．封氏闻见记：卷6《饮茶》．商务印书馆，1936：73.

吐蕃一样，回鹘也提出通婚要求，唐朝下嫁了公主。由于回鹘是蒙古高原的实际统治者，这里又是当时中国最重要的马匹产地，于是唐朝政府也屡次要求回鹘提供战马。在这样的历史背景之下，孕育了茶马贸易，回鹘人民用优质马匹换取他们所需要的茶叶。封演对饮茶习俗普及的基础有很准确的认识，即回鹘接受汉族饮茶习俗是饮茶习俗在唐代汉民族中高度发达而产生的效果，只是为回鹘能以如此大的规模以及用宝贵的马匹来换取看似可有可无的奢侈品——茶叶，而觉得不可思议。

三、茶向东亚的传播

（一）向朝鲜半岛的传播

隋朝时，朝鲜半岛北部的高丽、东南部的新罗、西南部的百济三国鼎立。唐高宗时期，百济和高丽的联军攻打新罗，新罗向唐朝求救，于是 660 年，唐朝与新罗联军灭了百济。百济遗臣向日本求救，日本出兵朝鲜半岛。663 年，白村江战役，唐朝与新罗联军再次打败日本，并乘胜攻打高丽；668 年，灭高丽，朝鲜半岛统一，进入全盛时代。尽管新罗国后来赶走了唐朝军队，但是在政治、经济、文化等多方面积极吸收唐代文化，其中也包括茶文化。

在完成于 1145 年，记载了高丽、新罗、百济三国历史的《三国史记》中，有朝鲜半岛引进中国茶树种子的记载：

冬十二月，遣使入唐朝贡。文宗召对于麟德殿，宴赐有差。入唐回使大廉持茶种子来，王使植地理山。茶自善德王时有之，至于此盛焉。[1]

兴德王三年（828）冬十二月，新罗派遣使者入唐朝贡。唐文宗（826—840 在位）在麟德殿召见了他，并且赐宴款待。入唐回使大廉在回国时，带回了茶树种子。茶在善德女王时代（632—647 在位）就有了，这时达到了全盛。善德女王与唐太宗约处同时代，就是说朝鲜半岛在唐初已经饮茶，二百多年后开始引进茶树种子并在朝鲜半岛种植茶树，朝鲜半岛的饮茶风气由此兴盛起来。在朝鲜半岛种植茶树、生产茶叶，一方面表明当时的饮茶习俗已经达到一定的普及程度，另一方面朝鲜半岛茶业的产生也为饮茶习俗的确立与进一步发展提供了保障。

在此之前关于茶的史料已经出现，在新罗第三十代文武王即位的 661 年，文武王命令将金首露王庙与新罗宗庙合祀，在驾洛国以来的祭日：正月三日与七日、五月五日、八月五日与十七日，设酒、酒酿、饼、饭、茶、果等祭奠。即《三国遗事》中的所谓："每岁时酿醪醴，设以饼饭茶果庶羞等奠，年年不坠。其祭日不失居登王之所定年内五日也。"但是，在大廉带回的茶树种子成功播种继而逐渐形成朝鲜茶业之前，朝鲜半岛各国的茶叶只能依赖进口。

（二）茶向日本的传播

唐五代时期的日本正当奈良时代（710—794）和平安时代前期（794—930）。

元明天皇和铜三年（710），迁都到平城京（今日本奈良市）。桓武天皇延历三年

---

① 金富轼. 三国史记·新罗本纪第一〇："兴德王三年"条，井上秀雄译注. 平凡社，1980：343.

[1] 金富轼. 三国史记·新罗本纪第一〇："兴德王三年"条，井上秀雄译注. 平凡社，1980：343.

（784）从平城京迁都至山城国长冈（今日本京都市西郊），在延历十三年（794）又迁都至平安京（今日本京都市）。一直到醍醐天皇时代，为平安时代前期。

1. 学问僧与茶的传播

日本最早的饮茶史料是弘法大师空海（774—835）著于弘仁五年（814）闰七月八日的《献梵字及杂文表》。空海从中国留学回国后，向天皇献上了《古今文字赞》《古今篆隶文体》《梵字悉昙字母并释义》等文献，为此而作此表。在提到他的学习生活时，涉及了茶："观练余眼，时学印度之文，茶汤坐来，乍阅振旦之书。"① 振旦，一般多写作震旦，是古印度语中国的音译。空海把茶汤作为一种与中国相联系的象征。

日本正史最早的饮茶史料见于《日本后纪》（成书承和七年，840）。弘仁六年（815）四月，嵯峨天皇行幸滋贺时到寺院礼佛，并与群臣诗赋唱和，永忠和尚（743—816）亲自煎茶献给天皇，得到赏赐。永忠在777年入唐留学，805年回国。他在中国近三十年，从茶在唐代寺院的利用频度和在社会的普及程度上推论，他不可避免地频繁接触僧俗茶礼、茶会；从他回日本十年后还向天皇献茶这件事情上看，说他在中国时已经养成饮茶习惯也不过分，因为如果不是习惯爱好，一旦离开万全的环境就会自然而然地放弃。包括永忠在内的大量学问僧和留学生在回国之后，向国人介绍他们已经拥有并引以为豪的中国生活方式，其中就包括饮茶。学问僧在日本寺院实行中国的清规礼法，茶礼在僧侣这一特定范围内被频繁应用。

日本原本不产茶，但随着饮茶规模与频度的扩大，单靠进口已经不能满足社会的需要，再加上因流通手段的技术性限制而难以保证货源，可能出于客观的供需便利和主观的模仿中国风流等方面的考虑，日本人开始尝试自己生产茶叶。在嵯峨天皇接受永忠献茶的弘仁六年六月下令在畿内（大约相当于现在的大阪、京都二府以及奈良、和歌山、滋贺三县的一部分）及其附近的地区种植茶树，年年供奉皇室使用，甚至在皇城的东北角也开辟了茶园。这是饮茶在日本贵族、僧侣阶层已经一定程度上形成了习俗的最有力的证据。

2. 贵族阶层接受茶文化

在中国，诗文创作是文人的基本修养，这一价值观也影响到了整个中华文化圈，至少中国周边的亚洲国家都把它作为上层社会文化素养的标志。平安时代的日本人创作了大量的汉诗，汇编为《凌云集》《文华秀丽集》和《经国集》三大御敕诗集。前引《日本后纪》中就提到嵯峨天皇在位于今滋贺县蒲生郡的梵释寺与群臣诗赋唱和，当时有没有创作咏茶题材的作品无法考证，但是日本早期的汉诗集中确实收录了一些茶诗。例如嵯峨天皇在永忠献茶两年前的弘仁四年写的《秋日皇太弟池亭》中就提到了茶：

> 玄圃秋云肃，池亭望爽天。
> 远声惊旅雁，寒引听林蝉。
> 岸柳惟初口，潭荷叶欲穿。

---

① 空海. 性灵集：卷4，渡边照宏、宫坂宥胜校注《日本古典文学大系》71. 岩波书店，1965：243.

肃然幽兴处，院里满茶烟。①

该诗作于永忠向嵯峨天皇献茶之前，可见中国饮茶文化的传播者在永忠之前已经大有人在，并且拥有影响天皇的力量，使得天皇甚至贵族接受了茶文化。

嵯峨天皇的皇太弟、后来的淳和天皇在藤原氏闲居院与嵯峨天皇诗词唱和，在《夏日左大将军藤原朝臣闲院纳凉探得闲字应制》中提到了茶：

此院由来人事少，况乎水竹每成闲。
送春蔷棘珊瑚色，迎夏岩苔玳瑁斑。
避景追风长松下，提琴捣茗老梧闲。
知贪鸾驾忘嚣处，日落西山不解还。②

藤原氏的闲居院成了上层社会风流聚会、展示才华的舞台。这些诗的"幽兴"情趣和"涤烦虑"的功用认识都是一致的；与中国文人的茶诗相比，在意境上完全相同，可见对于中国文化极尽模仿之能事。不仅与道家的超脱仙风一脉相承，还与现代日本茶道的精神相一致的。这不仅是日本崇尚中华文化的结果，还是茶文化中存在的跨文化共同要素的反映。

《文华秀丽集》是藤原冬嗣等奉嵯峨天皇御敕修撰的，完成于弘仁九年（818），其中也有收录嵯峨天皇的茶诗《答澄公奉献诗》，诗中对于佛、道的思想反映得比较充分：

远传南岳教，夏久老天台。
……
羽客亲讲席，山精供茶杯。
深房春不暖，花雨自然来。
赖有护持力，定知绝轮回。③

澄公就是传教大师最澄（767—822）。传说最澄入唐求法，从天台山带回茶籽，种植在比睿山麓的日吉茶园，成了日本茶的发祥地。

良岑安世等奉第 53 代淳和天皇御敕，在天长四年（827）编撰了二十卷汉诗集《经国集》，惟氏的《和出云巨太守茶歌》是其中的一首咏茶诗：

山中茗，早春枝，萌芽采撷为茶时。
山旁老，爱为宝，独对金炉炙令燥。

---

① 小野岑守. 凌云集：与谢野宽、正宗敦夫、与谢野晶子编撰《日本古典全集》第 1 回. 日本古典全集刊行会，1926：53.

② 藤原冬嗣. 文华秀丽集：卷上，与谢野宽、正宗敦夫、与谢野晶子编撰《日本古典全集》第 1 回. 日本古典全集刊行会，1926：77-78.

③ 藤原冬嗣. 文华秀丽集：卷中，与谢野宽、正宗敦夫、与谢野晶子编撰《日本古典全集》第 1 回. 日本古典全集刊行会，1926：91.

> 空林下，清流水，沙（纱）中漉仍银枪子。
>
> 兽炭须臾炎气盛，盆浮沸，浪花起。
>
> 巩县坑，商（闽）家盘，吴盐和味味更美。
>
> 物性由来是幽洁，深岩石髓不胜此。
>
> 煎罢余香处处熏，饮之无事卧白云，应知仙气日氛氲。[①]

山中早春茶树萌芽，正是采摘时节。银枪子，银质温酒器。清钮琇《觚賸·栖梧阁》："银枪酒市春双靥，玉靥莲台月半钩。"兽炭，用木炭夹着香料做成兽形的炭，也泛指炭或炭火。

巩县，今中国河南巩义县。巩义窑址始烧于北朝，生产青瓷；隋代开始生产白瓷，盛于唐，主要生产白瓷，另外还生产黑釉、黄釉瓷、三彩瓷。巩义窑址发现的白瓷，胎质坚细，洁白莹润，其薄胎白瓷呈半透明状。《新唐书·地理志》中有河南府"开元贡白瓷"的记载，很可能就是在今天的巩义窑址上生产的产品。商家为山东淄博周村区的商家镇。淄博陶器生产历史悠久，北朝时开始生产青瓷，唐代中期盛产黑釉瓷，兼产青釉、酱色釉产品，并创制茶叶末釉。晚期，各种色釉比较纯正，器类复杂，形制多样。"吴盐"就是中国吴地出产的盐，后又泛称两淮生产的盐。唐肃宗时，盐铁铸钱使第五琦于两淮所煮盐以洁白著称，为四方所食。

以茶为题材的汉诗的出现，尤其是三大御敕诗集都收录了茶诗。《和出云巨太守茶歌》无论从器物上看，还是从意境上看，与中国文化作品毫无二致，从一个侧面反映了茶文化在日本的传播和发展状况。

东宫学士藤原明衡模仿宋代姚铉《唐文粹》在康平年间（1058—1065）汇集平安中期两百多年的作品 427 篇，编撰了汉诗文集《本朝文粹》。有关茶的史料相对集中在两个方面，其中一方面是对于平安时代早期茶事的回忆，尤其是嵯峨天皇与宇多法皇的饮茶故事。嵯峨天皇的饮茶史料前面介绍得比较多，这里看一看宇多法皇的例子。《真俗交谈记》记载：

> 给事："自何御时始哉？"资实云："延喜二年，醍醐天皇仁和寺行幸御时，法皇（原注：宇多）御对面后，茶二盏，有御劝，和琴一张，为御引出物，令进之给。"

平安时代延喜年间（901—923），醍醐天皇（第 60 代天皇，885—930）以藤原时平和菅原道真为左右大臣，公家政治比较稳定，史称"延喜之治"，亲政时制定的体系化律令细则被称为延喜格式。法皇（出家了的太上皇）的宇多天皇（第 59 代天皇，867—931）在仁和寺见到其长子醍醐天皇时，饮茶赏琴。

关于宇多天皇的饮茶，一条兼良在《花鸟余情》里有更加具体的记载：

> 宇多御门（宇多天皇）御出家之后，为正月三日朝觐，延喜御门（醍醐天皇）行

---

① 良岑安世 . 经国集：卷 14，与谢野宽、正宗敦夫、与谢野晶子编撰《日本古典全集》第 1 回 . 日本古典全集刊行会，1926：174.

幸仁和寺时，撤御笏靴，给叉手三拜，又招待主上（天皇）、法皇，有供御茶事。御法体时之仪仅变以往在俗时之仪而已。[①]

《花鸟余情》是《源氏物语》的一部重要的注释书，由一条兼良著于 1472 年。从书中强调法皇的僧侣身份上看，供茶礼仪似乎与佛教信仰有关。

纵观这个时期的日本茶文化可以发现其与中国茶文化毫无二致，这个特点一方面反映了日本对于中国茶文化的态度，另一方面说明日本还没有真正接受茶文化。茶文化在国家建设中实质性意义不大，对于当时的日本来说，没有引进的迫切性和必要性。也正是因为如此，引进茶文化意味着社会经济、文化、产业等已经发展到相当程度，有了充分的余裕。这个时期的日本还不具备引进茶文化的社会基础，所以上层社会茶文化的风行只是昙花一现。

---

① 一条兼良 . 花鸟余情：卷 19. 若菜上，中野幸一遍 . 源氏物语古注释丛刊：2 卷 . 武藏野书院，1978：256.

第三章 宋元时期

第一节 茶叶生产技术的发展

一、茶树栽培技术

宋代茶叶生产中心已向南移，茶树栽培技术也有了较大的提高。宋代对茶树与环境的关系认知较唐代进一步深化，茶园管理上开始注意精耕细作。宋代重视茶树品种的选择，推动了茶树良种的种植。

（一）茶树的生态条件

茶树适生的地势和方位，关系到茶树生育所需的光、温、湿等气候条件。茶树对外界环境条件的要求，宋子安《东溪试茶录》（约1064）记："先春朝隮常雨，霁则雾露昏蒸，昼午犹寒，故茶宜之。茶宜高山之阴，而喜日阳之早……高远先阳处，岁发常早，芽极肥乳。""……壑源岭，高土决地，茶味甲于诸焙。""厥土赤坟，厥植惟茶。会建而上，群峰益秀，迎抱相向，草木丛条，水多黄金，茶生其间，气味殊美"。春初早上出虹彩常下雨，雨停雾露昏蒸，中午尚寒，所以适宜茶树生长。茶树宜生长在阴凉且早上能见到太阳的高山上，高山早上出太阳照射，萌发常早，芽肥大而叶汁多。为什么要选择在向阳山坡上种茶？因为在这类土地上种茶，茶树发芽早，芽叶壮实。茶树生长在阴山黑黏土中，茶味甘香，汤色洁明；茶树生长在多石的红土中，叶色多黄绿而清明；茶树生长在浅山薄土中，芽叶细小而叶汁少。这些论述有些与现代科学不相符，如茶树生长在黑黏土中茶味甘香，就值得推敲。

宋徽宗《大观茶论》说："植茶之地崖必阳，圃必阴。盖石之性寒，其叶抑以瘠，其味疏以薄，必资阳和以发之；土之性敷，其叶疏以暴，其味强以肆，必资阴荫以节之。今圃家皆植木，以资茶之阴。阴阳相济，则茶之滋长得其宜。"说明栽茶之地，山边要有太阳，平地茶园要庇荫。山边石多阴寒，芽叶细小，制茶味淡，必须以阳光调和而促进萌发。平地茶园土壤肥厚，叶稀而暴长，茶味太浓，必须庇荫节制。所以平地茶园要栽庇荫树木，阴阳调和，适宜于茶树生长。

赵汝砺《北苑别录》（1186）讲：每年六月要锄草一次，"虚其本，培其土"，"以导生长之气，而渗雨露之泽"。在梅雨的夏季，草木特别茂盛，过了六月就要把杂草、杂木除掉，再把茶丛脚下原有的土壤耙开，然后埋入杂草作为绿肥，再培上肥沃的新土。这实际上就是同时做好中耕施肥的管理技术工作。

（二）茶树品种资源和茶树繁育

对茶树品种资源引起重视并且认真进行调查研究始于宋朝。宋代崇尚斗茶，"茶色贵白"（蔡襄《茶录》），因而选茶树重芽色和芽长。沈括《梦溪笔谈》说："今茶之美者……则新芽一发便长寸余，惟芽长者为上品"。同代庄季裕《鸡肋编》记载："茶树高丈余者极难得，其大树二月初，因雷迸出白芽，肥大长半寸许。"雷迸时值惊蛰，指明此茶为小乔木早芽种。

宋子安《东溪试茶录》对茶树品种及其性状进行了系统介绍，他把当时生长在福建建瓯的茶树按照树形、叶形、叶色、叶质、芽头大小以及发芽早迟等不同性状，划分出七个地方茶树品种：

茶之名有七，一曰白叶茶，民间大重，出于近岁，园焙时有之，地不以山川远近，发不以社之先后，芽叶如纸，民间以为茶瑞……次有柑叶茶，树高丈余，径头七八寸，茶厚而圆，状类柑橘之叶。其芽发即肥乳，长二寸许，为食茶之上品。三曰早茶，亦类柑叶，发常先春，民间采制为试焙者。四曰细叶茶，叶比柑叶细薄，树高者五六尺，芽短而不乳，今生沙溪山中，盖土薄而不茂也。五曰稽茶，叶细而厚密，芽晚而青黄。六曰晚茶，盖稽茶之类，发比诸茶晚，生于社后。七曰丛茶，亦曰蘖茶，丛生高不数尺，一岁之间，发者数四，贫民取以为利。

这是整个古代有关茶树品种的形态特征、生育特性、产地分布、栽培要点和制茶品质最为详细的调查报告。

不过，东溪沿岸栽种、生长的这些茶树品种，不是人们有意识选择的结果，一般只是对野生变异的一种发现和利用。以白茶为例，如宋徽宗赵佶在《大观茶论》中称："白茶自为一种，与常茶不同，其条敷阐，其叶莹薄，崖林之间，偶然生出，虽非人力所可致，有者不过四五家，生者不过一二株，所造止于二三胯而已。"

对于茶树繁殖，宋时沿用唐代茶子直播方法。北宋丁谓（966—1037）在《北苑茶录》（994—997）中说：茶树怕积水，适宜于斜坡肥厚、阴爽走水之地。茶籽用糠和烧土拌和，每一圈可播60~70粒，3年可采茶。指出种茶应以排水良好的肥沃阴坡为宜，并须用丛播的穴播法。茶树应用穴播法与其生长发育和对抗不良环境的功能有很大关系。

唐朝一般不用移植，宋代就有茶树移栽，如宋苏轼诗云："松间底生茶，已与松俱瘦。……移植白鹤岭，土软春雨后。弥旬得连阴，似许晚遂茂"。黄儒《品茶要录》中也有"有能出力移栽植之"之说。上述文献至少说明，宋代有茶树移植或是茶苗移栽。

（三）茶园管理

到了宋朝，在茶园管理中增加了深耕锄草技术，当时称作"开畲"。赵汝砺《北苑别录》引《建安志》云："茶园恶草，每遇夏日最烈时，用众锄治，杀去草根，以粪茶根，名曰开畲。若私家开畲，即夏半初秋各用工一次，故私园最茂"。很明显，这一记载，比唐朝记述的内容要具体得多。我国现代山区茶园推行的伏耕，或称"七挖金，八挖银"，就是"开畲"技术的延续。

茶园的间作套种，在唐时只提到在幼茶期间种"雄麻黍稷"；到了宋朝，福建有在茶园中保留桐木的习惯。据《北苑别录》介绍："桐木之性与茶相宜。而又茶至冬则畏寒，桐木望秋而先落；茶至夏而畏日，桐木至春而渐茂"，桐木冬天有保温、夏天有庇荫的作用。茶园里的桐木，应该保留不锄除。此外，有的地方还提出在茶园中间种桂、梅、辛夷、松、竹等植物，但可能并不普遍，因为其中有些植物与茶树间种并不相宜。

（四）茶叶采摘

宋子安的《东溪试茶录》和黄儒的《品茶要录》等书，进一步说明采茶季节各地不同，有早有迟。就是同一地区，也有先后不同，要在适当时期及时采，才能获得品质最好的茶叶。

既采摘春、夏茶而又采摘秋茶的做法，约始于宋朝。苏辙在《论蜀茶五害状》中说："园户例收晚茶，谓之秋老黄茶。"但当时采秋茶可能还不普遍。

关于采茶的标准，主要视芽叶的生育程度和制法需要而定。《大观茶论》载："凡芽如雀舌谷粒者为斗品，一枪一旗为拣芽，一枪二旗为次之，余斯为下。"所谓"枪"是指芽，所谓"旗"是指叶。"茶之始生而嫩者为枪，寖大而开者谓之旗，过此则不堪采摘矣"，这是就细嫩名茶的采摘标准而言。

采好茶与制好茶有牵连关系。鲜叶既要分级，又要现采现制。《大观茶论》说："茶之始芽萌则有白合，既撷则有乌蒂，白合不去害茶味，乌蒂不去害茶色。"《北苑别录》说：

> 茶有小芽，有中芽，有紫芽，有白合，有乌蒂，此不可不辨。小芽者，其小如鹰爪……中芽故谓一枪一旗是也。紫芽叶之紫者是也。白合乃小芽有两叶合抱而生者是也。乌蒂，茶之蒂头是也。凡茶以水芽为上，小芽次之，中芽又次之，紫芽、白合、乌蒂，皆所不取。使其择焉而精，则茶之色味无不佳。万一杂之，以所不取，则首面不匀，色浊而味重也。

《东溪试茶录》说："乌蒂、白合，茶之大病。不去乌蒂，则色黄黑而恶；不去白合，则味苦涩。"根据当时制茶需要，宋姚宽在《西溪丛语》中曰："每一芽先去外两叶，谓之乌蒂，又次去两嫩叶，谓之百合，留小心芽"。

赵汝砺的《北苑别录》中对采茶时间和采摘方法规定很严，认为采茶之法"须是侵晨，不可见日。侵晨则夜露未晞，茶芽肥润；见日则为阳气所薄"；"采摘亦知其指要，盖以指而不以甲，则多温而易损；以甲而不以指，则速断而不柔"。

据《东溪试茶录》《大观茶论》等茶书记载，采茶要用指尖或指甲速断，不宜指柔；另外要把采下的茶叶随即放入新汲的清水中水洗。

从上述可知，宋时对鲜叶的等级、各级鲜叶的形质以及有损茶叶品质的鳞片、鱼叶等，都有深入研究。采鱼叶不仅影响制茶品质，而且影响茶叶产量。

二、制茶技术

《宋史·食货志》载："茶有两类，曰片茶，曰散茶。片茶……有龙凤、石乳、白乳之类十二等。……散茶出淮南归州、江南荆湖，有龙溪、雨前、雨后、绿茶之类十一等。"但是，从整体上看，北宋还仍是以生产片茶（团饼茶）为主。南宋后期和元朝，蒸青散茶得到了较大的发展。宋代文献把团茶、饼茶称为"片茶"，而把蒸而不压、不研、不入型模的茶叶，称为"叶茶""草茶"。欧阳修在《归田录》中记述："腊茶出于剑、建，草茶盛于两浙。两浙之品，日注为第一。自景祐以后，洪州双井白芽渐盛，近岁制作尤精……其品远出日注上，遂为草茶第一。""腊茶"，也称"蜡面茶"，是建安一带对团饼茶的俗称。其时片茶、散茶已各自形成了自己的专门产区。

宋代对茶的品质更为讲究，制茶技术发展得很快，因此团茶花样不断翻新，新品种不断涌现。据熊蕃的《宣和北苑贡茶录》（1121—1125）所记，北苑贡茶在极盛时，有四十多个品类，且制茶技术也有较大的进展。

北苑贡茶精益求精，其工艺达到了炉火纯青的程度。在继承唐代团饼茶加工技术的基础上，通过洗涤鲜叶，蒸青后压榨去汁而制饼，使得茶叶苦涩味降低，同时这也是为了适应宋代斗茶尚白的要求。《宣和北苑贡茶录》记述："太平兴国初，特置龙凤模，遣使即北苑造团茶，以别庶饮，龙凤茶盖始于此。"宋徽宗在《大观茶论》中称："岁修建溪之贡，龙团凤饼，名冠天下。"北宋年间，龙凤团茶盛行。丁渭曾督造龙团凤饼茶称之大龙团，仁宗时蔡襄又创制小龙团。大观年间，又创造出了三色细芽（即御苑玉芽、万寿龙芽、无比寿芽）及试新銙、贡新銙等，均为采摘细嫩芽叶制造而成。

据《品茶要录》《东溪试茶录》《大观茶论》《北苑别录》等书的记载，宋代北苑贡茶制法较陆羽的制法更精细，品质也有所提高。其制法有采茶、拣芽、蒸茶、压榨、研茶、造茶、过黄等七个步骤。

（一）采茶

采茶要在天明前开始，至旭日东升后便不再采，因为天明之前未受日照，茶芽肥厚滋润，如果受日照，则茶芽膏腴会被消耗，茶汤也无鲜明的色泽。因此每于五更天方露白，上山采茶，至辰时（约七点）收工。

（二）拣芽

摘下的茶芽品质并不十分齐一，故须挑拣，如茶芽有小芽、中芽、紫芽、白合、乌蒂等五种。形如小鹰爪者为"小芽"，其中如针细的小蕊为"水芽"，是芽中精品。小芽次之，中芽又下，紫芽、白合、乌蒂多不用。茶芽多少沾有灰尘，要先用水洗涤清洁。

（三）蒸茶

将茶芽置于甑中蒸透。蒸茶须把握得宜，过熟则色黄味淡，不熟则色青且易沉淀，又略带青草味。

（四）压榨

蒸熟的茶芽谓"茶黄"，茶黄得淋水数次令其冷却。先置小榨床上榨去水分，再放大榨床上榨去膏汁。榨膏前最好用布包裹起来，再用竹皮捆绑，然后放在榨床上挤压。半夜时取出搓揉，再放回榨床，这是翻榨。如此彻夜反复，茶味才能久远，滋味更加浓厚。

（五）研茶

研茶的工具，用柯木为杵，以瓦盆为臼。茶叶经挤榨已没有多少水分了，因此研茶时得加水研磨，水是一杯一杯的加，同时也有一定的数量，品质越高者加水越多，如胜雪、白茶等加十六杯。每加一杯水都要等水干茶熟才可研磨，研磨次数越多茶越细。研茶的工作得选择腕力强劲之人来做，但加十二杯水以上的团茶，一天也只能研一团而已，可见其制作过程的烦琐了。

（六）造茶

研过的茶，才放入模中定型。模有方的、圆的、花形、大龙、小龙等，花色很多。入模后随即平铺竹席上，等最后的"过黄"。

（七）过黄

所谓"过黄"就是干燥的意思。其程序是将团茶先用烈火烘焙，再从滚烫的沸水撂过。如此反复三次，最后再用温火烘焙一次。焙好又过汤出色，随即放在密闭的房中，以扇快速扇动，如此茶色才能光润。做完这个步骤，团茶的制作就完成了。

宋代团饼生产技术的比精赛湛、争奇斗艳，都不是适应商品生产的要求，而只是满足王公贵族奢欲的一种需要，是一种脱离社会实际的御用化发展。也就是说，宋代团饼生产技术的发展，对当时和后来的茶叶生产发展没有多大影响。龙凤团茶的工序中，冷水快冲可保持绿色，提高了茶叶质量。但是压榨去汁的做法，由于夺走真味，使茶香损失，且整个制作过程耗时费工，终归被蒸青散茶所取代。

《岳阳风土记》中记载的岳州灉湖茶，"今人不甚种植，惟白鹤僧园有千余本……土人谓之白鹤茶，味极甘香，非他处草茶可比并"。南宋叶梦得《避暑录话》载："草茶极品，惟双井、顾渚，亦不过各有数亩。双井在分宁县……顾渚在长兴县。"南宋时散茶生产日增一日，以至到宋末元初，散茶完全压倒团饼而成为主要的茶类。

在王祯《农书》中，共提到"茗茶""末茶"和"腊茶"三种茶叶。所谓"茗茶"，也就是草茶、叶茶。至于团饼茶，则排在最后。王祯《农书》成书于元皇庆二年（1313），其内容虽然以元朝前期为主，当也涉及一部分宋末的社会情况。这一点，叶子奇在《草木子》御茶条中也有明确的记载。其称元朝沿袭宋朝贡制，贡焙采造的贡茶仍是龙团凤饼的一类紧压茶，形制比宋代要简约得多，而"民间止用江西末茶，各处叶茶"。《草木子》虽然是撰刊于明洪武初年的一本著作，但其记述的内容，大都是元朝至少是元朝末年的情况。所以，根据叶子奇所记，可以清楚地看出，早在元朝时，汉族居住的大多数地区一般就大多只饮用散茶了。

王祯《农书》主要介绍蒸青散茶和蒸青末茶一类制法，很少介绍团饼的制造工艺。在茶叶"采造贮藏"之法中，着重介绍了蒸青散茶的制作：茶叶"采之宜早，率以清明、谷雨前者为佳。……采讫，以甑微蒸，生熟得所。蒸已，用筐箔薄摊，乘湿略揉之，入焙，匀布火令干，勿使焦。编竹为焙，裹箬覆之，以收火气"。这也是我国有关散茶或蒸青绿茶采制工艺的最早完整记载。但是，这本书对团饼的采造方法的介绍，却只有"择上等嫩芽，细碾入罗，杂脑子诸香膏油，调剂如法，印作饼子制样，任巧候干"这样寥寥几句，而且特别指出，"此品惟充贡献，民间罕见之"。

南宋施岳《步月·茉莉》词中已有茉莉花焙茶的记述："玩芳味，春焙旋熏"。该词原注："茉莉岭表所产……此花四月开，直至桂花时尚有玩芳味，古人用此花焙茶。"即是窨制茉莉茶的最早记载。所以，由施岳词来看，花茶大致在北宋时就从饼茶掺香中衍生出来了。南宋赵希鹄《调燮类编》（约1240）对用木樨等香花熏茶方法有详细记述："木樨、茉莉、玫瑰……皆可作茶。量茶叶多少，摘花为伴。花多则太香，花少则欠香，而不尽美。三停茶叶，一停花始称。"元代倪瓒的《云林堂饮食制度集》也有花茶制法："以中样细芽茶，用汤罐子先铺花一层，铺茶一层，铺花、茶层层至满罐，又以花蜜（密）盖盖之。日中晒，翻覆罐三次。于锅内浅水慢火蒸之。蒸之候罐子盖极热取出，候极冷然后开罐子取出茶，去花留茶。用建莲纸包茶，日中晒干。……如此换花蒸晒，三次尤妙。"可见，南宋已经有了薰花茶制法。

第二节　茶叶生产和经济的发展

宋元时期特别是宋代是中国茶业经济发展的关键时期。茶叶生产飞速发展，"采择之精，制作之工，品第之胜，烹点之工，莫不盛造其极"（《大观茶论·序》），市场体系得到发展，茶商异军突起，茶叶贸易进一步拓展。

一、茶叶生产的发展

（一）茶叶生产得到很大扩展

宋代茶遍布淮南、两浙、江南、荆湖、福建、广南、成都府、梓州、利州、夔州各路，总计101个州、府、军，辖县约500个[1]。除10个军是在唐代州郡内分割的外，其余与唐代约76个州郡产茶地比，增加了25州。茶区从北纬33°左右的汉中附近扩展到36°左右的山东邹平一带。

东南茶区发展更快，北宋《太平寰宇记》载南方产茶地比《茶经》多得多。如江南东道的福州、南剑州（今福建南平）、建州、漳州、汀州；江南西道的袁州、吉州、抚州、江州、鄂州、岳州、兴国军、潭州、衡州、涪州（今重庆涪陵）、宝化县（今重庆南川）、夷州、播州、思州；岭南道的封州（今广东封开）、邕州（今广西邕宁）、容州（今广西容县）。茶区在东南沿海不断拓展，南宋时东南产茶区域有66州242县。

女真族统治下的金国有些地区也产茶，并利用一切可以种茶的地方发展茶业。泰和四年（1204）"三月，于淄、密、宁、海、蔡各置一坊造新茶。依南方例，每斤为袋直（值）六百文，以商旅卒未贩运，命山东河北四路转运司，以各路户口均其袋数，付各司县鬻之"。宁州在鲁南或豫南，其他4个州包括山东淄博、高青、邹平、博兴、诸城、高密、安丘，江苏连云港、赣榆、沭阳，河南汝南、上蔡、西平、遂平、确山共15个县市。这些地区由于偏北，茶叶生产发展不快，茶质较差，价格又贵，因此商旅不愿贩运。于是朝廷强行推销，但效果仍不好。泰和五年（1205）被迫"罢造茶之坊"。章宗认为茶树有保留的必要，"今虽不造茶，其勿伐其树"，翌年"河南茶树槁者命补植之"（《金史》卷四十九《食货志四》）。

元代，茶叶生产基本上保持宋代的状况。

---

[1]　周靖民. 宋代的茶叶产区. 中国茶叶，1983（4）：29-32.

（二）茶叶产量得到提高

宋代茶产量在产区扩大的基础上有很大提高。《宋会要辑稿·食货》记载，折税茶租额为 228752 斤，在现实中折税茶可以是租额的几倍，贡茶总数为 482179 斤。宋朝茶产量：买茶额 2306.2 万斤，贡茶和折税茶租额 70 万斤（实际已近 200 万斤），耗茶约 700 万斤，食茶姑且以 1700 万斤，私茶 3000 万斤，水磨茶 800 万斤，川茶 3000 万斤[①]，共计 11570 万斤。如以最高买茶额算，则为 12170 万斤，也就是说在 12000 万斤左右。1 宋斤合 1.1936 市斤[②]，折算成 13801 万~14526 万市斤（不考虑大小斤问题），为 138 万~145 万担间，约为 140 万担。

元代茶产量大体与宋代相仿。陈椽推算为 10570234 斤，如以 20 两为 1 斤计算，折合市秤约 160 万担。这一数据也可概见元代茶业有所发展。

（三）名茶比唐代大大增多

宋代出现了许多名茶。主要有日铸茶、隆兴黄龙、双井茶、阳羡茶等绝品茶。此外，名茶还有顾渚紫笋、腊茶、龙茶、小团、京铤、石乳、水月茶、临江玉津、袁州金片、建安青凤髓、北苑茶、雅安露芽、纳溪梅岭、龙芽、方山露芽、玉蝉膏茶、的乳、头面、郝源、实峰、闵坑、双港、雁荡、鸦山、天柱、雀舌、旗枪、六花、叶家白、江瑶柱、黄蘗茶、白鹤茶、曾坑、焦坑、宝云茶、香林茶、白云茶、剡茶、瀑岭仙茶、五龙茶、鹿苑茶、大昆茶、小昆茶、焙坑茶、细坑茶等近 300 种[③]，比唐五代时期的 148 种增加约一倍。《中国茶叶大辞典》统计为 293 种名茶，当然未能列名的茶叶还有许多。

元代也有不少名茶名品，马端临《文献通考》记有名茶四十余种。如宫廷饮下列名茶：枸杞茶、玉磨茶、金字茶、范殿帅茶、紫笋雀舌茶、女顺儿、西番茶、川茶、藤茶、夸茶、燕尾茶、孩儿茶、温桑茶、白茶等。从北苑茶、石乳、双井茶、日铸茶、阳羡茶等茶名看，元代既保持了原来较著名的茶类，又发展了一些名茶，元代茶叶生产在原有基础上有所进步。

（四）贡茶产地扩大

宋代贡茶在唐代基础上有较大发展，建立了历史上空前绝后的贡茶院——北苑贡焙。北苑贡焙规模宏大，仅从南唐移交过来的焙茶厂就有 1336 焙。宋子安《东溪试茶录》载建安有官焙 32 所，至道年间（995—997），"始分游坑、临江、汾常、西蒙洲、西小丰、大熟六焙隶属南剑，又免五县茶民，专以建安一县民力裁足之"，庆历年间（1041—1048），"取苏口、曾坑、石坑、重院，还属北苑焉"，官焙达到 39 所。淳熙十三年（1186）有官焙 46 所，广袤 30 余里，役使采茶工匠数千人。北苑御茶园所产龙凤团茶精巧绝伦，所谓"茶之品莫贵于龙凤""凡二十饼重一斤，其价直（值）金二两。然金可有，而茶不可得"（《归田录》卷二）。统治者穷奢极欲地制贡茶，当然是为了自己消费所需。宋代初年北苑贡茶数量并不多，后逐次增多，"龙焙初兴，贡数殊

① 方健. 唐宋茶产地和产量考. 中国经济史研究, 1993（2）：71-85.
② 吴承洛. 中国度量衡史. 商务印书馆, 1993：74.
③ 陈宗懋. 中国茶叶大辞典. 中国轻工业出版社, 2000：800-803.

少，太平兴国初，才贡五十片。累增至元符，以片计者一万八千，视初已加数倍，而犹未盛。今则为四万七千一百片有奇矣"（《宣和北苑贡茶录》）。除此之外，建州每年还要上贡相当数量的蜡茶等一般片茶。

宋代还有民营茶园充贡之事。上供岁额合诸路草茶为482179斤，这个所谓的定数也常被突破。比如治平年间（1064—1067），达到74.4万斤，天禧（1017—1021）末为七十六万余斤。从《元丰九域志》来看，建宁府贡石乳、龙凤等茶，南康军土贡茶芽10斤，广德军土贡茶芽10斤，潭州长沙郡武安土贡茶末100斤，江陵府江宁郡荆南土贡碧涧茶芽600斤，建州建安郡建宁军土贡龙凤茶820斤，南剑州剑浦郡土贡茶110斤。大中祥符（1008—1016）初，一次停罢30余州的岁贡茶，说明宋代贡茶区域已扩大到全国。

元朝继续保留宋朝遗留下的一些御茶园和官焙。大德三年（1299）有官茶园120处，在武夷四曲溪设焙局，称为御茶园，役使焙工数以千计，大造贡茶。至正末年（1367）贡茶额达到990斤，规模比起宋代小许多。元代贡茶绝非区区几百斤团茶，其他地方所贡散茶也多。比如元代就曾设"常、湖等处茶园都提举司"，还有"掌常、湖二路茶园户二万三千有奇，采摘茶芽，以贡内府"，后"又别置平江等处榷茶提举司，掌岁贡御茶"，而建宁北苑武夷茶场提领所"掌岁贡茶芽"。无论是名茶还是贡茶，其质量都应为上乘，代表了当时茶叶生产的水平。

二、市场体系的发展

宋代茶叶贸易形成了更为稳固的产销市场，市场层次更分明、市场容量更大。全国茶叶市场可分东南7路产地市场：以汴京为中心的北方销地市场，川峡4路及西、南少数民族地区的产销地市场，以永兴秦凤、熙河为中心的西北诸路还有西夏、吐蕃地区销地市场。

（一）产区初级市场的发达

宋代起集散作用的产区小集市数量星罗棋布。如浙江山阴县名胜兰亭，在城南25里，这里山间产茶，由此"兰亭之北是茶市"（《剑南诗稿》卷四十二）。镜湖周围的不少地方"村墟卖茶已成市"（《剑南诗稿》卷十二）。陆游有"邻父筑场收早稼，溪姑负笼卖秋茶"（《秋兴》）、"园丁刈霜稻，村女卖秋茶"（《幽居》）的诗句，描写市墟卖茶的情景。周密的《山市晴岚》所呈现的湖南小集市是"黄陵庙前箭竹春，鼓声坎坎迎送神。包茶裹盐入小市，鸡鸣犬吠东西邻。"茶与其他商品一样，是"小市"中的重要交换物。熙宁六年（1073），宋朝榷蜀茶前，川峡4路的茶叶政策是听民自由买卖，但禁止出境，各类大小茶园生产的茶叶在草镇市自由交易。熙宁七年（1074），宋廷榷成都府路、利州路、梓州路茶，仅夔州路网开一面，前3路州县茶只能通过各地设立的各茶场投售，每至售茶旺季，茶场交易量极大。比如熙宁十年四月十七日（1077）彭州导江县棚口镇一天收茶6万余斤，交易额达3600余贯。二日后天刚亮，又有5000多茶户前来售茶。榷茶破坏了茶叶商品生产，阻碍了商品经济的发展。但川峡4路所产3000万斤茶叶，"尚有二千五百万斤，皆属商贩流转三千里之内"（《净德集》卷三《乞罢榷名山等三处茶以广德泽亦不阙备边之费状》）。

产区初级市场中市墟、集镇的功能大同小异，都是把分散零碎的茶叶汇集起来，形成庞大的数量，再经茶商转运至更大的中转集散市场。因此市墟、集镇是联系产区与外部市场的桥梁。初级市场上市墟的交易量有限，集镇市场销量就大得多。进入市场的茶叶，部分在当地消化，绝大多数经商贾外运。如浙东"草市朝朝合，沙城岁岁新。雨前茶更好，半属贾船收"（《舒嫩堂诗文存》卷一）。为减少中间周转环节，商贩往往亲自深入茶区收茶。

（二）中转集散市场的强大

中转集散市场一般依托产区，交通便利。东南市场上一些重要的茶叶集散中心，早在唐代中后期就已形成。如浮梁是皖南、浙西、赣东茶的交汇中心，茶叶由此运往各地。江陵、扬州、绍兴的山阴、会稽、余姚是重要的茶叶中转市场。宋廷设置的13山场和6榷场所在城镇，也是茶叶贸易重要集散地。川峡地区的茶叶中转集散市场也很发达。西南最大的政治、经济、文化中心："成都府据川陆之会，茶商为多"（《续资治通鉴长编》卷三百三十四），是产区较大的茶叶集散地。兴元府地处川峡与陕西的通道上，成为商贾会集之地，"天下物货种列于市，金缯漆枲衣被他所。近岁洮河所仰茶产钜亿，公籴私贩，辇负不绝"（《丹渊集》卷三十四《奏为乞修兴元城及添兵状》）。据计算，川峡3000万斤茶，有700余万斤集中到了兴元府，占总数的23.3%。除此以外，产区规模较大的中转集散基地还有地处川北孔道的利州、渠州上的渠州、川东重镇夔州等。

销地市场上也有更大的中转集散地，它们是产区中转集散市场的继续，其基本作用与产区的中转市场没有多大区别，只是在更大规模上的集中和分散。东南市场上的茶主要输往北方，除汴京销售很大部分外，还大量销往京东、河北、河东及辽国。四川的文州、龙州、茂州、威州、永康军、邛州、雅州、黎州、戎州、泸州是面向西、南蕃部的茶叶中转集散市场，它们既是茶叶产地，又是与少数民族展开贸易的新兴商业城镇。

（三）茶叶销地市场的广阔

茶叶销地市场是茶叶生产的最终承销地，主要集中在不产茶的地区。茶叶在初级市场、中转市场上均有不少直接进入当地居民的消费领域，其余大部分则转运到西南、西北、北方市场销售。在长期运销过程中，形成了相对稳定的茶叶销场和运输路线。北方销地市场包括淮河以北的京畿、京西、河北、河东路，该地区茶叶主要来源于东南茶区。茶叶东西二路运京，淮南西部的大部分，荆湖、江西等地的小部分上京茶均取道庐州、寿州，陆运至寿州后，或入颖河，西出正阳镇溯流北上，经陈州入蔡河至汴京；或入淮河东出荆山镇，入涡水经亳州、太康入蔡河到汴京。此外福建省陆运的物资，至洪州泛都阳湖抵舒州，经庐州、寿州上京。两浙、江南、荆湖及福建海运至通州、泰州的茶从真州、扬州入运河，北经高邮、楚州、泗州转汴河经宿州、应天、陈留至汴京。淮西茶也往往顺江东下取此漕运大动脉上京。

川峡成都府、梓州路北部和利州路全部茶叶主要西流吐蕃，北入秦凤、熙河。成都府路、利州路南部地区的茶叶，除向西流入吐蕃外，主要销往南边的两林、虚恨、马湖、石门、罗氏等蕃部。夔州路茶以本部南部少数民族地区和顺江出川为主要流向，其他三路茶不能出川。

西北茶销市场，成为东南茶叶长途贩运的主要流向，这些茶叶很大部分转西夏地区。熙宁七年（1074）禁榷川茶后，永兴、鄜延、环庆、秦凤、泾原、熙河 6 路"并为官茶禁地，诸路客贩川茶、腊茶，无引杂茶犯禁界者，许人告捕，并依犯私腊茶法施行"（《宋会要辑稿》食货三十之十八）。南茶受到打击，却又以走私方式进入陕南。崇宁二年（1103），宋廷又"许令商贩通入南茶"（《宋会要辑稿》食货三十之三十四）。政和四年（1114），凤翔府以东岐山等 8 县再次成为南茶地分。

为了贸利固边，宋廷从熙宁七年（1074）到元丰八年（1085）间，先后在秦州、泾州、熙州、陇州、成州、岷州、渭州、阶州、镇戎军、德顺军、通远军等地设置了332 处卖茶场。在熙州、河州、岷州、通远军、宁河寨设置 6 处买马场，置提举熙河路买马司于熙州。宋徽宗时又置湟州茶马司。西北诸卖茶场每年用于杂卖和博马的川茶，一般年为 3 万余驮。

（四）茶叶海外贸易的渐起

宋元时期中西交通大开，海路茶叶贸易得到发展。宋代是中国对外贸易的发展时期，茶叶是宋代输出的主要商品。这些茶主要是福建茶，高级茶（腊茶）也包含在内，由"客贩腊茶"，辄装上海船，经由海道"贩卖"（《宋会要辑稿》食货三十一之六）。据《宋史本纪》记载，997 年，印度尼西亚遣使来华，中国主要贸易商品为丝织品、茶叶、磁器等[1]。随着对外贸易的发展，宋代已形成广州、明州、杭州、泉州 4 大外贸港口，北宋政府在此 4 地均设置市舶司，掌管海外贸易。广州、泉州主要通南洋，尤其是泉州成为两宋茶叶输出的最大港口，贸易地域远及非洲、西亚、东南亚、日本。1222 年 10 月，臣僚说："国家置舶官于泉、广，招徕岛夷，阜通货贿。彼之所至夫者，如瓷器、茗、醴之属，皆所愿得。故以吾无用之物，易彼有用之货，犹未见其害也。"（《宋会要辑稿》刑法二之一百四十四）中国商人也去南洋贸易，印度尼西亚"中国商人至者，待以宾馆，饮食丰洁，地不产茶"（《宋史》卷四百八十九《阇婆传》）。中国主要输出丝织品、茶叶、瓷器、铁器、农具等。

南宋政府更是通过泉州，依靠大量外销茶叶以增加财政收入。为防止民间走私，官府制定了严厉的法律，禁私贩建茶入海，违者处死。明州（宁波）主要对日本、高丽贸易，两国商人所贩货品中，茶叶为重要商品之一。史料载，北宋时高丽饮茶很普遍，土茶无人愿饮，进口的中国高级茶（腊茶及龙凤团茶）却很有市场，这些茶除得自赏赐外，"商贾亦通贩"（《宣和奉使高丽图经》卷三十二《茶俎》）。在日益密切的日宋贸易中，茶也不断传入日本。荣西来明州再次把茶传入日本，这也从另一个侧面反映了日本仍需从中国进口大量茶叶。

元代，上海、广州、庆元、澉浦、泉州设有市舶司。官府与商人合作开展海外贸易，利润七比三分成。在大批宋朝遗民及劳动人民移居南洋带动下，茶叶侨销有了更广阔的市场。

---

[1] 陈椽．茶业通史．农业出版社，1984.

三、茶商集团的崛起

宋代茶商人数、资本总量都达到一个新的高度，他们不但攫取了大量茶利，而且其商业组织性也有一定发展。通过预买制向生产领域施加影响，操纵茶价，干涉茶叶立法，结交政府官吏等手段显示了茶商力量的强大。

（一）茶商资本新的运动形态

包卖商和茶商自有茶园的出现，表明高利贷资本和商业资本同时进入生产领域，是茶商资本从流通领域向生产领域的渗透。为了控制茶叶流向，取得稳定的茶源，茶商采用了向茶园户预付来年货款的常见方式。预付货款对于茶园户和茶商都有现实需要。从茶园户来说，茶业生产专业性强、季节性特征明显，茶季时间急需大量资本将制出的茶叶迅速投放进入市场，才能实现与市场的有机联系从而使资金回笼。要较好地解决这两个问题，茶园户尤其是实力薄弱的绝大多数茶农显得力不从心，他们急需资金和销售方面的帮助；对茶商而言，搞活中间流通环节，直接从茶园户手里取得茶叶，有利于保证货源、抢占时间、减少费用，在市场竞争中取得时间、价格、质量等优势，从而保证获取更为丰厚的茶利。正因为这种现实需要，商业资本进入茶叶生产领域。比如四川茶未征榷前，允许自由买卖，商人则"自来隔年留下客放定钱，或指当茶苗，举取债负，准备粮米，雇召夫工，自上春以后，接续采取"（《净德集》卷一《奏其置场买茶出卖远方不便事状》），园户则"逐年举取人上债利粮食，雇召人工，两季筹划"（《净德集》卷一《奏为官场买茶亏损园户致有词诉喧闹事状》）。预付茶款的方式实际上就是一种预买制，茶商可利用这种机制压低茶价，控制园户，增强自己在茶叶贸易中的主动性。同时，预付茶款往往又与高利货剥削结合在一起。

茶商还涉足生产领域，直接插手组织从事茶叶生产。这是商业资本与产业资本的直接结合。这个环节比包卖商更进一步，是商业资本攫取茶利的另一种手段，同样服务于利润最大化的原始目标。宣和年间（1119—1125）荆湖两路"产茶州县在城铺户居民，多在城外置买些地土，种植茶株，自造茶货，更无引目，收私茶相兼，转般入城，与里外铺户私相交易，或自开张铺席，影带出卖"（《宋会要辑稿》食货三十二之十二）。说明一些商人已经试图建立自己的茶园，以求自产自销。茶商试图向生产领域的渗透行为，代表着茶商资本的新动向和开拓性精神。

（二）茶商资本空前膨胀

宋代榷茶，官府几乎控制了一切茶源，低价向园户买茶、高价向商人卖茶，获得了巨额茶利。而商人必须向官府入纳钱物才能购得茶叶，官府也只有靠向商人售茶才能实现利润。因此两者结成了相互依赖，共同剥削茶叶生产者、消费者和运输者的伙伴关系，同时又围绕着茶利的瓜分进行激烈的斗争，由此引发宋代茶法的频繁变换。在这种既合作又斗争的共生利益关系中，茶商尤其是大茶商取得了丰厚茶利。茶由"商贾转致于西北，其利又特厚"（《文献通考》卷十八《榷茶》）。长途贩运茶叶，非大商不足以胜任。如入中茶法中，为了鼓励茶商运粮草输边，政府采取"加抬""虚估"的办法，人为地"饶润"商人，引起茶引贬值，茶商和交引铺趁机大量低价收购茶引，"或以券取茶，或收蓄贸易，以射厚利，由是虚估之弊皆入豪商巨贾"。景德年间（1004—1007）任三司使的丁谓评论道："边籴总及五十万，而东南三百六十余万茶利尽归商贾"（《续资治通鉴长编》卷一百）。茶商主要通过长途贩运，攫取地区差价；影响政府政策，左右茶法变革；利用虚估加抬、交引贬值减少购茶支出；垄断市场，勾结官吏，掺杂使假，获取高额利润；走私贩私；赊买赊卖，连财合本这 5 种途径来牟取茶利。

宋代各类茶商分工协作，形成了更为严密的收购、运输、销售网络体系。大茶商比比皆是，实力超雄。就长途贩运来说，只有雄厚财力的大茶商才能承担。王安石就说到长途贩茶"今仰巨商，本不及数千缗则不能行"（《王文公文集》卷三十一《茶商十二说》）。这是大茶商的最低资本标准，也是从事长途贩茶的最低财力保证。由于榷茶，长途贩运必不可少，因此宋代有些茶商资本非常惊人。寿州"茗场凡三，日开顺、麻步、霍山，岁榷无虑三万钧，坐居行贾，率千金计算，其利不赀，民又时时盗卖"（《景文集》卷四十六《寿州风俗记》），这里的贩商都是千金以上的大商。

（三）茶行组织的形成

行会是封建社会商品经济发展到一定程度的产物，它表明商人力量的增强。宋代出现了茶商组织的茶行，茶商利用茶行垄断和操纵茶市，牟取暴利，对抗政府。王安石曾指出，汴京 10 余户行头大铺户垄断茶市，"兼并之家，如茶行一家，自来有十余户。若客人将茶到京，即先馈献设宴，乞为定价。此十余户所买茶，更不敢取利。但得为定高价，即于下户倍取利以偿其费。"也就是说汴京茶行 10 余大户可以确定来京茶商茶叶的批发价。由于茶价被 10 余户大铺头垄断，为了取得利润，来京茶商一方面低三下四向 10 余大铺头请客献礼拉关系，另一方面对他们所买茶价"更不敢取利"，目的是"乞为定价"，一旦定得高价，就可以"堤内损失堤外补"，"于下户倍取利以偿其费"。外来的"生客"都可以榨取下户，坐山虎大铺户更可以轻而易举地榨取下户，这样茶价完全被大铺户操纵在手，保证了对高额利润的榨取。

（四）茶商左右茶法变革

茶商还影响朝廷政策，左右茶法变革。从汴京茶商大户左右北宋政府茶法的变更，由此影响全国茶叶市场的行情来看，大茶商的能量非同小可。这已经不是一种纯粹的经济现象，而是一种强大的政治势力了。参与这股政治势力的人，当然绝非一二个人，而是一批人。比如"交引法"造成引价暴跌，茶利大部落入茶商腰包，引起政府与茶商在茶利分割上的严重矛盾，变更茶法迫在眉睫，但茶商激烈反抗。早在至道（995—997）时，陈恕将立茶法，就召集数十名茶商，让他们各抒己见。不但如此，茶商参与政府决策，讨论茶法变更成为定制。天圣元年（1023）李谘实行见钱法、贴射法时，触动了茶商的根本利益，"豪商大贾不能轩轾为轻重"（《续资治通鉴长编》卷一百零二），"商人果失厚利"，群起攻之，"怨谤蜂起"。结果茶法施行仅 3 年又破产了，李谘也被赶下台，参与变法的一批三司官员遭到流放。后来朝廷鉴于交引法之弊，又让李谘东山再起，恢复见钱、贴射法。有了上次的教训，这次李谘小心多了，"窃恐豪商欲仍旧法，结托权贵，以动朝廷"，特请求赐给尚方宝剑，"请先降敕命申谕"，得到仁宗批准。虽然茶法对茶商也给予了关照，即"听商人输钱五分，余为置籍召保，期半年悉偿"（《续资治通鉴长编》卷一百一十八）。茶商并不领情，在"天下商旅，无不嗟怨"（《宋会要辑稿》食货三十之九）的声讨中，庆历二年（1042）再次恢复交引法。嘉祐四年（1059）废除东南榷茶制度，实行通商法，官商围绕茶法的斗争告一段落。这场斗争表明茶商势力足以左右朝廷茶法的变更。

四、臻于完善的茶法与茶政

宋代不断调整茶法，逐步建立了一整套复杂而严密的茶叶政策，扩大了税源，巩固了政府财政。而这些政策，被元代继承下来而继续发展。

（一）榷茶制度的建立及其调整

宋代对茶叶实行国家专卖制度。宋代榷茶发端于建隆三年（962），该年宋太祖委派监察御史刘湛，在蕲春榷茶，岁入倍增。此时榷茶尚只针对经过蕲春向北方销售的江南茶叶实行垄断，尚未在全国范围内铺开，但已让政府意识到榷茶所带来的巨大经济利益。乾德年间扩大了专卖的范围，在开封、建安、汉阳、蕲口等地设立榷茶场，管理江南北销制茶，并对盗卖官茶及鬻卖定以重罪，刑法甚严。可以说，在乾德年间，宋朝已经初步建立起官方垄断收购、商人购引贩茶的交引制，但实施范围还局限于江南茶叶北销的范围内。宋太宗时，茶法始密。太平兴国二年（977），宋太宗听取江南转运使樊若水的建议，在江陵府、真州、海州、汉阳军、无为军和蕲州之蕲口设立六榷货物，并在淮南蕲州、黄州、庐州、舒州、光州、寿州共六州设置十三个官办山场，尽榷茶之利。六州茶农都归属十三山场，称之为"园户"。园户种茶先向政府领取资本，称之为"本钱"。园户所生产之茶，除了缴租外，全部出售给政府，由政府统一卖给商人。商人买茶，必先到京师或东南地方志榷货务交纳钱帛，由榷务发给票务证券，称之为"交引"，凭借交引再到指定的山场领取所射之茶，从事贸易。宋代开创的这一茶法可称为"交引法"，影响十分深远，一直延续到元、明、清，虽形式各有所别，但基本都未脱离该模式。

在交引法基础上，结合具体情况，宋代又创制除了一些新的茶法。其一为"折中法"，是指将不同的商品之间用一定的折价相互兑换。这主要是因为政府或军队有时急需粮草等物资，故出台政策通过商人运送粮草到固定地点换取茶盐等榷货，进而确保物资供应。也就是说，政府通过一定的利益让渡，激发商人的贸易运销积极性。雍熙三年（986），宋辽开战，宋太宗北征，战场急需大量物资，于是出台政策，将茶、盐列为折中物："自河北用兵，切于馈饷，始令商人输刍粮塞下，酌地之远近而优为其直，执交券至京师，偿以缗钱，或移文江淮给茶盐，谓之折中。"（《续资治通鉴》）但有商人乘机输入质量很差的粮食，给政府带来大量损失，遂罢之。端拱二年（989），政府允许商人向开封纳粟，并向商人颁发江淮茶、盐之引。之后又出现了榷茶制度中的三说法、四说法与现钱法。三说法是指商人以缗钱、香药、犀齿三种物品按照比例折中的办法；四说法是指商人以缗钱、茶叶、香药、盐四种物品按照比例折中的办法；所谓现钱法，即商人在边塞地区的粮草直接以缗钱折中换取钱财或者等价的茶引。无论何种方法，目的在于扩大茶叶销售，但茶叶的堆积难售问题仍十分突出。这是因为官府收购大量茶叶，数量庞大，堆积严重，容易导致腐烂变质，最终不得不焚烧处理；官府承担茶叶运销，贪官污吏会私吞茶纲（"纲"指商帮的雏形），导致大量茶叶不明不白地流失。

面对这样的形势，淳化三年（992），淮南等地实行"贴射法"，次年停摆，天圣元年（1023）再次实行。贴射法允许商人与园户直接交易，商人必须向官府缴纳茶利，所缴纳部分相当于之前购买茶引的费用，目的在于激活流通，促进销售，解决茶叶流通困难的问题。这样的好处在于"商人就出茶州官场算买，既大省车运，又商人皆得新茶"。贴射法的具体交易方法：

> 以十三场茶买卖本息并计其数，罢官给本钱，使商人与园户自相交易，一切定为中估，而官收其息。如鬻舒州罗源场茶，斤售钱五十有六，其本钱二十有五，官不复给，但使商人输息钱三十有一而已。然必挈茶入官，随商人所指予之，给券为验，以防私售，故有贴射之名。（《元史》）

贴射法在一定程度上解决了沿边折中法存在的虚估问题，却减少了榷茶的茶利收入，对政府而言是一个弊端。之后，宋朝又恢复了榷货务山场垄断发卖的制度。

（二）嘉祐通商法与蔡京改革

在宋仁宗嘉祐之前的各种茶法，屡屡变化，但始终解决不了流通不畅、茶纲私吞等方面的问题，最终导致茶课（"茶课"指茶商所纳的税）过低、税收流失的问题。大臣张方平在嘉祐二年（1057）上奏，全国所得茶课仅有128多万贯，扣除各种虚估，实际只有86万贯，其中本钱29万贯，净利只有46万9000贯。为了完善补充"交引法"以及应对边疆战争而出台的折中法、影射法，不能从根本上上解决交引垄断所带来的问题，反而使问题更加复杂化。庆历议和以来，北宋边境相对安宁，和平的社会环境为茶法改革提供了条件。嘉祐三年，何㒟、王嘉麟"皆上书请罢给茶本钱，纵园户贸易，而官收租钱，与所在征算，归榷货务以偿边籴之费。"这得到了宋仁宗及相关官员的一致赞同，次年下令罢榷茶，实行通商法。所谓通商法是指，政府将茶园租给园户种植、采制，政府收取租金，商人自由贩卖茶叶，政府收取税金；听任园户和茶商自由交易，政府废除茶叶专卖制度，不再干涉买卖。该制度实行后，六榷货务、十三山场逐渐废弛，除了建州腊茶外，都允许通商交易。政府茶税收入也有较大幅度增长，每年从东南六路所得茶税在110万贯左右。嘉祐通商法阻断了折中虚估、本钱过高、陈茶累积、民间私贩、政府缉私成本高昂等方面的问题，故持续时间较长，历神宗、哲宗朝而无大变更，前后历经40年。

对政府而言，通商法也有弊端，主要在于不能显著地增加官方税收，财富大多流向了民间。宋徽宗崇宁元年（1102），蔡京执政，罢通商法，再次颁行禁榷制。蔡京的改革，主要有三次，分别是崇宁元年、崇宁四年、政和二年。崇宁元年，将湖、江、淮、两浙、福建等7路州军所产之茶禁榷，京师设立榷货务，在产茶州县设置榷场，官方收买茶叶，禁止商人和园户直接交易。茶商贩卖茶叶，需要先到官场购买茶引，茶引分长引和短引两种，长引在京师使用钱物购买，短引在茶场输息算买。短引在茶场周边的郡县买卖，而长引则有规定的运输和销售范围。《文献通考》记载："产茶州军许其民赴场输息，量限斤数，给短引，于旁近郡县便鬻；余悉听商人于榷货务人纳金银、缗钱或并边粮草，即本务给钞，取便算请于场，别给长引，从所指州军鬻之。"

将交引分为长引和短引，在一定程度上解决了近范围流通问题，相对之前的榷茶制度，灵活了一些。

崇宁四年（1105），蔡京又对茶法进行调整，废除官方垄断的榷场，允许茶商与园户交易，在产茶州军的合同场秤发、验视、封印，装入笼箧，官"给券为验"，然后再运往指定地点销售，《文献通考》记载："罢官置场，商旅并即所在州县或京师请长短引，自买于园户，茶贮以笼箧，官为抽盘，循第叙输息讫，批引贩卖茶事益加密矣。"官方按照茶的重量抽税计息，而重量由官方所提供的笼箧所决定。长引和短引的贩卖时间也有了规定，长引可以向其他路贩卖，时限为一年，短引只限于在本路内销售，限一季。为了避免以权谋私等问题的出现，还规定在任官员的前期及非在任的官员、僧道、伎术人、军人、州县的公差、犯罪应赎人员等，都不能请茶引，如有违反则给予重罚。逐渐完善的榷引制度，在一定程度上改变了茶利流失的问题，到政和元年时，已经可以给政府带来150万贯的户部经费。

崇宁四年的茶法，重新推出了引榷制度，但对商人贩茶批验等具体过程，尚没有严密的规定。政和二年，蔡京再次对茶法做出改革，核心措施是在产茶州军置合同场，在京师都茶场给予合同簿，各州县和通常京师都茶场根据合同底簿批验和回收茶引，故称"合同场法"。合同场法在《宋史·食货志下六》中有详细的记载，共有八个方面的内容，包括水磨茶法、长短引法、差价确定法、腊茶通商法、笼箧法、商法条例等。该茶法规定极为严密，对后世产生了深刻影响，南宋基本沿用该模式，只是在局部做了一些调整。

元代榷茶制度最早于至元六年（1269）在四川地区实行，至元十七年（1280）在江州路设立榷茶转运使，统管江、淮、荆湖、福广等地的茶税。元代榷茶的方法，基本沿用了宋代所确立的旧制。榷茶制度为元朝政府提供了较为丰厚的财政收入来源，茶税收入不断增长。

（三）边疆茶马互市的繁荣

宋代在古代茶马贸易史上占有举足轻重的地位，因为在宋代首次创立了茶马贸易制度并且迎来了古代茶马贸易的第一次大高潮。茶马交易直到北宋初年还没有形成一种制度。宋太宗于太平兴国八年（983）设"买马司"，正式禁止以铜钱买马，改用布帛、茶药，主要是茶来换马。茶马互市管理机构设立于熙宁七年（1074）。该年熙河经略使王韶奏："西人颇以善马至边，其所嗜唯茶，而乏茶与之为市"（《宋史》卷一百六十七《职官志》），建议运蜀茶至熙河买马。宋神宗采纳了王韶的建议，派三司干当事李杞入蜀筹办此事。同年十月李杞在成都府路设置茶场司，在陕西秦州设置买马司。茶司、马司分别经营，矛盾重重，为了消除矛盾，茶马司机构颇有分合。熙宁八年（1075）八月，二司首次合并。此后两司一度又分开，元丰四年（1081）两司再度合并，嗣后也是分合不一，直到崇宁四年（1105）二司又合一。南宋赵构时期，两司才最后合并为统一的都大提举茶马司，统一管理榷茶买马事宜。都大提举茶马司的职责，据《宋史》卷一百六十七《职官七》称："掌榷茶之利，以佐邦用；凡市马于四夷，率以茶易之"。此机构设立后，南宋茶马互市机构相对固定为四川5场，甘肃3场，共8个地方。绍熙（1190—1194）初"成都府利州路二十三场""宋初经理蜀茶，置互市于原、渭、德顺三郡，以市蕃夷之马，熙宁（1068—1077）间，又置场于熙河。南渡以来，文、黎、珍、叙、南平、长宁、阶、和凡八场""绍兴二十四年（1154）复黎州及雅州、碉门灵西砦易马场"（《宋史》卷一百八十四《食货志·茶下》）。李杞入蜀后，仅在成都府路的8个州设24个买茶场，陕西设332个卖茶场。买马机构，熙宁八年在熙河路设置熙州、河州、岷州、通远军、宁河寨、永宁寨6个买马场，停原来的原、渭、德顺之处买马，后又在秦凤及四川的黎州、雅州、泸州等地增设。四川场主要与西南少数民族交易，所买马主要供役使。西北少数民族互市收买高大捷健、主要用于作战的秦马。此外，南宋还在桂林静江军以茶易西蕃之马。

茶马比价和易马数量是茶马贸易的重要参照系。茶马比价复杂而敏感，只有合理利用价值规律，准确反映市场需求，茶马贸易才会有生命力。北宋政府依据"随市增减，价例不定"的原则来处理茶马比价问题，"熙（宁）、（元）丰马贱，茶亦贱；即今马贵，茶价随市亦贵"（《宋会要辑稿》职官四十三之九十一），这种决策比较科学，符合价值规律和商品交换的内在要求。元丰年间（1078—1085），100斤茶可换1匹马。嗣后茶价下滑，宋徽宗在位期间（1101—1125）要250斤茶才能换1匹马。崇宁年间（1102—1106）马价分为九等，良马三等、细马六等，良马上等每匹换茶250斤，中等220斤15.5两，下等220斤7.5两。细马一等每匹换茶176斤5两，二等169斤12两，三等164斤1.5两，四等154斤11两，五等149斤2两，六等132斤12两。北宋末年，茶马制度遭到破坏，茶马互市名存实亡，"川茶不以博马，惟以市珠玉"（《宋史》卷一百八十六《食货志·互市》）。

南宋高宗绍兴（1131—1162）年间，陕西失守，茶利、马源皆失，川茶价格比北宋时一落千丈，即使不好的马，也要千斤茶才能换一匹。宋孝宗淳熙四年（1177）吏部郎阎苍舒讲："今宕昌四尺四寸下驷一匹，其价率用十驮茶，若其上驷，则非银绢不可得"（《宋史全文续资治通鉴》卷二十六）。茶价与马价的比价反映了供求关系的波动。买马数额与茶价及茶叶数量与政府的军事国防政策具有密切关系。从供求关系看，茶叶价格与茶叶数量本身就成反比，反映到马价上，则上等好茶博马多，次等茶就差。北宋前期以优质名山茶易马，马来源地广，茶马比价有利于宋朝。其后茶价低落，茶源减少，市马数量逐渐减少。例如北宋时期熙宁十年（1077）实买1.5万匹，元丰四年（1081）岁额增至2万匹，元祐元年（1086）岁额1.8万匹，崇宁四年（1105）实买2万匹，大观二年（1108）岁额2万匹。这种情况到南宋绍兴年间有了很大变化，如建炎三年（1129）实买2万匹，绍兴十五年（1145）实买3800匹，乾道元年（1165）实买4500匹，庆元年间（1195—1200）岁额6120匹。

元朝国土空前广阔，马匹良多，因此缺少茶马互市的社会经济基础和实际需要，茶马贸易基本停顿。但是各少数民族朝贡不断，所贡物品有马、象等牲口，元统治者照例要一一赏赐，茶叶作为少数民族的必需品也包括在内。另外与吐蕃的贸易地仍有碉门、黎州这两个榷场，以茶换马的情况也有。元朝仍有某些茶马互市的情况存在，但作为一项制度和管理机构则不复存在。

西北茶马互市则更多地从经济和军事上加以考虑，贸易对象主要是吐蕃、回鹘、西夏和于阗，其中吐蕃是重中之重。辽、金、夏与宋对峙，不但经常限制马匹流入宋朝，还采取多种手段加以掠夺。靖康年间（1126—1127）金国攻破宋京城后大肆搜寻马匹。鉴于周边环境，宋初买马只能把注意力转向西北的吐蕃、回纥、党项及西南的各少数民族地区。"宋初，市马唯河东、陕西、川峡三路。诏马唯吐蕃、回纥、党项、藏牙族、白马、象家、保家、名市族诸蕃"（《宋史》卷一百九十八《兵志》）。当时宋朝仍对党项羌族的夏州政权具有管辖权，战马主要依赖河西地区供应。宋真宗时西夏据有河南地，西夏羌族的战马输宋大为减少。宋仁宗景祐元年（1034）元昊与宋为敌，战争开始，来自西夏的战马断绝，战马主要来自陕西秦凤路沿边吐蕃及四川境内少数民族。南宋绍兴和议后，市马之地只有川、秦、广三个地区。由此可见，元昊反叛后，吐蕃成了最主要的市马地区。宋朝在茶马互市中，采取"优其值"的政策，茶叶大量流入吐蕃。以运茶为例，熙宁八年（1075）川茶入陕为900马驮（1驮为100斤），元丰六年（1083）兰州一处用茶1万驮。崇宁二年（1103）湟州用茶4万驮。而博马所用名山茶，元丰间（1078—1085）每年1.5万~2万驮，宋徽宗在位期间增加到5万驮。这时的茶主要输入吐蕃，加上走私茶、民市茶，每年输入的吐蕃茶叶数量相当可观。

于阗、回鹘还越过部界驱马东来易茶而归。这就是宋人所说的"蜀茶总入诸蕃市，胡马常从万里来"（《能改斋漫录》卷七《蜀运茶马利害》）。于阗位于新疆塔里木盆地西南端，西跨葱岭，南接吐蕃，东为黄头回鹘，北为西川回鹘和黑汗。北宋时期，于阗与宋保持十分密切的贸易关系，茶叶作为重要商品输入国内。熙宁（1069—1077）之前，从乾德二年（964）起于阗多次遣使来宋朝贡。熙宁以后"于阗黑汗王"（即喀喇喇汗）遣使来宋进行朝贡贸易更勤，"远不逾一二岁，近则岁再至"，使贡方物中有"马驴"（《宋史》卷四百九十《于阗传》）。按茶马贸易规矩，贡奉物肯定得到相应茶叶运回。而且所贡珠玉等奢侈品，宋朝政府从优回赐，回赐物品中也有茶。百余年的时间内，茶叶源源不断地传入于阗。于阗进奉使经常借进奉名义大做生意，抛售物品，购回茶叶。比如"元丰元年（1078）六月九日，诏提举茶场司，于阗进奉使人买茶，与免税，于岁额钱内除之"（《宋会要辑稿》蕃夷四之十六）。于阗进奉使已经不满足于赐茶，开始亲自出面购茶，说明国内或进奉使本人已有饮茶习惯，故需要茶叶大量供求。

第三节　茶文化的发展

一、饮茶的大众化

宋代承唐代饮茶之风，日益繁盛。"华夷蛮貊，固日饮而无厌；富贵贫贱，匪时啜而不宁。"（梅尧臣《南有嘉茗赋》）"君子小人靡不嗜也，富贵贫贱靡不用也。"（李觏《盱江集》卷十六"富国策第十"）"盖人家每日不可阙者，柴米油盐酱醋茶。"（吴自牧《梦粱录》卷十六"鳌铺"）自宋代始，茶就成为"开门七件事"之一。

（一）斗茶流行

"斗茶"又称"茗战"，以盏面水痕先现者为负，耐久者为胜。每到新茶上市时节，竞相斗试，成为宋代一时风尚。"天下之士励志清白，竞为闲暇修索之玩，莫不碎玉锵金，啜英咀华，较筐箧之精，争鉴裁之别。"（赵佶《大观茶论》）"政和三年三月壬戌，二三君子相与斗茶于寄傲斋，予为取龙塘水烹之而第其品。"（唐庚《斗茶记》）北宋范仲淹《和章岷从事斗茶歌》，对当时盛行的斗茶活动，作了精彩生动地描述："斗茶味兮轻醍醐，斗茶香兮薄兰芷。其间品第胡能欺，十目视而十手指。胜若登仙不可攀，输同降将无穷耻。"南宋刘松年作《斗茶图》《茗园赌市图》（图3-1），反映出宋代斗茶风气之盛。

图3-1　刘松年《茗园赌市图》

（二）分茶兴起

分茶是一种建立在点茶基础上的技艺性游戏，通过技巧使茶盏面上的汤纹水脉变幻出各式图样来，若山水云雾，状花鸟虫鱼，类画图，如书法，所以又称茶百戏、水丹青。

五代宋初陶谷《荈茗录》"生成盏"："沙门福全……能注汤幻茶，成一句诗。并点四瓯，共一绝句，泛乎汤表。"其"茶百戏"："近世有下汤运匕，别施妙诀，使汤纹水脉成物象者，禽兽虫鱼花草之属，纤巧如画。"

南宋杨万里《澹庵坐上观显上分茶》对分茶有生动的描写，"分茶何似煎茶好，煎茶不似分茶巧。蒸水老禅弄泉手，隆兴元春新玉爪。二者相遭兔瓯面，怪怪奇奇真善幻。纷如擘絮行太空，影落寒江能万变。银瓶首下仍尻高，注汤作字势嫖姚。"此外，陆游有"矮纸斜行闲作草，晴窗细乳戏分茶。"（《临安春雨初霁》）李清照有"病起萧萧两鬓华，卧看残月上窗纱。豆蔻连梢煎熟水，莫分茶。"（《摊破浣溪沙·莫分茶》）可见，分茶风行于宋代文人士大夫之间。

（三）茶会盛行

文人茶会是宋代茶的主流。宋徽宗赵佶的《文会图》描绘的是文人集会的场面，茶是其中不可缺少的内容。在南宋刘松年《撵茶图》（图3-2）中，画面右侧有三人，一僧伏案执笔作书，一人相对而坐，似在观赏，另一人坐其旁，双手展卷，而眼神却在欣赏僧人作书。品茶、挥翰、赏画，属于文人茶会。

图 3-2　刘松年《撵茶图》

肇始于唐代的佛门茶会，在宋代仪规完整，更加威仪庄严。在宋代宗赜《禅苑清规》中，对于在什么时间吃茶，以及其前后的礼请、茶汤会的准备工作、座位的安排、主客的礼仪、烧香的仪式等，都有清楚细致的规定。其中，礼数最为隆重的当数冬夏两节（结夏、解夏、冬至、新年）的茶汤会，以及任免寺务人员的"执事茶汤会"。

（四）茶馆初盛

至宋代，进入了中国茶馆的兴盛时期。这是因为宋代的商品经济、城市经济比唐代有了进一步的发展。大量的人口涌进城市，茶馆应运而兴。

张择端的《清明上河图》生动地描绘了北宋首都汴梁城（今河南开封）繁盛的景象，再现了万商云集、百业兴旺的情形，画中不乏茶馆。从孟元老的《东京华梦录》中可以看到汴梁茶馆业的兴盛。在皇宫附近的朱雀门外街巷南面的道路东西两旁，"皆民居或茶坊。街心市井，至夜尤盛。""东十字大街曰从行裹角，茶坊每五更点灯，博易买卖衣服、图画、花环、领抹之类，至晚即散，谓之鬼市子……归曹门街，北山于茶坊内，有仙洞、仙桥，仕女往往夜游吃茶于彼。"

南宋偏安江南一隅，定都临安，享乐、安逸的生活使临安的茶馆业更加兴旺发达，茶馆在社会生活中扮演着重要角色。

今之茶肆，列花架，安顿奇松异桧等物于其上，装饰店面，敲打响盏歌卖，止用瓷盏漆托供卖，则无银盂物也。夜市于大街有东担设浮铺，点茶汤以便游玩观之人。大凡茶楼多有富室子弟，诸司下直等人会聚，司学乐器、上教曲赚之类，谓之"挂牌儿"。人情茶肆，本非以点茶汤为业，但将此为由，多觅茶金耳。又有茶肆专是王奴打聚处，亦有诸行借买志人会聚行老，谓之"市头"。大街有三五家靠茶肆，楼上专安着妓女，名曰"夜茶坊"……非君子驻足之地也。更有张卖店隔壁黄尖嘴蹴球茶坊，又中瓦内王妈妈家茶肆名一窟茶坊，大街车儿茶肆、将检阅茶坊，皆士大夫期明约友会聚之处。巷陌街坊，自有提茶瓶沿门点茶，或朔望日，如遇吉凶二事，点送邻里茶水，倩其往来传语。又有一等街司衙兵百司人，以茶水点送门面铺席，乞觅钱物，谓之"龊茶"。僧道头陀欲行题注，先以茶水沿门点送，以为进身之阶。（吴自牧《梦粱录》卷十六"茶肆"）

宋代茶馆已讲究经营策略，为了招徕生意、留住顾客，他们常对茶肆作精心的布置装饰。茶馆装饰不仅是为了美化饮茶环境、增添饮茶乐趣，这也与宋人好品茶赏画的特点分不开。南宋临安茶馆林立，不仅有人情茶肆、花茶坊，夜市还有浮铺点茶汤以便游观之人。有提茶瓶沿门点茶，有以茶水点送门面铺席，僧道头陀以茶水沿门点送以为进身之阶。茶馆在社会中扮演着重要角色。

宋代茶馆种类繁多，行业分工也越来越细。当时临安茶馆林立，不仅有人情茶馆、花茶坊，夜市还有浮铺点茶汤以便游观之人。出入茶馆的人三教九流，除了一般的官员、贵族、商人、市民等，还有几种特殊的茶客，如娟妓、皮条客。宋时茶馆具有很多特殊的功能，如供人们喝茶聊天、品尝小吃、谈生意、做买卖，进行各种演艺活动、行业聚会等。

（五）茶具新发展

宋代，茶具又有了新的变化，这与当时新兴的一种饮茶方式——点茶法相关。点茶用的汤瓶，形制为高颈长腹、细长流，瓶身则以椭圆形为多，瓶口缘下与肩部之间设一曲形把。

宋代饮茶是用一种广口圈足的茶盏，釉色有黑釉、酱釉、青釉、白釉和青白釉等，但黑釉盏最受偏爱，这与当时"斗茶"风尚的流行有关。因为用茶筅击拂使得茶汤表面浮起一层白色的乳沫，白色的乳沫和黑色的茶盏泾渭分明，容易勘验，最为适宜"斗茶"。因此黑釉盏的烧制盛极一时，南北各瓷窑几乎无不烧制。全国各地出现了不少专烧黑釉盏的瓷窑，分布于江西、河南、河北、山西、四川、广东、福建等地，其中以福建建阳窑和江西吉州窑所产之黑釉盏最为著名。

建阳窑盏，敛口、斜腹壁、小圈足，因土质含铁成分较高，故胎色黑而坚，胎体厚重。器内外均施黑或酱黄色釉，底部露胎。有的盏内外还有自然形成的丝状纹，俗称"兔毫"。兔毫盏是当时人们最喜爱的产品。许多诗人还赋诗加以赞美，如蔡襄诗："兔毫紫瓯新，蟹眼清泉煮"，苏轼诗："勿惊午盏兔毛斑"，黄庭坚诗："兔褐金丝宝碗，松风蟹眼新汤"，杨万里诗："鹰爪新茶蟹眼汤，松风鸣雪兔毫霜"，陈骞叔诗："鹧斑碗面云萦字，兔毫瓯心雪作泓。"兔毫、兔毛、兔褐金丝，均是兔毫盏的别名。

吉州窑位于江西吉安永和镇，人们利用天然黑色涂料，通过独特的制作技艺，生产出变化多端的纹样与釉面，达到清新雅致的效果。比如富于变化的玳瑁釉盏，有独创的剪纸贴花团梅纹盏，还有折枝梅花纹盏和造型新颖别致的莲瓣形盏等。

元代茶具以青白釉居多，黑釉盏显著减少，茶盏釉色由黑色开始向白色过渡。色彩斑斓的钧窑天蓝釉盏、釉色匀净滋润的枢府窑盏、轻盈秀巧的青白釉月映梅枝纹盏以及青花缠枝菊纹小盏等，都是这一时期的主要茶具。

二、点茶道的奠定和盛行

（一）以点茶为主的茶艺

1. 煮茶

"柘罗铜碾弃不用，脂麻白土须盆研。"（苏轼《和蒋夔寄茶》）宋代有一种"擂茶"，将茶与芝麻、干面放到瓦钵内擂研成细末，又加其他佐料烹煮而饮，又称

"七宝茶"。

"北方俚人茗饮无不有，盐酪椒姜夸满口。"（苏辙《和子瞻煎茶》）北方人茶中加盐、酪、椒、姜烹煮而饮。"刘侯惠我小玄璧，自裁半璧煮琼糜。……个中渴羌饱汤饼，鸡苏胡麻煮同吃。"（黄庭坚《谢刘景文送团茶》）小玄璧是指小团茶，黄庭坚一次就裁取一半来煮饮。

宋辽金元时期，煮茶法主要流行于少数民族地区。

2. 煎茶

"煎茶旧法出西蜀，水声火候犹能谱。……我今倦游思故乡，不学南方与北方。铜铛得火蚯蚓叫，匙脚旋转秋萤火。"（苏辙《和子瞻煎茶》）三苏祖籍四川，而陆羽式煎茶法源于四川。当时饮茶，南方多用点茶（时人习称煎茶或煎茶新法），北方多用煮茶。苏辙说他思念故乡，既不学南方也不学北方的饮茶方法，而是用家乡西蜀的煎茶旧法。

煎茶在北宋已衰退，但在一些场合下仍然被使用。

3. 点茶

宋代盛行点茶，因用沸水点茶，水温是渐低的，故而将茶碾成极细的茶粉（煎茶用碎茶末），又预先将茶盏烤热（熁盏令热）。点茶时先注汤少许，调成膏稠状（调膏）。煎茶的竹夹演化为茶筅，改在盏中搅拌，但称"击拂"。为便于注水，发明了高肩长流的煮水器——汤瓶。现据蔡襄《茶录》和赵佶《大观茶论》，归纳点茶法的程序有备器、择水、取火、候汤、熁盏、洗茶、炙茶、碾磨罗、点茶、品茶等。

备器：点茶法的主要器具有风炉、汤瓶、茶碾、茶磨、茶罗、茶盏、茶匙、茶筅等，崇尚建窑黑釉茶盏。

候汤："候汤最难，未熟则沫浮，过熟则茶沉。"（《茶录·候汤》）"汤以蟹目鱼眼连绎迸跃为度。"（《大观茶论·水》）风炉形如古鼎，也有用火盆及其他炉灶代替的。煮水用汤瓶，汤瓶细口、长流、有柄。瓶小易候汤，且点茶注汤有准。

熁盏：点茶前先熁盏，即用火烤盏或用沸水烫盏，盏冷则茶沫不浮。

洗茶：用热水浸泡团茶，去其尘垢冷气，并刮去表面的油膏。

炙茶：以微火将团茶炙干，若当年新茶则不须炙烤。

碾、磨、罗茶：炙烤好的茶用纸密裹捶碎，然后入碾碾碎，继之用磨（磑、硙）磨成粉，再用罗筛去末。若是散、末茶则直接碾、磨、罗，不用洗、炙。煎茶用茶末，点茶则用茶粉。

点茶：用茶匙抄茶入盏，先注少许水调令均匀，谓之"调膏"。继之量茶受汤，边注汤边用茶筅"击拂"。"乳雾汹涌，周回凝而不动，谓之咬盏。"（《大观茶论·点》）"视其面色鲜白，著盏无水痕为绝佳。建安斗试以水痕先者为负，耐久者为胜。"（《茶录·点茶》）"斗茶"则以水痕先现者为负，耐久者为胜。点茶之色以纯白为上，青白次之，灰白、黄白又次。茶汤在盏中以四至六分为宜，茶少汤多则云脚散，汤少茶多则粥面聚。

品茶：点茶一般是在茶盏里直接点，不加任何佐料，直接持盏饮用。若人多，也可在大茶瓯中点好茶，再分到小茶盏里品饮。

宋元时期饮茶最流行的是点茶法，连北方的辽金国也受其影响。从河北宣化辽墓的壁画，如张文藻墓壁画《童嬉图》、张世古墓壁画《将进茶图》、张恭诱墓壁画《煮汤图》、6号墓壁画《茶作坊图》、1号墓壁画《点茶图》等，显示北方辽国贵族也风行点茶。

元代耶律楚材《西域从王君玉乞茶》诗有"碧玉瓯中思雪浪，黄金碾畔忆雷芽""黄金小碾飞琼雪，碧玉深瓯点雪芽"，点茶同样流行于元代。

4. 泡茶

在点茶法中，略去调膏、击拂，便成了粉茶的冲泡，将粉茶改为散茶，就形成了"撮泡"。撮泡法始见于南宋，当然，也只是在局部地区偶尔为之。

在南宋画家刘松年《茗园赌市图》中人物左手持盏，右手拿汤瓶，直接在盏中注汤泡茶。元代赵孟𫖯《斗茶图》中的人物也是直接在茶盏中泡茶。

总之，宋辽金元时期饮茶最流行的是点茶，连北方的辽金国也受其影响。煎茶到南宋后期已无闻，煮茶主要流行于少数民族地区，同时撮泡法萌芽。

（二）点茶道的奠定

蔡襄（1012—1067）于皇祐三年（1051）著《茶录》，撰《北苑茶》《和杜相公谢寄茶》《造茶》《茶垄》等茶诗。

梅尧臣（1002—1060）精于茶艺，"小石冷泉留早味，紫泥新品泛春华"（《依韵和杜相公谢蔡君谟寄茶》），"都篮携具向都堂，碾破云团北焙香。汤嫩水轻花不散，口甘神爽味偏长"（《尝茶和公仪》），"兔毛紫盏自相称，清泉不必求虾蟆。石瓶煎汤银梗打，粟粒铺面人称嗟"（《次韵和永叔尝新茶杂言》）。其《南有佳茗赋》，是宋代茶文的代表作。

欧阳修（1007—1072）是品泉高手，曾撰《浮槎山水记》《大明水记》，对水品较有心得。欧阳修与梅尧臣交好，两人常互相切磋诗文，也一起共品新茶。欧阳修《尝新茶呈圣俞》诗云："泉甘器洁天色好，坐中拣择客亦嘉。"欧阳修认为品茶须是茶新、水甘、器洁，再加上天朗、客嘉，此"五美"俱全，方可达到"真物有真赏"的境界。《尝新茶呈圣俞次韵再拜》诗云："亲烹屡酌不知厌，自谓此乐真无涯。"

蔡襄、梅尧臣、欧阳修同朝为官，相互酬唱。如欧阳修曾为蔡襄《茶录》作后序，写茶诗送梅尧臣，梅尧臣也与欧阳修茶诗唱和。蔡襄送茶给梅尧臣，梅尧臣以茶诗答谢。正是在他们的推动下，使得点茶道在北宋中叶奠定。

（三）点茶道的盛行

赵佶（1082—1135），即宋徽宗，著《大观茶论》。序曰：

本朝之兴，岁修建溪之贡，龙团凤饼名冠天下，而壑源之品亦自此而盛。延及于今，百废俱举，海内晏然，垂拱密勿，幸致无为。缙绅之士，韦布之流，沐浴膏泽，熏陶德化，咸以雅尚相推，从事茗饮。故近岁以来，采择之精，制作之工，品第之胜，烹点之妙，莫不咸造其极。……可谓盛世之清尚也。

宋徽宗以帝王的身份，撰著茶书，倡导茶道，有力地推动了点茶道的广泛流行。

苏轼（1037—1101）精通茶艺，如对择水候汤十分精熟。"精品厌凡泉，愿子致一斛"（《求焦千之惠山泉诗》），好茶必须配以好水，所以向时任无锡知县焦千之索惠山泉水。《汲江煎茶》有"活水还须活火烹，自临钓石取深清"，亲自到钓石上汲取深处江水，并用活火烹煮。苏轼对汤候掌握十分讲究，他在《试院煎茶》诗中说："蟹眼已过鱼眼生，飕飕欲作松风鸣。……君不见，昔时李生好客手自煎，贵从活火发新泉"。

对煮水器具和点茶用具，苏轼也很讲究。"铜腥铁涩不宜泉"，用铜器铁器煮水致水有腥气涩味，用石铫烧水味最正。"此中有一铸铜匠，欲借所收建州木茶白子并椎，试令依样造看。兼适有闽中人便，或令看过，因往彼买一副也。乞暂付去人，专爱护，便纳上"（《新岁展庆帖》），友人陈季常家收藏一副建州木质茶臼并椎，苏轼在大年初二便写信派人去借，并欲请铜匠依样铸造一副。恰好又有一福建人要回闽，所以顺便让其认识一下，好让他回闽时买一副回来。

陆游（1125—1210）《剑南诗稿》存诗9300多首，其中涉及茶事的诗作有320多首。陆游一生嗜茶，恰好又与陆羽同姓，因此非常推崇这位同姓茶圣，多次在诗中直抒胸臆，心仪神往，如"桑苎家风君勿笑，他年犹得作茶神""《水品》《茶经》常在手，前生疑是竟陵翁"。陆游多次在诗中提到续写《茶经》的意愿，如"遥遥桑苎家风在，重补《茶经》又一篇""汗青未绝《茶经》笔"等。陆游并未有什么《茶经》续篇问世，但细读他的大量茶诗，分明就是《茶经》的续篇——叙述天下各种名茶，歌咏宋代的茶艺，论述茶的功用等。

此外，王禹偁、范仲淹、林逋、苏辙、黄庭坚、秦观、晏几道、刘松年、钱选、杨万里、范成大、朱熹、方岳、杜耒、审安老人等，都是点茶道的积极推行者。

三、茶文学的拓展

（一）茶诗

宋代茶诗是在唐代基础上继续发展的一个时代。比如北宋初期的王禹偁，中期的梅尧臣、范仲淹、欧阳修、蔡襄、王安石，后期的苏轼、黄庭坚、秦观，南宋的陆游、范成大、杨万里等，都留下了脍炙人口的茶诗。陆游有茶诗300多首，苏轼的茶诗词有70余篇。范仲淹的《斗茶歌》可以与卢仝的《七碗茶歌》相媲美。欧阳修不仅写下了赞美龙凤团茶的诗，也写了双井茶赞诗。其他如丁谓、曾巩、曾几、周必大、苏辙、文同、米芾、朱熹、陈襄、方岳、杜耒等都留下茶诗佳作。

1. 茶诗体裁

（1）古风 五古诗有梅尧臣的《答宣城张主簿遗鸦山茶次其韵》、苏轼的《问大冶长老乞桃花茶栽东坡》等，七古诗如黄庭坚的《谢刘景文送团茶》、葛长庚的《茶歌》等。

（2）律诗 五律如曾几的《谢人送壑源绝品，云九重所赐也》、徐照的《谢徐玑惠茶》等，七律如王禹偁的《龙凤茶》、梅尧臣的《尝茶和公仪》、欧阳修的《和梅公仪尝建茶》等，排律有余靖的《和伯坚自造新茶》等。

（3）绝句 五绝如苏轼的《赠包安静先生》、朱熹的《茶坂》等，七绝如曾巩的

《闰正月十一日吕殿丞寄新茶》、林逋的《烹北苑茶有怀》等。

其他尚有歌行、宫词、竹枝词、联句、回文诗等体裁。

2. 茶诗题材

（1）名茶　宋代名茶诗篇中咏得最多的为龙凤团茶，如王禹偁的《龙凤茶》、蔡襄的《北苑茶》、欧阳修的《送龙茶与许道人》等。其次是壑源茶，如苏轼的《次韵曹辅寄壑源试焙新茶》、黄庭坚的《谢送碾赐壑源拣芽》、曾几的《谢人送壑源绝品，云九重所赐也》诗。双井茶，如欧阳修的《双井茶》、黄庭坚的《以双井茶送子瞻》、苏轼的《鲁直以诗馈双井茶，次其韵为谢》等。日铸茶，如苏辙的《宋城宰韩夕惠日铸茶》、曾几的《述侄饷日铸茶》等。其他如蒙顶茶（文同的《谢人寄蒙顶茶》）、修仁茶（孙觌的《饮修仁茶》）、鸠坑茶（范仲淹的《鸠坑茶》）、宝云茶（王令的《谢张和仲惠宝云茶》）、鸦山茶（梅尧臣的《答宣城张主簿遗鸦山茶次其韵》）等。

（2）点茶、煎茶、饮茶　苏轼的《试院煎茶》《汲江煎茶》，林逋的《尝茶次寄越僧灵皎》，陆游的《效蜀人煎茶戏作长句》《北岩采新茶用〈忘怀录〉中法煎饮，欣然忘病之未去也》，欧阳修的《和梅公仪尝建茶》《尝新茶呈圣俞》《尝新茶呈圣俞次韵再作》。杜耒的《寒夜》写道：“寒夜客来茶当酒，竹炉汤沸火初红。寻常一样窗前月，才有梅花便不同。”

（3）名泉　宋人非常喜爱惠山泉，因此咏惠泉的诗特别多。苏轼的《惠山谒钱道人烹小龙团，登绝顶，望太湖》写：“踏遍江南南岸山，逢山未免更流连。独携天上小团月，来试人间第二泉。石路萦回九龙脊，水光翻动五湖天。孙登无语空归去，半岭松声万壑传。”

其他有江西庐山的谷帘泉（王禹偁的《谷帘水》）、安徽滁州琅琊山六一泉（杨万里的《以六一泉煮双井茶》）、江苏扬州大明泉（黄庭坚的《谢人惠茶》）、江苏镇江中泠泉（范仲淹的《斗茶歌》）、湖北天门文学泉（王禹偁的《题景陵文学泉》）等。

（4）茶具　有苏轼的《次韵黄夷仲茶磨》《次韵周穜惠石铫》诗，秦观的《茶臼》诗、朱熹的《茶灶》诗等。

（5）采茶、制茶　采茶如丁谓的《咏茶》、范成大的《夔州竹枝歌》等。

制茶有余靖的《和伯恭自造新茶》、梅尧臣的《答建州沈屯田寄新茶》、蔡襄的《造茶》。苏轼的《次韵曹辅寄壑源试焙新茶》：“仙山灵草湿行云，洗遍香肌粉末匀，明月来投玉川子，清风吹破武林春。要知玉雪心肠好，不是膏油首面新；戏作小诗君勿笑，从来佳茗似佳人。”等。

（6）茶园、茶花　有王禹偁的《茶园十二韵》、蔡襄的《北苑》、朱熹的《茶坂》等。苏辙的《茶花二首》、陈与义的《初识茶花》等。

宋代茶诗题材丰富，形式多样，堪与唐代争雄。宋辽金茶诗对当时流行的点茶、斗茶、分茶作了全面地反映。

元朝时期不长，而且崇尚武功，所以比之唐宋，咏茶诗要少得多。元代的咏茶诗人有耶律楚材、虞集、马钰、洪希文、谢宗可、刘秉忠、张翥、袁桷、黄庚、萨都剌、倪瓒等。

元代的茶诗体裁有古诗、律诗、绝句等。古诗如袁桷的《煮茶图并序》、洪希文的《煮土茶歌》。绝句有马臻的《竹窗》、虞集的《题苏东坡墨迹》等。律诗如耶律楚材的《西域从王君玉乞茶，因其韵七首》，如第一首："积年不啜建溪茶，心窍黄尘塞五车。碧玉瓯中思雪浪，黄金碾畔忆雷芽。卢仝七碗诗难得，谂老三瓯梦亦赊。敢乞君侯分数饼，暂教清兴绕烟霞。"第七首："啜罢江南一碗茶，枯肠历历走雷车。黄金小碾飞琼雪，碧玉深瓯点雪芽。笔阵陈兵诗思勇，睡魔卷甲梦魂赊。精神爽逸无余事，卧看残阳补断霞。"

元代茶叶诗词题材亦有名茶、煎茶、饮茶、名泉、茶具、采茶、茶功等。名茶诗有虞集的《游龙井》、刘秉忠的《尝云芝茶》、陈岩的《金地茶》等，煎茶诗有谢宗可的《雪煎茶》，茶具诗有谢宗可的《茶筅》。

（二）茶词曲

词萌于唐，而兴于宋。宋代文学，词领风骚。宋元茶文学在茶诗、茶文之外，又有了茶词茶曲这样一个新品种。

1. 茶词

苏轼的《西江月·茶》别开生面，对当时的名茶、名泉和斗茶作了生动形象地赞美：

龙焙今年绝品，谷帘自古珍泉。雪芽双井散神仙，苗裔来从北苑。
汤发云腴酽白，盏浮花乳轻圆，人间谁敢更争妍，斗取红窗粉面。

苏轼的《行香子·茶词》，写酒席已终，于是继续茶会，进行斗茶。有人拿出皇帝赐赏的北苑产密云龙茶，金丝饰面。斗茶会中红袖美女笙歌助兴，煞是热闹。但没有不散的筵席，终归人去馆静：

绮席才终，欢意犹浓，酒阑时高兴无穷。共夸君赐，初拆臣封。看分香饼，黄金缕，密云龙。
斗赢一水，功敌千钟，觉凉生两腋清风。暂留红袖，少却纱笼。放笙歌散，庭馆静，略从容。

黄庭坚的《品令·茶词》写团饼茶的碾磨、点试、品饮的情形：

风舞团饼，恨分破，教孤令。金渠体净，只轮慢碾，玉尘光莹。汤响松风，早减了二分酒病。
味浓香永，醉乡路，成佳境。恰如灯下，故人万里，归来对影。口不能言，心下快活自省。

其《西江月（茶）》写用兔毫盏、庐山谷帘泉点试北苑头纲贡茶："龙焙头纲春早，谷帘第一泉香。已醺浮蚁嫩鹅黄，想见翻成雪浪。兔褐金丝宝碗，松风蟹眼新汤。无因更发次公狂，甘露来从仙掌。"

秦观的《满庭芳·茶词》："雅燕飞觞，清谈挥麈，使君高会群贤。密云双凤，初破缕金团。窗外炉烟似动，开瓶试、一品香泉。轻淘起，香生玉乳，雪溅紫瓯圆。……"写群贤高会的茶饮之欢，雅燕飞觞，清谈挥麈，分密云龙茶，试一品香泉。秦观的《满庭芳·咏茶》："北苑研膏，方圭圆璧，万里名动京关。碎身粉骨，功合上凌烟。尊俎风流战胜，降春睡、开拓愁边。纤纤捧，香泉溅乳，金缕鹧鸪斑。……"写用建窑兔毫、鹧鸪盏品饮北苑茶。

白玉蟾的《水调歌头·咏茶》描写建安茶的采摘、加工、点试、品饮和功效：

已过几番雨，前夜一声雷。旗枪争战建溪，春色占先魁。先取枝头雀舌，带露和烟捣碎，结就紫云堆。轻动黄金碾，飞起绿尘埃。

老龙团，真凤髓，点将来。兔毫盏里，霎时滋味舌头回。唤醒青州从事，战退睡魔百万，梦不到阳台。两腋清风起，我欲上蓬莱。

其他如黄庭坚的《踏莎行·茶词》《阮郎归·茶词》，李清照的《摊破浣溪沙·莫分茶》王安中的《临江仙·和梁才甫茶词》、毛滂的《蝶恋花·送茶》、王喆的《解佩令·茶肆茶无绝品至真》、马钰的《长思仙·茶》等，都是茶词名作。

2. 茶曲

散曲是一种文学体裁，在元朝极为兴盛风行，因此，元代又有茶事散曲的出现，为茶文学增添了新的形式。李德载的《阳春曲·赠茶肆》小令十首，便是茶曲的代表：

茶烟一缕轻轻飏，搅动兰膏四座香，烹煎妙手赛维扬。非是谎，下马试来尝。
黄金碾畔香尘细，碧玉瓯中白雪飞，扫醒破闷和脾胃。风韵美，唤醒睡希夷。
蒙山顶上春光早，扬子江心水味高，陶家学士更风骚。应笑倒，销金帐饮羊羔。
一瓯佳味侵诗梦，七碗清香胜碧筩，竹炉汤沸火初红。两腋风，人在广寒宫。
兔毫盏内新尝罢，留得余香在齿牙，一瓶雪水最清佳。风韵煞，到底属陶家。

这些小令运用众多典故，将饮茶的情景、情趣一一道出，虽玲珑短小，却韵味尽出，仿佛是一幅洋溢着民间生活气息的风俗画。

（三）茶事散文

宋元茶事散文体裁丰富多样，有赋、记、表、序、跋、传、铭、奏、疏等，数量较唐代有较大发展。

吴淑的《茶赋》是宋代最早的写茶赋文，通篇以骈语为主，句式注重对偶，辞藻崇尚典丽，文中铺陈、历数茶之功效、典故和茶中珍品。赋中列举了当时流行的 35 种名茶（或茶名）：渠江薄片、西山白露、仙人掌茶、火前茶、枪旗、顾渚紫笋、仙崖石花等等，既为后人提供了可贵的文献资料又反映出茶事在北宋初期的兴盛状况。

梅尧臣的《南有佳茗赋》通篇以散文笔法写就，且在句式上借鉴了骚体和《诗》的写作技巧。开篇之"南有山原兮，不凿不营，乃产佳茗兮，嚣此众氓。土膏脉动兮雷始发声，万木之气未通兮，此已吐乎纤萌"，即来源于屈原的骚体文写法；而"一之曰雀舌露，掇而制之以奉乎王庭。二之曰鸟喙长，撷而焙之以备乎公卿。三之曰枪旗耸，寒而炕之，将求乎利赢。四之曰嫩茎茂，因而范之，来充乎赋征"，则明显采用了《诗经·豳风·七月》的叙事技巧。

苏轼在叙事散文《叶嘉传》中塑造了一个胸怀大志，威武不屈，敢于直谏，忠心报国的叶嘉形象。叶嘉，"少植节操""容貌如铁，资质刚劲""研味经史，志图挺立""风味恬淡，清白可爱""有济世之才""竭力许国，不为身计"，可谓德才兼备。苏轼巧妙地运用了谐音、双关、虚实结合等写作技巧，对茶史、茶的采摘和制造、茶的品质、茶的功效、茶法，特别是对宋代福建建安龙团凤饼贡茶的历史和采摘、制造，宋代典型的饮茶法——点茶法，进行了具体、生动、形象的描写。

> 叶嘉，闽人也，其先处上谷。曾祖茂先，养高不仕，好游名山。至武夷，悦之，遂家焉。……臣邑人叶嘉，风味恬淡，清白可爱，颇负其名，有济世之才，虽羽知犹未详也。……

黄庭坚的《煎茶赋》，语言上散中带骈、平实易懂，结构上主客问答、铺陈排列，风格上叙事、描写、抒情纵横交错，并以理作结。开篇主要是把当时的九种名茶：建溪、双井、日铸、罗山、蒙顶、都濡高株、纳溪梅岭，按其"涤烦破睡之功"，分为甲乙两等。接着对饮茶的功效、品茶的格调、佐茶的宜忌进行了生动地描述。

俞德邻的《荈茗赋》采用寓言的形式在荈和茶的褒贬对比中赞颂了茶之美、荈之恶。谋篇布局上采用赋体主客问答的传统形式，语言上骈散相间、铺张恣肆，内容上以茶喻人、以茶说理，在鲜明对比中针砭时弊。通过对茶之生长环境、采撷过程、烹煮境界、茶功茶德等诸方面的描写，说明茶之清灵高洁。

（四）茶事小说

宋元时期，茶事小说依然多数是轶事小说，多见于笔记小说集。一类是专门编辑旧文，如王谠的《唐语林》，就汇辑唐人笔记五十种，辑有"白居易烹鱼煮茗""陆羽轶事""马镇西不入茶""活火煎茶""茶瓶厅""茶托子""茶茗代酒""煎茶博士"等十多篇；再一类是记载当时人轶事的，诸如王安石、苏轼、蔡襄等人与茶有关的轶事；此外尚有宋代话本、"讲史"中也多见茶事，这些茶事小说故事更加完整、情节更加曲折、描写更加细腻，在艺术上达到较高的成就。

四、茶艺术的拓展

（一）茶戏剧

茶叶深深地浸入中国人的生活之中，茶事自然被戏剧所表现和反映。所以，不但剧中有茶事的内容和场景，有的甚至以茶事为背景和题材。中国戏剧成熟于宋元时期，宋元戏剧中就有许多反映茶事活动的内容。

南戏《寻亲记》（佚名）第二十三出《惩恶》，写开封府尹范仲淹微服私访，在茶馆向茶博士探问恶霸张敏的罪恶，该剧从侧面反映了宋元时期茶馆发达的情形。

元代王实甫编剧的《苏小卿月夜贩茶船》，内容写书生双渐与合肥妓女苏小卿相恋，茶商冯魁乘双渐科举应试之机，买通鸨母将苏小卿骗上茶船同去江西。中途船泊金山寺，苏小卿上岸在寺壁题诗诉恨而去。双渐考中进士后授官江西临川令，赴任路过金山寺时看到苏小卿的题诗，一路追寻至江西，经官府判断，终与苏小卿结为夫妻。

《陈抟高卧》是元代马致远所作的一部神仙道化戏，内容表达五代时隐居华山的道士陈抟清心寡欲、不慕荣华的高致襟怀。剧中有一段色旦劝酒奉茶的情节。色旦说："我与先生奉一杯茶，先生试尝这茶味何如？"陈抟回答："是好茶也。这茶呵采的一旗半枪，来从五岭三湘。泛一瓯瑞雪香，生两腋松风响，润不得七碗枯肠。辜负一醉无忧老杜康，谁信您卢仝健忘。"

马致远的杂剧《吕洞宾三醉岳阳楼》第二折岳阳楼下茶坊店主郭马儿上场诗："龙团凤饼不寻常，百草前头早占芳。采处未消峰顶雪，烹时犹带建溪香。"又云："在这岳阳楼下开着一座茶坊，但是南来北往经商客旅，都来我茶坊中吃茶。"

关汉卿的杂剧《钱大尹智勘绯衣梦》中描写了发生在茶馆里作案、破案的故事。其第三折茶博士白："茶迎三岛客，汤送五湖宾。""在北棋盘街井底下开着座茶房，但是那经商客旅、做买做卖的，都来俺这里吃茶。"

（二）茶歌

《走笔谢孟谏议寄新茶》在宋代就称"卢仝茶歌"或"卢仝谢孟谏议茶歌"了，这表明至少在宋代时，这首诗就配以章曲、器乐而歌了。宋时由茶叶诗词而转为茶歌的这种情况较多，如熊蕃在《御苑采茶歌》的序文中称："先朝漕司封修睦，自号退士，曾作《御苑采茶歌》十首，传在人口。"这里所谓的"传在人口"，就是民间在歌唱。

作为民歌中的一种，竹枝词极富有节奏感和音律美，而且在表演时有独唱、对唱、联唱等多种形式。南宋范成大《夔州竹枝歌》："白头老媪簪红花，黑头女娘三髻丫。背上儿眠上山去，采桑已闲当采茶。"此茶歌采用四川奉节的民歌竹枝词这种形式来描写采茶的繁忙季节，白头老媪与背着孩子的黑头女娘都上山采茶去了，充满了农村的生活气息。

（三）茶事书法

1. 蔡襄《茶录》

蔡襄不仅是书法家，也是茶人，曾著《茶录》二篇。《茶录》用小楷书写，也曾凿刻勒石，是其小楷书法代表作。

蔡襄有关茶的书法，尚有《北苑十咏》《即惠山泉煮茶》两件诗书和两件手札《精茶帖》《思咏帖》（图3-3）。《思咏帖》中有"王白今岁为游闰所胜，大可怪也"，在建安斗茶中，以白茶为上，但王家白茶输于游闰家，所以让人觉得不可思议。末尾"大饼极珍物，青瓯微粗。临行匆匆致意，不周悉。""大饼"当指大龙团贡茶，本是皇家享用品，故属"极珍物"。"青瓯"当指青色茶瓯。书体属草书，字字独立而笔意暗连，用笔空灵生动，精妙雅严。

2. 苏轼《啜茶帖》

《啜茶帖》："道源无事，只今可能枉顾啜茶否？有少事须至面白。孟坚必已安也。轼上，恕草草。"《啜茶帖》也称《致道源帖》，是苏轼于元丰三年（1080）写给道源的一则便札，邀请道源来饮茶，并有事相商。《啜茶帖》（图3-4）为行书，纸本，用墨丰赡而骨力洞达，所谓无意于嘉而嘉。

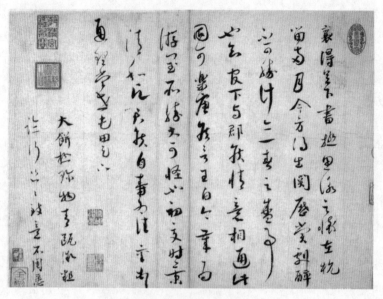

图 3-3　蔡襄《思咏帖》

图 3-4　苏轼《啜茶帖》

　　苏轼涉及茶的书法尚有《一夜帖》（又名《季常帖》）、《新岁展庆帖》等。

　　3. 黄庭坚《奉同公择尚书咏茶碾煎啜三首》

　　诗文（图3-5）行书，中宫严密。内容是其自作诗三首，建中靖国元年（1101）八月十三日书，第一首写碾茶，"要及新香碾一杯，不应传宝到云来。碎身粉骨方余味，莫厌声喧万壑雷"；第二首写煎茶，"风炉小鼎不须催，鱼眼常随蟹眼来。深注寒泉收第二，亦防枵腹爆干雷"；第三首写饮茶，"乳粥琼糜泛满杯，色香味触映根来。睡魔有耳不及掩，直拂绳床过疾雷。"

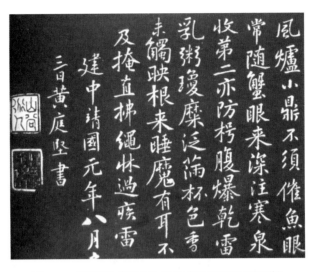

图3-5 黄庭坚《奉同公择尚书咏茶碾煎啜三首》

4. 宋克书卢仝、范仲淹茶诗

宋克《草书唐宋诗卷》，是宋克在元至正二十年三月为其在松江的友人徐彦明所书，其中有唐人卢仝的《走笔谢孟谏议寄新茶》（图3-6）、宋人范仲淹的《和章岷从事斗茶歌》（图3-7）茶诗。此卷草书写得十分圆熟，通篇作品一气贯注，于使转中见点画，笔力清健，行间栉比，有错落之妙，很明显在这段时期中他的草书受二王的影响较大，以今草为主，偶有章草夹杂其中，正处其风格尚未形成的初创时期。

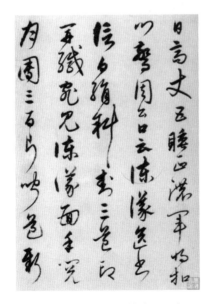

图3-6 宋克书卢仝茶诗（局部）

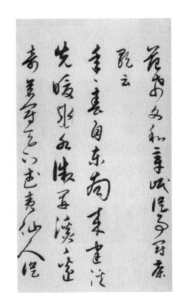

图3-7 宋克书范仲淹茶诗（局部）

（四）茶事绘画

1. 赵佶《文会图》

此画描绘了文人雅集的盛大场面（图3-8）。在一个优雅的庭院中的大树下，巨型贝雕黑漆桌案上有丰盛的果品、各种杯盏等。八文士们围桌而坐，两文士离席起身与旁边人交谈，大树下有两文士站着交谈，人物神态各异，潇洒自如，或交谈，或举杯，或凝坐。二侍者端捧杯盘，往来其间。另有数侍者在炭火桌边忙于温酒、备茶，场面气氛热烈，人物神态逼真。

扫码看大图

图3-8　赵佶《文会图》

画中有一备茶场景，可见方形风炉、汤瓶、白茶盏、黑盏托、都篮等茶器，一侍者正从茶罐中量取茶粉置茶盏，准备点茶。画的主题虽是文人雅集，茶却是其中不可缺少的内容，反映出文人与茶的密切关系。

2. 苏汉臣《罗汉图》

《罗汉图》描绘松竹之下一高僧跌坐椅上，沙弥三人，一磨茶，一候汤，一奉茶。

3. 李嵩《罗汉图》

《罗汉图》描绘古柳之下一高僧双手持竹杖跌坐榻上，一小和尚赤足站立，左手持盏，右手用茶匙击拂，专注地点茶。

4. 刘松年《撵茶图》

《撵茶图》（图3-9）为工笔白描，描绘了从磨茶到烹点的具体过程、用具和点茶场面。画中左前方一仆役坐在矮几上，正在转动茶磨磨茶。旁边的桌上有筛茶的茶罗、贮茶的茶盒、茶盏、盏托、茶笏等。另一人正伫立桌边，提着汤瓶在大茶瓯中点茶，然后到分桌上小托盏中饮用。他左手桌旁有一风炉，上面正在煮水，右手旁边是贮水瓮，上覆荷叶。一切显得十分安静、整洁有序。画面右侧有三人，一僧伏案执笔作书，一人相对而坐，似在观赏，另一人坐其旁，双手展卷，而眼神却在欣赏僧人作书。画面充分展示了贵族官宦之家讲究品茶的生动场面，也是宋代点茶的真实写照。

刘松年存世茶画尚有《茗园赌市图》《斗茶图》《卢仝煎茶图》《博古图》《围炉博古图》《补衲图》等。《斗茶图》（图3-10）中茶贩四人歇担路旁，似为路遇，相互斗茶，个个夸耀。

图 3-9　刘松年《撵茶图》（局部）　　　　图 3-10　刘松年《斗茶图》

5. 钱选《卢仝烹茶图》

该画以卢仝的《走笔谢孟谏议寄新茶》诗意作画。画中头戴纱帽，身着白色长袍，仪态悠闲地坐于山冈平石之上的是卢仝。观其神态姿势，似在指点侍者如何烹茶。一侍者着红衣，手持纨扇，正蹲在地上给茶炉扇风。一人伫立，其态甚恭，当为孟谏议所遣送茶来的差役。画面上芭蕉、湖石点缀，环境幽静可人。

6. 河北宣化下八里辽墓壁画中的茶画

二十世纪后期在河北省张家口市宣化区下八里村考古发现一批辽代的墓葬，墓葬内绘有一批茶事壁画（图3-11、图3-12）。虽然艺术性不高，有些器具比例失调，却也线条流畅、人物生动，富有生活情趣。这些壁画全面、真实地描绘了当时流行的点茶技艺的各个方面，对于研究契丹统治下的北方地区的饮茶历史和点茶技艺有无法替代的价值。

7. 赵孟頫《斗茶图》

赵孟頫的《斗茶图》显然吸收了刘松年茶画《茗园赌市图》的形式，但更简洁、传神。画面上四茶贩在斗茶。人人备有茶炉、汤瓶、茶盏等用具，轻便的挑担有圆有方，随时随地可烹茶比试。左前一人手持茶杯、一手提茶炉（含汤瓶），意态自若，左后一人一手持盏、一手提瓶，作将瓶中水倾入盏中之态。右前一人左手持空盏，右手持盏品茶。右后一人站立在一旁注视左面。斗茶者把自制的茶叶拿出来比试，展现了民间茶叶买卖和斗茶的情景。

8. 王蒙《品茶图》

此轴画崇山峻岭下的水泉边一茅亭，亭中三人趺坐于地，旁边几上放有三盏茶，一童子走出茅亭，在临溪的石阶边取水。挂轴上方有杨慎等四人题诗，皆关茶事。

图 3-11　辽墓壁画《将进茶图》

图 3-12　辽墓壁画《茶作坊图》

9. 赵原《陆羽烹茶图》

该画以陆羽烹茶为题材，用水墨山水画反映优雅恬静的环境，远山近水，有一山岩平缓突出水面。一轩宏敞，堂上一人，按膝而坐，旁有童子，拥炉烹茶。自题画诗："山中茅屋是谁家，兀坐闲吟到日斜，俗客不来山鸟散，呼童汲水煮新茶。"

五、茶书初兴

现存宋代茶书有陶穀的《荈茗录》、叶清臣的《述煮茶小品》、蔡襄的《茶录》、宋子安的《东溪试茶录》、黄儒的《品茶要录》、赵佶的《大观茶论》、熊蕃的《宣和北苑贡茶录》、赵汝砺的《北苑别录》、曾慥的《茶录》、审安老人的《茶具图赞》共十种。其中八种撰于北宋，《北苑别录》《茶具图赞》撰于南宋。现存宋代茶书，几乎全是围绕北苑贡茶的采制和品饮而作。

散佚的茶书尚有丁谓的《北苑茶录》、周绛的《补茶经》、刘异的《北苑拾遗》、沈括的《茶论》、曾伉的《茶苑总录》、桑庄的《茹芝续茶谱》等。

《荈茗录》本非独立单行的茶书，原是陶谷所写《清异录》一书中的一部分。明代喻政抽取其中"茗荈"一门，除去第一条（即苏廙《十六汤品》）后，作为一种茶书，题名《荈茗录》，收入他的《茶书全集》。《荈茗录》全书近千字，所记晚唐五代至宋初间的茶事，其中的"生成盏""茶百戏"等条涉及点茶、分茶技艺。从《荈茗录》可知唐末五代时的饮茶风尚由煎茶向点茶转变，点茶、分茶（茶百戏、水丹青）的起始不晚于五代。

蔡襄有感于"陆羽《茶经》不第建安之品，丁谓茶图独论采造之本，至于烹试，曾未有闻"，遂撰《茶录》二篇（图 3-13）。上篇论茶，分色、香、味、藏茶、炙茶、碾茶、罗茶、候汤、熁盏、点茶共十目，论及茶的色、香、味和烹点方法。下篇论器，分茶焙、茶笼、砧椎、茶钤、茶碾、茶罗、茶盏、茶匙、汤瓶共九目，论述点茶所用之器具。《茶录》详录了点茶的器具和方法，斗茶时色香味的不同要求，并提出斗茶胜负的评判标准。

图3-13 蔡襄《茶录》篇首

黄儒的《品茶要录》，全书约有1900字。前后各有总论、后论一篇，中分采造过时、白合盗叶、入杂、蒸不熟、过熟、焦釜、压黄、渍膏、伤焙、辨壑源沙溪共十目。对于茶叶采制不当对品质的影响及如何鉴别茶的品质，提出了十说。此书并非讨论通常意义的茶的品饮，而是关于茶叶品质优劣辨识的专门论著。

宋子安发现丁谓、蔡襄两家茶录所载建安茶事尚有未尽之处，所以作《东溪试茶录》以补两家之不载。全书3000多字，首序，次分总叙焙名、北苑（曾坑、石坑附）、壑源（叶源附）、佛岭、沙溪、茶名、采茶、茶病共八目。前五目详细叙述诸焙沿革及其所属各个茶园的位置和茶叶优劣特点，对了解宋代建安官焙的情况极有参考价值。后三目指出白叶茶、柑叶茶、早茶、细叶茶、稽茶、晚茶、丛茶等七种茶的区别，包括茶树的性状和产地、采摘的时间和方法，茶病的介绍，以及茶叶品质与自然环境之关系。

宋徽宗赵佶的《大观茶论》，分地产、天时、采择、蒸压、制造、鉴别、白茶、罗碾、盏、筅、瓶、杓、水、点、味、香、色、藏焙、品名共二十目。对北宋时期蒸青团茶的产地、采制、烹试、品质、斗茶风尚等均有详细记述，对于地宜、采制、烹试、品质等，讨论得相当切实。认为外焙茶虽精工制作且外形与正焙北苑茶相仿，但其形虽同而无风格，味虽重而乏馨香之美，总不及正焙所产的茶，指出生态条件对茶叶品质形成的重要性。

　　熊蕃的《宣和北苑贡茶录》详述了宋代福建贡茶的历史及制品的沿革，以及 40 余种茶名。蕃子克又附图及尺寸大小（图 3-14），可谓图文并茂，使我们对北苑龙凤贡茶有了直观的认识，具有很高的史料价值。

小龙
银圈 银模
【径四寸五分】

大龙
银模
铜圈

小凤
银模
铜圈
【径四寸五分】

大凤
银模
铜圈

图 3-14　《宣和北苑贡茶录》插图

　　赵汝砺的《北苑别录》除叙述北苑茶的采制外，详述了贡茶的纲次花色，使我们对宋代的北苑贡茶有较清楚的了解。

　　南宋审安老人的《茶具图赞》是现存最古老的一部茶具专书（图 3-15）。选取了点茶的十二种茶器具绘成图，根据其特性和功用赋予其官职、姓名、字号，同时也为每种茶具题了赞语。使我们对点茶的器具有了直观的认识，从中可见宋代茶具的形制。

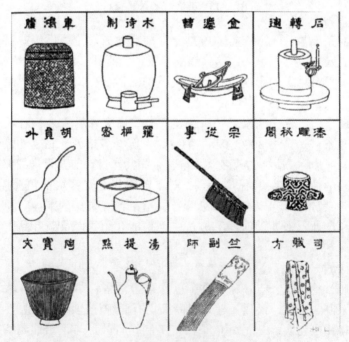

图 3-15　审安老人茶具十二先生图

茶文学兴于唐而盛于宋。茶诗方面，梅尧臣、范仲淹、欧阳修、苏轼、苏辙、黄庭坚、秦观、陆游、范成大、杨万里等佳作迭起。茶文化方面，有吴淑的《茶赋》、梅尧臣的《南有佳茗赋》、黄庭坚的《煎茶赋》，而苏轼的《叶嘉传》更是写茶的奇文。茶词是宋人的独创，苏轼、黄庭坚、秦观均有传世名篇。此外，宋代书法四大家苏轼、黄庭坚、米芾、蔡襄均有茶事书法传世，赵佶的《文会图》、刘松年的《撵茶图》、辽墓茶道壁画反映点茶道风靡天下。都城汴梁、临安的茶馆盛极一时，建窑黑釉盏随着斗茶之风流行天下。宋徽宗以帝王的身份亲撰茶书、茶诗，亲手点茶。在北宋中后期，形成了中华茶文化的第二个高峰。

第四节　茶向周边地区和国家的传播

一、茶传播的社会环境

（一）宋辽夏三国鼎立

赵匡胤建立宋朝后，安定统一的社会环境确保了中国大市场的一体化，各经济区密切地联系起来，促进了各地经济的发展。国内的陆路、水路交通运输通畅发达，国际远洋运输远达非洲海岸。宋代政府推行的一系列政策所建立的生产关系更加符合生产力的发展要求，激励了生产积极性，大幅度提高了劳动效率。宋代成为中国历史上经济最发达的时代，文化上的发展也是有目共睹。

由于宋代特定的国策，军事力量相对较弱，而周边少数民族政权的国力呈上升发展趋势，各方力量对比的不稳定使得国家之间的关系复杂多变。

北宋时期，北方的主要少数民族政权是契丹族建立的辽国；另一个是党项羌贵族李元昊在宋仁宗时所建立的大夏，简称夏，宋称西夏，首都建在现在的宁夏银川东南一带。

（二）宋金对峙

在北宋与辽、夏三国鼎立，疲于应付他们的侵略的时候，东北地区原本臣服于辽的女真族悄悄地崛起了。1115年，女真族完颜部领袖阿骨打建都会宁（今黑龙江哈尔滨阿城区南）。1125年，金太宗灭辽。其间，金曾联络宋一起攻辽，但是宋军面对已经衰落的辽仍然不堪一击。于是金太宗转过头来就在1126年灭了北宋，建立起一个幅员辽阔的北方王朝，与南宋对峙。

在北宋与辽、夏，南宋与金对峙的同时，西南一直有两大少数民族政权——吐蕃和大理。9世纪以后，吐蕃瓦解，青藏高原地区出现了很多部落。五代后晋天福二年（937），段思平灭杨干真的大义宁政权，据南诏地，号大理国。辖境相当于今天的云南全境和四川南部。其间也有过一些政权更迭，直至大理天定二年（1253）十二月，大理城被忽必烈所破。国王段兴智出逃，次年（1254）春，段兴智被俘，大理国亡。

（三）蒙元的统一

最终把这些分散的政权归为一统的是元朝，是继唐代之后中国再度统一。1206年，蒙古乞颜部的成吉思汗统一了漠北草原上的各个部落，建立了大蒙古国。成吉思汗和他的后继者窝阔台汗、贵由汗、蒙哥汗东征西讨，蒙古帝国横跨欧亚。1260年，成吉思汗的孙子忽必烈即位。1271年，忽必烈改国号为"大元"。早在1234年，蒙古曾联合南宋灭金。1279年元灭南宋，统一全国。元朝疆域辽阔，北越阴山，西极流沙，东尽辽东，南越海表，除今天的中国国土以外还包括了蒙古国全境、俄罗斯西伯利亚地区、泰国和缅甸的北部。

（四）宋元海内外贸易与茶的流通

宋元时代在中国历史上是海内外贸易空前繁荣的时期，漫长的海岸线上出现了一批海外贸易港口。宋元时代的泉州港取代唐代的广州港，成为最大的对外贸易港口。此外，从山东到海南都有外贸港口，尤其以两浙路的港口最为密集。

元朝这个行政上的大帝国，同时也是一个统一的大市场，打通了所有的陆路交通线，尤其是元政府重用中亚伊斯兰教各民族，他们善于经商，这让元朝与中亚乃至欧洲的贸易更加发达。这一切使得宋元的海外贸易在国家财政中占有重要地位。

宋朝时期阿拉伯文献中，比鲁尼撰著的《印度志》记有茶（ga）[1]。这与8世纪起藏语里称茶为ja有相通之处。约在10世纪，印度次大陆西北的乌尔都语已有茶（cha）字，这个字的语言是从波斯语借入的。于是黄时鉴推断"茶在10世纪至12世纪时肯定继续传至吐蕃，并传到高昌、于阗和七河地区，而且可能由于阗传入河中以至波斯、印度，也可能经由于阗或西藏传入印度、波斯"[2]。张正明指出："以山西、河北为枢纽，北越长城贯穿蒙古，经西伯利亚通过欧洲腹地的陆上国际商路……出现茶的贸易，大约不晚于宋元时代"[3]。

茶叶成为海内外贸易的重要出口物质，除了大理国，其他民族生活的地区均不产茶，但是这些原本似乎与茶无缘的民族最终不仅接受了饮茶。而且与汉民族相比，茶在这些民族生活中的地位更加重要，重要到无法或缺的地步，是生活必需品。最初接受饮茶是出于对汉文化的憧憬，而最终接受饮茶的根本原因则是茶叶使得这些民族的饮食结构合理化，因为茶叶具有消化肉食和补充维生素的功能。宋代少数民族政权下的民众之所以能够得到相应的茶叶供给，是因为茶马贸易发挥了根本性的作用，这使得双边贸易互惠互利。

二、茶向周边少数民族地区的传播

（一）茶向辽国的传播

辽立国之初，晋、汉等五代王朝就向辽贡献茶叶。宋朝廷曾在辽主生日时前往祝贺，礼物中就有"的乳茶十斤，岳麓茶五斤"[4]。茶叶成为国家交往中的礼品，反映了茶叶在这个时代各民族中的地位。受到帝王青睐的茶叶，毫无疑问也得到上层社会的宠爱。熙宁年间（1068—1077），苏子容出使辽国，副使姚麟建议带些小团茶作为礼物。苏子容以小团茶是御用贡品、宋天子专用为由，反对用于馈赠辽人。但是，"未

① 穆根来，汶江，黄倬汉，译. 中国印度贝闻录：第41节注②. 中华书局，1983.
② 黄时鉴. 关于茶在北亚和西域的早期传播. 历史研究，1993（1）：141-145.
③ 张正明. 清代的茶叶商路. 光明日报，1985-03-06.
④ 叶隆礼. 契丹国志：卷21《宋朝贺契丹生辰礼物》. 上海古籍出版社，1985：201.

几，有贵公子使辽，广贮团茶，自尔辽人非团茶不贵也"①。茶文化传播的复杂性与必然性由此可见一斑。

在社交中通过礼物的形式固然可以得到茶叶，但是数量毕竟有限，而且局限在上层社会。商业贸易是确保茶叶流通、满足茶叶消费需要的最主要的渠道。早在五代时期的938年，后来成为辽太宗的耶律德光和东丹王就各派遣使者，驱羊3万口、马200匹来到南唐，"以其价市罗纨茶药"②，成为唐代回鹘开创的茶马贸易的五代续篇。

宋初，与辽自由互市，其中自然包括茶叶贸易。宋真宗时开始设立榷场，实行国家专卖。同样，辽也设置茶酒监使管理茶叶贸易。辽以牲畜、谷物、丝织品等换取宋的茶叶，于是出现了重要物质的外流问题，严重到需要政府干预的程度："契丹禁国中谷食不令出境，而彼民有冒禁赍至榷场求售者，转运司以茶博易，所得至微，恐亦非便。诏罢之。"③ 面对强大的辽，宋朝不得不有所顾忌，主动考虑避免与辽发生进一步的冲突。专卖与走私是孪生兄弟，宋代严重的茶叶私贩问题也同样出现在对外贸易上，甚至一些官员也参与了茶叶走私活动。张永德在太原时就曾让亲信走私茶叶，后被转运使王嗣宗告发。④ 张永德是五代至北宋初年的大将，历任殿前都点检、侍中、东京内外都巡检使等职，参与了对北汉、南唐、契丹的战事并屡立战功，在后周和北宋都受到礼遇。宋真宗在位时契丹来犯，张永德不仅被召入宫中问策，还被授予留守东京的重任。

宋朝大量茶叶被销往辽国，首先当然是供辽国民众的日常饮用，其次用于政府的礼仪，无论是皇室的宴会还是时令庆典，都使用茶叶。比如在藏阁仪中，"至日，北面臣僚常服入朝，皇帝御天祥殿，臣僚依位赐坐。晚赐茶，三筹或五筹，罢教坊承应"⑤。宋辽之间的外交使节也使用茶叶为礼物，或者茶汤款待。宋朝使者拜见辽国皇帝时，"殿上酒三行，行茶，行肴，行膳"⑥。宋作为产茶国，在国际交往中更少不了茶的应酬，"契丹每岁国使入南宋境。宋自白沟驿赐设，至贝州赐茶、药各一银盒"⑦。

（二）茶向金国的传播

女真族也同样接受了茶礼，据《金史》的记载："各就位，请收筯，先汤，饮酒三盏，置果肴，茶罢，执筯，近前齐起。"⑧ 民间的饮茶习俗不亚于宫廷，随处可见的茶肆就是最好的证明。和辽相比，金的饮茶习俗更加兴盛。金代后期有一个统计数据，金国河南、陕西共50余郡，郡日食茶约20袋，每袋值银二两，一年而为此需要花费30余万。⑨ 这就意味着要从宋进口更加多的茶叶。"茶，自宋人岁供之外，皆贸易于宋

① 张舜民. 画墁录. 中华书局，1991：14.
② 陆游. 南唐书：第15卷《契丹》. 南京出版社，2010：353.
③ 李焘. 续资治通鉴长编：第5册，卷59《真宗·景德二年四月己亥》. 中华书局，1980：1329.
④ 脱脱. 宋史：卷255《列传第十四·张永德》. 中华书局，2004：8917.
⑤ 脱脱. 辽史：卷53《志第二十二·礼志六》. 中华书局，2003：877.
⑥ 脱脱. 辽史：卷51《志第二十·礼志四》. 中华书局，2003：851.
⑦ 叶隆礼，贾敬颜、林荣贵点校. 契丹国志：卷21《宋朝劳契丹入使物件》. 上海古籍出版社，1985：201-202.
⑧ 脱脱. 金史：卷38《志第十九·礼十一》. 中华书局，1997：870.
⑨ 脱脱. 金史：卷49《志第三十·食货四》. 中华书局，1997：1109.

界之权场。"① 就是说除了宋朝"购买和平"的岁供中包括一部分的茶叶以外，主要的茶叶来源是设置在宋朝边界上的权场，这些茶叶通过商业渠道购买。由于茶叶的需求量庞大，与辽一样引发了政府的干预。

（泰和六年，1206）十一月，尚书省奏："茶，饮食之余，非必用之物。比岁上下竞啜，农民尤甚。市井茶肆相属。商旅多以丝绢易茶，岁费不下百万，是以有用之物而易无用之物也。若不禁，恐耗财弥甚。"遂命七品以上官，其家方许食茶，仍不得卖及馈献。不应留者，以斤两立罪赏。七年，更定食茶制。

当时的茶叶在女真族的生活中不属于生活必需品，但是用来交换可有可无的茶叶对应物品却是生活中必不可少的丝绢，而且数量庞大，直接导致国内重要资源严重外流。鉴于此，金政府规定七品以上的官员才可以在家里饮茶，但是不得转卖以及馈赠。没有资格饮茶的人如果拥有茶叶就按照所持茶叶数量，以斤两定罪。次年再次修订了饮茶法律。这时，宋金之间正处于战争状态，随着媾和的实现，这个有关饮茶的法律就没有继续执行。

金政府也曾面对现实，承认女真族已经接受了汉人的饮茶习俗，进而开发自己的茶叶资源，想要既确保市场供给、又切实解决财政问题，摆脱宋朝的控制。但是在中国北方栽种、加工茶叶的尝试最终还是以失败告终。

泰和四年，上（金章宗）谓宰臣曰："朕尝新茶，味虽不嘉，亦岂不可食也。比令近侍察之，乃知山东、河北四路悉椿配于人，既曰强民，宜抵以罪。此举未知运司与县官孰为之，所属按察司亦当坐罪也。其阅实以闻。自今其令每袋价减三百文，至来年四月不售，虽腐败无伤也。"五月春，罢造茶之坊。②

金朝境内的气候不适合茶树的生长，反复的尝试均以失败告终，最终朝廷不得不放弃自己加工茶的想法。

（三）茶向西夏的传播

庆历议和时，西夏在岁供物品里提出了对于茶的要求，引起田况、欧阳修等部分宋朝官员的强烈反对。总的说来议和就是宋朝购买和平，庆历议和条件之一是宋朝每年向西夏无偿提供 5 万斤茶叶。可是宋代茶叶有大斤小斤之分，这在议和条款中并没有明确，欧阳修等担心西夏会提出大斤的要求，这样一来宋就要每年无偿供给西夏 30 万斤茶叶。此外还有 20 万斤金帛。而欧阳修等认为西夏只不过是一个偏居一隅的小国，这个代价过高。因为宋真宗时的澶渊之盟也只不过 30 万斤物品，三十年后为结束战事才付出 50 万的代价。30 万斤茶叶带给宋朝的负担是巨大的，而且涉及多个方面。首先，30 万斤茶叶从南方运到西部水陆合计二三千里，议和的根本目的是与民休息，单单运输就使得朝野疲惫。其次，30 万斤茶叶已经满足了西夏对于茶叶的需求，因此

---

① 脱脱. 金史：卷49《志第三十·食货四》. 中华书局，1997：1107.
② 脱脱. 金史：卷49《志第三十·食货四》，中华书局，1997：1108.

茶叶起不到榷场交换西夏物品的作用，需要另外寻找更加重要的物品满足榷场的需要。第三，给西夏如此大量的岁供会刺激更加强大的辽提出增加岁供的要求。宋的大宗商品不过茶叶与盐，现在西夏一年要 30 万斤，如果契丹再要二三十万斤，宋的经济何以维持?[①]

从上述内容可以看出，西夏的饮茶习俗已经相当普及。以 100 万人口，其中十分之一的 10 万人饮茶计算，人均年消费量达到 3 斤，宋代 1 斤 633 克，西夏人均消费约 1900 克。再假设当时饮茶方法如同今日的日本，每碗茶使用 1 克末茶，那么有饮茶习惯的这 10 万人，每天要喝 5 碗以上的茶。

（四）茶向西南地区的传播

经过唐五代，西南、西北诸少数民族完全接受了汉族的茶文化，"戎俗食肉饮酪，故贵茶，而病于难得"[②]。这被认为是少数民族接受茶马贸易的基本原因。为与游牧民族抗衡，骑兵必不可少，而中原缺乏马匹，必须从少数民族地区购买，因此包括宋朝在内的中原政权接受茶马贸易。由于北宋与辽、夏对峙，接受茶马贸易的少数民族主要是吐蕃各部以及西北的西州回鹘、于阗和黑汗等部族。宋朝的买马场也设置在与之交界的秦凤路、成都府路、梓州路、利州路和夔州路等地，因此川茶享有地理上的便利，一度成为陕西茶马贸易的主要茶叶品种。宋初，政府经理蜀茶，置互市于原、渭、德顺三郡以市马。熙宁七年，宋政府派李杞经营川茶，以应付陕西博马。次年，成都知府蔡延庆以"威、雅、泸、文、龙州地接乌蛮、西羌，皆产大马"，建议用锦、绢、茶折买马匹。[③]

由于少数民族对于茶叶的需求日甚，宋朝为了确保茶叶的羁縻作用，同时限制民间的自由贸易，熙宁间，又于熙河设置榷场。因为雅州名山茶得到西北少数民族的喜爱，宋政府一度特别规定：雅州"名山茶专用博马，候年额马数足方许杂卖"[④]。当少数民族用宋政府不急需的麝香等交换茶，以致无法保证宋对于马匹的需求时，宋政府进一步规定："入蕃茶惟博易马方许交易，即不得将茶折博蕃中杂货，务要茶马懋迁渐通。"[⑤]

宋朝每年购买马匹的数量大多在 1500～20000 匹，[⑥] 元丰四年（1081）用于购买马匹的茶叶数量，"蕃部未必尽皆要茶，次下等一匹马自不及茶一驮之直，大约每岁不过用茶一万五六千驮"[⑦]。宋朝曾经努力制定合理的茶马比价，少数民族把马卖给宋政府，全部用茶折算价格，大约每匹马一驮茶。如果马价高，茶价低，就将多余的钱再折算成银绸绢支付。相反，如果马价低，茶价高，也可以贴钱购茶。零散的交易可以积攒

①　欧阳修. 欧阳修全集：卷 9《奏议集·论与西贼大斤茶札子》. 北京：中国书店，1991：837-838.

②　潘自牧. 记纂渊海：卷 34《职官部·都大提点茶马》. 四库全书本.

③　李焘. 续资治通鉴长编：卷 259《神宗·熙宁八年正月乙卯》. 北京：中华书局，1988：6316-6317.

④　徐松辑. 宋会要辑稿：职官四三之五八. 中华书局，1987：3302.

⑤　徐松辑. 宋会要辑稿：职官四三之七五. 中华书局，1987：3311.

⑥　徐松辑. 宋会要辑稿：职官四三之六八，记载有 1500 匹；职官四三之九二，记载有 20000 匹. 中华书局，1987：3307；3319.

⑦　徐松辑. 宋会要辑稿：职官四三之五九. 中华书局，1987：3303.

到一定程度一起结算，或者实算实购零散茶叶。① 这些数字虽然不是固定不变，但是足以了解宋代少数民族的茶叶消费程度之大概。

（五）茶向西北地区的传播

吐蕃、西夏、于阗、回鹘或通过榷场贸易，或通过岁赐，或通过茶马互市，从北宋获取茶叶，除用以自己消费，还转口贸易，因这些地区的民众饮茶。问题是除了这些地区饮茶外，茶叶有没有传播到新疆的其他地区及中亚、西亚或者更远的地区呢？

西夏使臣对北宋说："本界西北连接诸蕃，以茶数斤，可以博羊一口"。② 这里的"西北诸蕃"应指回鹘及其以西地区。北宋时期新疆主要有于阗、回鹘、黑汗等政权。回鹘东接西夏、北临辽国，西为黑汗，它不但以茶马贸易的方式从北宋得到大量茶叶，还通过与西夏、辽国进行贸易得到茶叶。辽上京的南门外有回鹘聚居的地方，"南门之东回鹘营，回鹘商贩留居上京，置营居之"③。回鹘商贩"在契丹与中亚、西亚的贸易关系中起了积极的作用"④，得到辽国的重视，所以专门设置回鹘营，让他们安心地从事贸易。

黑汗东括塔里木盆地南部的于阗，西达中亚，北接里海的花剌子模，南接忽吉，其自北宋熙宁（1068—1077）以来保持着与宋朝的密切贸易关系，所贡方物中就有马和驴，而且史料证明属于黑汗的于阗进奉使元丰元年（1078）从宋朝买茶，得到优惠，免除茶税⑤。

蒙古四大汗国的统治者都有饮茶习惯。1347 年继位的东察哈台汗国大异密（大臣）忽歹达享有的 12 项特权中，第二项为"可汗用两名仆人给自己送茶送马奶；忽歹达用一名仆人给自己送茶送马奶"⑥。把茶放在奶之前，表明蒙古大汗及贵族的生活习惯发生重大变化，由于饮茶成习，故饮料首先考虑的是茶。东察哈台汗国位居新疆和中亚，可见 14 世纪时新疆成为茶继续向西传播的接力站，但是传播的成果无法确认。

三、茶向东亚的传播

（一）茶向朝鲜半岛的传播

918 年，王建建立高丽王朝，次年建都开城。935 年降伏后新罗，936 年灭后百济，10 世纪末西北边界扩展到了鸭绿江，11 世纪迎来了鼎盛期。高丽王朝以佛教发达著称，末期引入朱子学。1170 年，发生了政变，建立起军人政权。13 世纪前半，军人政权奋起抵抗元的侵略，但是最终还是以失败告终，藩属于元朝。随着元朝的灭亡，高丽王朝失去了向心力，1392 年被朝鲜王朝取而代之。

高丽王朝有 16 个生产茶叶的地方，组成了贡茶体制，王室的御用茶园是花开茶所。高丽的制茶法原则上采用宋朝的技术，在制茶时，也使用龙脑为香味添加剂。

---

① 徐松辑．宋会要辑稿：职官四三之五四．中华书局，1987：3300．
② 李焘．续资治通鉴长编：第 11 册，卷 149《仁宗·庆历四年五月甲申》．中华书局，1985：3614．
③ 脱脱．辽史：卷 37《志第七·地理志一》．中华书局，2003：441．
④ 朱绍侯．中国古代史：（中册）．福建人民出版社，1985：353．
⑤ 徐松辑．宋会要辑稿：蕃夷四之十六．中华书局，1987：7721．
⑥ 转引自黄时鉴．关于茶在北亚和西域的早期传播．历史研究，1993（1）：141-145．

1122 年，徐兢（1091—1153）出使高丽，回国后将他的所见所闻记录下来，就是《宣和奉使高丽图经》，其"茶俎"记：

> 土产茶味苦涩，不可入口，惟贵中国腊茶并龙凤赐团。自赐贵之外，商贾亦通贩，故迩来颇喜饮茶。益治茶具，金花鸟盏、翡色小瓯、银炉汤鼎，皆窃效中国制度。凡宴则烹于廷中，覆以银荷，徐步而进。候赞者云"茶遍"乃得饮，未尝不饮冷茶矣。馆中以红俎布列茶具于其中，而以红纱巾幂之。日尝三供茶，而继之以汤。丽人谓汤为药，每见使人饮尽必喜，或不能尽，以为慢己，必怏怏而去，故常勉强为之啜也。①

第一，高丽产茶叶。徐兢对于高丽茶叶的评价比较低。

第二，宋代最高级的茶叶诸如腊茶、龙凤团茶，在高丽也有，而且不局限在宫廷，因为除了被宋政府当作礼物赠送，大量的商贩也在贩卖这类高级茶，因此促进了高丽社会的饮茶习俗的形成。

第三，茶叶的传播不是单项的茶叶进口，而是复合的经济文化活动，最直接的相关物品是茶具。这些茶具已经不是宋朝生产的，而是高丽的仿制品，从一个侧面反映了高丽饮茶习俗的普及及其发展高度。银炉生火，汤鼎煮水，翡色小瓯饮茶，相对大型的盏用来点茶，然后分盛小瓯饮用，由此证明宋朝点茶方法同样传播到了朝鲜半岛。

第四，茶与汤的组合。宋朝有先茶后汤的习俗传播到辽国，演变为先汤后茶，金国继承了辽国的习俗。而高丽不是从邻国的辽金接受茶文化，而是一如既往从宋吸收各种文化，接受了宋的先茶后汤顺序。

第五，茶礼。在东亚三国，朝鲜半岛以在礼仪中充分应用茶为特征，这个特征在高丽时代已经形成，这条史料中所反映的就是宴会中的茶礼。在这个宴会里更加注重茶的礼仪意义，缓慢的节奏导致茶汤冷却，但是高丽人并不在意，只是作为外国人的徐兢不习惯。因为中国人习惯饮用热茶，宋徽宗为了保证茶汤温度煞费苦心，在《大观茶论》里主张分茶的勺子要大小合适，避免因反复盛倒而使茶汤冷却。

第六，高丽茶文化已经形成。"土产茶味苦涩"是徐兢对于高丽茶技术上不完备的评价，但换一个角度来看，具有特色的高丽茶已经形成，这是高丽茶文化的基础。茶具不是直接从中国进口而是模仿，迈出了改造中国茶文化的第一步。具体的饮茶规则以高丽人的价值观为出发点而制定，注重礼仪意义的高丽茶，相对忽视了茶"嗜好品"的功能。从物质到制度直至在背后支持其发展的意识形态，高丽茶文化展开了全面且独立的发展。

高丽在外交活动中不断使用自己生产的茶叶。据《契丹国志》的记载，1038 年，高丽向契丹赠送了脑原茶，之后辽兴宗还委托高丽使者转达希望高丽继续提供脑原茶的愿望。

1290 年，高丽忠烈王向元赠送了香茶。元代的高丽茶甚至在中国还享有一定的声誉，刘秉忠就有《试高丽茶》：

---

① 徐兢 . 宣和奉使高丽图经：卷 32《茶俎》. 文渊阁四库全书本 .

含味芳英久始真，咀回微涩得甘津。
萃成海上三峰秀，夺得江南百苑春。
香袭芝兰关窍气，清挥冰雪爽精神。
平生尘虑消融后，余韵骎骎正可人。

事隔一个半世纪，同样对于高丽茶，刘秉忠与徐兢的评价有着天壤之别，或许这就是高丽茶文化发展的印证。

高丽僧侣与茶叶生产有着密切的关系。位于全罗南道升州的松广寺住持曾赠新茶给李齐贤（1288—1367），李齐贤为此写了《松广和尚寄惠新茗，顺笔乱道，寄呈丈下》诗表示感谢，这首诗的内容非常丰富，被视为了解高丽时代茶叶的珍贵史料：

枯肠止酒欲生烟，老眼看书如隔雾。
谁教二病去无踪，我得一药来有素。
东庵昔为绿野游，慧鉴去作曹溪主。
寄来佳茗致芳讯，报以长篇表深慕。
二老风流冠儒释，百年存没犹晨暮。
师传衣钵住此山，人道规绳超乃祖。
生平我不悔雕虫，事业今宜惭干蛊。
传家有约结香火，牵俗无由陪杖屦。
岂意寒暄问索居，不将出处嫌异趣。
霜林虬卵寄曾先，春焙雀舌分亦屡。
师虽念旧示不忘，我自无功愧多取。
数问老屋草生庭，六月愁霖泥满路。
忽惊剥啄送筠笼，又获芳鲜逾玉腴。
香清曾摘火前春，色嫩尚含林下露。
飕飗石铫松籁鸣，眩转瓷瓯乳花吐。
肯容山谷托云龙，便觉雪堂羞月兔。
相投真有慧鉴风，欲谢只欠东庵句。
未堪走笔效卢仝，况拟著经追陆羽。
院中公案勿重寻，我亦从今诗入务。

诗中引用了大量的中国茶文化典故，这与李齐贤在三十岁前后游历中国最著名的茶叶产地四川、浙江的经历密切相关。而火前、雀舌等茶名不仅在中国妇孺皆知，在高丽也频繁出现在文人的诗作中。李崇仁（1347—1392）的《白廉使惠茶》中有"先生分我火前春"，明宗时代金克己也有"茶养火前香"的诗句。松广寺第七代住持圆鉴国师（1226—1292）在《山居》中写道："饥餐一钵青蔬饭，渴饮三瓯紫笋茶。"他还在《谢金藏大禅惠新茶》中提到了宋代北苑茶：

慈赐初惊试焙新，芽生烂石品尤珍。

平生只见膏油面，喜得曾坑一掬春。

对于圆鉴国师来说，腊茶并不稀奇，此次获赠曾坑茶他却是喜出望外。曾坑隶属于宋代最著名的茶叶产地北苑，这里专门生产御用贡茶，代表宋代最高的制茶水平。宋子安在《东溪试茶录》中总结曾坑及其附近的茶叶，"茶少甘而多苦，色亦重浊"。虽然不是最高的评价，但是毕竟是最著名的一类茶叶，可见原本供皇帝饮用的北苑茶，不仅流传到了辽，也同样传播到了朝鲜半岛。

（二）茶向日本的传播

宋元时代大致对应日本平安时代中后期（931—1192）、镰仓时代（1193—1333）和室町时代（1336—1573）初。

从奈良时代就支持律令体制的大贵族藤原家在平安时代中期建立起摄关政治，藤原氏北家的嫡系出任摄政、关白等，辅佐甚至代替天皇发号施令。平安时代后期被称为院政时代，太上皇从中下级官僚中选拔自己信任的人做近臣，建立院厅，以取代摄关的权力，掌握实权。同时重用武士阶层，开启了武家政治的发展道路。而武士建立的最早的幕府把据点放在了镰仓，由此开始了镰仓时代。幕府的势力逐渐压倒了朝廷，地方的领主侵蚀了居住在首都的庄园领主的利益，生产力水平提高，货币经济发展，净土宗、日莲宗、禅宗等新佛教在农民和武士阶层得到普遍支持。

日宋贸易，以中国商船为主，同时高丽商人和商船也发挥了很大的作用。

元朝建立后，也曾试图将日本纳入其统治范围，经过文永、弘安两次战役，元朝最终打消了这个念头。战争结束后，日元贸易照常进行，日本方面为了取得建造寺院的费用，派出了贸易船，中日贸易更加频繁。

1. 平安时代中后期茶的传播

平安时代中后期有一些零散的饮茶史料，从一定程度上反映了日本的饮茶并没有完全消失。在权大纳言藤原行成的日记《权记》里有10世纪末为建茶所而捐献谷米的记载；藤原明衡《本朝文粹》中记载了庆滋保胤在三河国（今日本爱知县）看到了茶园；小野宫右大臣藤原实资的日记《小右记》记载了长和五年（1016）藤原道长为发汗而饮茶。

大江匡房著于天永二年（1111）的《江家次第》记载了朝廷的年中行事、礼仪，其中也有"季御读经事"条：

上卿一人着南殿例：天喜四年（1056）三日每夕座，侍臣施煎茶，众僧相加甘葛煎，亦厚朴生姜等，随要施之。紫宸殿所杂色等参上，施件茶于大极殿，修时亦同，但茶用器等见所例也（藏人所）。

平安初期创设的藏人所是天皇的近侍，负责传宣、进奏、仪式等宫中的大小事务。宽平五年（897），藏人所一时作为总裁，由左右大臣兼任。季御读经中的行茶等也由他们负责。在这三条史料里都提到了甘葛、厚朴、生姜等草药，看来中国茶与汤搭配、先后呈进的习俗也传到了日本。

尽管日本已经开始尝试自己生产茶，上层社会对于饮茶也达到了痴迷程度，但是从整个平安时代看，日本茶文化不仅没有发展起来，相反在中后期倒退到了濒临衰亡的程度。

饮茶是一种生活性很强的礼仪、雅尚，就必要性来说它既不是国家政治、经济、文化制度必不可少的组成部分，也不是人体不可或缺的营养来源。日本方方面面都要学习中国，这里就有一个轻重缓急的次序问题，这个次序不是个人决定的，而是社会选择的结果。遣唐使、留学僧被中国优雅的饮茶习俗、严谨的茶礼规范所吸引，把中国的饮茶带回了日本，成功地介绍给了以天皇为代表的上层人物，并不再单纯依赖从中国进口茶叶，而是尝试在本国生产茶叶。

从上述平安时代的饮茶史料上看，日本不仅在制茶技术上与中国完全一样，在比较容易附加民族个性成分的饮茶意识等方面也同样竭尽模仿中国。由此得出结论，就是平安时代的日本在接受中国饮茶习俗时还不具备改造的能力，这是日本在平安时代最终没有能够消化中国茶文化的根本原因。

2. 镰仓时代茶的传播

宋元—镰仓的茶文化传播终于在武士阶层站住了脚，荣西是大量传播者的代表与象征。日本武士阶层首先接受了中国茶文化，唐物茶具真实地反映了中国对于日本茶文化的支持。镰仓时代最著名的茶文化传播事项当属荣西渡宋撰写了《吃茶养生记》。

1168 年，荣西首次入宋，短期留学 5 个月。1187 年夏，再次入宋，最终目的地是天竺。荣西先抵杭州，因为前往天竺的道路被西夏截断，只得回国。但是在海上漂泊三天之后，又被大风吹回，到了温州瑞安。于是前往台州天台山万年寺，师事临济宗黄龙派八世虚庵怀敞禅师，约两年半后又随师前往明州天童寺，于 1191 年 7 月回国。

平安前期的日僧圆珍每次观览天台山图都被华顶峰的石桥胜景所感动。854 年，当他随遣唐使来到中国时，礼拜石桥，感动至极。于是当成寻来宋时，也在熙宁五年（1072）五月十九日，模仿圆珍礼拜石桥，并用 516 杯茶，分别供养五百罗汉和十六罗汉；同时，自己手持铃杵，口诵真言，以资供养：

> 十九日戊戌辰时，参石桥，以茶供养罗汉五百十六杯，以铃杵真言供养，知事僧惊来告："茶八叶莲花文，五百余杯有花文。"知事僧合掌礼拜，小僧寔知，罗汉出现，受大师茶供，现灵瑞也者。即自见如知事告，随喜之泪，与合掌俱下。①

在供养罗汉的茶汤里呈现出八叶莲花纹，僧众们为此灵瑞感动得合掌落泪。于是礼拜石桥似乎成了来华日本僧人的传统，荣西也至石桥礼拜，煎茶焚香：

> 乾道戊子（1168），游天台，见山川胜妙，生大欢喜。至石桥焚香煎茶，礼住世五百大罗汉。寻反本国，梦境恰恰。虽二十年音问不继，而山中耆宿历历记其事。今又再游此方，老僧相从，宿契不浅。……戊子岁上台山见青龙于石桥，感罗汉于饼峰，

---

① 成寻. 参天台五台山记：卷 1. 关西大学出版部，2007：32.

因而供茶异花现盏中。①

对于佛教礼仪中的茶汤供养，荣西指出其重要性："此茶诸天嗜爱，仍供天等时献茶，不供茶则其法不成就矣。"② 唐宋以来，禅院清规中规定了茶汤的使用方法。唐代的《百丈清规》失传，虽然元代的《敕修百丈清规》中有大量的茶汤史料，但是无法确认唐代佛教中的茶叶使用情况。好在宋代的《禅院清规》里也有相关记载，如"院门特为茶汤，礼数殷重，受请之人，不宜慢易。"③ 可以说荣西等日本僧人在中国时，不可避免地要在日常生活与宗教生活中接触、应用茶。就像荣西所云："帝王有忠臣必给茶，僧说妙法则施茶。"④ 这也是荣西撰写《吃茶养生记》的前提。

据记载镰仓幕府事迹的史书《吾妻镜》的记载，建保二年（1214）二月四日己亥，第三代将军源实朝前日夜里饮酒过度，请荣西祈祷庇佑。荣西献上了一杯茶，称它是良药，同时附上一卷赞颂茶的书籍。将军饮用之后神清气爽，非常高兴。这部书就是《吃茶养生记》的第二稿。而荣西所介绍的宋代末茶与现代日本抹茶一脉相承，可以说是现代日本茶文化的出发点。

镰仓幕府的执权政治非常有名，幕府将军不在时，由执权行使将军权力，于是出现将军被架空，而由执权掌握实际权力的政治特点。第十五代执权金泽贞显（1278—1333）在京都生活了十一年，担任执权 11 日让位隐居，专心于学术、佛教。他的祖父北条实时所建立的金泽文库这时最为充实，称名寺的学僧们实际负责金泽文库的管理运营。在与第二代主持明忍房剑阿的书信中，贞显提到了建盏、被称为茶盆的茶托、相当于现代的茶勺的茶瓢以及茶振即现在的茶筅，由此可见镰仓时代饮茶道具的使用状况。

荣西在宣传饮茶时以药用为切入点，寺院里一如既往使用茶汤供佛行礼，由此可见佛教在日本茶文化的形成中、在茶文化的传播中所发挥的重要作用。但是，从本质上说茶是嗜好饮料，走出寺院的饮茶不仅在武士社会得到关注，甚至也进入了平民的生活。最典型的例子就是睿尊和尚的施茶——储茶。1262 年 2 月，奈良西大寺长老睿尊应北条时赖和北条实时的邀请前往镰仓，随行的比丘记录了行记，是为《关东往还记》。其间曾经"储茶"，"储"有"设"的意义，储茶被解释为茶的款待，就是说睿尊在一路上向民众施茶，民众也通过佛教的渠道接受饮茶。饮茶在镰仓时代已经普及到了社会各个阶层。

《佛日庵公物目录》是镰仓圆觉寺的塔头佛日庵收藏物品的清单，丰富的唐物令人瞠目，其中的唐物茶道具更为日本茶道界津津乐道。1284 年去世的执权北条时宗（1251—1284）的菩提所就在佛日庵。就这样一座寺院，从镰仓末期到南北朝初期，收藏了大量来自宋元的绘画、书法作品和佛具、茶具等唐物。在"细细具足"（各类器具）栏目中，不算花瓶、挂轴，直接的茶具有方盘四个，青瓷汤盏台二对，白镴

---

① 虎关师炼. 元亨释书：卷 2《建仁寺荣西》. http://tripitaka.cbeta.org/B32n0173_002.
② 荣西. 吃茶养生记：卷下《吃茶法》. 淡交新社，1967：21.
③ 宗赜. 禅院清规：卷 1《赴茶汤》. 中州古籍出版社，2001：13.
④ 荣西. 吃茶养生记：卷上《六者明调样章》，《茶道古典全集》2. 淡交新社，1967：13-14.

茶桶二对，白镴茶瓯一对，建盏一对，同台二对，汤盏二对，花梨木茶桶一对等。日本收藏的建盏众所周知，汤盏下有"饶州一对"的说明，景德镇产白瓷。方盘和花梨木茶桶下都有"依田入道引出物，贞治四六月六日"的说明，它们可能来自信浓豪族依田入道的馈赠，如果是在贞治四年（1365）就与定稿于1363年的《佛日庵公物目录》的说法相矛盾。"白镴茶桶二对"下有"此内一对遣之依田方"，即作为赠答送给了依田入道。

第四章 明朝时期

第 一 节 茶叶生产技术的变革

一、茶树栽培技术

明朝茶树栽培和茶园管理，随着当时社会商品生产和农业精耕细作的进一步发展，在茶园择地、中耕施肥、茶树更新等方面，较宋元以前有很大的飞跃，把茶园管理的一些经验和感性认识，提高到一个比较完整的理论高度。

（一）茶树生态条件

许次纾《茶疏》云："天下名山，必产灵草，江南地暖，故独宜茶"。程用宾《茶录》（1604）"原种"节中载："茶无异种，视产处为优劣。生于幽野，或出烂石，不俟灌培，至时自茂，此上种也；肥园沃土，锄溉以时，萌藁丰腴，香味充足，此中种也；树底竹下，砾壤黄砂，斯所产者，其第又次之；阴谷胜滞，饮结瘕疾，则不堪啜矣。"程用宾说"茶无异种"是不对的，但他说"视产处为优劣"，则是正确的。他对产茶土壤排列的次第，与陆羽所说的并无二致，只不过更深入、更具体了。同时代的熊明遇、罗廪亦提出类似观点："茶产平地，受土气多，故其质浊；芥茗产于高山，浑至风露清虚之气，故为可尚。"（《罗芥茶疏》）"种茶地宜高燥而沃，土沃则产茶自佳……茶地斜坡为佳，聚水向阴之处，茶品遂劣。"（《茶解》）

（二）茶树繁殖

明朝中期以前，种茶基本是采取直播法。"种茶下子，不可移植，移植则不生也。故女子受聘，谓之吃茶；又聘以茶为礼者，见其从一之义。"（郎瑛《七修类稿》）

明朝，茶籽于采收后、贮藏前，已知先用水挑选茶籽。罗廪《茶解》（1609）："秋社后，摘茶子水浮，取沉者，略晒去湿润，沙拌，藏竹篓中，勿令冻损，俟春旺时种之。"

直到明代，茶树繁殖还是只知用茶籽直接播种，或丛播育苗而后移栽的实生繁殖法。由于多年来都是采用有性繁殖方法，茶树又是异花授粉的植物，自交结实率很低，因此很难保持优良品种的特性；相反，通过多年来的异地繁殖，更扩大了群体中的个体差异。

（三）茶园管理

程用宾在《茶录》中有一句极为精练的概括，这就是茶园管理的"肥园沃土，锄溉以时，萌蘖丰腴"十二字诀。这十二字不但全面反映了这一时期茶园管理的实际技术水平，同时也把茶园管理的一些经验和感性认识，提高到一个比较完整的理论高度。

关于茶树栽培技术，以罗廪的《茶解》最为系统和具体。比如其在"艺"一节，首先提到种茶"地宜高燥而沃，土沃则产茶自佳"。在讲过茶园择地的要求以后，接着讲选种和栽培："茶喜丛生，先治地平正，行间疏密，纵横各二尺许。每一坑下子一掬，覆以焦土，不宜太厚，次年分植，三年便可摘取。"每穴播子稍多，是因为"茶喜丛生"；出苗后，为了节约用种和调整群体与个体间的关系，第二年又采用分植的方法。至此已打破了"种茶下子，不可移植"的说法。

茶树种植后的茶园管理情况，明朝时提到了在茶园管理时要做到土地平整。对茶园耕作和施肥，提出了更精细的要求，《茶解》又记说："茶根土实，草木杂生则不茂，春时薙草，秋、夏间锄掘三四遍，则次年抽茶更盛。茶地觉力薄，当培以焦土。治焦土法，下置乱草，上覆以土，用火烧过。"当时所称的焦土，现在有的地方叫泥焦灰，主要含有氮、钾等养分，是山地茶园一种就地取材的肥源。施焦土的方法："每茶根傍掘一小坑，培以升许；须记方所，以便次年培壅；晴昼锄过，可用米泔浇之。"从《茶解》记述的内容可以看出，明朝在茶园管理的各个方面，都较唐宋有了较大的进步。我国古代茶园管理，到明朝即达到了相当精细的程度。

《茶解》对茶园间作，也作了详细记载。如其称："茶园不宜杂以恶木，惟桂、梅、辛夷、玉兰、苍松翠竹之类，与之间植亦足以蔽覆霜雪、掩映秋阳。其下，可莳芳兰、幽菊及诸清芬之品；最忌与菜畦相通，不免秽污渗漉，滓厥清真。"由上可以看出，明朝茶园间种也达到了一个很高的水平。在《茶解》中，不但提出了多种间种树种和茶园只宜间种"清芬之品"的要求，而且开始注意茶园生态并且最早提出了上有荫、下有蔽的多层立体种植的构想。

（四）茶叶采摘

明代，由于盛行炒青和烘青绿茶，采茶时期与成茶品质关系愈益密切。当时一般重视春采，轻视夏采，而对秋采茶（白露茶）往往给以好评。程用宾《茶录》（1604）说："问茶之性，贵知采候。太早，其神未全；太迟，其精复涣。前谷雨五日间者为上，后谷雨五日间者次之，再五日者再次之，又五日者又再次之。白露之采，鉴其新香；长夏之采，适足供厨；麦熟之采，无所用之。凌露无云，采候之上；霁日融和，采候之次；积阴重雨，吾不知其可也。"这种"贵知采候"的论点是相当深刻的。同时期的杭州人许次纾在《茶疏》中（1597）也说："清明谷雨摘茶之候也。清明太早，立夏太迟，谷雨前后，其时适中，若肯再迟一二日期，待其气力完足，香冽尤倍，易于收藏"，可算是经验之谈。

对夏茶采摘并不一概否定，要因地制宜。许次纾还说："吴淞人极贵吾乡龙井，肯以重价购雨前细者，狃于故常，未解妙理。岕中之人，非夏前不摘。初试摘者，谓之开园；采自正夏，谓之春茶。其地稍寒，故须待夏，此又不当以太迟病之。往日无有于秋日摘茶者，近乃有之，秋七八月重摘一番，谓之'早春'，其品甚佳……他山射利，多摘梅茶，梅茶苦涩，止堪作下食，且伤秋摘，佳产戒之。"从这里还可以看出，当时江、浙地区，把采摘秋茶视为新鲜事物。明代采茶的经验，为后世"春茶香，夏茶涩，秋茶好吃摘不得"这一茶谚所概括。

由于采摘标准的掌握对成茶品质关系重大，故自明朝以来，对采茶的标准更为重视。周高起《洞山岕茶系》中云："近有采嫩叶，除尖蒂，抽筋炒之，亦曰片茶；不去筋尖，炒而复焙爆为叶状，曰摊茶。"方以智《物理小识》云："松萝去尖与柄筋，畏其先焦也"。当时松萝茶的采摘，去芽取叶，且去掉叶柄和叶尖。

明代，茶树栽培已从原始、粗放进入传统栽培阶段。

二、制茶技术

明朝时期，中国制茶技术有较大的创新和发展，炒青和烘青绿茶工艺成熟。在绿茶的基础上，又创制了黄茶、黑茶。花茶窨制技术也逐渐完善。

（一）从蒸青到炒青和烘青

到了明代，团饼茶的一些缺点，如耗时费工、水浸和榨汁都使茶的味及香有损，逐渐为人们所认识，因此有必要改进蒸青团饼茶。特别是明太祖朱元璋于洪武二十四年（1391）九月十六日下了一道诏令——废贡团茶，推动了蒸青散茶的流行。"庚子诏……罢造龙团，惟采茶芽以进。其品有四，曰探春、先春、次春、紫笋"（《明太祖实录》卷二一二）。

炒青之名出于陆游《安国院试茶》诗自注："不团不饼，而曰炒青，曰苍鹰爪。"这里的炒青实际是蒸青散茶经锅炒干燥而成的茶。到了明代，才真正发明锅炒杀青的炒青和烘青制法。如闻龙《茶笺》（1630）所说："诸名茶法多用炒，惟罗岕宜于蒸焙"，在制茶上，普遍改蒸青为炒青。

明代张源著的《茶录》（1595年前后）在"造茶""辨茶"中记述：

新采，拣去老叶及枝梗、碎屑。锅广二尺四寸，将茶一斤半焙之，候锅极热，始下茶急炒。火不可缓，待熟方退火，彻入筛中，轻团数遍，复下锅中，渐渐减火，焙干为度……火烈香清，锅寒生倦，火猛生焦，柴疏失翠，久延则过熟，早起却还生，熟则犯黄，生则着黑，顺那（通"挪"）则干，逆那则涩，带白点者无妨，绝焦点者最佳。

明代罗廪在《茶解》（1609）"制"一节中记述：

炒茶铛宜热，焙铛宜温。凡炒，止可一握，候铛微炙手，置茶铛中，札札有声，急手炒匀，出之箕上，薄摊，用扇扇冷，略加揉接，再略炒，入文火铛烘干，色如翡翠。若出铛不扇，不免变色。茶叶新鲜，膏液具足，初用武火急炒，以发其香，然火亦不宜太烈。最忌炒至半干，不于铛中焙燥，而厚罨笼内，慢火烘炙。茶炒熟后，必须揉接，揉接则脂膏熔液，少许入汤，味无不全。铛不嫌熟，磨擦光净，反沉滑脱。若新铛则气暴烈，茶易焦黑。又若千年久锈蚀之铛，即加蹉磨，亦不堪用。炒茶用手，不惟匀适，亦中验铛之冷热。茶叶不大苦涩，惟梗苦涩而黄，且带草气，去其梗，则味自清澈，此松萝、天池法也。余谓及时急采、急焙，即连梗亦不甚为害，大都头茶可连梗，入夏便须择去。

明代许次纾著《茶疏》在"炒茶"中记述：

生茶初摘，香气未透，必借火力以发其香。然性不耐劳，炒不宜久，多取入铛，则手力不匀，久于铛中，过熟而香散矣，甚且枯焦，不堪烹点。炒茶之器，最嫌新铁，铁腥一入，不复有香，尤忌脂腻，害甚于铁。须预取一铛，专供炊饮，无得别作他用。炒茶之薪仅可树枝，不用干叶，杆则火力猛炽，叶则易焰易灭。铛必磨莹，旋摘旋炒。一铛之内，仅容四两，先用文火焙软，次加武火催之，手加木指，急急炒转，以半熟为度。微俟香发，是其候矣。急用小扇炒置被笼，纯棉大纸，衬底燥焙，积多候冷，入瓶收藏。人力若多，数铛数笼；人力即少，仅一铛二铛，亦须四五竹笼，盖炒速而焙迟，燥湿不可相混，混则大减香力。一叶稍焦，全铛无用。然火虽忌猛，尤嫌铛冷，则枝叶不柔。……

《茶录》《茶解》等书系统介绍了炒青绿茶加工过程中有关杀青、摊凉、揉捻和焙干等全套工序及技术要点。还特别指出，杀青后薄摊用扇扇冷，色泽就如翡翠，不然，就会变色。另外原料要新鲜，叶鲜膏液就具足。杀青要"初用武火急炒，以发其香，然火亦不宜太烈"；炒后"必须揉按，揉按则脂膏熔液"，等等。有些制茶工艺，如松萝茶等，对采摘的茶芽还要进行一番选拣和加工，经过剔除枝梗碎叶后，"取叶腴津浓者，除筋摘片，断蒂去尖"，然后再付炒制。《茶疏》则介绍烘青制法，主要工序为锅炒杀青、被笼烘干。这是我国古代有关制茶最全面、系统和精确的总结，这种工艺与现代炒青和烘青绿茶制法非常相似。

（二）从绿茶演化出黄茶、黑茶等其他茶类

1. 黄茶的萌芽

黄茶有两种类型。一是茶树品种，芽叶自然发黄，叫黄茶。唐朝六安盛产"寿州黄芽"，是以自然发黄的茶芽蒸制为团茶。如从品种说起，远在 7 世纪就有了。黄茶名称，则首见于苏辙《论蜀茶五害状》（1094）："园户例收晚茶，谓之秋老黄茶。"二是炒制过程中闷黄，是从炒青绿茶演变而来的，时间在明朝末期。当绿茶炒制工艺掌握不当，如炒青杀青温度低，蒸青杀青时间过长，或杀青后未及时摊凉及时揉捻，或揉捻后未及时烘干、炒干，堆积过久，都会使叶子变黄，产生黄叶黄汤，类似后来的黄茶。因此黄茶的产生应是从绿茶制法掌握不当演变而来。明代许次纾在《茶疏》中说："江南地暖，故独宜茶，大江南北，则称六安。然六安乃其县名，其实产霍山之大蜀山也。顾此山中不善制造，就食铛薪炒焙，未及出釜，业已焦枯。兼以竹造巨笥乘热便贮，虽有绿枝紫笋，辄就萎黄，仅供下食，奚堪品斗。"

2. 黑茶的产生

绿茶杀青时叶量多、火温低，使叶子色变为近似黑色的深褐绿色，或以绿毛茶堆积后发酵，渥堆成黑色，这是产生黑茶的过程。明代嘉靖三年（1524），御史陈讲上疏提到了黑茶的生产："商茶低伪，悉征黑茶，产地有限，乃第为上中二品，印烙篾上，书商品而考之。每十斤蒸晒一篾，送至茶司，官商对分，官茶易马，商茶给卖。"当时生产的黑茶，多运销边区以换马。

《明会典》载："穆宗朱载垕隆庆五年令买茶中与事宜，各商自备资本……收买真细好茶，毋分黑黄正附，一例蒸晒，每篦重不过七斤……运至汉中府辨验真假黑黄斤篦。"当时四川黑茶和黄茶是经蒸压成长方形的篦包茶，每包7斤，销往陕西汉中。崇祯十五年（1642），太仆卿王家彦的疏中也说："数年来茶篦减黄增黑，敝茗赢驴，约略充数。"上述记载表明，黑茶的制造始于明代中期。

（三）花茶的窨制

明代钱椿年辑，顾元庆删节的《茶谱》（1541）中有用橙皮窨茶和用莲花含窨的记述：

莲花茶，于日未出时，将半含莲花拨开，放细茶一撮，纳满蕊中，以麻皮略絷，令其经宿。次早摘花，倾出茶叶。用建纸包茶焙干。再如前法，又将茶叶入别蕊中，如此者数次，取其焙干收用，不胜香美。木樨、茉莉、玫瑰、蔷薇、兰蕙、橘花、栀子、木香、梅花，皆可作茶。诸花开时，摘其半含半放，蕊之香气全者，量其茶叶多少，摘花为茶。花多则太香，而脱茶韵；花少则不香，而不尽美。三停茶叶一停花，始称。……用瓷罐，一层茶，一层花，投间至满。纸箬絷固，入锅重汤煮之，取出待冷。用纸封裹，置火上焙干收用，诸花仿此。

现代窨制花茶的香花除了上述花种以外，还有白兰、玳玳、桂花、珠兰等。

（四）明代名茶

明代因开始废团茶兴散茶，所以蒸青团茶虽有，但蒸青和炒青的散芽茶渐多。据屠隆的《茶笺》（约1590）和许次纾的《茶疏》（1597）等记载，明代名茶计有50余种。除罗岕茶为蒸青绿茶外，其余皆为炒青和烘青绿茶。

罗岕茶：产于浙江长兴，蒸青绿茶。

苏州虎丘：产于江苏苏州。

苏州天池：产于江苏苏州。

西湖龙井：产于浙江杭州。

六安茶：产于安徽六安。

武夷茶：产于福建崇安武夷山。

云南普洱：产于云南西双版纳，集散地在普洱市。

黄山云雾：产于安徽黄山。

新安松萝：又名徽州松萝、琅源松萝，产于安徽休宁松萝山。

石埭茶：产于安徽池州石台县。

日铸茶、小朵茶、雁路茶：产于越州。

石笕茶：产于浙江诸暨。

天目茶：产于浙江杭州临安区。

剡溪茶：产于浙江嵊县。

第 二 节　茶叶生产和经济的发展

明朝沿袭了宋元时期对茶叶贸易严格控制的政策，在边疆地区实行较为严厉的统治政策，体现了一贯"以茶制夷"的政治考量。但内地的茶叶生产和消费未受到过多限制，中后期以后茶引政策松弛，茶叶商品经济得到进一步发展。在政策的带动下，民间茶商群体开始崛起，以地域为中心的商帮也开始崭露头角，海外茶叶贸易也初步兴起。

一、生产和消费的扩大

明朝的茶叶产地和消费地空前扩大，超越了唐宋并在元代的基础上有了进一步发展。之所以呈现此种局面，首要是因为明朝在中央集权之下，建立了统一的政治和经济版图。统一的茶业生产、流通和消费市场建立起来，强大的中央集权政府对茶叶商品经济实施严格的管理，这对明代的茶业发展产生了深刻影响。

明代产区更加辽阔，茶区发展到今天福建、浙江、安徽、湖南、湖北、河南、广西、贵州、云南、四川、江苏、上海、江西、广东、山东、海南、陕西、重庆等18个省市区。[①] 明代末期，台湾可能也已种茶。[②] 随着茶叶产地的扩大，一批名茶开始出现。徐渭在《刻徐文长先生秘集》中，收录了明朝最负盛名的30种名茶：罗芥、天池、松萝、顾渚、武夷、龙井、大盘、虎丘、灵山、高霞、雁宕、五华、泰宁、日铸、六安、鸠坑、朱溪、金华、清源、方山、青阳、鹤岭、德化、罗山、石门、龙泉、黄山、宝庆、鸦山、蒙山。屠隆的《茶说》、张谦德的《茶经》、许次纾的《茶疏》、顾起元的《客座赘语》、罗廪的《茶解》、黄龙德的《茶说》、黄一正的《事物绀珠》、李时珍的《本草纲目》等多部著作中，都记录了明代众多名茶，其中以《事物绀珠》（1591）收录最多，有97种。综合这些名茶进行统计，总数有140多种，遍及今天的15个产茶省/市。浙江名茶最多，有将近30种。[③] 明代各茶区生产茶叶，不仅有高档的优质茶，更为广大的是中档茶和低档茶，这满足了不同层次的消费需求。

对明代茶叶的生产而言，具有深远影响的是武夷茶和普洱茶的崛起。许次纾的《茶疏·产茶》云："江南之茶，唐人首称阳羡，宋人最重建州，于今贡茶，两地独多。阳羡仅有其名，建茶亦非最上，惟有武夷雨前最胜。"唐代的阳羡茶、宋代的建州茶，在明代名声不减，但其品质和重要性已经被武夷茶所替代。茶叶已经成为当地的重要支柱产业，很多茶农赖以为生。明人徐燉的《茶考》记载："然山中土气宜茶，环九曲之内，不下数百家，皆以种茶为业。岁所产数十万斤，水浮陆转，鬻之四方，而武夷之名，甲于海内矣。"明代中后期，武夷茶的名声越来越大。但武夷茶的品质并不高，名声也还未真正建立。原因在于其制作尚有"蒸"的工序，又没有严格采用"三吴法"或是"松萝法"——即以炒制为主的制茶法。武夷茶业的崛起以及制茶技术的发展，对清代茶业的发展产生了深远影响；普洱茶也出现在明代，见之于谢肇制《滇略》卷三："士庶所用，皆普茶也"，这说明普洱茶名气大增。

明代茶叶生产旺盛，但产量数据无法精确统计。明朝茶叶采取"榷茶引税"之法，

---

① 陶德臣. 元明茶叶市场上的茶品. 茶业通报, 2014 (4).
② 宋时磊. 中国台湾茶叶国际贸易及其茶文化的历史变迁. 台湾农业探索, 2015 (1)：6-13.
③ 胡长春. 明代的茶叶品类与名茶. 农业考古, 2018 (2)：190-194.

在陕西和四川采用榷茶制，在其他省份采用税茶制，故可根据榷茶和引税收入来推断明代的产茶量。根据明朝初期洪武年间茶引 686015 贯 721 文计算，要有 68060222 斤茶叶的出产量才能征收到这些数额的茶引。嘉靖五年（1526），根据四川茶税可判断，产量有 59236570 斤，再加上商品茶的数量，仅四川就有 127296792 斤的产量。[①] 如果再加上其他省份的茶叶，还有大量的走私、夹带的茶叶，足以证明我国明代茶叶生产已经达到了比较大的规模。

明代官民茶叶消费的用途十分广泛，消费量也很大。以茶敬客，普通人家开门迎客用佳茗招待，寺庙用茶招待香客；以茶敦亲，君臣之间、上下级之间赐茶、品茗，巩固政治关系；以茶睦邻，将茶果赠送给邻居舍友，有"七家茶"的风俗；以茶赠友，通过彼此的赠茶等手段，提升亲情和友情；以茶联谊，人文墨客以茶为媒举办茶会、诗会，相互交往酬唱，以显示人文雅趣，普通百姓则会在茶馆共叙家常；以茶示爱，取"茶不移本、植必子生"的寓意，在婚姻礼俗中扮演重要角色。[②] 此外，还有以茶示俭、以茶祭祀等。茶在日常消费中不可或缺，在一定程度上是硬通货，故官府中有以茶代薪的举措，将其发给官员和士兵以此作为官俸或军饷。[③] 洪熙元年，四川保宁府按照市场价格，将府库所收藏的芽茶，发放给官员作为薪酬。正统六年，甘肃将官茶每月发放给陕西、甘肃等地的官员代替薪金。正统八年，山西和甘肃用茶充当官俸和军饷，景泰二年，四川也出现类似情形。频频出现用茶作为俸饷的现象，虽然可以说明茶有金钱等价物的作用，但更多的是验证了当时茶叶出现供需不匹配的情况，政府只得开仓清理陈茶。

二、茶叶市场体系的完善

（一）内地民间茶市有限发展

明代在江南地区实行榷茶制度，但官方只控制产地的贩卖环节，目的在于取得税收。据《明太祖实录》记载，江南茶法的基本做法："官给茶引，付诸产茶郡县。凡商人买茶，具数赴官，纳钱请引，方许出境贸易。每引茶百斤，输钱二百。郡县籍记商人姓名以凭钩稽。茶不及引者谓之畸零，另置由帖付之。量地远近定其程限，由、引不许相离；茶无由引及相离者，听人告捕。……商人卖茶毕，就以原给由引赴所在官司投缴"。明朝严格控制边茶贸易，但内地广大地区的茶叶贩卖（即"腹里"之用），只要按照茶引制度完税，则允许商人自由流通茶叶、自由销售。该政策促进了内陆茶叶经济的发展，也带动了民间茶市的发展。梁才《议茶马事宜疏》称，在明初的朱元璋洪武年间，民间所蓄积之茶叶不能超过一个月的用度，明孝宗弘治年间推出茶马法"召商中茶"政策赈济经济或以备储边，但没有禁止民间的腹里之用，也没有不让百姓食茶。

内地腹茶多为"细茶""芽茶"，有时也是"叶茶"，跟边销茶以紧压茶为主的制

① 陈椽. 茶业通史. 农业出版社，1984：69.
② 陶德臣. 元明茶叶消费发展原因分析. 贵州茶叶，2018，46（1）：7.
③ 田中忠夫. 中国茶业史研究. 贸易月刊，1942，1（7）.

作样式有较大差别。在川、渝、陕等地以边茶为主的地区，其所出产的茶叶，也有一部分流入内地市场。成化六年（1470），巡抚甘肃右佥都御史徐廷章上疏云："其民间所采茶，除税官外，余皆许给文凭，于陕西腹里货卖。"这就是说，在将一部分茶由官方运往边地从事茶马贸易之余，允许商人将陕西所产之茶运到内地贩卖。茶商执行收购，或从官府所立茶仓购买茶叶。当时，成都、重庆、保宁、播州为腹茶中转集散市场，而腹茶小市场星罗棋布、分布于腹地各产区，而终端消费市场则多设立在农村集散市场，比较分散。卖腹茶的商人较多，茶叶的量也不低，故竞争较为充分。边茶贸易的特点是价贵而利重，而腹茶则价贱而利轻，两者贸易所得差别较大，不均衡的问题较为突出。故将腹茶转为边茶的牟利走私行为时常发生，却屡禁不止。在此背景下，明政府逐渐降低腹茶的引数，增加边茶的引数，以四川为例，原有茶引5万道，腹引3.8万道，腹茶占总数75%，销茶380万斤；嘉靖三十一年（1552），总引数不变，腹引减为2.6万道，占总数降为52%，销茶260万斤；隆庆三年（1569），茶引总数减为3.8万道，腹引降至0.4万道，占总数的10.53%，销茶40万斤。茶引总数的削减，说明边茶贸易的衰落，而腹引总数及占茶引份额急剧下降，既体现了政府对内地茶叶贸易的控制，也反映了内地茶叶贸易走衰的趋势。总体而言，明代对内地茶叶贸易以控制为主，民间的茶叶市场未得到充分发展。

（二）茶叶商帮的崛起

明代前期，西南、西北仍实行茶马互市制，官府垄断茶叶贸易。弘治三年（1490），明廷以茶马司存储渐少，允许内地茶商进入边茶贸易，命商人买茶于川陕，运至西北三茶马司，商人得60%，官得40%。这种招商散引的办法，是以商人运茶交甘肃各地茶马司，商人领政府给的盐引去扬州等地支盐。在该政策的带动下，陕西、山西、湖广商人趋利而往，扩大了边疆茶市的规模，也带动了内地和边茶两个市场的沟通。明代后期，因汉中茶叶产量有限，川茶畅销康藏地区，而西北地区的茶叶主要依靠湖茶，于是陕西商人会聚襄阳收购，茶商主要是陕西三原县人，"三原商贾，大则茶盐"（《明经世文编》卷一百一十五）。另一方面，安徽也是重要的产茶区，随着茶引制度的松弛，徽商也加入到茶叶贸易的行列中来。徽商商帮在明代十分活跃，主要有两个方面的表现。一是活动范围空前扩大，"北达燕京，南极广粤"，甚至还远涉海外。明朝正统年间（1436—1449），歙人许承尧的先世，就已远赴居庸关从事贩茶活动。北京是徽州茶商重要的活动地点，明隆庆年间（1567—1572），歙人聚北京者约有万人，其中许多是茶商。二是运销的茶叶数量激增。明政府茶税税率一般为3.3%，但在皖南收到的茶税一度曾达到57万余贯[1]，这些茶税主要从茶商征收而来，客观上说明皖南商品茶叶年产量和销售量十分庞大。

（三）初步兴起的海外贸易

明代初期严格控制西北、西南地区的茶叶贸易，而东南沿海一带因巩固海防和抵御倭寇的需要，政府实行严格的"海禁"政策，片板不允许下海，这在很大程度上影响了茶叶海外贸易的发展。虽然民间从事贸易受到很大限制，但明朝政府跟周边的国

---

① 许正. 安徽茶业史略. 安徽史学，1960（3）：1-16.

家还存在朝贡贸易。明初设广州、宁波、泉州三大市舶司分别管理通往南洋、日本、琉球的贸易。郑和七下西洋，足迹遍及亚非各国，所到之处，进行访问、开展贸易，茶叶、瓷器、丝绸是主要交换物品。同时各国使臣、商人随宝船来明，又促进了茶叶贸易的发展。在政治和外交关系先行的前提下，中国跟国外保持着有限度的贸易。柬埔寨高棉地区、苏门答腊岛北部的亚齐、斯里兰卡、泰国、越南南部、菲律宾的苏禄群岛和棉兰老岛、印度尼西亚的加里曼丹和爪哇岛、印度半岛西南部、马六甲等地区，始终跟明朝保持着朝贡贸易，这带动了广东潮州和高州、福建漳州和泉州、浙江绍兴和宁波一带的商人进入东南亚。

明朝中后期，在嘉靖倭乱及财政困难的背景下，政府意识到开放民间海外贸易的重要性，正如福建巡抚许孚远在奏疏中说的"市通则寇转而为商，市禁则商转而为寇"。隆庆元年（1567），明穆宗宣布调整海外贸易政策，解除海禁，允许民间私人远贩东西二洋，史称"隆庆开关"。这促进了东南沿海一带经济的发展，越来越多的中国人进入南洋从事贸易，也给明政府带来源源不断的白银。当时中国输出的商品主要是生丝，而随着东南沿海海外移民的增多，茶这一生活必需品也流入海外。除了传统的亚洲国家之间的贸易外，从17世纪初开始，以葡萄牙、西班牙、荷兰等为代表的西方早期资本主义国家也进入了亚洲贸易圈，这带动了茶叶向西欧的传播。

在开辟东方航线后，南欧的地中海国家通过海陆频频来到中国，而天主教徒扮演了先驱的角色。他们来到中国后，逐渐习惯于喝茶，并将其带回欧洲。公元1556年葡萄牙神父克鲁士（Father Cruz）来华传教，1560年回国，带回了中国饮茶的信息："凡上等人家习以献茶敬客。此物味略苦，呈红色，可以治病，作为一种药草煎成液汁。"葡萄牙人、意大利人、西班牙人纷纷将中国饮茶文化传播到欧洲。以葡萄牙为首的南欧国家在介绍饮茶风俗方面起到先导作用，但真正把茶叶作为一种文化习俗和生活方式融入欧洲社会生活的是荷兰。1602年，阿姆斯特丹成立荷兰东印度公司，联合国内商业力量在东亚开展活动，尝试在印度尼西亚、日本和其他亚洲国家建立据点。该公司被授予了好望角以东、麦哲伦海峡以东的贸易垄断权。自此以后，国家成为商业的后盾，贸易公司成为商业的先导。1607年，该公司的商船将澳门的茶叶运往爪哇，这是第一艘运输茶叶的欧洲商船。1637年，情况发生了变化，饮茶在荷兰已成风气。而荷兰东印度公司已经把注意力放到了茶叶贸易上，茶叶作为正式商品开始输入欧洲。同年1月2日，荷兰东印度公司董事会写信给巴达维亚总督："自从人们渐多饮用茶叶后，余等均望各船能多载中国及日本茶叶运到欧洲"①。1615年，英国东印度公司开始经营茶叶。进入清代后，中国与西方大规模的茶叶贸易正式拉开序幕。

通过西北边境，茶叶也向中亚的众多国家输出。在蒙古之后，15世纪创建的帖木儿帝国占据了中亚的广大领土。1419年，帖木儿（1336—1405）的儿子沙哈鲁（Shah Rukh）继承皇位后，于1419年向明朝派遣了使团。据使团行程记录官和艺术家吉亚斯·乌德丁（Ghiyathuddin Naqqash）所说，在代表团1421年离开中国时，平阳城的官员对其进行严格检查，确保代表团没有将严禁商品走私出境，特别是茶叶，这是严格

---

① 陈椽. 茶业通史. 农业出版社，1984：471.

控制的战略商品。[①] 在一定程度上，乌德丁的这种解读有些过度，因为严格控制私茶出境，更多是出于政治意图而非经济目的。16世纪以后，蒙古军队对中国的威胁消失，茶马互市的战略性有所下降，清政府逐渐放松了对茶叶交易的控制，商人开始将茶叶大量运往新疆、哈萨克、吉尔吉斯、乌兹别克、塔吉克等地区销售。满载着茶叶的大篷车从布哈拉（Bukharans，今乌兹别克斯坦境内）出发，长途跋涉1000英里，穿过卡拉库沙漠和卡维尔盐漠，最后抵达当时波斯（伊朗的古名）的首都伊斯法罕。17世纪时，茶叶在撒马尔罕（Samarqand）、布哈拉、伊斯法罕等地的集市上销售已十分普遍。1638年，荷尔斯泰因公国的外交官亚当·奥莱里亚（Adam Olearius）到访伊斯法罕时，提到中国茶馆是社会精英人士的聚集地。

三、日益严密的茶政茶法

明代茶法主要有三个类型，即商茶、官茶、贡茶。商茶主要控制茶叶流通环节，取得财政收入；官茶主要是沿用以茶固边的思路，羁縻少数民族，巩固边疆；贡茶主要通过进贡的方式取得名优茶，以满足统治阶层的消费需求。

（一）输课结引的商茶

明代仍沿用了宋元的榷茶制度，由官方来垄断茶叶的流通环节。明太祖朱元璋即位后，便确定了明代的"引由"商茶之制："太祖洪武初议定，官给茶引，付产茶府州县。凡商人买茶，具数赴官纳钱给引，方许出境货卖。每引照茶一百斤，茶不及引者，谓之畸零，别置由帖付之。仍量地远近，定以程限。于经过地方执照。若茶无由引及茶引相离者，听人告捕。其有茶不相当或有余茶者，并听拿问。卖茶毕，即以原给引由赴住卖官司缴。该府州县俱各委官一员管理。"（《明史》卷一百零三）所谓"商茶"，就是国家凭借行政权力垄断中间的流通领域，要求茶商先领取"引由"，也就是完税的凭证，给予多少引由是根据贩卖数量及贩卖远近决定的，这跟明政府对食盐的管理体制相类似。

引由比较稀缺，获得引由则获利空间较大，故监督引由的执行情况也就变得十分重要，没有引由者，贩卖数量与引由不一致者，都要接受惩罚。为此，明代在宁安府及漂水州设立了茶局、批验所等，负责检验引由、称量茶货、检查品级，如果有不一致者，则接受盘问。而引由的税额，起初定为"茶引一道，纳铜钱一千文，照茶一百斤"，后改为"茶由一道，纳铜钱六百文，照茶六十斤"，以一千文作为茶引的纳税定额。而商人在缴纳引由税费后，将茶运销到销售之地，再缴纳三十分之一的茶课，相当于现代的消费税。那些没有拿到引由就贩卖茶叶的商人，既侵害了官府利益又对那些持有引由的茶商不公平，因此缉私工作就变得十分重要。贩卖私茶是重罪，跟贩卖私盐一样。同时，为在源头上杜绝私茶的贩卖，则严禁茶园主和茶农将茶叶卖给无引由的商人，如有发现第一次鞭笞30、茶叶没收，第二次违犯则鞭笞50，第三次杖责80，茶叶不仅要没收还要加倍惩罚。对于那些伪造引由的不法者，惩罚更重，直接定为死罪并没收全部家产。有举报伪造茶引者，则给予赏白银20两以示鼓励。而对于携

---

① 火者·盖耶速丁. 沙哈鲁遣使中国记. 中华书局，1981：136.

带私茶的商人，如果关隘不予以阻止或者暗自放行，发现后会被处以死罪。

明代初年，引由政策的执行十分严格。1397年，朱元璋的驸马都尉欧阳伦奉命出巡四川、陕西，却走私茶叶并企图偷运出境，谋取利益，被赐死；布政官员因欧阳伦案连坐，也被赐死。自此之后，政府每年都派官员前往川陕的隘口和关津，检查私茶。从明朝前期的茶引执行情况看，并不是十分理想，主要是因为批验茶的设置过少且距离过远，茶商验引十分不便；引由上未登记茶商籍贯和姓名，多有冒领及转卖茶引的情况出现。后来政府针对这些弊端做了一些改进，如地方预估引由数量到南京户部统一请引，再出榜招商中买等，买得茶引后再登记造册、送户部备案，效果有所好转。虽有政府的严密监管和严酷刑法，但在高利诱惑之下，仍有从事私茶贸易者。逐利的有贪官和不法商人，一些官员权力寻租，在正引之外，多给予由票，茶叶实际贩卖数量要比引由定额要多。有时，皇帝本身也会因为个人喜好而破坏茶法，如"武宗宠番僧，许西域人例外带私茶，自是茶法遂坏。"（《六典通考·市政考》卷九十四）此处的私带，不是内地茶商在茶引之外的私带，而是将内地之茶私带到商茶地域之外的地方交易，因为在这些地方实行的是官茶。

（二）贮边易马的官茶

在内地，明朝实行征榷的商茶，而在陕西、四川等靠近少数民族的地区，则实行茶马政策，即狭义的官茶。所谓官茶是指汉族和其他族群交界的地带，用茶换取马匹，而这一交易是在政府的严格控制之下进行的，其实施机构为茶马司。《明史》言："番人嗜乳酪，不得茶则以病，故唐宋以来，行以茶易马之法，用制羌、戎，而明制尤密。"借茶之经济功能以控驭边疆、巩固国防，即"以茶驭番"。用茶易马可以实现"以摘山之利以易充厩之良"的功能，可以弥补明朝马匹不足的问题，进而巩固自身的军事实力。也就是说，因陕西、四川等地的特殊性，明朝采取了两种体制的茶法，在东南产茶区以引由为主，而在川陕则采取严格的榷茶制，且税率比较重，形成了两种不同的税制。

明初设立金牌信符制度，这是西番与明朝茶马交易的凭证。明确规定各少数民族交易马匹数量，三年一次，定期交易，数量不能随意更改。并且，茶马之间交易的兑换比例，不是由市场自由定价，而是由政府官定：在洪武二十二年（1387），上等马每匹换茶120斤，中等马每匹70斤，下等马每匹50斤；弘治三年（1490）时，则变为以百茶斤可交换上马一匹，80斤茶易中马一匹。

在茶的收购方面，官茶的课税远比商茶要重，其征收方法更加特殊，竟以茶树株数为计算标准。洪武四年（1371），明朝对陕西汉中府的金州、石泉、汉阴、平利、西乡县的有主茶园45顷，共计茶树86458株，官方每十株收取一分，民间之茶，由政府统一收购；无主的茶树则命守城士兵栽培，八成归官府，两成归士兵。次年，有令四川产茶的地方的315个茶户、238万株茶树，按照前例官方每十株收取一分，而无主的茶树则命茶农栽培，八成归官府，两成归茶农。（《大明会典》卷三十七户部二十四）两地征收茶税有本色和折色两种：主要以征本色为主，是指按1/10的税率从出茶园户手中征收茶叶实物；永乐时还征折色，即将茶叶课税按斤重折成钱钞或银两征收。[1] 两地茶课的征收金额情况，在《大明会典》中详细记载：

> 陕西茶课初二万六千八百六十二斤一十五两五钱；弘治十八年新增二万四千一百六十四斤，共五万一千二十六斤一十五两五钱；见今茶课五万一千三百八十四斤一十三两四钱。四川茶课初一百万斤，后减为八十四万三千六十斤；正统九年减半攒运；景泰二年停止，成化十九年奏准，每岁运十万。见今茶课本色一十五万八千八百五十九斤零，存彼处衙门后候支用。折色三十三万六千九百六十三斤，共征银四千七百二两八分，内三千一百五两五钱五分，存本省赏番，实解陕西巡茶衙门易马银一千五百九十六两五钱三分。（《大明会典》卷三十七户部二十四）

两地的所课茶税一般是定额税，陕西每年 26000 多斤，四川量最大，有 100 万斤。为了便于管理，政府还在秦、洮、河、雅渚州等地设立茶课司，所掌管的产茶地域有 5000 多里。

（三）进献御用的贡茶

贡茶主要用于上供，供应的来源既有中央政府在地方设立的官焙，也有地方所出产的土贡。明朝初年沿用了宋代的贡茶制度，主要是福建建宁一带上供龙团饼茶，数量也不是很大："其上贡茶，天下贡额四千有奇，福建建宁所贡为最上品，有探春、先春、次春、紫笋及荐新等号。旧皆采而碾之，压以银板，为大小龙团。"（《明史》卷八十）龙团茶对原料要求十分严格、制作工艺复杂，需要浪费大量物力和人力，但产量又极低，这与明初的经济发展状况不太适应。故明太祖朱元璋认为此法劳民伤财，于是"罢造龙团，惟令采芽茶以进"。1391 年以后，上供的茶变为"叶茶""芽茶"，这减轻了茶户的负担，更重要的是自宋元以来在民间已经开始流行的散茶得到统治阶层的确认，并为明代及以后茶叶制作方法、工艺和新茶类的创制提供了新的可能。

明朝初年贡茶数额并不多，如上文所称有 4000 斤左右。根据《续文献通考·土贡考》及《明会典》等资料显示，这些贡茶的来源分布是南直隶（今江苏、安徽）500 斤，浙江 500 斤，江西 450 斤，湖广 200 斤，福建 2350 斤。可见，当时贡茶的主要来源仍旧是福建，数额远高于其他地区。

到明代中期的朱祐樘弘治年间，对福建贡茶的记载更加详细，主要来自建宁府的建安县和崇安县，并对两地探春、先春、次春、紫笋及荐新等具体数量有明确规定，甚至还限定了采办日期。但有学者根据《明食货志·茶矾》《古今图书集成·食货典》《茶部》等明代文献考证，福建贡茶定额数在朱元璋洪武年间为 1600 斤，到朱载垕隆庆年才增加到 2350 斤。[2] 无论是 2350 斤，还是 1600 斤，前后变化并不大，这说明福建在明朝的贡茶系统中一直有着比较稳定的地位。这些贡茶都是茶中之极品，直接供皇廷使用。

明代末期陈仁锡在《皇明世法录》中开列了各地贡茶数量和贡茶额，这些贡茶来

① 胡长春、康芬. 明代的茶政与茶法述要. 农业考古, 2003（2）: 293-298.
② 刘森. 明代茶业经济研究. 汕头大学出版社, 1997.

源主要是浙江、江西、贵州、福建、广东五布政司和松江、常州两府，其中浙江布政司各类茶叶合计 12452.7 斤，贵州布政司 12229 斤，福建和江西布政司都为 9100 斤。这一统计口径与前述文献记载有很大出入，或许是因明代晚期贡茶变本加厉，已经大大超过了"祖制"；或许因为茶因贡而贵，一些名茶纷纷依附在贡茶之下以显身价；也有可能是因为在明初除贡茶之外，一些地方名茶随着时间的推移也进入到贡茶序列之中。

第三节 茶文化的兴盛

一、饮茶的盛行

（一）茶会盛行

文徵明（1470—1559）《惠山茶会图》（图 4-1）描绘了正德十三年（1518）清明时节，文徵明同好友蔡羽、汤珍、王守、王宠、潘和甫及汤子朋七人在无锡惠山二泉亭举行清明茶会，这幅画令人领略到明代文人茶会的艺术化情趣。

图 4-1 文徵明《惠山茶会图》

扫码看大图

惠山茶会由来已久，可上溯到惠山寺听松庵住持普真（性海）法师。洪武二十八年（1395），普真请湖州竹工编制一只竹茶炉。竹炉高不满尺，上圆下方，以喻天圆地方。竹炉制成后，普真汲泉煮茶，常常接待四方文人雅士，举行竹炉茶会、诗会。当时无锡画家王绂图绘惠山风景，学士王达等为竹炉记序作诗，构成《竹炉图卷》，成为了明代惠山一件盛事。成化十二年（1476）、成化十九年（1483）、正德四年（1509），以听松庵竹茶炉为中心，又举行三次题咏茶会。

茶会于明代尤其盛行，主要有园庭、社集、山水、茶寮四种茶会类型。[①]

（二）茶馆兴盛

元明以来，曲艺、评话兴起，茶馆成了这些艺术活动的理想场所。茶馆中的说书一般在晚上，以下层劳动群众听者为多。由于明代市井文化的发展，使茶馆逐渐走向大众。

---

① 吴智和．明人饮茶生活文化．明史研究小组，1996.

明代的茶馆较之宋代，最大的特点是更为雅致精纯，茶馆饮茶十分讲究，对水、茶、器都有一定的要求。据张岱《露兄》一文，崇祯年间，绍兴城内有家茶店用水、用器、用茶都特别讲究，"泉实玉带，茶实兰雪。汤以旋煮，无老汤。器以净涤，无秽器。其火候汤候，有天合之者。"

明代，南京茶馆也进入了鼎盛时期，它遍及大街小巷水陆码头，成了市民们小憩、消乏的场所。明末吴应箕所著《留都风闻录》载："金陵栅口有'五柳居'，柳在水中，罩笼轩楹，垂条可爱。万历戊午年，一僧赁开茶舍。"张岱在《陶庵梦忆》的《闵老子茶》一文中记徽州人闵汶水于明末在南京桃叶渡开茶馆，闻名天下。

（三）茶具的兴盛

1. 陶瓷茶具

明代直接在茶盏、瓷壶或紫砂壶中泡茶成为时尚，茶具也因饮茶方式的改变而发生了相应的改变，釉色、造型、品种等方面都产生了一系列的变化。由于白色的瓷器最能衬托出茶叶所泡出的茶汤的色泽，茶盏的釉色由原来的崇尚黑色转为崇尚白色。"宣庙时有茶盏，料精式雅，质厚难冷，莹白如玉，可试茶色，最为要用。"（屠隆《茶笺》）"茶盏惟宣窑坛盏为最，质厚白莹，样式古雅有等。宣窑印花白瓯，式样得中而莹然如玉。次则嘉窑心内茶字小盏为美。欲试茶色黄白，岂容青花乱之。"（高濂《遵生八笺》）"茶瓯以白磁为上，蓝者次之。"（张源《茶录》）这些文献记载都说明当时崇尚便于观汤色的白釉盏。

茶壶也于明代广泛使用，流（俗称"壶嘴"）的曲线部位增加成S形，流与把手的下端设在腹的中部，结构合理，更易于倾倒茶水，并且能减少茶壶的倾斜度。流与壶口平齐，可以使茶水与壶体高度保持一致而不致外溢。

明代以壶泡茶，以杯盏盛之，杯盏的式样也与前代有所不同。如永乐青花瓷器中的压手杯，其胎体由坦口、折腰、圈足而下渐厚，执于手中微微外撇的口沿正好将拇指和食指稳稳压住，并有凝重之感，故有"压手杯"之称。造型轻盈玲珑的明代各式青花小杯，纹饰各有不同，千姿百态。

2. 紫砂茶具

宜兴紫砂茶具，明代正德以来异军突起，独树一帜。紫砂壶以宜兴品质独特的陶土烧制而成，土质细腻，含铁量高，具有良好的透气性能和吸水性能，最能保持和发挥茶的色、香、味。"壶以砂者为上，盖既不夺香，又无熟汤气。"（文震亨《长物志》）

明中期至明末的上百年中，宜兴紫砂艺术突飞猛进地发展起来。紫砂壶造型精美，色泽古朴，成为艺术品。"宜兴罐以龚春为上，一砂罐，直跻商彝周鼎之列而毫无愧色。"（张岱《陶庵梦忆》）宜兴紫砂壶的名贵可想而知。

从万历到明末是紫砂茶具发展的高峰，前后出现制壶"四名家"和"三大妙手"。"四名家"为董翰、赵梁、元畅（袁锡）、时朋。董翰以文巧著称，其余三人则以古拙见长。"三大妙手"指的是时大彬和他的两位高足李仲芳、徐友泉。时大彬为时朋之子，最初仿供春，喜欢做大壶。后来根据文人士大夫雅致的品位把砂壶缩小，更加符合品茗的趣味。他制作的大壶古朴雄浑，传世作品有菱花八角壶、提梁大壶、朱砂六方壶、僧帽壶（图4-2）等；制作的小壶令人叫绝，当时就有"千奇万状信手出""宫中艳说大彬壶"的赞誉。李仲芳的制壶风格趋于文巧，而徐友泉善制汉方、提梁等。

图4-2　时大彬僧帽壶

明朝天启年间（1621—1627），惠孟臣制作的紫砂小壶，造型精美，别开生面。因他制的壶都落有"孟臣"款，遂习惯称为"孟臣壶"。此外，李养心、邵思亭也擅长制作小壶，世称"名玩"。欧正春、邵氏兄弟、蒋时英等人，借用历代陶器、青铜器和玉器的造型、纹饰，制作了不少超越古人广为流传的作品。

二、泡茶道的奠定和盛行

（一）以泡茶为主的茶艺

1. 煮茶法

"煮茶之法，唯苏吴得之。以佳茗入磁瓶火煎，酌量火候，以数沸蟹眼为节。"（陈师《茶考》）苏吴一带人以上好的茶叶入瓷壶中置火上煮沸而饮。

"擂茶：将芽茶汤浸软，同炒熟芝麻擂细，入川椒末、盐、酥油饼再擂匀。如干，旋添茶汤。入锅煎熟，随意加生粟子片、松子仁、胡桃仁。"（朱权《臞仙神隐》）又载："枸杞茶……每茶一两，枸杞末二两和匀，入炼化酥油三两，或香油亦可，旋添汤搅成稠膏子，用盐少许，入锅煎熟饮之。"擂茶、枸杞茶均须入锅煮熟而饮。

明朝期间煮茶法在局部地区流行。

2. 点茶法

明初，宁王朱权《茶谱》叙称："命一童子设香案携茶炉于前，一童子出茶具，以瓢汲清泉注于而炊之。然后碾茶之末，置于磨令细，以罗罗之。候汤将如蟹眼，量客众寡，投数匕入于巨瓯。候茶出相宜，以茶筅撺令沫不浮，乃成云头雨脚，分于啜瓯。"朱权所倡导的饮茶法仍是点茶法。在点茶茶具方面，朱权提倡用景德瓷茶瓯，"莫若饶瓷为上，注茶则清白可爱。"他又发明一种茶灶，用陶土烧成。朱权的革新不在于点茶技艺，而在于茶具。这大概就是他所说的"崇新改易，自成一家。"

尽管在明朝初期有朱权等人的倡导，但由于散茶独盛，不用碾磨罗且简单方便的泡茶法勃兴，点茶法终归于明朝后期销声匿迹。

3. 泡茶法

"吾朝所尚又不同，其烹试之法，亦与前人异。然简便异常，天趣悉备，可谓尽茶之真味矣。"（文震亨《长物志》）"今人惟取初萌之精者，汲泉置鼎，一瀹便啜，遂开千古茗饮之宗。"（沈德符《万历野获编补遗》）泡茶在明朝中期奠定并流行。

（1）撮泡法 "芽茶以火作者为次，生晒者为上，亦更近自然……生晒茶瀹之瓯中，则枪旗舒畅，清翠鲜明，方为可爱。"（田艺蘅《煮泉小品》"宜茶"）以生晒的芽茶在茶瓯中冲泡，芽叶舒展，清翠鲜明，甚是可爱。这是关于散茶在瓯盏中冲泡的最早明确记录，时明朝中期，值 16 世纪中叶。同为钱塘人的陈师在《茶考》中亦记："杭俗烹茶，用细茗置茶瓯，以沸汤点之，名为撮泡。北客多晒之，予亦不满。"这种用细茗置茶瓯以沸水冲泡的方法又称"撮泡"，亦即撮茶入瓯而泡，是杭州地区泡茶的习俗。此前在南宋，虽有撮泡，但仅偶尔为之。田艺蘅为钱塘（今浙江杭州）人，瓯盏泡茶是浙江越州、杭州一带人的发明。

撮泡法有备器、择水、取火、候汤、投茶、冲注、品啜等程序。主要步骤就是直接置茶入杯盏，然后注沸水冲泡即可。

（2）壶泡法 据张源的《茶录》和许次纾的《茶疏》，壶泡茶法归纳起来有备器、择水、取火、候汤、泡茶、酌茶、品茶等程序。以下对主要程序进行说明。

备器：泡茶法的主要器具有茶炉、茶铫、茶壶、茶盏等，崇尚景德镇白瓷茶盏。

候汤："水一入铫，便须急煮"（《茶疏》）。"烹茶要旨，火候为先。炉火通红，茶瓢始上。扇起要轻疾，待有声稍稍重疾，斯文武之候也。""汤有三大辨十五小辨。三大辨为形辨、声辨、气辨。形为内辨，如虾眼、蟹眼、鱼眼、连珠，直至腾波鼓浪方是纯熟；声为外辨，如初声、始声、振声、骤声，直至无声方是纯熟；气为捷辨，如气浮一缕二缕、三缕四缕、缕乱不分、氤氲乱绕，直至气直冲贯，方是纯熟。"（《茶录》）

泡茶：探汤纯熟便取起，先注少许汤入壶中祛荡冷气，然后倾出。投茶入壶，有上中下三种投法。先汤后茶谓上投，先茶后汤谓下投；汤半下茶，复以汤满谓中投。茶壶以小为贵，小则香气氤氲，大则易于散漫。若独自斟，壶愈小愈佳。

酌茶：一壶常配四只左右的茶杯，一壶之茶，一般只能分酾二三次。杯、盏以雪白为上，蓝白次之。

品茶：酾不宜早，饮不宜迟，旋注旋饮。

壶泡法形成于明朝中期，流行于晚明。因壶泡法的兴起与宜兴紫砂壶的兴起同步，壶泡法可能是苏吴一带人的发明。

泡茶法继承了宋代点茶的清饮，不加佐料，但明人喜欢在壶中加花蕾与茶同泡。

（二）泡茶道的奠定

明朝初期，延续着宋元以来的点茶。直到明朝中叶，以散茶直接用沸水冲瀹的泡茶才逐渐流行。

"吴僧大机，所居古屋三、四间，洁净不容唾，善瀹茗。有古井清冽为称，客至出一瓯为供饮之，有涤肠渢胃之爽。先公与交甚久，亦嗜茶，每入城必至其所。"（沈周《坐客新闻》）僧大机善瀹茗，居城中古屋，有古井清冽。沈周之父也嗜茶，每入城必至其所。

"吴纶，字大本，以子仕贵，封礼部员外郎。自垂髫时形瘠，神异常，不乐仕进，雅志山水，日与骚人墨士往来倡酬，于其中有陶然自得之趣。性喜茶，于名泉异悉远致而品尝之。……春和秋爽，载笔床茶灶，随以一鹤一鹿，遂游于武林吴苑间，时身拜驰恩而葛巾野服，逍遥如故，人望之皆指为神仙侣也。"（明万历十八年《宜兴县志》卷七·驰封）吴纶生活在明成化至嘉靖年间，性喜茶，善鉴泉，笔床茶灶常相随，以优游山水、怡然自得为趣。广交江南士子文人，友人文徵明有《谢宜兴吴大本寄茶》《是夜酌泉试宜兴吴大本所寄茶》诗。

　　文徵明《惠山茶会图》描绘正德十三年（1518）清明茶会。松树下茶桌上摆放多件茶具，桌边方形茶炉上置壶烹泉，一童子在取火。尤可注意的是，炉上水壶流短，不似汤瓶的长流，因而应非点茶，而是泡茶；《品茶图》（图4-3）作于嘉靖辛卯（1531）。画中茅屋正室，内置矮桌，桌上只有一壶二杯，主客对坐，相谈甚欢。茶寮中有泥炉砂壶，童子专心煮水候汤。此画表现的显然是在壶中泡茶，继而斟入盏中品饮。

图4-3　文徵明《品茶图》

唐寅（1470—1524）《事茗图》（图4-4），参天古树下，有茅屋数间。茅屋之中一人正聚精会神地伏案读书，书案右侧摆着一壶一盏等茶具。茶寮之中，一童子正在风炉前煽风煮水。此画内容表现的也是在茶壶中泡茶，继而斟入盏中品饮。

扫码看大图

图4-4 唐寅《事茗图》

田艺蘅《煮泉小品》撰于嘉靖三十三年（1554），不仅述及源泉、石流、清寒、甘香、灵水、弄泉、江水、井水等天下之水，还记录了当时茶叶生产和烹煎方法，是关于烹茶用水的一部经典之作。"有水有茶，不可无火。""人但知汤候，而不知火候。""汤嫩则味不出，过沸则水老而茶乏。惟有花而无衣，乃得点瀹之候耳。"乃经验之谈。

明代中叶茶人辈出，尤其是江南一带。吴中名士，尤其是隐居不仕的沈周、史鉴、王澍之、朱存理、吴奕、陈道复、邢参等，与仕途不遂的祝允明、唐寅、文徵明、蔡羽、汤珍、王宠等，以及去官告归的袁袠、陆师道、王谷祥、黄省曾、都穆等。他们一生或余年，大都长居苏州，往来于吴中，基本都是嗜茶解泉文士，对茶道有独到的贡献。如沈周，才兼三绝，风流文采，嗜好品茗。比如王宠，自号宜雅山人，与文徵明、唐寅交最善，八举不第；诗清新绝俗，兼善绘事，书法出入晋、唐，与祝允明、文徵明并称"吴中三家"；特善茶道，独藏举世名器"茶鼎"。蔡羽说："吴中善茗者，今其法皆出王子下。"

李日华在《春门徐隐君传》中说徐氏："绝意进取，产不及中人。洁一室，炉薰茗碗。萧然山泽之癯也。性嗜法书名画，评赏临摹，日无虚晷"；蔡翔《林屋集》载："南濠陈朝爵氏，性嗜茗，日以为事"。如果找不到合适的茶友，就孤居深扃，焚香净几，以茗自陶；隐士陈宗器，结屋数楹，榜曰"万松"以寓志，因以自号。日游息其中，宾至瀹茗燃香论往事，或杂农谈，若慒然无预人世；吴嗣业（奕）是阁臣吴宽季弟元晖之子，时人称为"茶香先生"。乐为布衣以终，萧然东庄之上，日以赋诗啜茶为事；祝允明与当时的隐逸茶人吴大本（纶）、王澍之，寄怀茶人沈周、史鉴、文徵明、唐寅等交厚，他们"事贤友士"的诗画社集，常以品茗焚香作为前序，而后论文谈艺，乐此不疲；昆山归有光与友人沈贞甫经常见面，沈氏世居安亭，归氏到安亭，无事每过其精庐，啜茗论文，或至竟日。

从文徵明、唐寅在正德、嘉靖年间所作茶画以及《煮泉小品》等可以判断，从明朝中期成化至嘉靖年间，是泡茶道的奠定时期。

（三）泡茶道的盛行

明代中期以后的社会，外有国家存亡的危机，内有安身立命的困扰。处此境遇，或与世无争，或恬退放闲。纷纷以茶为性灵之寄托，藉以寓志。嗜茶人士，以茶为性命，以茶为养志。

张源，包山（即洞庭西山，今江苏苏州）人。顾大典《茶录》序说他："每博览之暇，汲泉煮茗，以自愉快，无间寒暑，历三十年，疲精殚思，不究茶之指归不已。"约于万历二十三年（1595）前后著《茶录》，都是自己的亲自体验和心得，发前人之未发。"茶者水之神，水者茶之体。非真水莫显其神，非精茶曷窥其体"（《茶录·品泉》）"先茶后汤，曰下投；汤半下茶，复以汤满，曰中投；先汤后茶，曰上投。"（《茶录·投茶》）"饮茶以客少为贵，客众则喧，喧则雅趣乏矣。独啜曰神，二客曰胜，三四曰趣，五六曰泛，七八曰施。"（《茶录·饮茶》）"造时精，藏时燥，泡时洁。精、燥、洁茶道尽矣。"（《茶录·茶道》）

许次纾（1549—约1604），钱塘（今浙江杭州）人，著《茶疏》于万历二十五年（1597）。"茶兹于水，水籍乎器，汤成于火，四者相须，缺一则废。"茶、水、器、火四者相辅相成，缺一则茶不成。"茶注宜小，不宜甚大。小则香气氤氲，大则易于散漫。大约半升，是为适可。独自斟酌，愈小愈佳。""惟素心同调，彼此畅适，清言雄辩，脱略形骸，始可呼童篝火，酌水点汤。"许次疏还写了"茶所""饮时""宜辍""不宜用""不宜近""出游""权宜""良友"等品茶的环境、条件等多方面，集明代泡茶道之大成。

徐㶿（1570—1645），闽县（今福建福州）人。曾协助福州知府喻政编《茶书全集》，又撰《蔡端明别记》《茗谭》《武夷茶考》，精于茶艺，为闽中茶人领袖。曾撰《武夷采茶词》六首和《闽道人寄武夷茶》《试武夷茶》诗等，与谢肇淛、周千秋等茶诗酬和见《雨后集徐兴公汗竹斋烹武夷太姥支提鼓山清源诸茗》。

"品茶最是清事，若无好香在炉，遂乏一段幽趣；焚香雅有逸韵，若无名茶浮碗，终少一番胜缘。是故茶、香两相为用，缺一不可。飨清福者，能有几人？""王佛大常言，三日不饮酒，觉形神不复相亲。余谓一日不饮茶，不独形神不亲，且语言亦觉无味矣。""饮茶，须择清癯韵士为侣，始与茶理相契，若腥腐肥伧，满身垢气，大损香味，不可与作缘。"（《茗谭》）

黄龙德著《茶说》于万历四十三年（1615）。内容切实，时有创见。

"茶灶疏烟，松涛盈耳，独烹独啜，故自有一种乐趣。又不若与高人论道，词客聊诗，黄冠谈玄，缁衣讲禅，知己论心，散人说鬼之为愈也。对此佳宾，躬为茗事，七碗下咽而两腋清风顿起矣。较之独啜，更觉神怡。"（《茶说·八之侣》）

"饮不以时为废兴，亦不以候为可否，无往而不得其应。若明窗净几，花喷柳舒，饮于春也。凉亭水阁，松风萝月，饮于夏也。金风玉露，蕉畔桐阴，饮于秋也。暖阁红垆，梅开雪积，饮于冬也。僧房道院，饮何清也，山林泉石，饮何幽也。焚香鼓琴，饮何雅也。试水斗茗，饮何雄也。梦回卷把，饮何美也。古鼎金瓯，饮之富贵者也。瓷瓶窑盏，饮之清高者也。"（《茶说·九之饮》）

　　张岱（1597—约1680），曾著《茶史》。"周墨农向余道闵汶水茶不置口。戊寅九月，至留都，抵岸，即访闵汶水于桃叶渡。……汶水大笑曰：'予年七十，精赏鉴者无客比。'遂定交。"（《陶庵梦忆·闵老子茶》）明末，徽州休宁人闵汶水，在南京秦淮河桃叶渡开茶肆。茶艺高超，名扬天下。天下名流纷纷以结交闵汶水、品尝闵汶水所泡之茶为荣。万历戊寅九月，张岱拜访闵汶水。高手过招，表面平静、不动声色，实则惊心动魄。两人皆是鉴泉品茗高手，因茶定交，留下一段佳话。

　　明代茶人尤其留心茶室、茶寮的规划，如陆树声《茶寮记》、程季白《白苧草堂记》中所叙述。"小斋之外，别置茶寮。高燥明爽，勿令闭寒。寮前置一几，以顿茶注、茶盂、为临时供具。别置一几，以顿他器。旁列一架，巾帨悬之。"（许次纾《茶疏·茶所》）"构一斗室，相傍书斋，内设茶具，教一童子专主茶役，以供长日清谈，寒宵兀坐。"（屠隆《茶说·茶寮》）高濂的《遵生八笺》和文震亨《长物志》也都有关于茶寮规划布置的记载。

　　若无茶寮的专设，则多半于书斋、书屋中摆置茶具，以备品茶之时的需求。如费元禄的晃彩馆、周履靖的梅墟书屋，皆于斋室中备置茶炉、茶器。知己友朋来访，或萧然独处一室，汲泉烹茶，也适合茶人的身份。

　　明代后期，茶道极盛。江苏常熟钱椿年，震泽张源，昆山张谦德、江阴夏树芳、周高起、松江陆树声、陈继儒、董其昌、冯时可、徐献忠；浙江钱塘田艺蘅、高濂、陈师、许次纾、胡文焕、鄞县屠隆、屠本畯，绍兴徐渭、张岱，慈溪罗廪，四明闻龙，嘉兴周履靖，新都程用宾，还有熊明遇、费元禄、祁彪、文震亨、李日华、黄龙德、徐㷆、谢肇制、龙膺、冯可宾、徐有贞、周庆叔、张大复、袁宏道、闵汶水、何彬然、高元睿等，都是泡茶道盛行时期代表性的茶人。

三、茶文学的继续

（一）茶诗词

　　明代就茶诗词而论，无论是内容，还是形式体裁，比之唐宋都逊色不少。当然，这与中国文学本身的发展演变也有关。时至明清，诗词已失去了在唐宋时期的主导地位，让位于小说。

　　明代茶诗的作者主要有高启、谢应芳、王绂、吴宽、程敏政、李东阳、文徵明、祝枝山、唐寅、谭元春、钟惺、汤显祖、王世贞、陆容、于若瀛、陈继儒、徐渭、徐祯卿、屠隆、文嘉、袁宏道、袁中道等。体裁不外乎古风、律诗、绝句、竹枝词等，题材有名茶、饮茶、采茶、造茶、茶功等。

　　茶诗以咏龙井茶最多，如吴宽的《谢朱懋恭同年寄龙井茶》、孙一元的《饮龙井》、刘邦彦的《谢龙井僧献秉中寄茶》、童汉臣的《龙井试茶》、于若瀛的《龙井茶歌》、屠隆的《龙井茶歌》、陈继儒的《试茶》等。其他名茶如瀑布茶（黄宗羲《余姚瀑布茶》）、虎丘茶（徐渭《某伯子惠虎丘茗谢之》、王世贞《试虎丘茶》）、岕茶（钟惺《七月十五日试岕茶徐元叹寄到二首》、汪道昆《和茅孝若试岕茶歌兼订分茶之约》）、松萝茶（程嵩《松萝试茗》）、石埭茶（徐渭《谢钟君惠石埭茶》）、阳羡茶（吴宽《饮阳羡茶》、文徵明《相城会宜兴王德昭为烹阳羡茶》、谢应芳《阳羡茶》）、六安茶（李东阳等《咏六安茶》）雁山茶（章元应《谢洁庵上人惠新茶》）、君山茶（彭昌运《君山茶》）、桂花茶（刘士亨《谢璘上人惠桂花茶》）等。

茶词有王世贞的《解语花——题美人捧茶》，王世懋的《苏幕遮——夏景题茶》等。

高启（1336—1374）的《采茶词》：

雷过溪山碧云暖，幽丛半吐枪旗短。银钗女儿相应歌，筐中摘得谁最多？归来清香犹在手，高品先将呈太守。竹炉新焙未得尝，笼盛贩与湖南商。山家不解种禾黍，衣食年年在春雨。

王绂（1362—1416）的《题真上人竹茶炉》，乃咏惠山听松庵竹茶炉而作：

僧馆高闲事事幽，竹编茶灶瀹清流。气蒸阳羡三春雨，声带湘江两岸秋。玉白夜敲苍雪冷，翠瓶清引碧云稠。禅翁托此重开社，若个知心是赵州。

吴宽（1435—1504）曾与沈周同游苏州虎丘山，自采茶、手煎、对啜，自言有茶癖，写下茶诗多首。作《爱茶歌》：

汤翁爱茶如爱酒，不数三升并五斗。先春堂开无长物，只将茶灶连茶臼。堂中无事长煮茶，终日茶杯不离口。当筵侍立惟茶童，入门来谒惟茶友。谢茶有诗学卢仝，煎茶有赋拟黄九。《茶经》续编不借人，《茶谱》补遗将脱手。平生种茶不办租，山下茶园知几亩。世人可向茶乡游，此中亦有"无何有"。

其《游惠山入听松庵观竹茶炉》：

与客来尝第二泉，山僧休怪急相煎。结庵正在松风里，裹茗还从谷雨前。玉碗酒香挥且去，石床苔厚醒犹眠。百年重试筠炉火，古杓争怜更瓦全。

听松庵竹茶炉是一件珍品，是惠山寺住持、诗僧普真（性海）于明洪武二十八年（1395）请湖州竹工制作。

文徵明是"吴门四家"之一，有茶诗数十首。"绢封阳羡月，瓦缶惠山泉。至味心难忘，闲情手自煎。"（《煮茶》）独自在家煎饮宜兴茶。文徵明不但自己喜欢喝宜兴茶，也以宜兴茶待客："地炉相对语离离，旋洗砂瓶煮涧澌，邂逅高人自阳羡，淹留残夜品枪旗。"（《相城会宜兴王德昭为烹阳羡茶》）"苍苔绿树野人家，手卷炉薰意自在。莫道客来无供设，一杯阳羡雨前茶。"（《闲兴（六首之二）》）用雨前宜兴茶招待客人。

徐渭（1521—1593），曾著《茶经》（已佚）。其作《某伯子惠虎丘茗谢之》：

虎丘春茗妙烘蒸，七碗何愁不上升。青箬旧封题谷雨，紫砂新罐买宜兴。却从梅月横三弄，细搅松风灺一灯。合向吴侬形管说，好将书上玉壶冰。

虎丘茶是产自苏州的明代名茶，与长兴的罗岕茶、休宁的松萝茶齐名。从"妙烘蒸"来看，似为蒸青绿散茶。为适应散茶的冲泡的需要，明代宜兴的紫砂壶异军突起、风靡天下，"紫砂新罐买宜兴"正是说明了这种情况。

陈继儒（1558—1639）曾著《茶话》《茶董补》，其《试茶》诗推重龙井茶：

龙井源头问子瞻，我亦生来半近禅。泉从石出情宜冽，茶自峰生味更圆。此意偏于廉士得，之情那许俗人专。蔡襄凤辨兰芽贵，不到兹山识不全。

苏轼曾在老龙井处的广福禅院与高僧辩才品茗谈禅，故有"龙井源头问子瞻"。用龙井泉泡龙井茶，相得益彰。

（二）茶事散文

张大复（约1554—1630）《梅花草堂笔谈》，其中记述茶、水、壶的有30多篇，如《试茶》《茶说》《茶》《饮松萝茶》《武夷茶》《云雾茶》《天池茶》《紫笋茶》等，记述了各地名茶和品饮心得。

蔡羽有《惠山茶会序》，秦夔有《听松庵复竹茶炉记》，周履靖有《茶德颂》，徐岩泉有《茶居士传》，袁宏道有《游龙井寺》等。

晚明的小品文写茶事颇多，公安、竟陵派作家，大多有茶文传世。

（三）茶事小说

明代，古典茶事小说发展进入巅峰时期，众多传奇小说和章回小说都出现描写茶事的章节。《金瓶梅》《水浒传》《西游记》《三言二拍》等小说，有着许多对饮茶习俗、饮茶艺术的描写。

中国古代小说描写饮茶之多，当推《金瓶梅》为第一。《金瓶梅》为我们描绘了一幅明代中后期市井社会的饮茶风俗画卷，全书写到茶事的有800多处。以花果、盐姜、蔬品入茶佐饮，表现出市井社会饮茶的特殊性；茶具的贵重化和工艺化，体现了商人富豪的生活追求。《金瓶梅》也写到清饮茶即不入杂物的茶叶，如第二十一回"吴月娘扫雪烹茶，应伯爵替花勾使"中，天降大雪，与西门庆及家中众人在花园中饮酒赏雪的吴月娘骤生雅兴，叫小玉拿着茶罐，亲自扫雪，烹江南凤团雀舌牙茶。《金瓶梅》小说中表现了当时人们日常生活中不可离茶、茶与风俗礼仪的结合，反映了民间饮茶生活的普及。

四、茶艺术的继续

（一）茶戏剧

高濂的《玉簪记》，写才子潘必正与陈娇莲的爱情故事，是中国古代十大喜剧之一。两人由父母指腹联姻，以玉簪为聘，后因金兵南侵而分离。《幽情》一折写陈娇莲在动乱中与母亲走散，金陵城外女真观观主将其收留，取法名妙常。潘必正会试落第，投姑母——女真观观主处安身，与妙常（陈娇莲）意外相逢。一天，妙常煮茗焚香，相邀潘必正叙谈。妙常言道："一炷清香，一盏茶，尘心原不染仙家。可怜今夜凄凉月，偏向离人窗外斜。"潘、陈以茶叙谊，倾吐离人情怀。

汤显祖的代表作《牡丹亭》，写杜丽娘和柳梦梅的爱情故事，全剧共55出。在第8

出《劝农》中，描写了杜丽娘之父、南安太守杜宝春日下乡劝农。一老妇边采茶边唱歌："乘谷雨，采新茶，一旗半枪金缕芽。学士雪炊他，书生困想他，竹烟新瓦。"杜宝为此叹曰："只因天上少茶星，地下先开百草精。闲煞女郎贪斗草，风光不似斗茶清。"表现谷雨节气的采茶活动。

《鸣凤记》，相传系王世贞（1526—1590）编剧。全剧写权臣严嵩杀害忠良夏言、曾铣，杨继盛痛斥严嵩有五奸十大罪状而遭惨戮。《吃茶》一出写的是杨继盛访问附势趋权的赵文华，在奉茶、吃茶之机，借题发挥，展开了一场唇枪舌剑论战。

（二）茶歌

茶歌的来源主要有三种，一是由诗而歌，也即由文人的作品而变成民间歌词的。第二也是主要的来源，即是茶农和茶工自己创作的民歌或山歌。

茶歌的第三种来源，是由谣而歌，民谣经文人整理和配曲再返回民间。如明代正德年间浙江富阳一带流行的《富阳江谣》。这首民谣以通俗朴素的语言，通过一连串的问句，唱出了富阳地区采办贡茶和捕捉贡鱼，百姓遭受的侵扰和痛苦。

富春江之鱼，富阳山之茶。鱼肥卖我子，茶香破我家。采茶妇，捕鱼夫，官府拷掠无完肤。昊天何不仁？此地一何辜？鱼何不生别县，茶何不生别都？富阳山，何日摧？富春水，何日枯？山摧茶亦死，江枯鱼始无！呜呼！山难摧，江难枯，我民不可苏！

（三）茶事书法

吴宽行书七言诗扇面，水墨纸本，书录《谢文宗儒惠茶》诗（图4-5）：

畴昔山崖与水滨，行时茶具每随身。俗缘未尽还分郡，清物犹存合赠人。陆羽已尝泉最美，迟任休说器惟新。只今纸里真堪笑，携去尤惊范景仁。

通篇书法气息沉着，规矩而不失灵活，布局匀称，疏密得当。文林，字宗儒，是文徵明的父亲，与吴宽同年的进士。

图4-5 吴宽行书《谢文宗儒惠茶》

蔡羽善书法，长于楷、行，以秃笔取劲，姿尽骨全。小楷《惠山茶会序》（图4-6）乃为文徵明《惠山茶会图》所作卷前序记，其中有"戊子为二月十九清明日，少雨求无锡，未逮惠山十里，天忽霁。日午造泉所，乃举王氏鼎，立二泉亭下。七人者环亭坐，注泉于鼎，三沸而三啜之，识水品之高，仰古人之趣，各陶陶然不能去矣。"蔡羽传世真迹很少，所以更显珍贵。

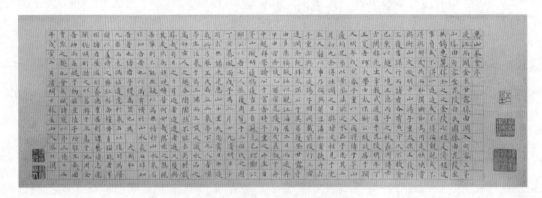

图4-6　蔡羽小楷《惠山茶会序》

文彭（1498—1573），文徵明长子。工书画，尤精篆刻。草书闲散不失章法，错落有致，神采风骨，兼其父文徵明和孙过庭之长，甚见功力。卢仝诗《走笔谢孟谏议寄新茶》（图4-7）是其草书的代表作，笔走龙蛇，结体自然，一气呵成。

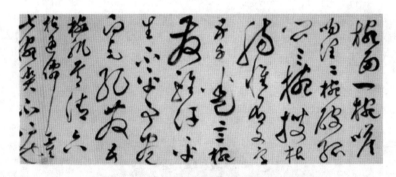

图4-7　文彭草书《走笔谢孟谏议寄新茶》（局部）

徐渭《煎茶七类》（图4-8），行书，带有较明显的米芾笔意，笔画挺劲而腴润，布局潇洒而不失严谨。

（四）茶事绘画

1. 沈贞《竹炉山房图》

沈贞（1400—约1482），沈周伯父。成化辛卯（1471），沈贞往毗陵，路过无锡惠山，造访普照禅师，作《竹炉山房图》（图4-9）。修篁中的竹炉山房内，沈贞与普照对坐，门外一僧挥扇煮茶。

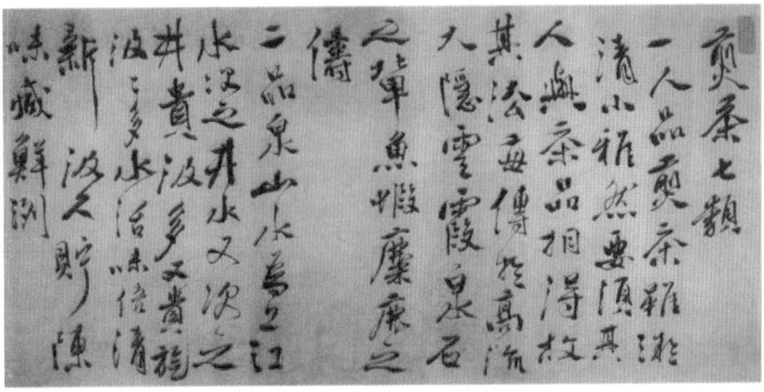

(1)

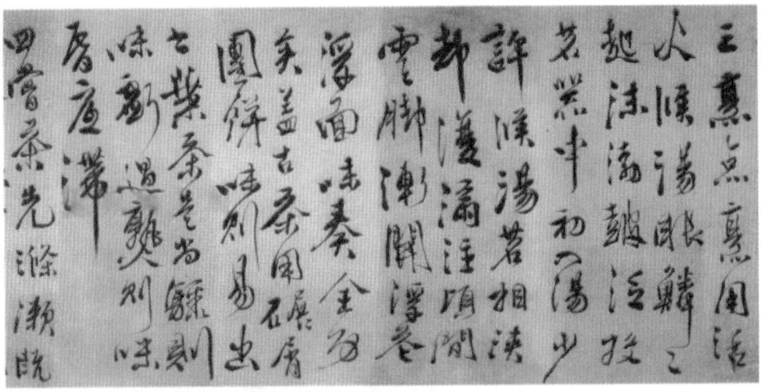

(2)

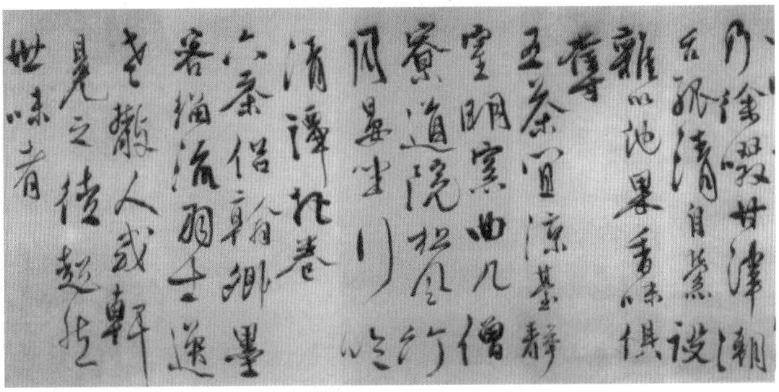

(3)

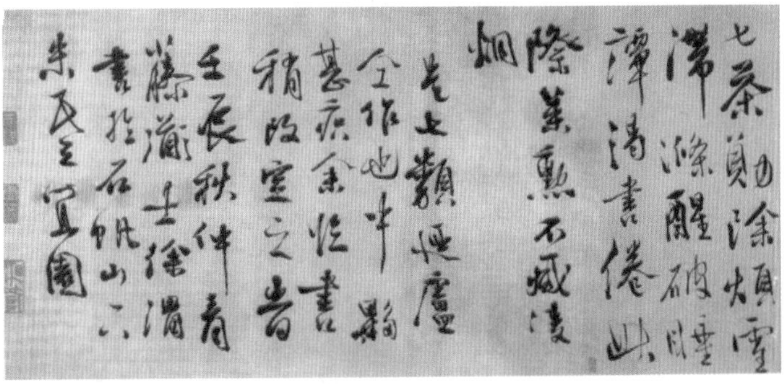

(4)

图4-8 徐渭行书《煎茶七类》

扫码看大图　　　　　　图4-9　沈贞《竹炉山房图》

2. 文徵明茶画

文徵明的《惠山茶会图》（图 4-1），描绘正德十三年（1518）清明时节，文徵明同书画好友蔡羽、汤珍、王守、王宠等游览无锡惠山，在惠山二泉亭以茶会友、饮茶赋诗。高大的松树、峥嵘的山石，树石之间有一井亭，亭内二人围井栏盘腿而坐，右一人腿上展书。松树下茶桌上摆放多件茶具，桌边方形茶炉，乃是王氏兄弟携来的名器，上置壶烹泉，一童子在取火。一文士伫立拱手，似向其他文士致意问候。亭后一条小径通向密林深处，曲径之上两个文士一路攀谈，漫步而来。文徵明尚有《品茶图》（图 4-3）《茶具十咏图》《玉川图》《林榭煎茶图》《乔林煮茗图》《茶事图》《猗兰室图》《中庭步月图》《浒溪草堂图》《东园图》《真赏斋图》等涉茶绘画。

3. 唐寅茶画

唐寅的《事茗图》（图 4-4），画面是青山环抱，林木苍翠，溪流潺潺，参天古树下，有茅屋数间。近处是山崖巨石，远处是云雾弥漫的高山，隐约可见飞流瀑布。正中是一片平地，有数椽茅屋，前立凌云双松，后种成荫竹树。茅屋之中一人正聚精会神地伏案读书，书案一头摆着壶盏等茶具，墙边是满架诗书。边屋茶寮中一童子正在煽火煮水。屋外右方，小溪上横卧板桥，一老者缓步策杖来访，身后一书童抱琴相随。画卷上的人物神态生动，环境优雅，表现出幽人雅士品茗雅集的清幽之境，是当时文人学士山居闲适生活的真实写照；《慧山竹炉图》，画面上有一位文人与一僧士正在梧桐树下，坐饮品茗。那惠山听松庵的竹茶炉正放在石凳之上，一童正在扇炉，另一童正在汲水，笔画简洁，色彩鲜丽，人物情态毕现，栩栩如生；《品茶图》画面是峰峦叠嶂，一泉直泻。山下林中茅舍两间，错落相接。前间面南敞开一老一少。老者右手持盏，左手握书，悠闲地端坐品茶、读书。少者为一童子，正蹲在炉边扇火煮水。后间门南窗东，从窗中隐约可见一老一少似在炒茶。画上有自题诗："买得青山只种茶，峰前峰后摘春芽；烹煎已得前人法，蟹眼松风候自嘉。"唐寅尚有《琴士图》《煎茶图》《煮茶图》《陶谷赠词图》《款鹤图》等涉茶绘画。

4. 仇英茶画

仇英（1498—约 1552）的《松亭试泉图》（图 4-10），名为试泉，也为试茶。画中峰峦峥嵘，岩间飞瀑数迭，流入松林溪间，临溪一松亭。两人坐于亭中，品茶赏景。亭外溪边一童子正持瓶汲水。一派山青水秀、煮泉品茶的幽娴情景。

仇英尚有《烹茶论画图》《赵孟頫写经换茶图》《煮茶图》《琴书高隐图》《园居图》《玉洞仙源图》《南溪图》《东林图》《竹院品古》等涉茶绘画。

5. 钱谷《惠山煮泉图》

钱谷（1508—约 1579）此图（图 4-11）绘与友人在天下第二泉试泉品茗事，一童子汲水池惠泉，另一童子于松下煽火烹泉，一童子端盘承茶盏等候。图中树木多以乾笔皴擦，人物偶现几处浓墨点缀，浓淡恰到好处，笔法灵巧，呈现了晚明文人潇洒怡然的生活情景。

钱谷尚有《定慧禅院图》《竹亭对棋图》《秦淮冶游图》等涉茶绘画。

图 4-10　仇英《松亭试泉图》　　　　　　　图 4-11　钱谷《惠山煮泉图》

6. 王问《煮茶图》

王问（1497—1576）的《煮茶图》（图 4-12），以竹炉煮茶为题材。竹炉四方形，炉外用竹编成。画左边一童展开书画卷，一长者正在聚精会神地欣赏。描绘了文人煮茶阅卷的情景。

7. 丁云鹏《煮茶图》

丁云鹏（1547—1628）的《煮茶图》（图 4-13）以卢仝饮茶故事为题材，但所表现的已非唐代煎茶而是明代泡茶。图中描绘了卢仝坐榻上，双手置膝，榻边置一竹炉，炉上茶瓶正在煮水。榻前几上有茶罐、茶壶、托盏和假山盆景等，旁有一长须男仆正蹲地取水。榻旁有一赤脚老婢，双手端果盘正走过来。画面人物神态生动，背景满树白玉兰花盛开，湖石和红花绿草美丽雅致。丁云鹏的《玉川煮茶图》，内容与《煮茶

图 4-12 王问《煮茶图》(局部)

图》大致一样，但场景有所变化。比如在芭蕉和湖石后面增添几竿修竹，芭蕉树上绽放数朵红色花蕊，数后开放几丛红花，使整个画面增添绚丽色彩，充满勃勃生机。画中卢仝坐蕉林修篁下，手执羽扇，目视茶炉，正聚精会神候汤。身后焦叶铺石，上置汤壶、茶壶、茶罐、茶盏等。右边一长须男仆持壶而行，似是汲泉去。左边一赤脚老婢，双手捧果盘而来。此外，丁云鹏尚有《松下纳凉图》《树下人物图》等涉茶绘画。

图 4-13 丁云鹏《煮茶图》

扫码看大图

明代涉及茶事的绘画，还有李时的《清赏图》，谢环的《杏园雅集图》，杜堇画、金琮书的《卢仝茶歌诗意图》，郭纯的《人物图》，周臣的《品茶图》《匏翁雪咏图》，沈周的《会茗图》《醉茗图》《拙修庵》《尘虑图》，周翰的《西园雅集图》，许至震的《衡山先生听松图》，王鉴的《赏荷啜茗图》，文嘉的《惠山图》《山静日长图》，程嘉燧的《虎丘松月试茶图》，陆治的《竹泉试茗图》《桐荫高士图》，李士达的《坐听松风图》，尤求的《钓船烹茗》《园中茗话》，孙克弘的《品茶图》《芸窗清玩图》《销闲清课图》，蓝瑛的《煎茶图》，崔子忠的《杏园雅集图》等。

五、茶书的繁荣

明代茶书有 70 多种，前期（1368—1460）和中期（1461—1552）茶书较少，大多集中在后期（1553—1664）。散佚和佚失的茶书不在少数，有谭宣的《茶马志》、胡彦的《茶马类考》、朱祐槟的《茶谱》《泉评茶辨》、蔡方炳的《历代榷茶志》、李日华的《竹懒茶衡》、赵长白的《茶史》、胡文焕的《茶集》、过龙的《茶经》、徐渭的《茶经》、朱曰藩和盛时泰的《茶事汇辑》、盛时泰的《金陵泉品》、程荣的《茶谱》、邢士襄的《茶说》、吴从先的《茗说》、衷仲儒的《武夷茶说》、卜万琪的《松寮茗政》、周庆叔的《岕茶别论》、陈克勤的《茗林》、何彬然的《茶约》、郭三辰的《茶荚》、黄钦的《茶经》、徐𤊹的《茗笈》《茶品集录》《茶品要论》20 多种。

（一）明代茶书体例

其一为汇辑类。明代人重视对前人茶书成果的继承和历代茶叶文艺资料的汇集，汇辑前人和今人有关论茶著作中的材料，编辑为一书，有近 30 种，其中互相重复的不在少数，包括钱椿年的《制茶新谱》、赵之履的《茶谱续编》、顾元庆的《茶谱》、黄履道的《茶苑》、徐渭的《煎茶七类》、吴旦的《茶经水辨》《茶经外集》、孙大绶的《茶谱外集》、汤显祖的《别本茶经》、屠本畯的《茗笈》、夏树芳的《茶董》、陈继儒的《茶董补》、陈继儒的《茶话》、龙膺的《蒙史》、徐勃的《蔡端明别记》、喻政的《茶集》《茶书全集》、冯时可的《茶录》、袁宏道的《中郎茶谱》、程百二的《品茶要录补》、万邦宁的《茗史》、华淑的《品茶八要》、高元濬的《茶乘》、醉茶消客的《茶书》、无名氏的《茗笈》、朱祐槟的《茶谱》、朱曰藩和盛时泰的《茶事汇辑》、徐渭的《茶经》。

其二为著作类，即有自己的研究和创新，有近 20 种。这类茶书是明代茶书的代表，具有重要学术价值，包括朱权的《茶谱》、高淑嗣的《煎茶七类》、陈讲的《茶马志》、田艺蘅的《煮泉小品》、徐献忠的《水品》、陈师的《茶考》、张源的《茶录》、屠隆的《茶说》、许次纾的《茶疏》、罗廪的《茶解》、徐𤊹的《茗谭》、黄龙德的《茶说》、熊明遇的《罗岕茶疏》、冯可宾的《岕茶笺》、闻龙的《茶笺》、周高起的《洞山岕茶系》《阳羡茗壶系》、徐彦登的《历代茶马奏议》。

其三为半著半辑，即有著有述，既有辑述前人茶书的内容，又有自己的心得，有数种，如陆树声的《茶寮记》、张谦德的《茶经》、程用宾的《茶录》、屠隆的《茶笺》、邓志谟的《茶酒争奇》等。

总之，因袭辑述和新造独创并存，构成了明代茶书的基调。

（二）明代茶书特点

其一为系统性，体系完整，诸如朱权的《茶谱》、田艺蘅的《煮泉小品》、徐忠献的《水品》、张源的《茶录》、许次纾的《茶疏》、罗廪的《茶解》、黄龙德的《茶说》、屠本畯的《茗笈》、喻政的《茶集》《茶书全集》、高元濬的《茶乘》、张谦德的《茶经》、周高起的《阳羡茗壶系》、何彬然的《茶约》等。

其二为漫录性，随意所记，不成系统，往往也有独到之处，诸如陈师的《茶考》、夏树芳的《茶董》、陈继儒的《茶董补》《茶话》、徐㶿的《蔡端明别记》、程百二的《品茶要录补》、冯时可的《茶录》、万邦宁的《茗史》、闻龙的《茶笺》、徐勃的《茗谭》等。

其三为专题性，即围绕茶事中的某一方面进行论述。可分为评水之书、茶政之书、名茶之书、茶具之书。

（1）评水之书　无水不可论茶，评水之书明代尤其兴盛，有田艺蘅的《煮泉小品》、徐忠献的《水品》、龙膺的《蒙史》、吴旦的《茶经水辨》、盛时泰的《金陵泉品》等。

（2）茶政之书　茶马互市是明代茶叶流通重要形式之一，茶马之政最为严密，茶马之法变化最多，茶政之书也多样，诸如谭宣的《茶马志》、陈讲的《茶马志》、胡彦的《茶马类考》、徐彦登的《历代茶马奏议》、蔡方炳的《历代榷茶志》等。对于茶马贸易管理和历史演变等一系列问题，有专门的记载和论述。

（3）名茶之书　明代产于浙江长兴和江苏宜兴的岕茶最为知名，故有熊明遇的《罗岕茶疏》、周高起的《洞山岕茶系》、冯可宾的《岕茶笺》、周庆叔的《岕茶别论》等专书。

（4）茶具之书　明中期至明末的上百年中，宜兴紫砂艺术突飞猛进地发展起来，周高起的《阳羡茗壶系》从创始、正始、大家、名家、雅流、神品、别派几个方面来记述这段历史。

（三）明代茶书要籍

最能反映明代茶学成就的是张源的《茶录》和许次纾的《茶疏》，其次则是田艺蘅的《煮泉小品》、罗廪的《茶解》、黄龙德的《茶说》等。

张源的《茶录》，撰于万历二十三年（1595）前。顾大典《茶录》序说张源："每博览之暇，汲泉煮茗，以自愉快，无间寒暑，历三十年，疲精殚思，不究茶之指归不已。"全书约5500字，分为采茶、造茶、辨茶、藏茶、火候、汤辨、汤用老嫩、泡法、投茶、饮茶、香、色、味、点染失真、茶变不可用、品泉、井水不宜茶、贮水、茶具、茶盏、拭盏布、分茶盒、茶道共23则，每条都比较精练简要，言之有物，是明代茶书的经典之作。

许次纾的《茶疏》，撰于万历二十五年（1597）。清代厉鄂《东城杂记》称《茶疏》"深得茗柯之理，与陆羽《茶经》相表里。"全书约4700字，论述产茶品第和采制、收贮、烹点等方法，颇有心得。有产茶、今古制法、采摘、炒茶、岕中制法、收藏、置顿、取用、包裹、日用置顿、择水、贮水、舀水、煮水器、火候、烹点、称量、汤候、瓯注、荡涤、饮啜、论客、茶所、洗茶、童子、饮时、宜辍、不宜用、不宜近、良友、出游、权宜、虎林水、宜节、辩讹、考本共 36 则，集明代茶学之大成。

田艺蘅的《煮泉小品》，撰于嘉靖甲寅（1554）前。全书分源泉、石流、清寒、甘香、宜茶、灵水、异泉、江水、井水、绪谈共十章，不独详论天下之水，在"绪谈"还记录了当时茶叶生产和烹煎方法。"生晒茶瀹之瓯中，则枪旗舒畅，清翠鲜明，尤为可爱。"在茶瓯中泡茶，这是关于明代撮泡法的最早记载。

罗廪的《茶解》，撰于万历戊申（1608）前后。首为总论，以下分原、品、艺、采、制、藏、烹、水、禁、器等。"乃周游产茶之地，采其法制，参互考订，深有所会。遂于中隐山阳，栽植培灌，兹且十年。春夏之交，手为摘制。"由于文中所述为作者亲身体验，因此较有价值。

黄龙德的《茶说》，撰于万历四十三年（1615）前。首有总论一篇，然后分产、造、色、香、味、汤、具、侣、饮、藏共十章。"故述国朝《茶说》十章，以补宋黄儒《茶录》之后。"黄龙德自述仿北宋黄儒《品茶要录》体例，但实际上乃是自创，内容切实、时有创见，是明代一部有特色的茶书。

明代中后期，饮茶日益繁盛，茶会和茶馆兴盛，紫砂茶具异军突起，泡茶道形成并广泛流行。明代的茶事诗词虽不及唐宋，但在茶事散文、小说方面有所发展。茶事书画也超迈唐宋，其中最具代表性的有文徵明、唐寅、仇英、丁云鹏的茶画，还有吴宽、文彭、徐渭的茶事书法。茶书创著在晚明达到高潮，影响深远。晚明时期，形成了中华茶文化的第三个高峰。

第四节　茶向亚欧地区的传播

一、茶向亚洲地区的传播

饮茶风气的西传意义巨大，正是茶叶西传，才促进了茶叶外销的急剧发展。西传包括陆路循丝绸之路向中亚、西亚、北亚、东欧传播，海路向阿拉伯、西欧、北欧传播两条路线，也即陆上茶叶之路和海上茶叶之路。

关于陆路传播，黄时鉴指出："从 14 世纪起至 17 世纪前期，经由陆路，中国茶在中亚、波斯、印度西北部和阿拉伯地区得到不同程度的传播。而正是经过阿拉伯人，茶的信息首次传到西欧"，也就是说主要是经过古老的丝绸之路向西传播的。1638 年，被派至波斯王处的荷兰人阿达姆·奥莱利说："波斯人都喜欢优质茶"，茶必须加香料糖煮饮，同时印度西北部也饮茶。

室町幕府第八代将军足利义政（1436—1490）在应对权利日益膨胀的守护大名时一再失败，其他的如继承人等问题也一再失策，政局动荡，直至发生长达十年之久的应仁之乱（1467—1477），京都几成废墟，导致日本进入百年的战国混乱时代。在这个混乱时局中成长起来的富豪和新兴武士，其中最著名的武士当数织田信长（1534—1582）。他成功控制了日本政治、经济、文化的核心地带——近畿地区，成为日本战国时代中晚期最强大的大名，统一日本的曙光也已经显露。可是，天正十年六月二日，心腹将领的明智光秀发动了本能寺之变，织田信长自焚。就在本能寺之变的前日，织田信长举办了在他的人生中最辉煌的茶会，集结的名物茶具前无古人。

茶会以九州最大的大名大友宗麟和博多豪商岛井宗室为主宾，博多商人也是茶道中人的神谷宗湛以及40余位大臣同席。据《御茶汤道具目录》记载，茶会上使用了以下道具：

（1）茶叶罐　付藻茄子、珠光小茄子、圆座肩冲、势高肩冲、万岁大海；

（2）天目　绍鸥白天目、犬山香月天目；

（3）茶碗　松本、宗无、珠光茶碗；

（4）台　数之台二张、雕漆龙台；

（5）香炉　千鸟香炉；

（6）花瓶　货狄、芜无、筒瓶青瓷；

（7）唐绘　赵昌果子画、玉润古木和小玉润、牧溪慈姑、濡鸟；

（8）盖置　开山五德；

（9）水罐　切桶、同返花、缔切；

（10）釜　宫王、田口。①

织田信长将他近八成以绝品唐物为中心的名物茶器从安土城运到本能寺举办这次茶会，但是在本能寺之变中付之一炬，只残留了玉润古木和付藻茄子等屈指可数的名物。丰臣秀吉不仅收藏了付藻茄子，还努力重新收集织田信长的藏品。

付藻茄子又名松永茄子、九十九发。付藻茄子原本是室町幕府鼎盛时代的将军足利义满（1358—1408）的藏品，足利义政喜爱到揣在铠甲里上战场的程度，赏赐给了山名政丰，之后下落不明。村田珠光再次发现了它，用99贯买下，故名"九十九发"。经过一系列的流传之后，1558年落入松永久秀（1510—1577）之手，这是"松永茄子"名称的来源。葡萄牙人传教士路易斯·弗洛伊斯（Lius Frois）在他的《日本史》里也提到了九十九发：

> 收藏着石榴大小、装茶粉的陶器。据说价值二万五千甚至三万克鲁扎多（Cruzado，当时的葡萄牙货币），名为"九十九发茄子"。即便他们说它价格昂贵我也不想要。霜台（松永弹正久秀）期望找到能用一万克鲁扎多买下它的诸侯。此外还有很多价值三千、四千、五千、八千、一万克鲁扎多的茶器，买卖名物茶器成为日常的事。②

就是这么一件名贵的茶具，松永弹正久秀在1568年献给了拥立足利义昭到京都的织田信长，以表示自己的忠诚，于是才出现在本能寺茶会里。当时，织田信长也投桃报李，承认了他的大和国大名的地位。这是茶道政治化的典型事例之一，也充分体现了唐物茶具的价值。

伴随着政治、经济、文化的发展，日本改造中国茶文化的成果逐渐展现出来了，按照日本主流的说法，从村田珠光（1423—1502）经武野绍鸥（1502—1555）到千利休（1522—1592）最终形成了侘茶。侘茶的基础仍然是唐物，从本能寺茶会使用的茶

---

① 河添房江．唐物的文化史．商务印书馆，2018：187.

② 路易斯·佛罗伊斯．日本史．中央公论社，1977（1）：257.

具也可以看出，村田珠光对于唐物的吸收以及他的权威性对于抬高唐物茶具价格的作用。其实，就像村田珠光在《珠光古市播磨法师宛一纸》中所说的："茶汤之道最重要的是融合和汉的境界，让日本的东西和中国的东西达到浑然一体的境地。这点非常重要，必须时刻牢记在心。①"强调日本的美，为日本茶具进入茶汤世界敞开了大门，说明日本明确意识到了中国茶文化的日本化改造，同时也反映了这时的茶汤仍然少不了中国元素支撑的现实。

二、茶向欧洲地区的传播

人们比较熟悉的茶叶海上西传之路，日后成为了最主要的茶叶运输路线。一般认为在 16 世纪中叶左右欧洲人接触到茶的信息，早期主要是通过葡萄牙、西班牙等西方殖民主义者东侵后获得的。他们来到东方后，学习中国饮茶习俗，并把茶的知识带到了西方。于是西方人纷纷创造了一个新词汇"茶"。17 世纪前，先后出现茶字的国家有俄国（1507）、意大利（威尼斯 1559，罗马 1588）、葡萄牙（1590）、伊朗（1597）、荷兰（1598）、瑞典（1623）、德国（1633）、法国（1648）等②。几乎同时，记载茶叶的早期文献也出现了。1545 年前后，意大利人赖麦锡的《航海记集成》中载："在中国，所到之处都在饮茶。空腹时喝上一两杯这样的茶水，能治疗热病、头痛、胃病、横腹关节痛。茶还是治疗痛风的灵药。饭吃得过饱，喝一点这种茶水，马上就会消积化食。③"1559 年威尼斯著名作家拉摩晓（Giambattistaramusio）根据阿拉伯商人哈只·马合本（Chaggi Mehomet）所述，在《旅行札记》《中国茶摘记》《茶之摘记》3 本书中均有"中国茶"的记载④。西方人的"茶"字均来源于中国厦门 tay 或潮汕方言 cha。这是因为荷兰、葡萄牙人通过南洋贸易最先真正接触到茶，并最早把茶叶从海路运到欧洲。

1607 年，荷兰商船自爪哇来澳门运载绿茶，1610 年运回欧洲。嗣后茶不断从海路输入欧洲，饮茶习惯逐渐在荷兰兴起，并波及整个欧洲。饮茶的发展，引起了人们对茶的热切关注，"17 世纪初，茶已为商业要品"，但是"价格贵""在伦敦市中，茶值每磅（1 磅=0.453592 千克）需银 100 元"，有所谓"掷三银块而饮茶一盅"之说。这么高的茶价，平民百姓自然不敢问津，唯有"王公贵胄，乃一染指耳"。

17 世纪 60 年代前，欧洲的茶都是荷兰供应的。饮茶首先在荷兰兴起，到 1675 年，食品店里也有茶叶出售，全国开始普遍饮茶。富裕之家专门营造了茶室，贵夫人们更是痴迷于茶会。此时英国饮茶风也已兴起，但主要在上流社会传播。1684 年，东印度公司伦敦董事会曾通知在华英商："现在茶已通行，每年购上好新茶五六箱运来"⑤。早在 1658 年，英国伦敦一家咖啡店就有售茶广告，嗣后"茶在英国渐渐由时髦饮料变成

① 千宗室. 茶道古典全集. 淡交新社，1967：3.
② 陈椽. 茶业通史. 农业出版社，1984：20.
③ 角山荣. 茶入欧洲之经纬. 农业考古，1992（4）：257-262.
④ 黄时鉴. 关于茶在北亚和西域的早期传播. 历史研究，1993（1）：141-145；徐克定. 俄罗斯茶事寻踪. 农业考古，1993（4）：270-272.
⑤ 萧一山. 清代通史（影印版）（二）. 中华书局，1985：847.

风尚……喝茶的风气居然由咖啡店侵入家庭里"[1]，加上东印度公司"被夺去了从印度纺织品进口中赚钱的机会""被迫将它的整个生意转移到中国茶叶的进口上"[2]，与荷兰展开竞争，这在客观上促进了饮茶风气的兴起。许多作家曾专门写文评论此风习。

此外茶在法国、德国、丹麦、瑞典、西班牙、葡萄牙等欧洲国家均有一定程度的传播，并拓展至荷兰、英国的海外殖民地。北美饮茶习俗首先由荷兰人发其端，"茶之传入美洲，为时亦甚早，约在 17 世纪中叶，荷人挟茶至新亚摩士特丹"[3]。嗣后英国人继其后推波助澜。约在 1690 年，波士顿已有第一个出售中国茶叶的市场，表明随着荷、英两大饮茶大国殖民活动的开展，茶已被带到北美"新大陆"。

俄国的饮茶习俗首先是经过陆路传入。俄国与中国本不接壤，茶是通过中间环节辗转而得的。光绪二十二年（1896）《申报》曾登有《俄人论茶》，云："圣彼得堡日报丙论俄国购买中国茶叶源流及制茶之法略，云四百年前西比利亚部居民初次与俄帅耶尔玛克开仗，彼时相传有俄人饮中国茶者，以牛奶与茶调饮，至今此风犹存，昔蒙古人以茶入俄贸易货物，考茶叶入摩斯哥之始，非由东方运去，系荷兰人从阿耳山斯克贩至俄"[4]。此可知最早输入俄国的茶是经蒙古、西伯利亚路线，时间当在 15 世纪末，而输入莫斯科的茶叶则是稍后由荷兰人输入的。1567 年，俄国人彼得洛夫和雅里谢夫介绍茶叶入俄，为俄国茶事记载之始，相比较而言，也是欧洲较早介绍茶事的国家之一。1616 年，哥萨克什长彼得罗夫已在梅克汗廷首次尝到茶味，对这种"无以名状的叶子"表示惊异。1618 年，"我国出使俄国钦差以茶馈赠俄皇"[5]，这数箱茶叶也是经陆路历时 18 个月始抵达俄京。1640 年，俄使瓦西里·斯达尔科夫从卡尔梅克汗廷回国，带回茶叶 200 袋（约 24.57kg）[6]。随着茶叶不断辗转输入俄国，俄国饮茶之风渐起。

总之，17 世纪前，茶叶通过陆海两路得到初步传播，亚洲许多地区不但饮茶成习，而且有了茶的种植甚至制造。欧洲至少上流社会已盛行饮茶，并开始向民间渗透；同时通过殖民活动，又向世界更广的范围推广。但由于中西贸易始起，茶价昂贵，饮茶习俗的传播还只是初步的。

① 张德昌.清代鸦片战争前之中西沿海通商.清华大学学报（自然科学版），1935（1）：97-145.
② 格林堡.鸦片战争前中英通商史（中译本）.商务印书馆，1962：2.
③ 行政院新闻局.茶叶产销.民国 36 年 11 月：1-2.
④ 《申报》1896 年 12 月 10 日。
⑤ 行政院新闻局.茶叶产销.民国 36 年 11 月：1-2.
⑥ 巴德勒.俄国·蒙古·中国：第 2 卷.1919：118.

第五章 清朝时期

第一节 茶叶生产技术的发展

一、茶树栽培技术

清朝的茶树栽培技术随着农业科技的发展而不断地提高，茶园管理技术的理论体系也得到进一步完善。

（一）茶树的生态条件

茶树适生的地势和方位，关系到茶树生育所需的光、温、湿等气候条件，历来均未能从理论上加以说明，直到清末，才把它和气候、土壤等生态条件结合起来进行阐述。程雨亭在《整饬皖茶文牍》（1897）中说："大抵山峰高，则土愈沃，茶质亦厚，此系乎地利；雨旸冻雪，又系乎天时"。这就是说，在有林木覆盖、土层深厚、海拔较高的迎阳缓坡地上种茶，土壤蓄水保肥能力强，土壤肥沃度高，能够源源不断地供给茶树在生长发育期间所需的水、肥营养。而且日照时间早，早春升温快；地势较高，昼夜温差大；高山雾露多，相对湿度也较高。因此茶树发芽早，芽叶粗壮，不易形成对夹叶。

（二）茶树品种资源

清朝时期，茶树品种资源散见于文史和地方志中，内容逐渐多了起来。

1. 峒茶

"大峒山巅植之，其味甚佳"（《岑溪县志》）。峒茶不仅广西有，湖南南部也有。《道州志》（1877）载："南路江邑（江华）瑶山内有界牌茶，即六峒茶，其味甚苦，其色正红，暑月服之可解渴烦"。据湖南省农业科学院茶叶研究所王威廉等人的考证：峒茶即江华瑶族人所传的"苦茶"，也称"高脚茶"。

2. 毛茶

"树高一二丈，叶粗大，名粗毛茶，近有采嫩巅充普洱茶者，味颇类"（《荥经县志》）。《乐昌县志》（1931）载："毛茶，叶有白毛，故名。味清而香……大山处处有之，以瑶山所产者为最。"

3. 普洱茶

"思茅治稿云，其治革登山有茶王树，较众茶树高大。"（阮福《普洱茶记》）

4. 水仙茶

"瓯宁县之大湖，别有叶粗长名水仙者，以味似水仙花故名。"（郭柏苍《闽产录异》）

5. 乌龙茶

福建崇安武夷山不仅有著名的茶树品种，而且有许多"名丛"，其中有许多是以单丛著称。福建《崇安县新志》对这些品种或名丛的分类时提出：

> 宋以后，花样翻新，嘉茗鹊起，揭其要，不外时、地、形、色、气、味六者。如：先春、雨前乃以时名；半天天、不见天乃以地名；粟粒、柳条乃以形名；白鸡冠、大红袍乃以色名；白瑞香、素心兰乃以气名；肉桂、木瓜乃以味名。

蒋希召在《蒋叔南游记》中记：

> 武夷产茶，名闻全球。……茶之品类，大别为四种：曰小种，其最下者也，高不过尺余，九曲溪畔所见皆是，亦称之半岩茶，价每斤一元；曰名种，价倍于小种；曰奇种，价又倍之，乌龙、水仙与奇种等，价亦相同，计每斤四元。水仙叶大，味清香，乌龙叶细色黑，味浓涩；曰上奇种，则皆百年以上老树，至此则另立名目，价值奇昂。如大红袍，其最上品也，每年所收，天心不能满一斤，天游亦十数两耳。武夷各岩所产之茶，各有其特殊之品。天心岩之大红袍、金锁匙，天游岩之大红袍、人参果、吊金龟、下水龟、毛猴、柳条，马头岩之白牡丹、石菊、铁罗汉、苦瓜霜，慧苑岩之品石、金鸡伴凤凰、狮舌，磊石岩之乌珠、壁石，止止庵之白鸡冠，蟠龙岩之玉桂、一枝香，皆极名贵。此外有金观音、半天摇、不知春、夜来香、拉天吊等等，名目诡异，统计全山将达千种。……

天心岩之大红袍，天游岩之水金龟，马头岩之铁罗汉，止止庵之白鸡冠，合成武夷岩茶"四大名丛"，还有金锁匙、人参果、白牡丹、金鸡伴凤凰、乌珠、玉桂、一枝香、金观音、半天摇、不知春、夜来香等诸多名丛。

（三）茶树繁殖

从清初方以智《物理小识》"种以多子，稍长即移，大即难移"的记载来看，大概在明朝后期，中国有些地方在丛直播的基础上，又成功地创造出了一种丛播育苗移栽的方法。

由于繁殖与保持优良茶树品种特性的需要，在茶树良种资源较多的福建省，首先产生和应用了茶树压条繁殖的技术，但年代已很难稽考。插枝是从清代开始比较广泛应用的无性繁殖技术，据传铁观音是200多年前用无性繁殖而成的品种。茶树扦插的最早记载，见于清康熙后期李来章的《连阳八排风土记》：

> 将已成茶条，拣粗如鸡卵大，砍三尺长，小头削尖，每种一株，隔四五尺远，或用铁钉，或用木橛，大三四分，锤入地中，用力拔出，就将茶条插入橛根，外留一分，

用土填实，封一小堆，两月之后，萌芽发出。

据《建瓯县志》（1939）载：

> 水仙茶，质美而味厚……（清）西坤厂某甲业茶，樵采于山隅到洞前，得一木似茶而香，遂移栽园中。及长……为诸茶冠。但开花不结实，初用插木法，所传甚难，后因墙崩将茶压倒发根，始悟压条之法。获大发达，流传各县。而西坤厂之茶母至今犹存，固一奇也。

茶树压条繁殖方法，不仅福建有，浙江也有。浙江温州地区农民很早就用堆土压条的方法繁殖茶树；浙江临海农民还采用一种长枝插条的方法繁殖茶树，历时已久。实际上，以上各种无性繁殖技术可能早在清代康熙年间即已出现。中国花卉压条技术，当产生于明朝后期。而茶树繁殖采用压条，大概是明末清初从种花技术中移植过来的。

上述"插木法"，是最原始的"成年粗茎扦插"，也常见于旧时农村用来繁殖杨树和柳树等许多树种。用这种成年粗茎来繁殖茶树，成活率是极低的，后来在实践中人们逐渐发现用当年生的枝条更易成活，于是废弃粗枝改用当年枝条扦插，即"长穗扦插"。福建不但是茶树压条、嫁接最早使用的地区，也是扦插技术的创始和最早发展地区。据调查，在19世纪末至20世纪初的清朝末年，福建安溪宝山乡有位老农，在长穗扦插技术的基础上繁殖一种名为"赤叶"的茶树品种过程中，创造和掌握了只用仅带2～3片叶的枝条扦插的"短穗扦插"技术。在清末民初，仅安溪一县，无性繁殖系的茶树品种就多达三四十种。除铁观音外，还有乌龙、梅占、毛蟹、奇兰、佛手、桃仁、本山、赤叶、厚叶、毛猴、墨香、腾云等。在浙江的温州、台州、龙泉和江西的上饶一带，民国前民间选育的黄叶早、乌牛早、清明早、藤茶、水古茶和大面白等无性繁殖系茶树品种，即是向福建学习或由福建传入无性系繁殖法之后出现的成果。

（四）茶园管理

清朝，在除草、施肥的某些方法和间作等方面有所充实。《时务通考》提到锄地以后，"用干草密遮其地，使不生草莱"；《抚郡农产考略》提到锄草之后，要结合"沃肥一次"。

茶园的间作套种，在清朝初年广东已有在茶园中间种蝇树。张渠《粤东闻见录》（1738）载："西樵多种茶，茶畦有蝇树，叶细如豆，夏秋时蝇皆集于此树，故茶不生螆而味好。又遇旱则能降水起滋茶，遇潦则能升水以煤茶。"蝇树是茶园中的一种遮阴植物，在炎热夏季能够起到调节茶园小气候的作用。此外，在珠江南岸，有的地方习惯用苦蓥树与茶间种。屈大均《广东新语》（1690）载："珠江之南……谓之河南……今山中人率种茶，间以苦蓥。蓥树森森，望之若刺桐丛桂，每茶一亩，苦蓥二株，岁可给二人之食。"当时也有将苦蓥嫩叶采制当茶饮的，间种与采制苦蓥茶，是拿它当药用植物看待的。

（五）茶树台刈和修剪

茶树的台刈和修剪，至清初才见于记述。黄宗羲撰《匡庐游录》（1660）载："一心（僧名）云：'山中无别产，衣食取办于茶。茶树皆不过一尺，五六年后，梗老无芽，则须伐去，俟其再蘖。'"方以智在《物理小识》（1664）中也有"树老则烧之，其根自发"的注解。实际上，茶树台刈的方法可能很早就有了，其起源大概是受林火的启发。在烧垦有茶树的山地时，也就起到了自然更新老茶树的作用。在发明台刈之前，人们可能就是以火焚来施行茶树更新的。

到 19 世纪中叶，茶树台刈的技术已比较成熟。1858 年，张振文在《说茶》中说："先以腰镰刈去老本，令根与土平，旁穿一小阱，厚其根，仍覆其土而锄之，则叶易茂。"这和近代的老茶树台刈方法，已无多大差别。

茶树修剪技术，约产生在清代后期。《时务通考》（1897）载："种理茶树之法，其茶树生长有五六年，每树既高尺余，清明后则必镰刈其半枝，须用草遮其余枝，每日用水淋之，四十日后，方除去其草，此时全树必俱发嫩叶，不惟所采之茶甚多，所造之茶犹好。"这种"刈其半枝"的剪枝法，是一种重修剪。

（六）茶叶采摘

清代，采春、夏、秋茶，似乎形成惯例。特别是在气候湿热的南部茶区，比较普遍。据《广东新语》载："曹溪茶气味清甜，岁凡四采，采于清明寒露者佳。"在福建武夷山，对采茶的天气和季节都很考究。《闽产录异》（1866）载："采时，宜晴不宜雨，雨则香味减。武夷采摘以清明后谷雨前为头春，香浓味厚；立夏后为二春，无香味薄；夏至后为三春，颇香而味薄；至秋，则采为秋露。"在江、浙茶区，十月间采的秋茶名曰小春茶。据刘源长《茶史》（1669）说："吴人于十月采小春。"在云南及长江中、上游的茶区，虽也采秋茶，但不会拖得太晚，如云南的"谷花茶"（《云南通志》）、四川的"晚茶"（《四川通志》）及湖南的"桂花茶"（《柳县志》），均在七八月间采。在盛产茶叶的湖南安化县，采摘分"春茶（谷雨前）、仔茶（芒种前）、禾花茶和白露茶四种。但茶农知爱惜茶树，年采四次者实不多见，非迫于生计，决不肯于秋冬采摘"。因之，从可持续发展的角度看，控制秋茶的采摘，有其生产意义。

采摘标准的掌握对成茶品质关系重大，在清代有关文献中，对采摘标准的阐述较详细。姚范的《援鹑堂笔记》（约 18 世纪 60 年代）中记载：

六安茶产自霍山。第一蕊尖无叶；第二贡尖即皇尖，皇尖只取一旗一枪；第三客尖；第四细连枝；第五是白茶。有毛者，虽粗亦是白茶；无毛者，即至细亦是明茶。明茶内有粗老叶，其梗有骨，大小不齐；明茶之后，名曰耳环；耳环之后为封顶；封顶之后为大运，即老叶，乃隔冬之枝干也。

此外，还有文献反映分批采，"早春摘者尤胜，三日一摘为好"（《南越笔记》）。清代，茶树栽培已经进入比较完整系统的传统栽培阶段。

二、制茶技术

清朝时期，中国制茶技术有较大的创新和发展。炒青和烘青绿茶技术成熟，黄茶、黑茶技术逐渐完善，青茶（乌龙茶）、红茶、白茶先后被发明，六大茶类基本齐全。另外，花茶窨制技术也逐渐完善。

（一）白茶的产生

白茶最初是指干茶表面密布白色茸毫、色泽银白的"白毫银针"，后来经发展又产生了白牡丹、贡眉和寿眉等不同花色。清朝嘉庆元年（1796），福鼎县茶农用菜茶（有性群体）的壮芽为原料，创制白毫银针。到 1857 年前后，当地茶农偶然发现大白茶树，这种茶树嫩芽肥大、毫多。于是在 1885 年起改用福鼎大白茶品种茶树的壮芽作为制造白毫银针的原料。政和县于 1880 年选育繁殖政和大白茶品种茶树，1889 年开始产制白毫银针。

（二）红茶的产生

在茶叶制造发展过程中，发现用日晒代替杀青，揉后叶色红变而产生了红茶。最早的红茶生产是从福建崇安的小种红茶开始的。刘靖在《片刻余闲集》（1732）中记述："山之第九曲尽处有星村镇，为行家萃聚。外有本省邵武、江西广信等处所产之茶，黑色红汤，土名江西乌，皆私售于星村各行。"自星村小种红茶创造以后，逐渐演变产生了工夫红茶。工夫红茶创造于福建，之后传至安徽、江西等地。安徽祁门的红茶，就是 1875 年安徽余干臣从福建罢官回乡，将福建红茶制法引进生产的。他在至德尧渡街设立红茶庄试制成功，翌年在祁门历口又设分庄试制，之后逐渐扩大生产，从而产生了著名的祁门工夫红茶。

（三）青茶（乌龙茶）的产生

青茶（乌龙茶）的起源，学术界尚有争议，但都认为最早在福建创始。陆廷灿《续茶经》引王草堂《茶说》：

武夷茶自谷雨采至立夏，谓之头春。……茶采后以竹筐匀铺，架于风日中，名曰晒青。俟其色渐收，然后再加炒焙。阳羡界片只蒸不炒，火焙而成。松萝、龙井皆炒而不焙，故其色纯。独武夷炒焙兼施，烹出时半青半红，青者炒色，红者焙色。茶采而摊，摊而摝，香气发越即炒，过与不及皆不可。既炒既焙，复拣去其中老叶枝蒂，使之一色。

王草堂，本名复礼。康熙四十七年（1708）夏，王复礼受福建制台、抚台的聘请来闽。康熙五十年，王复礼在大王峰麓所建"武夷山庄"落成。此后，王复礼隐居山庄十多年，修志著文，期间经历了王梓、梅廷隽、陆廷灿三任崇安县令。《茶说》记录的武夷茶的制作工序有晒青、摇青（摝意为摇）、炒青、烘焙、拣剔等，这些工序乃是武夷岩茶（青茶）的基本工序。武夷茶冲泡后"半青半红"，也符合青茶叶底"绿叶红镶边"的特征。至迟在清初康熙年间，作为青茶的武夷茶已初步形成。

（四）清代名茶

清代的名茶有些是明代流传下来的，有些是新创的，有不少品质超群的茶叶品目，主要有 40 余种。

武夷岩茶：产于福建崇安武夷山，有大红袍、铁罗汉、白鸡冠、水金龟四大名丛。

黄山毛峰：产于安徽歙县，属烘青绿茶。

徽州松萝：产于安徽休宁，属炒青绿茶。

西湖龙井：产于浙江杭州，属扁形炒青绿茶。

普洱茶：产于云南西双版纳、思茅等地，集散地在普洱县。有普洱沱茶与团茶、饼茶等，属晒青绿茶。

闽红工夫红茶：产于福建省。

祁门红茶：产于安徽祁门、石台一带，属工夫红茶。

婺源绿茶：产于江西婺源，属炒青眉茶。

洞庭碧螺春：产于江苏苏州太湖洞庭山，属炒青细嫩绿茶。

石亭豆绿：产于福建南安石亭，属炒青细嫩绿茶。

敬亭绿雪：产于安徽宣城，属细嫩绿茶。

涌溪火青：产于安徽泾县，属圆螺形细嫩绿茶。

六安瓜片：产于安徽六安，属单片形细嫩绿茶。

太平猴魁：产于安徽太平，属细嫩绿茶。

信阳毛尖：产于河南信阳，属针形细嫩绿茶。

紫阳毛尖：产于陕西紫阳，属针形细嫩绿茶。

舒城兰花：产于安徽舒城，属舒展芽叶型细嫩绿茶。

老竹大方：产于安徽歙县，属扁芽形炒青细嫩绿茶。

泉岗辉白：产于浙江嵊县，属圆形炒青细嫩绿茶。

庐山云雾：产于江西庐山，属细嫩绿茶。

君山银针：产于湖南岳阳君山，属针形黄芽茶。

安溪铁观音：产于福建安溪一带，属著名乌龙茶。

苍梧六堡茶：产于广西苍梧六堡乡，属著名黑茶。

屯溪绿茶：产于安徽休宁一带，属优质炒青眉茶。

桂平西山茶：产于广西桂平西山，属细嫩绿茶。

南山白毛茶：产于广西横县南山，属炒青细嫩绿茶。

天尖：产于湖南安化，属细嫩芽茶。

政和白毫银针：产于福建政和，属白芽茶。

凤凰水仙：产于广东潮安，属乌龙茶。

闽北水仙：产于福建建阳和建瓯，属乌龙茶。

鹿苑茶：产于湖北远安，属细嫩黄茶。

青城山茶、沙坪茶：产于四川灌县，属细嫩绿茶。

峨眉白芽茶：产于四川峨眉山，属细嫩绿茶。

贵定云雾茶：产于贵州贵定，属细嫩绿茶。

湄潭眉尖茶：产于贵州湄潭，属细嫩绿茶。

严州苞茶：产于浙江建德，属细嫩绿茶。

莫干黄芽：产于浙江余杭，属细嫩绿茶。

富阳岩顶：产于浙江富阳，属细嫩绿茶。

温州黄汤：产于浙江平阳，属黄茶。

第二节 大起大落的茶业

清代茶业经济经历了大起大落。19世纪80年代前，茶叶产区进一步扩大，江南一带茶产尤盛，名茶辈出。茶叶种制技术出现了划时代的变革，红茶、绿茶、黑茶、白茶、黄茶、青茶、花茶等茶类齐全。主要茶叶商帮形成，内销市场、边销市场、国际市场的市场层次更加明显，茶叶出口量迅速增加，出现了向现代茶业转型的趋势。

一、茶叶经济的大发展

清代的疆域空前扩大，人口也快速增加。据《清实录》《东华续录》等统计，康熙三十九年（1700）人口为2010万，乾隆五十七年（1792）人口超过3亿，咸丰元年则高达4.3亿人。人口的急剧增加，给茶业经济的发展提供了充足的劳动力。另一方面，人口的成倍快速增加，也意味着茶叶消费数量不断翻番。特别是，清朝海外茶叶贸易十分繁荣，海外消费需求的不断增加，也刺激着中国茶叶经济的发展。

（一）茶叶产区的继续扩大

受国外市场需求的拉动，清代茶区不断扩张，产地江苏、安徽、江西、浙江、福建、四川、湖南、湖北、云南、贵州为最。老茶区扩大生产，新茶区不展涌现，许多原本生产内销茶的地区也改制外销茶，茶叶的地位日益重要，"上供税课，下系民生，为东南数省民命攸关"。外销茶区茶叶生产的兴盛最具典型意义，主要包括东南沿海的福建、浙江、安徽、台湾，中部的湖南、湖北、江西等。以台湾省、安徽省为代表说明之。

1. 台湾省

1683年，清政府收复台湾。次年，设台湾府，隶属福建省管理。统一为两岸往来提供了便利条件，茶树从福建渐次传入。嘉庆年间，柯朝氏自福建武夷山引入茶种，种植于鲲鱼坑（今台湾省新北瑞芳区）。1861年后，台湾茶业才真正发展起来。第二次鸦片战争后，清政府被迫开放了台湾的安平、淡水、基隆三个港口。台湾对西方开放通商口岸之后，带动了台茶的飞速发展，茶、糖、樟脑等的出口取代了以前以稻米为主的大宗出口。当时台北一般茶商莫不利市三倍，在厚利的带动下，洋行纷纷在艋舺、大稻埕设立精制茶厂，抢购乌龙茶叶，其中宝顺洋行（Dodd & Co.）、和记洋行（Boyd & Co.）、永陆洋行（Brown & Co.）、德记洋行（Tait & Co.）、怡记洋行（Elles & Co.）等具有举足轻重的地位，它们"垄断茶叶出口，一时称为五大行"。茶叶出口前景广阔，茶农更加努力投入茶叶生产，产量大增。1869年，台湾出口茶叶只有27.35万千克。1894年，骤增至770万千克，茶叶出口值占该年台湾出口总值的56.4%[1]。光绪十三年（1887），刘铭传任台湾巡抚后，更是刻意发展台湾茶业，同时建议对茶叶贸易征税，用作"抚垦经费"。1887年试办之初，所征收数额有限，到1889年和1890年，每年可征收白银六七万两，均被拨充办理抚垦之需。因为贸易的需求，茶叶成为台湾地区重要的出口产品，影响所及，许多人开始改种茶树并致力于改进制茶技术，

---

① 林野. 台湾茶业兴衰史略. 世界热带农业信息，1996（11）：16.

奠定了台湾茶业发展的基石，台湾茶业进入快速发展时期。

2. 安徽省

安徽茶区十分广泛，大江南北产茶诸县甚多。皖南徽州地区山多田少，民众一直以茶为生，尤其是"自五口既开，则六县之民无不家家蓄艾，户户当垆，赢者既操三倍之价，绌者亦集众腋之裘"（《中西纪事》卷二十三），徽州茶全盛时销额计值千万元。19 世纪 50 年代，太平县年产茶至少在 65 万箱以上，县西竹峪关茶园，每当清明"焙茶者多，青烟缭绕""茶市颇盛"。皖南本产眉茶、屯绿等绿茶，由于国外市场对红茶需求增长，红茶制销发展迅速。建德茶，由"粤商改作红茶，装箱运往汉口"外销，在此之前"向由山西客贩至北地归化城（今内蒙古呼和浩特）一带出售"。祁红创制于 19 世纪 70 年代前后，祁门人胡元龙为逐茶利，开辟荒山 5000 余亩，兴植茶树，又筹资 6 万元，建立日顺茶厂，大大推动了祁门、至德、秋浦一带红茶业的发展。皖南芜湖地区茶园也有较大扩张。有学者依据茶税额推算，皖南茶叶产量 1862 年—1872 年每年约有 100 万担以上，这在全国也是首屈一指的。

浙江、福建、广东、江西、湖南、湖北等省情况也大同小异，同时内销茶区的四川、重庆、广西、贵州、云南、河南、陕西各省茶叶生产均有极大发展。19 世纪 40—60 年代植茶迅速发展，出现了一批新茶区。19 世纪 70 年代到 80 年代中期为繁荣时期，植茶业达到鼎盛。总之，植茶在各茶区尤其是东南省区形成了一股热潮，1843 年—1886 年的 40 余年时间是中国茶史亘古未见的发展阶段。

（二）茶叶生产的兴盛

陈椽依据引税推测明代茶产量有 1 亿 2730 万斤，清初茶产量与明朝大约相等。清代中前期，对茶采取专卖政策，销茶的茶商凭官府颁发的茶引售茶，所以各产茶省所领茶引数额可反映清代茶业的发展状况。据《大清会典》记载，康熙中期全国所颁发的总茶引为 16 万引，康熙后期增加为 24 万引，乾隆前期 36 万引，嘉庆中期达到 40 万引，合 4000 多万斤，是康熙中期的 2.5 倍。这只是专卖茶叶的数额，茶叶实际生产数量要远远高于该数字，从中可大体观察清代茶叶生产数量的增长趋势。

清朝中叶后，清政府放松了对茶业控制，茶叶商品经济得到迅速发展，出口大增，茶叶产量显著增加。实际上还有大量贡茶、自留茶、走私茶未计算在内。即使如此，也比清初增加 1 倍以上。

鸦片战争后茶叶生产急剧膨胀，茶叶产量有了很大提高。如按上述方法估算，茶叶产量及内外销量也有很大增加，清代产量及内外销量估算见表 5-1。

表 5-1　　　　　　　　　　　清代产量及内外销量估算

年份	产量/万担	内销/万担	外销/万担
1832—1837	260.5	200	60.5
1861	312.5	202.5	110
1871	409.5	202.5	207
1886	567.46	205	362.46

二、国内和国际两个市场的发展

（一）相对稳定的国内茶叶市场

中国茶叶销售地区，遍及各省市区。全国茶市可初步划分为内销与边销二大块。

1. 内销茶叶市场

内销又分产茶和不产茶的省市区。茶产最多的有浙、闽、皖、赣、鄂、湘、川、滇、苏、桂、粤、渝12个省、直辖市、自治区，这些地区的市场以农村小集市——产地集散市场组成。茶农生产的茶叶在进入商品流通领域部分已消费掉了，所剩茶叶进入集市后，有许多被当地人购买就地消化，余下的经商贩代购贩运。按贩运路程看，有短途和长途之分，短途仅在临近县区调剂，长途可跨数县甚至数省。一般说来，产茶区内销茶首先供应当地消费，然后才运出本地销售，直到不产茶的地区销售。市场的发展程度取决于茶产数量、饮茶习惯、社会经济的发展、政局的稳定等因素，因而呈现动态性。清代中叶以后茶叶贸易兴旺，市场空间、容量超过以往任何时期。但各地茶叶消费量、消费类型有很大差异。大致说来西北少数民族多销黑茶，华北、东北多销花茶；江南一带常饮绿茶，广东、福建、台湾多饮乌龙茶、红茶。其产茶区发展也不平衡，有的省份产茶不丰，需从外地调入，有的省份则要输出。总的来说，各产茶区所产茶除少部分茶农自用外，首先在本产区流通，有盈余才向其他地区输出。不产茶的地区则完全依赖产茶区供应。受环境影响，茶叶市场一般是东南、南方地区供应北方、西北地区。

2. 边销茶叶市场

（1）西北茶叶市场　中国西北和西藏一向是边销茶的重要市场。西北茶市，先由晋商经营，"甘新茶政，向由晋商承办，谓之东商口岸，略同盐法"（《河海昆仑录》卷二《甘新茶政》），后陕甘回民也加入进来，"甘商旧分东西二柜，东柜多籍隶山西、陕西，西柜则回民充之"。1853年太平军进军长江中下游地区，晋商传统运茶地点湖广、江西沦为战区，茶路受阻，嗣后大规模的陕甘回民起义爆发，西北道路不靖，产区茶叶无人问津，江南至西北茶叶产销环节脱钩。回民起义失败后，茶商不是被杀，就是逃亡，幸存下来的寥寥无几，甘肃茶引"无人承课"（《清史稿》卷一百二十四《食货志五·茶法》）。清政府茶课税收无法保证，所征课税只好一再延缓，到1872年，拖欠课银达40余万两，西北茶务走进了死胡同。面对如此残局，1875年经过左宗棠整治，西北茶务日见起色。当时南柜商人票额为800张，定为3年1案，只准加，不准减，1887年—1891年，逐案加增。1894年在湖票外，又行销伊塔晋票，宣统间（1909—1911），西北茶务日盛。1875年—1909年清政府所发西北茶案票共12次，计票9686张，运茶387400担。

（2）西南茶叶市场　主要是云南、四川两省边茶向藏族聚居区销售。四川、云南所产边销茶，明末清初都很兴盛。康熙年间（1662—1722）是四川省边茶的鼎盛时期。康熙三十八年（1699），四川提督岳异龙奏："查打箭炉通商卖茶，抚臣行私自便，每年发茶八十余万包"，如按每包16斤计，炉岸产销量达12.8万担，这表明南路边茶销量激增（《清实录·圣祖实录》卷一九四）。嘉庆年间（1796—1820），清廷定四川茶引共 139354 张，其中南路边引为 104400 张，占全川茶叶生产量的 75%。1892 年，四川总督刘平璋在《致总理衙门电》中提到，川茶销藏，年约 1400 万余斤，数量也很庞大。嗣后由于经营不善，社会动荡等原因，边茶引额有所减少。西路边茶原料比南路边茶更差，尽为粗枝老叶，所制茶有方包、圆包之分。圆包产于安县、平武、绵竹，质量较劣，约占西路边茶的三分之二，主销松潘草地之西番。方包产于灌县，约占西路边茶的三分之一，主销甘青一带，全盛时西路边茶岁产 2 万担以上。

（二）风云变幻的茶叶国际市场

1. 鸦片战争前茶叶外销不断高涨

17 世纪中期至 18 世纪前期一个多世纪的时间内，茶叶对外贸易地区格局发生变化，市场空间不断拓宽，显著表现就是茶叶对欧美的输出。赵翼说："大西洋距中国十万里，其番舶来，所需中国之物，亦惟茶是急，满船载归，则其用且极于西海以外矣"[①]。有资料表明荷兰大量输入华茶，始于 1666 年的福建。1667 年 1 月 25 日，荷印总督在给董事会的信中说："去年，我们在福建被迫接受大量茶叶，数量太多，我们无法在公司内处理，因此决定将一大部分茶运到祖国（荷兰）"[②]。荷兰输入的茶，部分供国内消费，多数转售欧洲各地。因此 17 世纪 60 年代前，欧洲茶叶市场由其垄断，各国均赖其供给。

英国步荷兰后尘，插手茶叶贸易，嗣后成为欧洲最大茶叶消费和贸易国。17 世纪英国输入的茶数量极其有限，而且不太稳定，在中英贸易中地位很微弱。据统计，1664 年—1684 年均进口茶仅 271 磅，1666 年、1668 年、1672 年、1675 年—1677 年、1681 年、1684 年共 8 年没有进口茶。1689 年，首次从中国厦门输入茶叶，加上马德拉斯转口约 190 担。1699 年，进口量也不过 160 担，都是从南洋转口的。但英国逐渐打败欧洲竞争对手，操纵了世界茶市。在 1741 年广州贸易中，英国是中国茶叶最大主顾，进口茶叶 13345 担，占广州茶叶出口总量 35.36%。1833 年，进口茶叶增为 229270 担，占广州茶叶出口总量 88.76%。

18 世纪后，茶叶成为中西贸易的主要商品，输出大增。来华参与茶叶贸易的国家，除了荷兰、英国外，还有法国、普鲁士、丹麦、瑞典、匈牙利、意大利、俄罗斯。18 世纪末，美国也参与茶叶贸易，很快成为第三大茶叶输入国。18 世纪早期至 19 世纪 40 年代前，短短百余年间，茶叶贸易迅速发展，输出量急剧增加，国别区域更见扩大，贸易地位迅速上升。茶叶成为中西贸易的核心商品并处于支配地位，是西方殖民者来华贸易的首选商品。据统计，1741 年广州出口茶仅 37745 担，1776 年增至 125125 担，1783 年达到 235798 担，1815 年突破 30 万担，为 382894 担，1832 年首次超过 40 万担大关，为 404320 担。90 余年年间茶叶出口净增 366575 担，增幅为 9.7 倍。

俄国经恰克图进口中国茶叶，数量也较可观。1735 年，茶入俄国不超过 1 万普特（1 普特＝16.38 千克），1749 年输入 67.5 担。1755 年，中俄边贸城市恰克图已经繁盛，京师贸易遂废。随着恰克图贸易的发展，茶叶日益成为恰克图市场最大的买卖。"雍正

---

① 赵翼. 檐曝杂记：卷 1. 中华书局，1982：20.

② 庄国土. 18 世纪中国与西欧的茶叶贸易. 中国社会经济史研究，1992（3）：67-80；94.

(1723—1735）初，输出二万五千一百零三箱，约值银一万零四十一两余"①。1750 年，恰克图输俄的砖茶有 7000 普特（合 2293.2 担），白毫茶 6000 普特（合 1965.6 担），两合 4258.8 担。1762 年—1785 年，恰克图输俄茶年均近 3 万普特（合 9828 担）。1792 年，第二次《恰克图条约》签订后，茶叶贸易更见繁荣。1810 年，砖茶、白毫茶共输入 75000 普特（合 24570 担），比 60 年前几乎增长 6 倍。1800 年，输入茶 311.1 万磅（合 23338 担），1820 年超过 32760 担，1832 年为 5563444 磅（合 41736 担），1838 年增至 740 万磅（合 55513.8 担）。茶叶成了恰克图市场上的一般等价物，贸易格局是俄以皮毛、呢绒交换中国的茶叶。18 世纪末，茶占中俄贸易总值的 30% 以上，1820 年提高到 88%，1840 年已达 90%。茶叶成为俄商获取的主要商品，为俄商带来了巨大利润。

2. 鸦片战争后茶叶外销从顶峰跌落低谷

鸦片战争后，茶叶生产畸形发展，茶叶对外输出量迅速增加。纵观晚清茶叶贸易史，大致可分三个阶段：1840 年—1870 年，中国茶叶垄断世界市场，是发展时期；1871 年—1890 年是大踏步前进时期，茶叶出口直趋巅峰；1891 年—1911 年为急剧衰退时期，茶叶贸易从繁荣渐趋于萧条。

19 世纪 40 年代初，出口茶埠仅限于广州、上海，50 年代增加了福州，60 年代才扩大至汉口、九江、淡水。1843 年，广州输出茶叶 1772.775 万磅，合 132991.37 担（133.3 磅折合 1 担）。这个数字比鸦片战争前的 40 万担大为减少，主要是战争造成的影响。翌年，上海港开始输出茶叶，茶叶出口量很快增加，并以此为起点，茶叶贸易保持 40 余年长盛不衰。1852 年，中国沿海通商口岸仅此两地输出茶叶，9 年内总计两埠出口茶 69510.935 万磅（合 521462.37 担），平均每年为 7723.4372 万磅（合 579402.64 担）。1853 年，福州加入茶叶出口行列，茶叶出口每年突破亿万磅大关。到 1860 年止，8 年共出口茶 89585.56 万磅（合 6720597.1 担），年平均出口量比前 9 年净增 3473.5087 万磅（合 260578.29 担）。

此时期，北方、西北方对俄国出口也有增长。鸦片战争后，俄国虽然没有取得沿海贸易权，但它早已在中俄边境通过恰克图购得了大量茶叶。俄国通过 1851 年签订的《伊犁塔尔巴哈台通商章程》，1860 年签订的《中俄北京条约》，取得了伊犁、塔尔巴哈台（又名塔城）、喀什噶尔的贸易权。不仅如此"在某些限制之下，贸易还可以进一步深入到外蒙古的库伦（今乌兰巴托）和直隶的张家口"②。1858 年，中俄订《中俄天津条约》，俄国取得通过水路贸易的特权。1860 年的《中俄北京条约》，俄国取得库伦、张家口、喀什噶尔等地免税贸易特权。晋商通过陆路把茶叶运到恰克图、新疆南北售予俄国，成为补充东南各埠茶出口的又一重要市场。鸦片战争前，恰克图茶每年输出约 4 万箱（一箱以 50 斤计，合 2 万担），1843 年增长 3 倍，为 12 万箱（约 6 万担），1847 年和 1848 年分别为 34 万普特和 37 万普特（合 11138.4 担和 12121.2 担），1852 年为 1075 万箱（合 87500 担）。1853 年太平军进军江南，传统茶路中断，运到恰克图的茶叶减为 5 万箱（合 2.5 万担）。嗣后恢复，1855 年已达 11.2 万箱以上（合

---

① 姚贤镐．中国近代对外贸易史资料：I 册．中华书局，1962：108．

② 姚贤镐．中国近代对外贸易史资料：II 册．中华书局，1962：1298．

5.6万担）。茶叶成为中俄贸易的核心商品，1850年—1852年，俄国对华贸易额中单茶叶一项就高达94.4%，价值611.09万银罗布。嗣后有所下降，但不低于此前的75%左右。随着一系列条约的签订，俄商在中国境内的茶叶经营束缚逐渐解除，恰克图的俄国商行多迁往汉口，并派人前赴内地产茶之区，设庄收买，缩短了俄商与产区的距离，输出量大增。19世纪70年代，茶叶输俄年均在40万担，80年代近60万担，其中1888年超过90万担。1886年前俄国是中国茶叶的第二大销场，第二年起一跃成为中国茶叶最大输入国。1895年到1916年间，中国茶销俄极度繁荣，年输出在80万~90万担间，其中1896年、1898年、1915年、1916年均达百万担，占中国茶销量的60%左右。

1861年，汉口辟为商埠，不久淡水、九江也开口通商，出口茶埠发展到8个（包括厦门），奠定了近代茶叶对外贸易的整体格局。但九江、淡水、宁波只是中转站，直接出口的不多。19世纪60年代，淡水茶一向运厦门再出口，嗣后才直接输往国外，但仍有相当多的茶叶运厦门出口，这种局面到1907年才结束。茶埠增多，洋商选购余地更加宽广，出口增大。1861年出口量开创了年百万担记录，嗣后输出稳步增长。1864年中国海关开始有较精确的记载，即年出口117.5万担，至1867年年均在120万担左右。1868年，包括樊城陆路输出茶在内，出口1526872担，此数比海关统计多213305担。当然出口总数远不止这些，民间帆船每年运销海外的茶叶，无法作出确切统计，大概在2万~5万担。陆路出口茶数更不可考，19世纪40年代对俄输出估计为5万担，50年代为7万担，60年代有10万担左右，西南输出也有5万担以上。1840—1870年的茶叶出口数量，40年代约5817012担，年均出口58余万担；50年代为9320506担（其中俄销估算为7万担），年均93万余担；60年代约14247809担，年均142余万担（不含1870年），总计此阶段出口茶29285327担（含1890年）。这个数字比中国古代16世纪后茶出口总量的估计数2396万担还多532.5万担，起码相当于整个古代茶叶贸易总量。

1871年—1890年，中国茶叶输出达到鼎盛。前10年茶叶贸易十分繁荣，出口较多，1871年—1876年，出口稳定在180万~190万担间。至1888年，出口均在200万担以上。当时来华贸易的船只、洋行之多，茶叶出口值之高，都是空前的。受印度锡兰茶竞争影响，19世纪90年代后，英国进口中国茶叶锐减至二三十万担，基本丧失英国市场。1868年，中国茶占英国茶叶市场份额的93%，1904年仅为4%。1912年，英国进口中国茶243605担，占中国茶叶出口比重16.4%。

在输英红茶面临危机的同时，输美的绿茶和乌龙茶同样陷入困顿。大体而言，1860年—1900年为中国茶输美的稳定时期，大多每年保持20余万担水平，1894年曾达到40余万担，嗣后不断减少。自1898年起，茶叶已经被生丝超越，当年生丝出口货值位居第一，占总出口货值的37%，茶叶退居第2位，占28%[1]。自此之后，华茶输美逐渐减少，俄国出口市场也最终衰落。

---

① 何炳贤．中美贸易问题的研究．民族杂志，1933（4）：513-554.

中国茶叶市场还有我国香港地区、澳洲、北非等市场值得一提。香港是转口市场，茶叶经过该地，仍输向世界各地，当然以英国及其殖民地、南洋为多。1859 年香港输入茶 9460 担，1860 年降至 3419 担，1861 年—1866 年保持在 6 万~9 万担间，1867 年又降至 27495 担，1868 年为 104119 担，嗣后至 1873 年在 5 万~9 万担，1874 年—1900年均在 10 余万担间。20 世纪初大多保持在 10 万担水准。澳洲本为中国茶重要市场之一，1861 年前"澳洲销路虽系有限，然在每年出口总数，所占百分数则屡有增益"①。1868 年—1892 年间，除 1868 年—1871 年、1873 年—1874 年、1878 年—1879 年稍低于 10 万担外，其他各年均在 10 万担以上。1893 年后，又从近 9 万担逐渐下降。1905年，中国茶占澳洲市场不足 2%，印度锡兰则每年输入 10 万~20 万担。澳洲市场本占中国茶总销额 5%~8%，19 世纪末降至 1%~2%，20 世纪后一般不足 1%，该时期的中国已丧失澳洲市场。

三、从地域商帮到同业组织

茶叶商帮在清代得到快速发展，茶叶贸易主要由为数不多的几个茶叶商帮操纵。近代茶商数量空前增加，茶叶商帮力量趋于鼎盛。原先较为稚嫩的茶叶商帮在强化会馆的基础上组成了广东商帮、徽州商帮、山西商帮、福建商帮、平水商帮、江西商帮、湖广商帮、陕甘商帮 8 大茶叶商帮，牢牢控制了近代茶叶内外销市场。现以山西商帮、徽州商帮、陕西商帮、广东商帮来加以说明。

（一）地域性的茶叶商帮

1. 山西商帮

晋商在湖广、江西、福建武夷收购茶叶，长途贩运至北京、张家口、归化（今呼和浩特）发售，并深入蒙古腹地，西趋新疆南北两路、科布多、乌里雅苏台（今蒙古西部城市），把整个华北、西北变成了它的活动区域。自清军平定准噶尔叛乱后，新疆地区开屯列戍，秦晋商民云集。每年春季，控制武夷茶运销的晋商挟巨资来到茶山，"到地将款及所购茶单，点交行东，恣所为不问，茶事毕，始结算别去。乾隆（1736—1795）间，邑人邹茂章以茶叶起家二百余万"②。福州通商后，晋商生意遂衰，地位被下府、广州、潮州三商帮取代。长途贩运多有不便，晋商就把茶压制成砖茶，人称盒茶帮。乾隆时此类茶就有 10 万盒。湖广是晋商的制砖中心，1861 年前"一向是山西商人在湖北、湖南贩买并包装了砖茶，由陆路一直运往恰克图，销售于恰克图市场"。湖南安化黑茶是晋商收购并运销西北的重要边销茶，"国初（清代），茶日兴，贩夫贩妇，逐其利者日常八九。远商亦日至，曰引庄，曰曲沃庄，曰滚包庄……皆西北商也"（同治《安化县志》卷三十三《时事纪》）。兰州是西北茶叶贸易中心，茶商分为东西二柜，东商是汉人，多陕西、山西客，西柜为回商。1727 年恰克图互市后，茶叶成为中俄贸易的重要物品。晋商贩"茶砖茶叶曲绸等运往，与俄之细皮毛哈喇洋糖等相交换，运销内地"，由于"获利日多"，因此"增设店铺，学习俄文者日众"。乾隆（1736—

---

① 姚贤镐．中国近代对外贸易史资料：Ⅱ册．中华书局，1962：1038．
② 林馥泉．武夷茶叶之生产制造及运销．福建农业，1943，3（79）．

1795）之际，"俄之重要都会，已多有晋商之足迹"[1]。晋商在恰克图经营茶叶的货房最多时有 108 家，它"独占中俄贸易之牛耳"，其足迹"不仅限于恰克图，即新疆、满、蒙诸地之贸易，鲜不为彼等所垄断"[2]。晋商主要制销西北的紧压类茶，如千两茶、砖茶（前身为帽盒茶）、黑茶、红茶，活动范围广及新疆、甘肃、宁夏、山西、陕西、内外蒙古等整个西北地区，湖南、湖北、安徽、福建等东南产区，甚至俄国、中亚和西伯利亚等地。

2. 徽州商帮

在徽州茶叶生产长足发展的基础上，茶叶贸易成为徽商经营的巨业。入清以后，一大批资本雄厚、活动力强的徽州茶商应运而生，足迹遍及大半个中国，直至海外。乾隆年间（1736—1796），徽商在北京开有茶行 7 家，茶商字号 166 家，小茶店数千家。这还仅是歙县一邑的情况，如果加上徽州其他 5 县，力量更为雄厚。此外，湖北、湖南、江西、江苏、浙江等长江中下游地区，都有徽州茶商频繁活动。在浙江，"江灵裕，婺源江湾人……尝贾温州，总理茶务"（光绪《婺源县志》卷三十五《人物十》），表明徽州茶商去温州业茶者不在少数。徽州与江西毗连，贸易甚便，徽商入境业茶顺理成章，历史上皖南茶就经浮梁转江西九江外运，清代所发江西茶引、征收茶课一事大部分交由徽商办理。徽州茶商在上海也很活跃，人数较多。

清代以降，广州成为茶叶外销主要港口。皖南茶不但广销粤省，而且徽商是皖商的主角，贩茶入粤者人数繁多。江氏"起辉之子有科（1792—1854）贩茶入粤，转销外洋，用以致富"[3]。乾隆年间婺源人汪圣仪曾"与番商洪任辉交结，借领资本，包运茶叶"[4]。道光二年（1822），广州一场火灾把许多徽商的茶叶化为灰烬。婺源茶商詹世鸾拿出不下万两白银资助受灾者返乡，可见广州地区徽州茶商数量之多。徽商对茶叶的经营，证明它是一支财力雄厚、足迹遍天下的商帮，其实力可谓"四分天下有其一"，故有"钻天洞庭，遍地徽商"的美誉。鸦片战争后，茶运上海销售远比运往广州方便省费，加上太平军起，徽商入粤路线受阻，徽商赴广东业茶日益减少。徽商江有科之子文缵写信给妻香兰说："今年所做之茶，意想往广州，公私两便。不料长毛阻扰，江西路途不通……所有婺源之茶均不能来粤"[5]。江有科于咸丰四年（1854）五月从广州回到老家芳坑，其子文缵继续经营茶业，且把销场改在上海。可见，咸同间徽商已退出广州直趋上海。1885 年，曾国荃干脆说皖南茶销路仅一上海。

3. 陕西商帮

清代湖茶销路大增。湖南安化等地所产黑茶，通过汉水船运至龙驹寨卸船转陆运至泾阳县压制。泾阳是西北砖茶的制作中心。据卢坤《秦疆治略》载："泾阳县，官茶进关，运至茶店，另行检做，转运西行。检茶之人，亦万有余。"乾隆后茶库迁兰州，茶商持票（引）补课领茶，即可按引区销售。

---

① 山西商人西北贸易盛衰调查记. 中外经济周刊，124：4.
② 姚贤镐. 中国近代对外贸易史资料：I 册. 中华书局，1962：104.
③ 张海鹏，张海瀛. 中国十大商帮. 黄山书社，1993：585.
④ 王珍. 徽商与茶叶经营. 徽州社会科学，1990（4）：1017-1021.
⑤ 张海鹏，张海瀛. 中国十大商帮. 黄山书社，1993：592.

清代早中期，陕西商人一直把持着西北茶叶的运销，这种情况至 19 世纪上半叶才有改变。西北回民起义爆发后，东商逃散，甘新茶引无人承课。东商即陕晋汉商，但主要是陕商。"甘商旧分东西二柜，东柜多籍山西、陕西。西柜则回民充之。"（《清史稿》卷一百二十四《食货志五·茶法》）回商隶泾阳、潼关、汉中。

四川茶销，清初分为边引、土引、腹引三种，向各属茶商领引纳税，然后行销。本地商人不善经营，多为山陕商人包办。如彭县边茶于乾隆三十七年（1772）即为陕商办理。道光（1821—1850）初，南江县"居民蓄茶园……其利颇饶。春分即有陕西客民来山置买，落经纪人家以便交易"（道光《南江县志·物产》）。松潘为川西重镇，川茶多由此贩销藏蕃。嘉庆（1796—1820）年间，每年额销松潘边引 18794 引，计茶 2255280 余斤，其中半数以上为陕商所运销。川西打箭炉（今四川康定）为康藏边茶的集散地，汉藏商民在此进行着大宗茶叶买卖。长途贩茶来此发售的茶商主要是陕西行商，他们往往以边茶交换藏民的金、银、羊毛、皮张、药材等货物运回内地发售，获利数倍。

4. 广东商帮

清朝时，西方对茶叶的需求激增，广东茶商显得十分活跃。康熙年间（1662—1722），番禺茶商张殿铨在"（广州）城西十三行（街）自设隆记茶行，专营安徽茶的贩运"，立致巨富。咸丰四年（1854），"各行店负隆记债者（数不在四十万金）"（《榘园文钞》卷下《先祖通守公事略》）。为适应茶叶外销发展的需要，有些茶商亲自到外省产区收购茶叶，加工再制后运往广州。道光二十年（1840），广州茶商"赴湘示范，使安化茶农改制红茶，因价高利厚，于是各县竞相仿制，产额日多"，于是湖南红茶大量运销广州[①]。鸦片战争前茶叶贸易发展迅速，苏、皖、浙、闽、粤、桂、赣、湘、鄂 8 省区茶均运销广州。这样庞大的产区均以广州一隅为出口地，这势必推动广东茶商势力的膨胀。广州珠江南岸，大茶行、大茶庄比比皆是、比屋相连，其加工工场规模非常庞大，茶行都是宏大而宽敞的两层楼建筑。而清代控制广州外贸的十三洋行行商多数是珠江三角洲各县的商人。其中伍崇曜是最大的茶业资本家和买办，他靠与美商共同经营茶叶而发家。1834 年，他拥有的财产估计达 2600 万美元。广东茶商的特殊作用是任何商帮都无法替代的，它是国内外市场联系的主要中介和桥梁。

（二）同业性的茶叶行会

第一次鸦片战争和第二次鸦片战争，中国国门被迫打开，茶叶贸易迎来了新的发展契机。在上海、福州、汉口等通商口岸，来自各地的茶商云集，将其所连接的广大腹地的茶叶源源不断地向口岸输送。茶商和茶栈（近代经营茶叶的中间商）等虽然来自不同地域，但他们有共同的诉求：提高售价，并尽可能多地向洋商兜售茶叶。而洋商与华商之间、华商与华商之间有着不同的利益诉求，彼此经常会发生冲突和博弈，因此打破地缘关系，建立新型的茶业组织势在必行。于是，在通商较早、茶叶贸易量较大的条约港口，一批以行业为中心和纽带的同业茶叶组织建立起来。1855 年，上海茶业与丝业结合，成立"丝茶公所"，茶叶的同业组织尚未实现独立。1860 年，受太

---

① 吴觉农. 湖南省茶业视察报告书. 中国实业，1935：1（4）：70.

平天国运动影响，法军屯兵上海，27家丝栈单独建立丝业会馆，茶业行会停止活动。1868年，上海茶栈业鉴于中外茶叶交易秩序的紊乱，在徐润、唐景星等人的推动下，重建上海茶业会馆。同年，汉口成立茶业公所，由宝顺洋行买办盛恒山等人创办。1870年，上海茶业会馆又公议规条三十条，规定了茶叶交易的货品质量、买卖手续等各种事项，特别是与洋商贸易交涉的程序，如规条议定："倘遇洋商不遵通商章程，任意作难，格外取巧，当集会馆公议，向洋商理论，万一不能，我业各栈即与洋行停交，私相买卖者，察出从重议罚。"1898年，又对延长过磅、付款期限等条目做出了调整。19世纪80年代，福州组建茶业公会，名为"茶帮公义堂"，在此之前厦门也建立了茶业行会。

这些茶帮、会馆、公所、公会无论名称有何区别，都属于同业的行会。它们的职责是禁止茶栈以外的商人同外国商人直接交易，限制会员彼此之间的竞争，维持交易秩序、对违规者责罚。在一定程度上，行会所代表的茶栈利益，是十三行时期公行的"还魂"，是垄断利益的体现，正如美国学者罗威廉所言："在汉口茶叶贸易的中国一方，由中间人、代理商组成了一个复杂的等级集团，这个集团阻隔了种茶人与这一市场的终端外国买主之间的联系。"[1]但毕竟时代已经完全不同，各地茶叶行会不是一个系统的组织，无法形成统一的抵抗力量，各国洋商之间也彼此联合，且新兴产茶国日益崛起、华商无法垄断货源，因此各通商口岸茶叶洋商和华商之间的博弈不断上演。各地茶叶行会在政府面前为商人争取利益，试图控制破坏交易规则的行为，协调维系中外商人的交易正常运转，短期有一定收益，但因缺乏强制约束力，所以无法长期发挥作用。这也说明近代茶叶行会无论是在组织上，还是在历史使命方面，都存在一定的局限性。

四、从引法到税制的转变

在茶法方面，清代承前代旧制，继续采用引法榷茶。雍正以后仿盐引法，实施"引岸"制度，限定生产区域、限制生产区贸易数量、限制茶引地别、规定茶税数量。其方法为户部宝泉局铸印引由，颁引各布政司，分发产茶州县；商人参与茶叶贩卖，要先购买茶引，凭引购茶，运销各地；每百斤为一引，不许溢额，征银3厘3毫，不足百斤另给由帖；于重要关隘设立批验所，检查经过之茶，茶与引不一致，则视为私茶；卖茶结束后，将引由交官府查验；伪造茶引、无茶引，茶农和茶商私自交易，以及与外国人买卖等，都是违法行为，需接受相应的责罚。全国颁发茶引的有江苏、安徽、江西、浙江、湖北、湖南、甘肃、四川、云南、贵州10个省份，合计正引391970道，余引20100道。

在西北边疆，清政府继续实行茶马政策，在西宁、洮州、河州、庄浪、甘州5地设立了茶马司；康熙时期在云南北胜州与藏民以茶易马，顺治时期在张家口西的河宝营地、鄂尔多斯部落与蒙古进行茶马贸易。清朝马场较多，将蒙古、西藏等地纳入了行政版图，统一后战事较少，故茶马贸易的重要性也大大下降，持续时间也不长，雍

---

① 罗威廉. 汉口：一个中国城市的商业和社会（1796—1889）. 中国人民大学出版社，2005：164-165.

正十三年（1735）后就不再实行茶马贸易。

在传统的茶马贸易临近尾声之时，东南沿海的茶叶贸易则日益兴盛，荷兰、英国、美国等西方国家纷纷前来购茶。为了方便管理外商，清政府改变前代市舶司的设置方式，改由被授予特权的商业资本集团行商对其管理，成为清政府管理和约束外国商人的中介，行商数量前后略有变化，数量总体在 13 个左右，故被称为"十三行"。广州十三行创立时间在粤海关开关的第二年，即康熙二十五年（1686）。该年四月，时任广东巡抚李士桢会同两广总督吴兴祚、粤海关监督宜尔格图发布《分别住行货税》，规定对外贸易作为"行"税，赴海关纳税，同时设立"洋货行"，管理对外贸易业务，这标志着广州十三行的成立。[①] 十三行所管理的贸易商品多种多样，但茶自始至终是主导性商品。

1757 年，乾隆宣布撤销之前沿海设置的海关，仅保留广州一个通商口岸，外国商船只能到广州停靠交易，这标志着一口通商时代的到来，而此时行商发挥着越来越重要的作用。1759 年，两广总督李侍尧奏定《防范外夷规条》，建议清廷禁止外国商人在广州过冬，外商在广州必须住在行商的商馆内，由行商负责管束稽查。行商还承担"保商"的职能，确保外国来船应缴税额无误及船员的行动，凡外商进出口货物的关税均由行商报验，并核明税额、填单登簿，待外国商船出口后才代为缴纳。行商获得垄断特权，在一定程度上为其获取高额利润提供了条件，行商中伍秉鉴等人因茶叶贸易而成为富甲一方的巨商。但行商仍面临清政府的沉重税收杂捐、敲诈勒索和采办贡物，以及从外商借贷而带来的沉重债务。例如，行商经常要奉送价格达 10 万两至 20 万两银的钟表、玩具供统治阶级玩赏；嘉庆皇帝六十大寿时，行商上贡 30 万两银以示庆贺；赈灾、镇压国内暴动时，往往也向行商摊派费用。道光五年，清政府向行商摊征 60 万两银的军费。到道光十四年（1834）时，行商所欠商捐摊缴达 955744 两。行商制度妨碍了自由贸易，引起了西方列强的不满，随着中英鸦片战争《南京条约》的签订，该制度被废除。

咸丰以后，引法废弛，专卖制度和贸易垄断都被废除，种植、制造、贩卖、对外通商都实现自由化。茶叶税收从引法变为两种，一是关税，二是厘金。关税又分为常关税和海关税。常关税是过境税，是在内地水、陆交通要道、关隘等重要关口，设关立卡，通过货物课税。五口通商后，内地的关口称为"常关"，沿海所设为"洋关"。《辛丑条约》签订后，海关五十里内常关移交海关税务司管理，称为"内常关"，税收收入用于庚子赔款；五十里之外常关仍归清政府，称为"外常关"。海关征收出口税，最初每担估价 50 海关两，抽出口税 3.75 两，后减为 2.5 两。1902 年，上海茶业会馆请求减免，每担估价降为 25 两，税率不变，为 1.25 两/担。这一税率往往遭到破坏，如西方列强往往还胁迫清政府降低本国商人的税率，如俄商从汉口运往天津的茶叶除在汉口缴纳 2.5 两/担的出口关税，在天津还要交 1.25 两/担的子口税。1866 年，在俄国政府的强迫之下，清政府同意免除俄方的天津子口税，进一步降低了俄商的陆运费。

---

① 彭泽益. 清代广东洋行制度的起源. 历史研究，1957（1）：1-24.

厘金也分两种，一种是坐厘，一种是行厘，前者是营业税，后者是过路税。茶厘金税推出的背景是为太平天国军事镇压提供经费。咸丰三年（1853），刑部右侍郎雷以诚幕僚钱江献计，为筹措军饷，在扬州仙女庙、邵伯、宜陵等镇创办厘捐，设厘局于上海。次年，保胜奏请后，各省纷纷设立厘金总局，下设分局、子卡、巡卡，征收货物通过税。这项临时性的战时措施，给各地政府带来滚滚财源，就此成为定制。厘金的名目繁多，有产地厘金、通过地厘金、销售地厘金；各省税率各不相同，一般在5%以上，有的甚至超过20%；各省之间也不协调，会出现跨省重复征收的问题。

除了关税和厘金外，各省为了筹措赔款，还多加捐税，如甲午中日战争后，茶叶加抽二成捐，庚子赔款加抽三成捐等。到19世纪末，各种税、厘、捐相加，从汉口运茶到上海出口要缴纳超过30%的税费，成为茶业发展的沉重负担。

五、晚清茶业危机与现代化倡议

晚清时期，与西方以大种植园、现代金融、现代交通、机器制造等为特征的资本主义茶业制度相比，中国传统小农经济及茶叶产业组织方式大大落后，弊端暴露无遗，处处捉襟见肘。第一，商业组织运行成本极其高昂。茶叶从茶农处购得后，经过结构复杂的茶商组织转手，层层加价，贩运至洋商环节，茶价已是最初收购价格的数倍。第二，中间商每年到茶区收购需要准备大量的资金，而资金往往匮乏，一般是在茶季开始时从洋行或者茶栈处高息借贷，在茶季结束后归还本息，这是茶叶交易所产生的信贷成本。第三，产茶地区多位于山区，虽偶有水路交通的便利，但从山区运至水路需要大量夫脚、船力，而茶商分散、运输量小且无先进的运输工具，运输中容易造成部分茶叶变质，这是交易所带来的运输成本。第四，在复杂的交易链条中，上一层级往往希望通过压低品级等方式削减买入价，借此转嫁经营损失或得到更多利润；而下一层级为获利则会掺杂使假，导致质量成本问题出现。"茶号收得毛茶后，不思从制造方面改进，而但求多获利润，以补茶栈之取夺。茶栈又从多方面作梗，藉以减轻洋行之压迫。如此层层相因，循环报复，皆不以品质为前提，而惟利是图……①"这些交易成本最终传导到生产环节，导致茶农粗制滥造，希冀多增收入。最后，清政府的厘金、关税、捐税等又构成了税收成本。

晚清政府的有识之士、茶商、茶农面对茶业骤然衰落，最初更多地是惶惑之情，他们不知为何如此快速跌入低谷。而实际上，晚清的衰落，不仅表现在茶叶产业，其他产业的情形同样如此。在维新变法和民主革命思想的启迪下，各界开始认真反思，查找茶业衰落的原因，发出了茶业改良的众多倡议。这些反思和总结，可大体归纳为以下几点：掺杂作假、包装不良，交易链条众多、茶商资本薄弱，茶树老化、技术落后，茶税过高、成本高昂，手工制作效率低下且不卫生等。海关关税和地方厘金都面临大幅下降的风险，这引起了各级政府和官员的关注，开始着手倡议整顿。这些整顿措施，主要包括讲求用科学和现代的方法种植、采摘、加工制造；设立现代化公司，用新的组织形式来经营茶叶；制定茶叶检验办法，杜绝杂伪，提高茶叶出口质量；寻

---

① 吴觉农，范和钧. 中国茶业问题. 商务印书馆，1937：201.

求国家力量的重视与扶植等措施。清末的这场挽救华茶运动，虽然不乏真知灼见，但清末政府的权力衰弱且内外交困，故这些措施大多停留于设想层面，即便在实践层面有所推进，但都无法扭转茶业继续衰落的整体局面。

第三节　茶文化的衰退

一、饮茶的普及

（一）茶馆的繁荣

清代，由于封建的统一多民族国家最终形成和巩固，政治局面相对稳定，使得清前期出现了"盛世""承平"的局面，为清代茶馆的兴盛奠定了基础。

清代茶馆多种多样，有以卖茶水为主的清茶馆，前来清茶馆喝茶的人，以文人雅士居多，所以店堂一般都布置得十分雅致，器具清洁，四壁悬挂字画。在以卖茶水为主的茶馆中还有一种设在郊外的茶馆，称为野茶馆。这种茶馆，只有几间土房，茶具有是砂陶的，条件简陋，但环境十分恬静幽雅，绝无城市茶馆的喧闹。也有既卖茶又兼营点心、茶食，甚至还经营酒类的荤铺式茶馆，具有茶、点、饭合一的性质，但所卖食品有固定套路，故不同于菜馆；还有一种茶馆是兼营说书、演唱的书茶馆，是人们娱乐的好场所。

清代茶馆还和戏园紧密联系在一起。最早的戏馆统称为茶园，是朋友聚会喝茶谈话的地方，看戏不过是附带性质。如北京最古老的戏馆广和楼，又名"查家茶楼"，系明代巨室查姓所建，坐落在前门肉市；四川的演戏茶园有成都的可园、悦来茶园、万春茶园、锦江茶园，重庆有萃芳茶园、群仙茶园等，它们推动、发展了川剧艺术；上海早期的剧场也有以茶园命名的，如丹桂茶园、天仙茶园等。

乾隆年间，南京著名的茶肆鸿福园、春和园都设在夫子庙附近，各据一河之胜。日色亭午，坐客常满，或凭栏观水，或促膝品茶。茶馆还供应瓜子、酥烧饼、春卷、水晶糕、猪肉烧卖等等。当时秦淮河畔茶馆林立，茶客络绎不绝，"吾乡茶肆，甲于天下。多有以此为业者，出金建造花园，或鬻故家大宅废园为之。楼台亭舍，花木竹石，杯盘匙箸，无不精美。""辕门桥有二梅轩、蕙芳轩、集芳轩，教场有腕腋生香、文兰天香，埂子上有丰乐园，小东门有品陆轩，广储门有雨莲，琼花观巷有文杏园，万家园有四宜轩，花园巷有小方壶……"（李斗《扬州画舫录》）这些都是清代中期扬州的著名茶肆。

清代是中国茶馆的鼎盛时期，茶馆遍布城乡，其数量之多也是历代少见的。乡镇茶馆的发达也不亚于大城市，如江苏、浙江一带，有的全镇居民只有数千家，而茶馆可以达到百余家。

（二）茶具的发展

清代饮茶方式与明代基本相同，茶具造型无显著变化，瓷质茶具仍以景德镇为代表。清代茶具釉色较前代更为丰富、品种多样，有青花、粉彩以及各种颜色釉。茶壶口加大，腹丰或圆，短颈，浅圈足，流短直，设于腹部，把柄为圆形，附于肩与腹之间，给人以稳重之感。

在款式繁多的清代茶具中，首见于康乾年间的盖碗，开一代之先河，并延续至今。盖碗由盖、碗、托三位一体组合而成。盖利于保温和茶香，撇口利于注水和倾渣清洁，托利于隔热而便于端接。使用盖碗又可以代替茶壶泡茶，可谓当时饮茶器具的一大改进。

到了清代，紫砂艺术进入了鼎盛时期。经过民间艺术家和文人墨客的改进、创新，融汇了文学、书法、绘画、篆刻等多种艺术手法。这一时期的陈鸣远是继时大彬以后最为著名的壶艺大家。陈鸣远制作的茶壶，线条清晰、轮廓明显，壶盖有行书"鸣远"印章，至今被视为珍宝，如图5-1就是他制作的东陵瓜壶。他的作品常铭刻书法，讲究古雅、流利。

图5-1　陈鸣远东陵瓜壶

图5-2　陈曼生石瓢壶

从乾隆晚期到嘉庆、道光年间，宜兴紫砂又步入了一个新的阶段。在紫砂壶上雕刻花鸟、山水和各体书法，始自晚明而盛于清嘉庆以后。当时江苏溧阳知县陈曼生工于诗文、书画、篆刻，特意到宜兴和杨彭年配合制壶。杨彭年的制品雅致玲珑，且不用模具，随手捏成，成品却天衣无缝，被人推为"当世杰作"。陈曼生设计，杨彭年制作，再由陈氏镌刻书画，其作品世称"曼生壶"（图5-2），一直被鉴赏家们所珍藏。所制壶形多为几何体，质朴简练、大方，开创了紫砂壶样一代新风。至此中国传统文化"诗书画"三位一体的风格完美地与紫砂融为一体，使宜兴紫砂文化内涵达到一个新的高度。

到咸丰、光绪末期，紫砂艺术没有什么发展，此时的名匠有黄玉麟、邵大享等人。黄玉麟的作品有明代纯朴清雅之风格，擅制掇球壶。而邵大享则以浑朴取胜，他创造了鱼化龙壶，此壶的特点是龙头在倾壶倒茶时会自动伸缩，堪称鬼斧神工。

二、茶道的衰退

（一）以泡茶为主的茶艺

1. 煮茶法

"熬茶用大叶茶，同牛乳煮至百沸，用长杓搅汤，活之以盐，名曰酥油茶。"（李心衡《金川琐记》）"西藏所尚，以邛州雅安为最。……其熬茶有火候。"（周蔼联《竺

国记游》卷二)

煮茶法主要在少数民族地区流行，所用茶多是粗茶、紧压茶，通常与酥、奶、椒、盐等佐料同煮。

2. 泡茶法

撮泡法使用无盖的盏、瓯来泡茶，但清代在宫廷和一些地方采用有盖和托的盖碗冲泡，便于保温、端接和品饮。

清代，在壶泡茶艺的基础上形成了工夫茶艺，属泡茶的一种，主要流行于广东、福建和台湾地区。工夫茶艺是用小壶冲泡青茶（乌龙茶），主要程序有治壶、投茶、出浴、淋壶、烫杯、酾茶、品茶等。

"丙午秋，余游武夷，到曼亭峰、天游寺诸处，僧道争以茶献。杯小如胡桃，壶小如香橼，每斟无一两。上口不忍遽咽，先嗅其香，再试其味，徐徐咀嚼而体贴之。"（袁枚《随园食单·茶酒单·武夷茶》）乾隆丙午（1786），袁枚（1716—1797）上武夷山，僧道献以武夷岩茶，以小壶冲泡、小杯品饮。虽无工夫茶之名，却有工夫茶之实。

工夫茶，烹治之法，本诸陆羽《茶经》，而器具更为精致。炉形如截筒，高约一尺二三寸，以细白泥为之。壶出宜兴窑者最佳，圆体扁腹，努咀曲柄，大者可受半升许。……炉及壶、盘各一，惟杯之数，则视客之多寡，杯小而盘如满月。此外尚有瓦铛、棕垫、纸扇、竹夹，制皆朴雅。……先将泉水贮铛，用细炭煎至初沸，投闽茶于壶内冲之；盖定，复遍浇其上；然后斟而细呷之，气味芳烈，较嚼梅花更为清绝，非拇战轰饮者得领其风味。（俞蛟《梦厂杂著·潮嘉风月·工夫茶》）

俞蛟的《梦厂杂著》于嘉庆六年（1801）成书，因此工夫茶的得名当在清朝中叶的乾嘉年间。器具有白泥炉、宜兴砂壶、瓷盘、瓷杯、瓦铛、棕垫、纸扇、竹夹等，其泡饮程序则为治器、候汤、纳茶、冲点、淋壶、斟茶、品茶等。

工夫茶，闽中最盛。茶产武彝诸山，采其茶，窨制如法。……壶皆宜兴砂质，龚春时大彬，不一式。每茶一壶，需炉铫三候汤。初沸蟹眼，再沸鱼眼，至联珠沸则熟矣。水生汤嫩，过熟汤老，恰到好处颇不易，故谓天上一轮好月，人间中火候。一瓯好茶，亦关缘法，不可幸致也。第一，铫水熟，注空壶中，荡之泼去；第二，铫水已熟。预用器置茗叶，分两若干，立下壶中。注水，覆以盖，置壶铜盘内；第三，铫水又熟，从壶顶灌之周四面；则茶香发矣。瓯如黄酒卮，客至每人一瓯，含其涓滴，咀嚼而玩味之。若一鼓而牛饮，即以为不知味，肃客出矣。（寄泉《蝶阶外史·工夫茶》）

茶用武夷茶，器有炉、铫、宜兴砂壶、铜盘、茶瓯等，其泡饮程序有治器、候汤、涤壶、纳茶、冲点、淋壶、斟茶、品茶等。寄泉，清代咸丰时人。

潮郡尤嗜茶，其茶叶有大焙、小焙、小种、名种、奇种、乌龙诸名包，大抵色香味三者兼备。以鼎臣制宜兴壶，大若胡桃，满贮茶叶，用坚炭煎汤，乍沸泡如蟹眼时，渝于壶内，乃取若深所制茶杯，高寸余，约三四器匀斟之。每杯得茶少许，再渝再斟数杯，茶满而香味出矣。其名曰工夫茶，甚有酷嗜破产者。（张心泰《粤游小识》）

潮州人酷嗜工夫茶，用宜兴小砂壶、若深小杯，候汤、纳茶、冲注、匀斟，茶的品类较多，已不限于武夷岩茶。张心泰，晚清时人。

台湾人在连横《雅堂先生文集》"茗谈"中记："台人品茶，与中土异，而与漳、泉、潮相同，盖台多三州人，故嗜好相似。""茗必武夷，壶必孟臣，杯必若深，三者为品茶之要，非此不足自豪，且不足待客。"台湾与漳州、泉州、潮州同尚工夫茶，茶必武夷，壶必孟臣，杯必若深，非此不能待客。

（二）茶道的衰退

杜濬（1611—1687），号茶村，有茶癖。明亡后不出仕，甘于贫寒，秉持操守。其《茶喜》："维舟折桂花，香色到君家。露气澄秋水，江天卷暮霞。南轩人去尽，碧月夜来赊。寂寂忘言说，心亲一盏茶。"在茶的陶冶下，得意忘言，宁静致远。诗前序曰："夫予论茶四妙：曰湛，曰幽，曰灵，曰远。用以澡吾根器，美吾智意，改吾闻见，导吾杳冥。"茶之四妙，都与饮茶时物质的需求无关，属于审美意境。"根器"指人的心脑，澡吾根器乃指清心、爽神、涤虑。"美吾智意"是说可以使自己的智识、意志更完美。"改吾闻见"是说可以开阔视野，改善气质。"杳冥"原指深暗幽静之境，这里是指不可思议的神奇境界。"导吾杳冥"则是说可以使人彻悟人生真谛而进入一个空灵的境界，进入淡泊宁静、闲雅率远、超凡入圣的人生境界。

冒襄（1611—1693）爱茶，尤喜岕茶，曾辑《岕茶汇抄》一书。董小宛与冒襄一样，也喜好岕茶。文火细烟，小鼎长泉，花前月下，二人对尝。

而嗜茶与余同性，又同嗜岕片。每岁半塘顾子兼择最精者缄寄，具有片甲蝉翼之异。文火细烟，小鼎长泉，必手自吹涤。余每诵左思《娇女诗》"吹嘘对鼎砺"之句，姬为解颐。至"沸乳看蟹目鱼鳞，传瓷选月魂云魄"，尤为精绝。每花前月下，静试对尝，碧沉香泛，真如木兰沾露，瑶草临波，备极卢陆之致。（冒襄《影梅庵忆语》）

康熙二十三年（1684）秋，顾贞观（1637—1714）按照惠山听松庵竹茶炉原样，重制一新的竹茶炉，经常邀友人一起品茗。此年冬天，顾贞观至京师，拜访好友——著名词人纳兰性德。恰此时，纳兰性德偶得一卷题曰"竹炉新咏"的诗画合卷，有王绂的画和李东阳等人诗，"实听松（庵）故物"。顾氏一见，爱不释手，并将自己仿制竹茶炉的经过相告。纳兰性德忍痛割爱将"竹炉新咏"诗画卷送给了顾贞观，又作《竹炉新咏》诗以示纪念。康熙二十五年（1686）秋，顾贞观携竹茶炉和"竹炉新咏"诗画卷，拜访好友朱彝尊，恰好姜西溟、孙恺似、周青士三位诗人亦至，于是众人坐于青藤之下，一边以此竹茶炉烹泉煮茗，一边以竹茶炉为主题，吟诗联句，成四十韵，并写于诗画卷册之上。

乾隆皇帝曾六次南巡，每次都要至惠山听松庵，汲惠泉，以竹茶炉烹茶，而且每次都有题咏，查乾隆《御制诗集》有数十首竹炉煮惠泉诗。他在第一次南巡时，特地请人仿制两具听松庵竹茶炉，携回北京。乾隆在他评定的"天下第一泉"——北京玉泉旁，仿照惠山听松庵，建了一座竹炉山房，里面置仿制惠山的竹茶炉。乾隆还专门写了一篇《玉泉山竹炉山房记》，文中云：

> 惠山之竹炉茶舍，可谓知茗饮之本焉。其地盖始于明僧性海就惠泉制竹炉，以供煎瀹，茶舍之名，因以是传。前岁偶至其地，对功德注冰雪，高僧出法之概，仿佛行云流水间也。归而品玉泉，则较惠山为尤佳，固构精舍二间于泉之侧……而仿惠山之竹炉，适阵砥几，蟹眼鱼眼之间，亦泠泠飒飒作声不止……时而偶来藉以涤虑澄神，亦不可少也。

不仅如此，乾隆在新建的味甘书屋里，也放置了仿制的竹茶炉烹茶。乾隆在北京、承德等地仿惠山竹炉山房建造了 10 多处竹炉茶舍，并多次作诗咏之。

茶道在清初尚能延续晚明茶风，然颓势已显。乾隆时期，茶道一度回光返照，但也难挽颓势。清代中叶以后，茶道一蹶不振。

三、茶文学的维持

（一）茶诗词

清代茶诗词作者主要杜濬、陈维崧、周亮工、释超全、李渔、朱彝尊、吴嘉纪、施润章、王士禛、查慎行、汪士慎、厉鹗、郑燮、爱新觉罗·弘历（乾隆皇帝）、袁枚、阮元、祁寯藻、丘逢甲、樊增祥等。茶诗体裁有古风、律诗、绝句、竹枝词等，题材有名茶、饮茶、采茶、制茶、茶功、茶具、茶泉等。

清代散茶流行，名茶林立，所以茶诗中以咏名茶居多。名茶中以咏龙井茶最多，如翟瀚的《龙井采茶歌》、邹方锷的《虎跑泉次东坡韵》、厉鹗的《圣几饷龙井新茗一器》、刘瑛春的《谢龙井僧寄茶》、王寅的《龙井试茶》、劳乃宣的《谢金谨斋寄龙井茶》、查慎行的《与灵上人饷龙井雨前茶二首》、松庐的《龙井茶》、舒位的《宋助教寄龙井茶》、高士奇的《洞仙歌·以龙井新茶饷南溻答词尚记苑西尝赐茶事》。乾隆皇帝南巡到杭州，写下了四首咏龙井茶诗。严绳孙在《竹枝词》中云："龙井新茶贮满壶，赤栏干外是西湖。"汪光被作《竹枝词》，诗中云："昨暮老僧龙井出，竹篮分得雨前茶。"

其他有松萝茶（吴嘉纪《松萝茶歌》、汪士慎《松萝山茗》、郑燮题画诗、李亦青《春园采茶词》）、六安茶（阮元《西斋茶廊坐雨》、祁寯藻《少泉惠六安雨前茶，以绵山茶报之》）、武夷茶（阮旻锡《武夷茶歌》、汪士慎《武夷山郑宅茶》、陆廷灿《咏武夷茶》）、鹿苑茶（僧全田《鹿苑茶》）、岕茶（施闰章《岕茶歌》、宋伕《送茗与唐人宜兴制秋岕》）、敬亭茶（吴嘉纪《芜城病中，谢吴彦怀寄敬亭茶叶》、施闰章《敬亭茶》、施闰章《绿雪二首》、梅庚《咏绿雪茶报愚山》、王士禛《愚山侍讲送敬亭茶》）、紫霞茶（吴嘉纪《寄答汪扶晨》）、泾县茶（汪士慎《幼孚斋中试泾县茶》）、普洱茶（汪士慎《普洱蕊茶》、爱新觉罗·弘历《烹雪》、丘逢甲《长句与晴皋索普洱茶》）、君山茶（金农《湘中杨隐士寄遗君山茶片奉答四首》、郭嵩焘《崇圣寺僧惠君山茶》）、碧螺春（李慈铭《水调歌头 伯寅侍郎馈洞庭碧螺春新茗赋谢》）、蒙山茶（王宝华《蒙山采茶》）、安溪茶（阮旻锡《安溪茶歌》）、南岳茶（王夫之

《南岳摘茶词》)、安化茶（陶澍《印心石屋试安化茶成诗四首》）、会稽茶（龚自珍《会稽茶》)、余姚茶（黄宗羲《余姚瀑布茶》)、雁荡茶（阮元《试雁荡山茶》)、天目茶（厉鹗《试天目茶歌同蒋丈雪樵徐丈紫山作》）等。此外，涉及茶具、水泉等内容的诗也有一些。

清初，词一度中兴，因此茶词也颇多。高士奇的《临江仙·试新茶》中写道："谷雨才过春渐暖，建安新折旗枪，银瓶细箬总香。清泉烹蟹眼，小盏翠涛凉。记得当年龙井路，摘来旋焙旋尝。轻衫窄袖采茶娘，只今乡土远。对此又思量。"上片写清泉小盏瀹建安旗枪，下片忆昔在杭州品龙井，旋焙旋尝；朱彝尊的《扫花游·试茶》，上片写采茶、制茶，下片写烹泉、品茶。

棟花放了，正谷雨初晴。逼篱云水，晓山十里。见春旗乍展，绿枪未试。立倦浓阴，听到吴歌遍起。焙香气，裹一缕午烟。人静门闭，清话能有几。

任旧友相寻，素瓷频递，闷怀尽矣。况年来病酒，夜阑须记。活火新泉，梦绕松风曲几。暗灯里，隔窗纱，小童斜倚。

陈维崧（1625—1682）有涉茶词数十首。如《茶瓶儿·咏茗》《河传·新茗》，写白天采茶娘携筐篓上山采茶，笑语盈盈；晚上煎水品茶，消解春困酒醒。《蝶恋花·五月词·其一》写梅雨时至，涤洗家中各式各样的空瓶罂，承接梅雨，好贮天泉；之后更是迫不及待，即刻活火烹煎，品水赏茶。《沁园春·送友人入山采茶》上片写茶山景色之美，下片写送友人入山采茶及制、烹茶之乐。《鹧鸪天·谢史邃庵先生惠新茗》写友人惠赠新茶，于窗下煎烹。

周亮工（1612—1672）有《闽茶曲》10首及注，可当作闽茶小史看。其六："雨前虽好但嫌新，火气难除莫近唇。藏得深红三倍价，家家卖弄隔年陈。"由此可寻乌龙茶起源的端倪；其七有"学得新安方锡罐，松萝小款恰相宜。"其九有"却羡钱家兄弟贵，新街近日带松萝。""自注：崇安殷令招黄山僧以松萝法制建茶，遂堪并驾。今年予分得数两，甚珍重之。时有武夷松萝之目。"表明在清初，武夷山及福建地区的制茶工艺及茶叶罐，普遍学习徽州松萝茶。

释超全（1627—1712），俗名阮旻锡，在《武夷茶歌》中写到武夷茶的历史、地理环境与茶叶的采制等。"……凡茶之候视天时，最喜天晴北风吹。苦遭阴雨风南来，色香顿减淡无味。近时制法重清漳，漳芽漳片标名异。如梅斯馥兰斯馨，大抵焙时候香气。鼎中笼上炉火温，心闲手敏工夫细。岩阿宋树无多丛，雀舌吐红霜叶醉。终朝采采不盈掬，漳人好事自珍秘。……"《安溪茶歌》写安溪的山地适宜茶树生长，当地居民于清明时节采摘，廉价卖给普通百姓。由于西洋船只前来大批采购武夷岩茶，安溪茶于是开始模仿武夷茶，以致真伪混杂难辨。"安溪之山郁嵯峨，其阴长湿生丛茶。居人清明采嫩叶，为价甚贱供万家。迩来武夷漳人制，紫白二毫粟粒芽。西洋番舶岁来买，王钱不论凭官牙。溪茶遂仿岩茶样，先炒后焙不争差。真伪混杂人难辨，世道如此良可嗟。……"

汪士慎（1686—1759）嗜茶，被誉为"茶仙"，有茶诗数十首，题咏过许多名茶。除了家乡的松萝茶外，还有武夷茶、龙井茶、桑茶、太函茶、霍山茶、顾渚茶、杼山茶、阳羡茶、云台茶、小白华茶、雁山茶、天目茶、泾县茶、普洱茶、宁都茶等，不下十数种。《莘村以时大彬所制梅花砂壶见赠，漫赋兹篇志谢雅贝兄》："阳羡茶壶紫云色，浑然制作梅花式。寒砂出冶百年余，妙手时郎谁得如。感君持赠白头客，知我平生清苦癖。清爱梅花苦爱茶，好逢花候贮灵芽。他年倘得南帆便，随我名山佐茶宴……"记友人赠以时大彬所制梅花式紫砂壶。

郑板桥（1693—1766）嗜茶，有茶诗多首。《小廊》："小廊茶熟已无烟，折取寒花瘦可怜。寂寂柴门秋水阔，乱鸦揉碎夕阳天。"茶熟烟消，瘦花可怜，柴门寂寂，秋水静阔，鸦扰夕天，一派安闲气象。其题画诗也能反映饮茶的意趣："不风不雨正晴和，翠竹亭亭好节柯。最爱晚凉佳客至，一壶新茗泡松萝。"凉夜客至，以一壶松萝茶待客；"几枝新叶萧萧竹，数笔横皴淡淡山。正好清明连谷雨，一杯香茗坐其间。"清明谷雨时节，新茶面市，手捧一杯香茗，闲坐竹间。

郑板桥还曾书写过许多茶联（图5-3），如"洗砚鱼吞墨，烹茶鹤避烟。""扫来竹叶烹茶叶，劈碎松根煮菜根。""汲来江水烹新茗，买尽青山当画屏。""墨兰数枝宣德纸，苦茗一杯成化窑。""雷文古鼎八九个，日铸新茶三两瓯。""白菜青盐粘子饭，瓦壶天水菊花茶。""从来名士能评水，自古高僧爱斗茶。""楚尾吴头，一片青山入坐；淮南江北，半潭秋水烹茶。"

图5-3 郑板桥书茶联

清高宗爱新觉罗·弘历（1711—1799），年号乾隆，故又称其乾隆皇帝。乾隆皇帝是位爱茶人，作有近 300 首茶诗。多次南巡杭州，畅游龙井，如《坐龙井上烹茶偶成》：“龙井新茶龙井泉，一家风味称烹煎。寸芽生自烂石上，时节焙成谷雨前。何必凤团夸御茗，聊因雀舌润心莲。呼之欲出辩才出，笑我依然文字禅。”乾隆皇帝还作《观采茶作歌（前）》《观采茶作歌（后）》《再游龙井作》等龙井茶诗。

阮元（1764—1849）爱茶，有茶诗 60 余首。阮元晚年有一个习惯，就是每逢生日，停止办公一天，邀几个亲朋好友，来到山间或竹林等幽静之处，饮茶吟诗，痛快地休闲一天，这种活动称为“茶隐”。每年茶隐，往往都要赋诗。

年年茶隐竟成例，快雪时晴日光热。竹林春气透浮筠，洗出檀栾绿尤洁。玉川老婢来煮茶，梅瓣雪泉试同啜。借闲一日得披图，静坐幽篁自怡悦。

丘逢甲（1864—1912）《潮州春思》之六：“曲院春风啜茗天，竹炉榄炭手亲煎。小砂壶瀹新鹪嘴，来试湖山处女泉。”此诗写潮州工夫茶，用竹炉、橄榄核炭煎煮处女泉水，用紫砂小壶冲瀹鹪嘴新茶。

（二）茶事散文

张岱性好山水，散文集《陶庵梦忆》《西湖梦寻》为其代表作。作品中蕴含其对故国之思，文字清新率真、描绘生动。《闵老子茶》回忆往年拜访闵汶水，并与其品茗较试的故事。其他如《与胡季望》《兰雪茶》《禊泉》《阳和泉》《砂罐锡注》《露兄》等，都是著名的茶事小品散文。

张潮（1650—？），徽州歙县人，对松萝茶自然很熟知，作《松萝茶赋》：

……方其嫩叶才抽，新芽初秀，恰当谷雨之前，正值清明之候。……既而缓提佳器，旋汲山泉，小铛慢煮，细火微煎。蟹眼声希，恍奏松涛之韵。竹炉候足，疑闻涧水之喧。于焉新茗急投，磁瓯缓注。一人得神，二人得趣。风生两腋，鄙卢仝七椀之多。兴溢百篇，驾青莲一斗之酣。其为色也，比黄而碧，较绿而娇。依稀乎玉笋之干，仿佛乎金柳之条。嫩草初抽，庶足方其逸韵。晴川新涨，差可拟其高标。其为香也，非麝非兰，非梅非菊。桂有其芬芳而逊其清，松有其幽逸而无其馥。微闻芗泽，宛持莲叶之杯。慢抱酚蕴，似泛荷花之澳。其为味也，人间露液，天上云腴。冰雪净其精神，淡而不厌。流瀣同其鲜洁，冽则有余。沁人心脾，魂梦为之爽朗。甘回齿颊，烦苛赖以消除。……

文章对松萝茶的采制、烹饮方法、品质特点、流通地区等内容竭尽铺排、渲染，文采斐然、文笔生动，堪为中国名茶赋中的经典。

清代，茶文有杜濬的《茶丘铭》、张潮的《中泠泉记》、吴梅鼎的《阳羡茗壶赋并序》、全祖望的《十二雷茶灶赋》、爱新觉罗·弘历的《玉泉山天下第一泉记》等，冒襄的《影梅庵忆语》、李渔的《闲情偶寄》、袁枚的《随园食单》、郑板桥的画跋文集中也有写茶的佳文。

（三）茶事小说

清代，众多传奇小说和章回小说都出现描写茶事的章节，如《红楼梦》第四十一回"贾宝玉品茶栊翠庵"、《镜花缘》第六十一回"小才女亭内品茶"、《老残游记》第九回"三人品茶促膝谈心"等。据统计，《红楼梦》全书 120 回中有 112 回共 372 处写到茶事，《儒林外史》全书 56 回中有 45 回共 301 处写到茶事。其他如《儿女英雄传》《醒世姻缘传》《聊斋志异》等小说，也有着对茶器、饮茶习俗的描写。

《儒林外史》是清朝的一部著名长篇讽刺小说。在这部作品中，对于茶事的描写有 300 多处，其中写到的茶有梅片茶、银针茶、毛尖茶、干烘茶、天都茶等。茶具主要是宜兴紫砂壶以及景德镇的彩瓷茶杯。在第四十一回《庄濯江话旧秦淮河　沈琼枝押解江都县》中，细腻地描写了秦淮河畔的茶市：

> 话说南京城里，每年四月半后，秦淮景致，渐渐好了。那外江的船，都下掉了楼子，换上凉棚，撑了进来。船舱中间，放一张小方金漆桌子，桌上摆着宜兴沙壶，极细的成窑、宣窑的杯子，烹的上好的雨水毛尖茶。那游船的备了酒和餚馔及果碟到这河里来游。就是走路的人，也买几个钱的毛尖茶，在船上煨了吃，慢慢而行。

纵观众多古典小说，描写茶事最为细腻、生动且寓意深刻的非《红楼梦》莫属，堪称中国古典小说中写茶的典范。

在《红楼梦》中所描绘的贾府的贵族日常生活中，煎茶、烹茶、茶祭、赠茶、待客、品茶这类茶事活动可谓比比皆是。《红楼梦》中全面地展示了中国的传统茶俗，如"以茶祭祀""客来敬茶""以茶论婚嫁""吃年茶"，还有"宴前茶""上果茶""茶点心""茶泡饭"等，可见《红楼梦》中所描写的茶俗十分丰富多彩。

贾府是贵族之家，对饮茶的讲究自然也不同于平民百姓之家，用茶的种类、烹饮茶的用具追求奢华，以不失贵族之家的身份地位。《红楼梦》写到的茶名有好几种，如贾母不喜吃的"六安茶"、妙玉特备的"老君眉"、怡红院里常备的"普洱茶"（"女儿茶"）、茜雪端上的"枫露茶"、黛玉房中的"龙井茶"，还有来自外国——暹罗国（泰国的古称）的"暹罗茶"。

在《红楼梦》中，写茶最精彩的当是第四十一回《贾宝玉品茶栊翠庵　刘姥姥醉卧怡红院》，写史老太君带了刘姥姥一行人来到栊翠庵，妙玉以茶相待的情形。妙玉可以说得中国茶道之真传，深谙茶道真谛，她"一杯为品"的妙论为后来的茶人们所津津乐道。曹雪芹通过塑造妙玉的个性形象，细腻而深刻的展现了清代贵族的品茗雅韵。

曹雪芹用《红楼梦》生动形象地传播了茶文化，而茶文化又丰富了他的小说情节，深化了小说中的人物性格。在中国古典小说中，《红楼梦》中所蕴含的茶文化内容非常丰富，对于茶文化的描写更是堪称典范。

四、茶艺术的维持

（一）茶戏剧

1. 杂剧《四婵娟·斗茗》

洪昇（1645—1704）是《四婵娟》的编剧。《斗茗》为《四婵娟》之第三折，写的是宋代女词人李清照与丈夫、金石学家赵明诚"每饭罢，归来坐烹茶，指堆积书史，言某事在某书、某卷、第几页、第几行，以中否角胜负，为饮茶先后"的斗茶故事，描写了李清照富有文学艺术情趣的家庭生活。

2. 采茶戏《九龙山摘茶》

茶不仅广泛地渗透到戏剧之中，而且在中国还有以茶命名的戏剧剧种。可以说，中国是世界上唯一由茶事发展并产生独立剧种——"采茶戏"的国家。所谓采茶戏，是流行于江西、湖北、湖南、安徽、福建、广东、广西等省区的一种戏剧类别，是直接从采茶歌和采茶灯舞脱胎、发展起来的一种地方戏剧。采茶戏是茶文化在戏剧领域派生或戏剧吸收茶文化而形成的一种艺术，是茶文化对中国戏剧艺术所作的突出贡献。当然，当采茶戏成为一个剧种后，随着题材的不断丰富、剧目的不断增多，其表演内容就不仅仅与茶事相关了。

《九龙山摘茶》，又称《大摘茶》，是赣州采茶戏的代表作。讲的是赣州府大茶商朝奉上山买茶收债，其妻担心他在外不规矩，交代茶童看住他。哪知朝奉本性难改，路上要船娘唱阳关小曲，茶童提醒他，又发生矛盾。上茶山后，看见漂亮姑娘二姐又起歹心，故意压低茶价催债。又瞒过茶童，要店嫂去做媒。待茶童识破后告知二姐，用计策假允婚姻，把朝奉的债约烧掉。朝奉逼二姐成亲拜堂，朝奉妻子及时赶到，锁走朝奉。故事生动有趣，情节引人入胜，诙谐风趣。

3. 岳西高腔《采茶记》

岳西高腔古属青阳腔，在明万历年间与昆腔齐名，有"时调青昆"之说。

岳西高腔《采茶记》，是一部反映皖西茶事的地方传统戏剧，剧本大约成于清代中期。全剧分《找友》《送别》《路遇》《买茶》四场，穿插《采茶》《倒采茶》《盘茶》《贩茶》四组茶歌，共12000余字。内容写扬州茶商宋福到皖西茶区买茶，找一本万利（人名）作向导兼担夫。一本万利辞双亲、妻子，与茶商一道翻山越岭、历尽艰辛，来到闵山茶区，可惜闵山茶户的茶叶已卖完。只好约定明年多带银两，提早前来。

剧中茶商四季贩茶，将茶叶销到了浙江、福建、湖广、江西、江苏、山东、河北、河南、陕西和安徽六安、徽州等地。所述情景，与我国明清时期各地茗饮成风、茶市发达的史实完全相符。

（二）茶歌

茶歌的来源，一是由诗而歌，也即由文人的作品变成民间歌词的。如清代钱塘（今浙江杭州）人陈章的《采茶歌》，写的是"青裙女儿"在"山寒芽未吐"之际，被迫细摘贡茶的辛酸生活。歌词是："凤凰岭头春露香，青裙女儿指爪长。渡洞穿云采茶去，日午归来不满筐。催贡文移下官府，哪管山寒芽未吐。焙成粒粒比莲心，谁知侬比莲心苦。"

二是茶农和茶工自己创作的民歌或山歌。中国各民族的采茶姑娘，历来都能歌善舞，特别是在采茶季节，茶区几乎随处可见尽情歌唱的情景。清代有一首流传在武夷山采制茶叶的茶工中的茶歌：

> 清明过了谷雨边，背起包袱走福建。想起福建无走头，三更半夜爬上楼。
> 三捆稻草搭张铺，两根杉木做枕头。想起崇安真可怜，半碗腌菜半碗盐。
> 茶叶下山出江西，吃碗青菜赛过鸡。采茶可怜真可怜，三夜没有两夜眠。

茶树底下冷饭吃，灯火旁边算工钱。武夷山上九条龙，十个包头九个穷。

年轻穷了靠双手，老来穷了背竹筒。

这是茶工生活的一个侧面。茶工们白天上山采茶，晚上还要加班赶制毛茶，因此非常辛苦劳累。茶歌唱起来凄怆哀婉，令人感慨。

茶歌中大多是反映茶业生产劳动、赞美茶山茶园茶事的作品，除此之外，情歌也是茶歌中的重要组成部分，茶歌中最优美动人的正是这些茶歌。如台湾民间茶歌："得蒙大姐暗有情，茶杯照影影照人；连茶并杯吞落肚，十分难舍一条情。""采茶山歌本正经，皆因山歌唱开心。山歌不是哥自唱，盘古开天唱到今。"

茶歌是开放在民歌艺苑中的一朵奇葩，它的曲调优美动听，节奏轻松活泼，具有浓郁的地方色彩和独特的民间风味。

（三）茶舞

以茶事为内容的舞蹈，发轫甚早，但目前所能见到的文献记载都是清代的。现在已知的是流行于我国南方各省的"茶灯"或"采茶灯"，这是在采茶歌基础上发展起来的，由采茶歌、舞、灯组成的一种民间歌舞。

茶灯是过去汉族比较常见的一种民间舞蹈形式。茶灯，是福建、广东、广西、江西和安徽等地对"采茶灯"的简称。这种民间舞蹈不仅各地名字不一，跳法也有所不同。但是，一般基本上是由童男童女两人以上甚至十多人扮戏、饰以艳服，边歌边舞。舞者腰系绸带，男的持一钱尺（鞭）作为扁担、锄头等；女的左手提茶篮，右手拿扇，主要表现在茶园的劳动生活。

（四）茶事书法篆刻

汪士慎是"扬州八怪"之一。他的隶书以汉碑为宗，作品境界恬静，用笔沉着而墨色有枯润变化。《幼孚斋中试泾县茶》条幅（图5-4），可谓是其隶书中的一件精品。值得一提的是，条幅上所押白文"左盲生"一印，说明此书作于他左眼失明以后。这首七言长诗，通篇气韵生动，笔致动静相宜，方圆合度，结构精到，茂密而不失空灵、整饬而暗相呼应。该诗是汪士慎在管希宁（号幼孚）的斋室中品试泾县茶时所作。

金农（1687—1763）善用秃笔重墨，其书法蕴含金石方正朴拙的气派，风神独韵、气韵生动，人称之为"漆书"。《玉川子嗜茶》（图5-5）就是典型的金农"漆书"风格。

郑板桥书法初学黄山谷，并合以隶书，自创一格，后又将篆、隶、行、楷熔为一炉，自称"六分半书"，后人又以"乱石铺街"来形容他书法作品的章法特征。其书作中有关茶的内容甚多，如行书条幅《溢江江口是奴家》和《小廊》（图5-6和图5-7）："溢江江口是奴家，郎若闲时来吃茶。黄土筑墙茅盖屋，门前一树紫荆花。""小廊茶熟已无烟，折取寒花瘦可怜。寂寂柴门秋水阔，乱鸦揉碎夕阳天。"

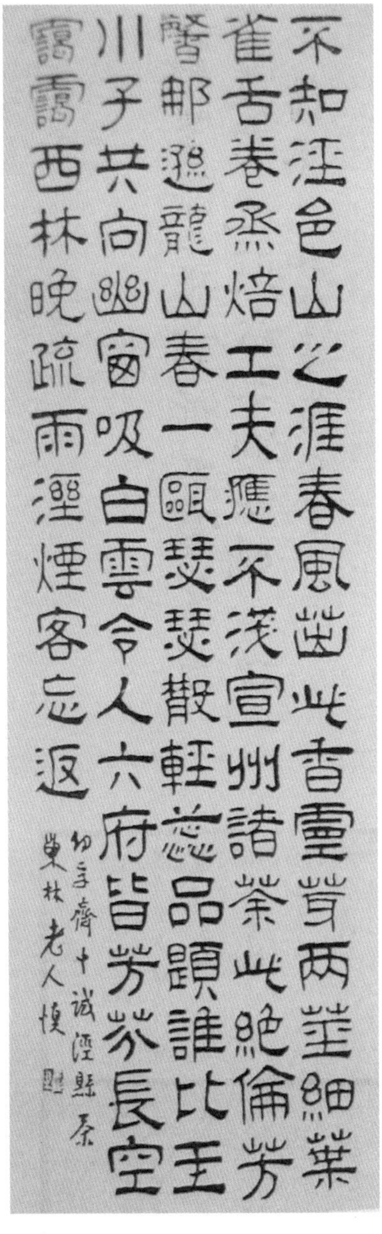

图 5-4　汪士慎《幼孚斋中试泾县茗》

图 5-5　金农《玉川子嗜茶》

丁敬（1695—1765）的书法诸体俱能，笔致苍秀，古韵盎然，自成一格。《论茶六绝句诗卷》（图 5-8），纸本行书，晚年所书。章法疏密有致，结体多变，随心所欲而不逾矩，显示了他的创造性。用笔深得逆势涩进之理，干湿浓淡、错落有致，飞白布局、变化万千，顿挫转折、清健遒劲，偃仰跌宕、豪放自然，收笔沉稳有力。

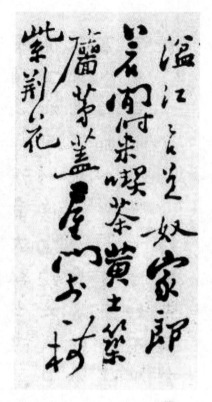

图 5-6　郑板桥《溢江江口是奴家》　　　图 5-7　郑板桥《小廊》

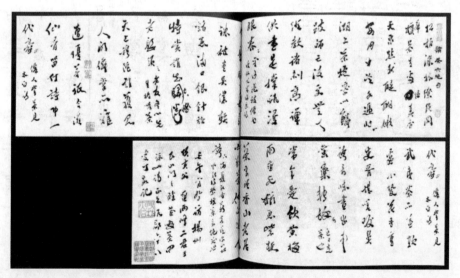

图 5-8　丁敬《论茶六绝句诗卷》

　　吴昌硕（1844—1927）的《角茶轩》篆书横批（图 5-9），是应友人褚德彝之请，书于光绪乙巳（1905）春。"角茶轩"这三字，是典型的吴氏风格，其笔法、气势源自于石鼓文。其落款很长，以行草书之，并对"角茶"的典故、"茶"字的字形演变作了考记。

图 5-9　吴昌硕篆书《角茶轩》

　　黄易（1744—1802）的印，篆刻与边款俱佳。与茶有关的印，有"诗题窗外竹，茶煮石根泉"（图5-10）和"茶熟香温且自看"（图5-11）两款。两印均是朱文方印，仿汉印风格，苍劲古拙，清刚朴茂，线条有流动、浑厚、多变的特点，为典型的浙派篆刻风格。但仔细来看，两印的风格又有些不同。"诗题窗外竹，茶煮石根泉"印的线条较粗，方中带圆，印文各自为政，与四边无连接。而"茶熟香温且自看"印的线条较细，以方楞为主调，上下端笔画与印边相连。

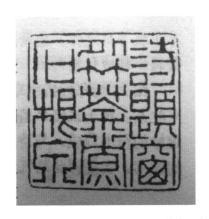

图 5-10　黄易篆刻"诗题窗外竹，茶煮石根泉"

图 5-11　黄易篆刻"茶熟香温且自看"

　　"茶熟香温且自看"印，附有两面边款。一面为小字长跋，惜字迹漫漶，已难辨识；一面是大字隶书款，其文："李竹懒诗：霜落蒹葭水国寒，浪花云影上渔竿。画成未拟将人去，茶熟香温且自看。"

　　黄士陵（1849—1908）刻过两方"茶熟香温且自看"印（图5-12），方形朱文，小篆圆朱文式，圆润娟秀。两方同文印，细察也有些不同。从字法上看，"熟""温""看"三字的结构都不一样，有意追求"和而不同"。从线条上说，前刻略细，后刻略粗。细而不纤弱，表达空灵之韵；粗而不臃肿，显出秾丽之态。总之，环肥、燕瘦，实难分伯仲。

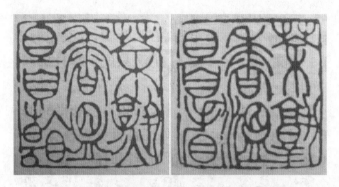

图 5-12　黄士陵篆刻的两款"茶熟香温且自看"

（五）茶事绘画

1. 陈洪绶茶画

陈洪绶（1598—1652）的茶画《停琴啜茗图》（图 5-13），描绘了两位高人逸士相对而坐，手捧茶盏。蕉叶铺地，司茶者趺坐其上。左边茶炉炉火正红，上置汤壶，近旁置一茶壶。司琴者以石为凳，又以一方奇石为琴台，古琴已收入锦缎琴套中。硕大

图 5-13　陈洪绶《停琴啜茗图》

的花瓶中荷叶青青，白莲盛开。琴弦收罢，茗乳新沏，良朋知己，香茶间进，边饮茶边论琴。两人手持茶盏，四目相视，正闻香品啜，耳边琴声犹在。如此幽雅的环境，把人物的隐逸情调和文人淡雅的品茶意境渲染得既充分又得体。画面典雅简洁，线条勾勒笔笔精到，衣纹细劲圆润。人物高古，高士形象夸张奇特。

《高隐图》画石案上二人下围棋，三人观棋。画面右部的石上有一捆画轴和香炉。画的左部，画一人跪坐，正于风炉烧水。他左手持扇，右手托头，看着红红的炉火，静听水沸声，等待水沸泡茶。石案上除风炉外，还放着紫砂茶壶、水方和茶盏等，旁边树桩案上插着盛开的绿萼梅。《隐居十六观》画隐士生活，借画写意，以寄幽情；第十二幅，画泉边石上一人煮茶品泉。陈洪绶尚有《煮茶图》《玉川子像》《高隐图》《授徒图》《闲话宫事图》《参禅图》《仕女人物图》等涉茶绘画。

2. 华嵒茶画

华嵒（1682—1756），字德嵩，更字秋岳，号新罗山人白沙道人、离垢居士等，福建上杭人，后寓杭州。工画，善书，能诗，时称"三绝"，扬州八怪之一。《梅月琴茶》（图5-14）描绘明月在空，春梅绽放的场景，画出杜耒《寒夜》诗句"寻常一样窗前月，才有梅花便不同"的意境。画中的女子正在抚琴，琴桌旁的几上有茶一杯，仿佛散发着幽幽茶香。梅魂、月魄、琴韵、茶烟，清绝出尘。

《金屋春深图》画春深晚起，女子慵懒地坐在矮凳上，双手伏几，几上盖盏一只，内盛清神释倦之茶。从题诗可知，表现的是杨玉环晓妆晚起的故事。但其衣着乃清人服饰，茶具也是清代的茶具。

图5-14　华嵒《梅月琴茶》

3. 金农《玉川先生煎茶图》

此画是对宋人画的摹写（图5-15）。画面是一片临池的芭蕉树林，卢仝居于左侧的石桌边，手执蕉扇给茶炉煽火，神情娴静。石桌上放着一只茶盏、一只茶瓮。右侧一老婢在池边取水。图画用笔朴拙，构图简洁，饶有意韵。

图5-15　金农《玉川先生煎茶图》

4. 金廷标《品泉图》

金廷标，字士揆，乾隆时期人，善人物，兼花卉、山水，白描尤工。《品泉图》（图5-16）图绘月下林泉，一文士坐于靠溪的垂曲树干上托杯啜茗，临水沉思，神态悠闲。一童蹲踞溪石汲水，一童为竹炉添炭。三人的汲水、取火、啜茗动作，自然地构成了一幅汲水品茶的连环图画。明月高挂，清风月影，品茗赏景，十分自在。画上的茶具有竹炉、茶壶、提篮（挑盒）、水罐、水勺、茶杯等等，竹茶炉四边皆系提带，可见这套茶器就是外出旅行用的。本幅山水人物浅设色，笔墨精练，人物清秀，衣袖襟摆处的皱褶，笔画转折遒劲。

图5-16　金廷标《品泉图》

此外，"扬州八怪"中的黄慎、李方鹰、李鱓、高凤翰、汪士慎，以及石涛、边寿民、虚谷、浦华、吴昌硕等也作有茶画。

五、茶书的衰减

现存清代茶书 27 种，散轶茶书 14 种，全部茶书共 41 种。

现存茶书：廖攀龙等《历朝茶马奏议》（1652—1661）、陈鉴《虎丘茶经注补》（1655）、刘源长《茶史》（1675）、余怀《茶史补》（1678 年稍前）、冒襄《岕茶汇钞》（约 168 年）、程作舟《茶社便览》（1722 年前）、陆廷灿《续茶经》（约 1734）、顾蘅《湘皋茶说》（1739）、叶隽《煎茶诀》（1751—1764）、吴骞《阳羡名陶录》（1786 年前）、吴骞《阳羡名陶续录》（约 1803）、朱濂《茶谱》（约 1820）、遵古《茶谱辑解》（1862）、宗景藩《种茶说十条》（1874）、胡秉枢《茶务佥载》（1877 年稍前）、刘继增《竹炉图咏》（1893）、程雨亭《整饬皖茶文牍》（1898）、康特璋和王实父《红茶制法说略》（1903）、郑世璜《印锡种茶制茶考察报告》（1905）、震钧《茶税》（1907）、陈元辅《枕山楼茶略》（1908 年前）、醉茶消客《茶书》（1908 年前）、江志伊《种茶法》（1908 年前）、高葆真《种茶良法》（1910）、周受禧《茶境》（抄本，1911 年前）、佚名《茶史》（抄本）（1911 年前）、程淯《龙井访茶记》（1911）。在 27 种茶书中，属于汇辑类的有 14 种，著述类有 12 种，翻译 1 种。

散轶茶书：鲍承荫《茶马政要》（约 1644）、卜万祺《松寮茗政》（1644—1661）、朱硕儒《茶谱》（1680 年前后）、蔡方炳《历代茶榷志》（1680 年前后）、王梓《茶说》（1710 年稍前）、王复礼《茶说》（约 1716）、吴钺《惠山听松庵竹炉图咏》（1762）、邱涟《竹炉图咏补集》（1782）、张燕昌《阳羡陶说》（1786）、张鉴《释茶》（约 1820）、唐永泰《茶谱》（1851—1861）、佚名《茗笈》（1851—1874）、陈之笏《茶轶辑略》（1871 年前）、潘思齐《续茶经》（1875 年前）。

清代，茶书撰著渐次衰退，总体呈马鞍形之势。清代前期（1644—1735）茶书 13 种，中期（1736—1839）茶书 9 种，后期（1840—1911）茶书 19 种。从茶书的性质和内容看，清代前期与明代后期一脉相承，但是数量上与明代后期差距较大。尽管受到清初改朝换代、兵灾战乱的影响，但是茶书数量上的悬殊，还是能够看出传统茶书编撰的萎缩。清朝中期，正当乾嘉盛世之时，社会稳定、经济繁荣、文化发达，但是茶书数量反而更少，这就愈加能够看出传统茶书的颓势。清代后期茶书，从数量上似乎有所发展，但是这一时期的传统茶书并不多。因为在清代最后的 70 多年中，属于前 50 年写的茶书，仅遵古《茶谱辑解》（1862）、宗景藩《种茶说十条》（1866）、胡秉枢《茶务佥载》（1877 年稍前）等 7 种。其余 12 种茶书，全部是在 1893 年以后的十几年间撰刊的。而康特璋和王实父《红茶制法说略》、郑世璜《印锡种茶考察报告》、江志伊《种茶法》、高葆真摘译《种茶良法》等茶书，已经是我国现代茶书的先声。

冒襄的《岕茶汇钞》，全篇约 1500 多字，记述了岕茶的产地、采制、鉴别、烹饮和故事等，颇为切实。该书内容大概有一半是抄来的，但没注明出处；其中取材于冯可宾《岕茶笺》的约三分之一。

陈鉴的《虎邱茶经注补》，全书约 3600 字，依陆羽《茶经》分为 10 目，每目摘录有关的《茶经》原文，而后在其下加注虎丘茶事。相关茶事内容有超出《茶经》范围的，就作为"补"接续在《茶经》原文下面。书中保存了一些有关虎丘茶的产地、采制、文人赞咏的文献资料。

陆廷灿的《续茶经》，约7万字。全书依照陆羽《茶经》分上中下3卷10目，是中国古代篇幅最大的一部茶书。该书广泛搜集历代文献，并且注意对唐代后制茶方法及产茶地区等方面的变化进行补充。在"九之略"中将历代茶事方面的有关著述之目录一览表等也一并列出；在"十之图"中也收录了历代与茶事有关的绘画目录；附录一卷，乃是唐代以后关于茶法演变的资料集。《续茶经》虽然只是把多种古书上的有关资料摘要分录，不是自己撰写的有系统著作，但是征引宏富，条理清晰，便于查阅，颇为实用，有些资料弥足珍贵，是中国古代不可多得的茶史、茶文化资料汇编。

宗景藩的《种茶说十条》，载于同治十三年（1874）的《襄阳县志》"物产类"，共分10则。前7则分述种茶之法；后3则介绍青茶、红茶、细茶的采制方法，是一部茶叶技术著作。

胡秉枢的《茶务佥载》。胡秉枢是被日本内务省劝农局聘请去日本讲授中国茶叶生产，特别是红茶生产技术的。现存的《茶务佥载》，是胡秉枢到日本后，在国内原著的基础上根据讲课需要略作增删的改写稿。该书分生产和制茶两大部类，生产又分种植、培养、土壤，制茶有绿茶、红茶、器具等篇。《茶务佥载》是古代茶书中第一部综合性纯技术专著，这是一个突破性的转变，也是中国传统茶学走完最后路程，转向现代发展的起点。

程雨亭的《整饬皖茶文牍》。光绪丁酉（1897）二月，程雨亭奉南洋大臣、两江总督刘坤一之命，任职皖南茶厘总局。《整饬皖茶文牍》辑选则是他在任职时的禀牍文告编成，全书约14万字。

江志伊的《种茶法》，全书分总论、辨土、选种、播种、施肥、培养、去害、采撷、烘制、贮藏、烹煎、计利共12个专题，是一部比较全面反映种茶、制茶技术的茶书。该书融入当时科学的理念，不仅阐述了中国传统的种茶与制茶技术，而且用了大量篇幅介绍日本、印度、锡兰（斯里兰卡）等国的种茶、制茶技术，很有参考价值。

清代，尽管茶文学艺术尚能维持，茶具也有所发展，但茶道呈现衰退之势，茶书的创作数量较明代明显减少、前中期原创不够。总之，较前代而论，茶文化有所衰退。

第四节　茶向世界的广泛传播

一、世界饮茶习俗的普及

18世纪起，饮茶之风得到迅速发展。嗣后100多年间，世界各地对茶叶的需求量大增，茶一如它的母国——中国一样，成为人民生活的必需品。与此同时茶价大幅下降，满足了平民百姓的一般需求。英国茶价1657年每磅60先令（20先令＝1英镑），1666年每磅2英镑18先令。18世纪初17.5一磅的茶，至50年代只要8先令，价格下降了一半左右。① 饮茶习俗的普及以欧美为中心，亚洲地区则主要表现在南亚、爪哇的茶叶试植上。

被誉为"17世纪的海上马车夫"的荷兰是推动欧洲饮茶发展的火车头。18世纪初，荷兰茶会风靡一时，妇女因痴迷饮茶而顾不上家庭，丈夫则由于妻子饮茶不归而愤然酗酒，"茶会的狂潮使无数家庭萎靡颓废"，1701年在阿姆斯特丹上演的喜剧《茶迷妇人》就是对炽盛的饮茶之风的真实写照。② 因此，荷兰东印度公司每年必须输入大量茶叶才能满足国人的需要。"18世纪60年代以前，荷兰人是最大的华茶贩运商"和"欧洲中国茶叶的最大供应者"③，当时荷兰是欧洲第二大茶叶消费国，所运茶叶除本国消费外，还转销欧美其他国家。在此推动下，随着茶价的不断下降和输入量的增多，至18世纪20年代，饮茶已风行欧洲，普通市民乃至乡村民夫都加入饮茶的行列，这种情况以英国尤盛。

18世纪20年代后，英国饮茶已很普遍。据说当时"劳工和商人总在模仿贵族，你看修马路的工人居然在喝茶，连他的妻子都要喝茶"④。随同乔治·马戛尔尼（George Macarthey）一同访华的爱尼斯·安德逊（Aeneas Anderson）在其书中明确提到"（茶）这商品在我国（英国）几乎成为日常生活的必需品了。在欧洲其他部分的需要也正在日益增长之中"⑤，当时的情况是"在英国领土、欧洲、美洲的全体英国人，不分男女、老幼、等级，每人每年平均需要一磅以上茶叶"⑥。茶可以提神止渴，去油消脂，对提高工作效率、质量大有好处，有了茶，"可以帮助出汗，解除疲劳，还可帮助消化。最大的好处是它的香味使人养成一种喝茶习惯，从此人们就不再喜爱饮发酵的烈性酒了"⑦，咖啡、可可均在与茶的竞争中败北。工业革命时代的英国工人享受到茶叶加面包带来的好处，"如果没有茶叶，工厂工人的粗劣饮食就不可能使他们顶着活干下去"⑧。至18世纪末，"茶的反对论几乎销声匿迹了"，文人们众口一词赞美饮茶。英国著名文学家塞缪尔·约翰逊（Samuel Johnson）是茶的"瘾君子"，他"以茶来盼望着傍晚的到来，以茶来安慰深夜，以茶来迎接早晨"，他的烧水壶也从未凉过。《爱丁堡评论》的编辑悉尼·史密斯（Sydney Smith）赞美道："感谢上帝赐给我们茶。没有茶的世界是不可想象的。我庆幸没有出生在没有茶的时代"⑨。政治家们更是以茶清醒头脑，保持旺盛的精力，借以提高政治斗争的效率。民主、饮茶、咖啡馆成为18世纪英国社会生活中三位一体的东西。"没有什么比茶叶更加理想。她柔和的芬香，清甜的口味，既止渴，又有营养，使有煽动性的政论家的精力得到恢复。因此，有茶水供应的咖

① 角山荣. 红茶西传英国始末. 农业考古, 1993 (4)：259-269.
② 陈椽. 茶业通史. 农业出版社, 1984：295.
③ 庄国土. 18世纪中国与西欧的茶叶贸易. 中国社会经济史研究, 1992 (3)：67-80；94.
④ 杨豫. 英国资本主义近代工业化道路的特点. 南京大学学报, 1986 (2)：17-26.
⑤ 爱尼斯·安德逊. 英使访华录. 商务印书馆, 1964：216.
⑥ 斯当东. 英使谒见乾隆纪实. 商务印书馆, 1963：27.
⑦ 斯当东. 英使谒见乾隆纪实. 商务印书馆, 1963：468.
⑧ 中外关系史学会. 中外关系史译丛：2辑. 上海译文出版社, 1985.
⑨ 角山荣. 红茶西传英国始末. 农业考古, 1993 (4)：259-269.

啡馆成了公众的讨论地点。在那里既能闻到茶水的芬香，又可听到丰富多彩的演说"①。

19世纪初期，"茶叶已经成了非常流行的全国性的饮料，以致国会的法令要限定（东印度）公司必须经常保持一年供应量的存货"。国会此项法令当然考虑到了茶叶贸易带来的巨大利润，同时也说明英国茶叶巨大的消费量。由于"茶叶只能从中国取得"②，因此"中国方面的来源无论如何都必须加以维持"③，生怕稍有闪失。即使是在第一次鸦片战争期间，英商詹姆士·马地臣（James Matheson）以"没有茶叶运到英国会激起本国人民的懊恨和不满，危及政府的声望"为理由，致信查理·义律（Charler Elliot）和威廉·渣甸（William Jardine），得以"把他的茶叶运到英国，使参加这项投机生意的'朋友们'获得厚利"④。

不仅英国人离不开茶，"西方其他国家的人民也学会大量的饮茶了"⑤。各国商人纷纷插手茶叶贸易，以求茶利。18世纪20年代，欧洲茶叶消费量也迅速增长，茶叶贸易成为所有欧洲东方贸易公司最重要、盈利最大的商品。当时活跃在广州的法国商人罗伯特·考斯突尼特（Robert Constant）说："茶叶是驱使他们前往中国的主要动力，其他的商品只是为了点缀商品种类"⑥。中瑞之间也曾有一条比其他国家毫不逊色的"茶叶之路"，瑞典东印度公司从18世纪30年代至19世纪70年代间远航中国131次，主要从中国进口茶叶、瓷器，仅1984年打捞出的该公司所属"哥德堡号"沉船，就载有茶叶370吨。

欧洲大陆的俄国饮茶风习同样有了很大发展，但总的来说不如英国普及、兴盛。至17世纪末期，饮茶在俄国已有一定市场。来华俄国使臣除继续将茶叶作为礼品带回俄国外，商品茶在托波尔斯克市场、莫斯科商店已有出售。康熙三十七年（1698），中俄签订了《尼布楚条约》。根据条约关于"嗣后往来行旅，如有路票，准其交易"的规定，茶叶通过边关贸易输入俄国的数量增加。例如该年俄商加·罗·尼基丁采购的价值32000卢布的中国货，内有茶叶5普特7俄磅，每普特按莫斯科市价为20~25卢布⑦。从1692年—1695年俄国使团使华笔记看，俄国人对饮茶并不陌生，从西伯利亚到中国接壤处，饮茶已开始流行。在涅尔琴斯克，"使马通古斯人……喝白水，但有钱人喝茶。这种茶叫作卡喇茶，或者叫黑茶……他们用马奶搀少量的水再煮茶，再放入少许油脂或者黄油"。靠近中国的塔拉城及其附近地区人民"饮马奶酒，即用马奶酿成的白酒，也喝布加尔人运来的黑茶即红茶"。使者对饮茶很感兴趣，有6处专门提到清朝官吏乃至皇帝赐茶。俄国从中国进口的货物中，茶叶已成为重要商品，使团就亲自"遇到一个迎面来的由一百五十个俄罗斯商人组成的商队。他们是去冬从涅尔琴斯克出发的。他们有三百头满载货物的骆驼……他们向我们（使团人员）赠送了气味芬芳的茶叶"。这个商

---

① 谭中．中国和勇敢的新世界．Allied Publishers，1978.

② 格林堡．鸦片战争前中英通商史．商务印书馆，1962：3-4.

③ 斯当东．英使谒见乾隆纪实．商务印书馆，1963：27.

④ 格林堡．鸦片战争前中英通商史．商务印书馆，1962：192.

⑤ 西浦·里默．中国对外贸易．三联书店，1959：15.

⑥ 庄国土．茶叶、白银和鸦片：1750—1840年中西贸易结构．中国经济史研究，1995（3）：66-78.

⑦ 客商尼基丁在西伯利亚中国经商记，巴赫鲁申学术著作：3卷（俄文版）．1955：242.

队如此庞大，所带茶叶也一定不少，而且出使人员也一定嗜茶，因为他们得到赠茶后"非常高兴""我们喝冷水喝腻透了"①，由此可见一斑。

18世纪前，茶叶经满蒙商队不断输向俄国，但"尚未大笔成交茶叶"②。1727年《恰克图条约》签订后，茶叶才成为双方交易的大宗。"当时，茶叶在莫斯科的市价相当昂贵，大约每俄磅为15卢布，只有宫廷贵族和官吏才能买得起"③，故18世纪中期前，俄国饮茶风尚未普及民间。1750年，经恰克图运俄的各类茶仅1.3万普特，大大低于西欧国家。嗣后随俄国嗜茶人数的增多，俄商对茶叶的需求与日俱增，茶叶成为恰克图市场上的一般等价物，俄商遂积极参与茶叶贸易，使中俄贸易开创了"彼以皮来，我以茶往"的格局。19世纪20年代后，"俄人对于茶叶需要，遂有显著的进展"。从1800年到1840年底，经恰克图输俄的茶叶增长了5.2倍，仅1820年就超过10万普特，1837年—1839年的平均数约为201801.92普特。茶叶已成为北方国际商路上的主要货品。此外俄国还从英国、中国西北进口部分茶叶。

美洲大陆饮茶风的普及得力于荷兰、英国移民的推动。18世纪中期，饮用中国茶已经成为伦敦街头劳动人民的习惯，这一定会随着向北美殖民地大量移民而得以推广。18世纪20年代，北美殖民地开始正式进口茶叶，18世纪中期，饮茶习俗已遍及北美殖民地社会各阶层。当时一位去过北美的法国旅游者说："北美殖民地，人们饮用茶水，就像法国人喝酒一样，成为须臾不可离的饮料"④。18世纪60年代，北美殖民地年均消费茶叶120万磅，仅宾夕法尼亚州一州1750年—1774年每年平均从英国进口茶叶4万磅⑤。但英国把茶叶作为掠夺北美人民财富的工具，引起北美殖民地人民的强烈抵制，这在一定程度上影响了饮茶的发展。1776年，北美人民经过浴血奋战，终于建立了独立的美利坚合众国，美国商人摆脱了贸易羁绊，立即派出"中国皇后号"帆船首航中国，载3022担茶至纽约，从此掀起了对华贸易热潮。据统计，1784年—1811年20余年内，到过中国的美国商船共378艘，输入的茶叶也由1784年—1785年度的88.01万磅上升至1810年—1811年度的288.44万磅，增长两倍多。鸦片战争前更增至19333597磅，又增长近六倍。这些茶除少量复出口外，大部用来满足国内消费。

总之，至19世纪初期，饮茶风遍及世界各地，产生了巨大影响。⑥ 茶叶真正成了世界性饮料，成为与咖啡、可可并驾齐驱的世界三大饮料之一。这正是茶文化在世界各地传播和中西贸易开展的结果，同时又为茶叶贸易的兴盛提供了坚实基础。

二、植茶制茶蔚然成风

清代，茶树种植已有向南亚、东南亚扩展的苗头，这也是茶叶消费对生产的刺激作用。1662年，曼德尔斯罗在《东印度纪游》中提到印度饮茶"已很普遍"，这些茶

---

① 伊兹勃兰特·伊台斯，亚当·勃兰德. 俄国使团使华笔记（1692—1695）. 商务印书馆，1980.
② 蔡鸿生. "商队茶"考释. 历史研究，1982（6）：117-133.
③ 张正明. 清代的茶叶商路. 光明日报，1985-03-06.
④ 曾丽雅，吴孟雪. 中国茶叶与早期中美贸易. 农业考古，1991（4）：271-275.
⑤ 朱那逊. 费城与中国贸易. 费城出版社，1987：21.
⑥ 陶德臣. 论清代茶叶贸易的社会影响. 史学月刊，2002（5）：90-95.

与 1815 年、1816 年发现的阿萨姆和掸邦人工栽培茶树、制饮方法同出一辙，均是中国传入的。[①] 虽然早在 1780 年欧洲人已提倡在印度植茶，总督哈斯与军官凯特成了印度植茶的首创者，科学家班克斯介绍了种茶方法，指出了适宜种茶的区域，主张从中国引进茶籽试种，但仍无行动。不管怎么说，18 世纪 80 年代前，英国东印度公司只想维持对华茶叶贸易垄断权，从中牟取暴利，对在印度植茶不感兴趣。18 世纪 90 年代情况稍有变化，英国不甘心向中国支付大量购茶款，政府认为"其制造之法或可传入本国及印度本土，则每年可塞 140 万镑之漏卮"[②]，公司代表培林说："茶之数量及价值均极大，此物如能在印度本公司领土内种植，至惬下怀"，并嘱咐使华的马戛尔尼"此事吾人极力祈君注意"[③]。事实上马戛尔尼使华前，英国"已经设法在印度一些气候和土壤比较适宜的地方试种茶叶"[④]。马戛尔尼使华时带回茶树、茶籽种植于加尔各答的皇家植物园，嗣后又发现了阿萨姆野生茶树。1833 年，东印度公司贸易垄断权被取消，英国才加紧在印度植茶。同年成立了 13 人委员会，专门"考察此种茶植，可否带至印度试种"，并派人潜入中国收集茶籽、茶工，调查种茶方法，茶树开始在印度扎根。1836年试制样茶成功，翌年已"暂通制造焙炼诸法"，1838 年制出 12 小箱共计 480 磅茶叶，这大大刺激了英印政府植茶。1839 年又生产出 95 箱茶叶，同时专门成立了发展茶业的阿萨姆公司，加紧茶业试验。[⑤] 所有这些活动都为印度茶业发展奠定了一定基础。

锡兰本植咖啡，1600 年，荷兰人最早在锡兰试种中国茶树，未能成功。1840 年左右，又移入阿萨姆茶 200 余株试植，取得一定成绩，但发展缓慢。[⑥⑦]

爪哇植茶的最早记载是 1690 年，但仅作欣赏之用。1728 年，荷兰决心在爪哇发展茶业，"试植茶树，以成效未彰，旋至中辍"，茶树枯死。[⑧⑨] 1826 年，爪哇又开始新的试植，嗣后茶籽、茶苗、茶工不断从中国引进，建立了茶业试验场。1827 年，试制样茶成功。1829 年，所制茶在巴达维亚的展览会上获银质奖，翌年第一家制茶厂成立。1833 年，爪哇茶已在市场露面。

上述三地茶业日后均有很大的发展，成为世界主要产茶国。1883 年，俄国从中国引种茶籽，但未成功。1848 年再次引种，嗣后日益发展成业。1825 年开始，越南大规模种茶。19 世纪 20 年代后，英国在非洲的尼亚萨兰（马拉维）、肯尼亚、乌干达、坦桑尼亚植茶。此外瑞典、法国、英国、意大利、美国、巴西以及大洋洲、非洲等国家和地区均有过试植[⑩]，虽均无实效，但也表明在饮茶风靡世界的大环境下，许多国家为满足国内需要，均试图以本国出产代替进口，这从某种程度上推动了茶叶贸易的发展。

---

① 陈椽. 茶业通史. 农业出版社，1984：35.
② 朱杰勤. 中外关系史译丛. 海洋出版社，1984：197-209.
③ 朱杰勤. 中外关系史译丛. 海洋出版社，1984：201-202.
④ 斯当东. 英使谒见乾隆纪实. 商务印书馆，1963：27.
⑤ 姚贤镐. 中国近代对外贸易史资料. 2 册. 中华书局，1962：1186-1187.
⑥ 程天绶. 锡兰之茶业. 中外经济周刊，第 93 号.
⑦ 陶德臣. 南亚茶业述论. 农业考古，1996（4）：278-284.
⑧ 程天绶. 爪哇之茶业. 中外经济周刊，第 49 号.
⑨ 陶德臣. 荷属印度尼西亚茶产述论. 农业考古，1996（2）：5.
⑩ 陈椽. 茶业通史. 农业出版社，1984：87-118.

第六章　近现代时期

第 一 节　茶叶科技的创立和发展

一、中华民国时期茶叶科技的初建

（一）派遣留学生出国学习

1918 年，吴觉农留学日本，撰写《茶树原产地考》和《中国茶业改革方准》两篇长文，提出中国是茶的祖国，全面分析中国茶业发展的历史实际、失败的原因及振兴的根本方策，对后来茶业改革产生重大影响。

汪轶群和陈鉴鹏（1920）、陈序鹏（1924）等多人留学日本，学习茶叶技术。1921年，胡浩川赴日本静冈茶叶实验所专学制茶，1924 年回国。1927 年，方翰周去日本学习制茶，1931 年回国。胡浩川、方翰周是 1920 年安徽省第一茶务讲习所首届毕业生。

1933 年至 1938 年，王泽农在比利时颖布露国家农学院（L′ Institute Gronamique del′Etat a′ Gembloux）和颖布露国家农业试验场（La Station de Rechercher Agricoles de L′ Etat a′ Gembloux）留学和工作，刻苦钻研农业化学，深入研究植物生理生化等生物学科，为后来创建茶叶生物化学学科打下了基础。

1945 年，李联标入美国康奈尔大学（Cornell University）农学院和加州理工学院（California Institute of Technology）生物学部进修，从事茶叶中酶性质的研究，1947 年与勃纳（J. Bonner）博士联名在美国《生物化学》杂志发表了茶叶中多酚氧化酶的研究论文，成为中国早期从事茶叶酶化学研究的少数学者之一。

（二）筹设试验茶场及研究机构

1915 年，中央政府农商部在安徽省祁门县南乡平里建立安徽模范种茶场，下设历口、秋浦和江西修水、浮梁 4 个分场。陆溁、金一涵、王兴序、陈序鹏等相继任场长；1932 年，安徽省建设厅改组农商部祁门茶叶试验场，聘吴觉农兼任安徽省立祁门茶叶改良场场长，以谋茶叶改革实施及学术研究工作。1934 年 7 月，由全国经济委员会、实业部、安徽省政府联合管辖，更名为"祁门茶业改良场"，由胡浩川担任场长。1945年，屯溪茶业改良场并入。1948 年，婺源武口茶业改良场并入。1949 年，祁门茶业改良场由皖南人民行政公署接管。

祁门茶业改良场主要设研究、产制、推广 3 个组。研究组进行栽培、制造和化学等茶叶科研工作；产制组担任植茶和制茶经营；推广组则负责生产辅导、技术推广和调查统计等工作。吴觉农、冯绍裘、胡浩川等兴调查、重实验，从茶树栽培、茶树品种、茶叶加工、茶树病虫防治以及茶叶经济等诸方面提出了报告。

1932 年，湖南省在长沙高桥成立了茶叶改良机构"湖南茶事试验场高桥分场"。1932 年 11 月，实业部下属的中央农业实验所与上海、汉口商品检验局首先联合承租江西修水白闲坑振宁茶植公司茶场，建立"修水茶叶试验场"。《中央日报》报道称："现闻该场头茶已转运到沪，经各大茶号及购茶洋行品评，红茶之色香味均极良佳，其优者堪与印锡红茶相匹敌，次者亦不亚于祁红。兹该场以原有器械尚不甚完备，对于制茶机械改良研究不遗余力，除由吴觉农、方委员翰周设计所造之绿茶机械运场试用，成绩甚佳，并由该场主任俞海清、技术员冯绍裘制造红茶萎凋机……极为灵便；该机已于本月十四日实地试用，所萎凋之叶，无异于阳光晾青者。如是则中国多年以来天雨不能制造红茶之困难，一旦迎刃而解矣"[1]。试验场还将机械加工的方法，推向民间。

1935 年前后，各省茶叶改良场纷纷成立，如福建在崇安、福安，浙江在嵊县三界，湖北在蒲圻羊楼洞等，茶叶科技队伍扩大，在茶叶科研和推广方面做出许多成绩。1935 年，张天福创建福建省第一个茶叶研究机构——福安茶叶改良场，在李联标、庄晚芳等支持和帮助下开展了科学实验，特别是 1936 年从日本引进全套红茶加工机械，对福建的机制红茶有深刻的影响。改良场还自己设计了 918 木质揉捻机，为当地茶户服务。

1937 年，实业部会同湖北省政府在五峰设立宜红茶叶改进指导所，主要开展促进茶农嫩采、改良制茶方法、取缔毛茶过度水分等工作。安徽省建设厅为改进六安、霍山等地茶叶，在立煌成立茶叶试验所，负责指导当地制茶改良事宜。

各地茶叶试验场（所）和改良场在茶叶科学交流和宣传上也做了大量工作。许多学者在《中华农学会报》《国际贸易导报》《中国实业杂志》《茶叶杂志》发表论文。1937 年，实业部国产检验委员会茶叶产地监理处编辑发行《茶报》，宣传茶叶科技知识，指导茶叶生产，报告国内外茶叶情况，提出华茶改善途径。商务印书馆等出版单位为吴觉农等人出版了《中国茶叶问题》《种茶法》等专著，翻译出版了《东北印度红茶制焙学》《锡兰红茶制法及其理论》《爪哇苏门答腊之茶叶》《印度锡兰之茶叶》《印度锡兰茶叶推广计划》等。

福建省福安茶叶改良场，于 1938 年移至崇安并改名为"福建茶叶改良场分场"，1940 年归并为福建示范茶厂；1939 年，江西省农业院因修水茶场临近前线，将人员设备移至婺源，成立婺源茶叶改良场，并在浮梁设立分场；1940 年，安徽省政府在屯溪建立屯溪茶叶改良场，进行屯绿研究试验；湖南省除安化原有茶叶改良场自黄沙坪迁至硒州外，1941 年在桃源沙坪设立分场。此外，1939 年冬，农林部中央农业实验所与中茶公司合办联合贵州实验茶场，设场址于湄潭。李联标等先后赴部分茶区考察，在婺川县发现高 6~7m，叶长 13~16cm、宽 7~9cm 的野生乔木大茶树。除调查贵州茶叶

---

[1] 江西修水茶叶改良场发明制茶机械. 中央日报，1933-06-28.

产销、开辟茶园、制造各种茶叶外，多偏重于试验研究工作，尤其是对茶树虫害的研究；1940 年，在昆明宜良、凤庆、顺宁等地继续兴建了一批同样的茶叶改良示范单位。在云南顺宁茶厂，冯绍裘等用云南大叶种试制红茶，制得的红茶品质为国内其他红茶所不及，试销国外得到了好评。还设计了双桶木质揉茶机、兽力揉茶机、分筛机等，推广和应用都比较经济，以后东南各场、厂也都模仿采用。

1937 年，中国茶叶公司成立，在各省设立自营或合营的茶场、茶厂，以求复兴茶叶事业。1939 年，在祁门历口设立历口实验茶厂，同时与云南省政府合办顺宁、宜良两个实验茶厂。1939 年 10 月，中国茶叶公司与福建省政府合办了福建示范茶厂，并在福鼎、福安、政和设立分厂，1942 年 4 月，示范茶厂因故结束。1940 年，在屯溪设立凫溪口绿茶厂改进屯绿，在四川灌县设立灌县实验茶厂改进边销茶叶，湖北五峰茶厂也在此时成立。同年，中国茶叶公司与江西省合办了河口实验茶场，与云南合办了佛海茶厂，与广西合办广西实验茶厂等。

1941 年，吴觉农、蒋芸生、王泽农等茶叶科技人员，在浙江衢县万川成立东南茶叶改良总场筹备处，1942 年迁址福建崇安武夷山麓的原福建示范茶厂，正式更名为"财政部贸易委员会茶叶研究所"，在茶树栽培、茶叶制造、化验和推广方面，取得了不少成绩，代表了当时中国茶叶科学研究的水平。

由于时局多变，茶叶改进机构时兴时废，在几个较有成效的改良场中，以安徽祁门茶叶改良场最为显著，其次是福建、浙江、江西和湖南等省改良场。祁门茶叶改良场历史最长，变化最大。祁门茶叶改良场虽几经变制易名，但在留场技术人员的努力下，在研究、产制、推广上做了大量工作，对茶树育种、栽培管理、鲜叶分析、红绿茶采制等做了研究，对茶叶成分的分析及加工过程中主要成分的变化与品质的关系作了探讨，研究成果发表在有关杂志上，并编成《茶树栽培》《茶树育种》《茶树虫害》《茶叶制造》《红茶发酵初步研究》《东北红茶烘焙法》等单行本。进行了有意义的研究项目，如育种方面，从群体祁门种中选出槠叶种，作为祁门种的代表种。栽培方面的试验项目也很多，主要有种子繁殖方法、扦插试验、施肥比较试验等。茶叶加工方面有萎凋、发酵和揉捻机比较试验。此外，还向各茶区大力推广新技术。为普及茶叶科技知识，印发了数千册如《怎样采茶》《祁门红毛茶制法》等六种小册子。

1949 年，吴觉农组织翻译出版了《茶叶全书》［美国威廉·乌克斯（William H. Ukers）著］，系统地介绍世界各国茶叶生产、科研和文化，使人们增加了知识、受到了启迪、扩大了视野。

二、中华人民共和国成立后茶叶科技的发展

20 世纪 50 年代起，茶叶科技开始得以复苏和发展，不少茶叶研究机构相继恢复，特别是 1958 年中华人民共和国第一个全国性茶叶研究机构——中国农业科学院茶叶研究所建立，标志着中国茶叶科学研究进入一个新时期。

（一）茶叶科研机构兴起

1950 年—1957 年，茶叶科技试验工作主要由设有茶叶专修科的大专院校、农林部

所属有关部门、中国茶叶总公司、部分茶叶试验场及有关单位进行。

1950 年，安徽省祁门茶叶改良场改名为"祁门茶叶实验改良场"，场址设在祁门平里，以试验、示范为宗旨，属中国茶叶公司皖南分公司领导。1952 年，划归安徽省农业厅领导，场部迁到县内城区。1955 年，又改名为"祁门茶叶试验场"，贯彻以科研为主、科研与生产示范相结合的方针。

1951 年 2 月，四川省农业厅将灌县茶叶改良场改为"四川省灌县茶叶试验场"。同年，云南省成立"云南省农业厅佛海茶叶试验场"，1953 年又改名为"云南思茅专署茶叶科学研究所"。

1952 年，湖南省将原"湖南茶叶试验场高桥分场"定名为"湖南省农林厅高桥分场"。至 1955 年，又改名为"湖南省农林厅高桥茶叶试验站"。

1952 年 7 月，福建省将福安茶叶改良场改为"福建省福安茶叶试验站"。

1953 年，贵州省将湄潭实验茶场改建为"贵州省茶叶试验站"，归属省农业厅领导。同年，江西省成立了"修水茶叶试验站"。

1956 年前后，不少产茶区也成立茶叶试验场，如浙江余杭茶叶试验场，江西婺源县茶叶实验场，浙江三界茶叶试验场，四川雅安茶叶试验站等。这些研究机构的恢复和新建，促进了中国茶叶科技事业的发展，取得了一批成果，编纂出版了《中国茶讯》《茶叶导报》等刊物和小册子，宣传和推广了技术，培训了一批基层技术力量，为中国的茶叶科技发展打下了基础。

1957 年，蒋芸生、李联标、庄晚芳等发起筹建中国农业科学院茶叶研究所，并于 1958 年 10 月 6 日正式成立。1959 年 4 月，首次在杭州召开了全国茶叶科学研究工作会议，并提出"高产、优质、机械化"为茶叶科学的研究重点。1960 年 3 月，根据国家长远规划，召开了第二次全国茶叶科学工作会议，会同各省所（站）制订了全国茶叶科学研究十年发展规划，把改造老茶园、有计划建立新茶园、提高品质和提高劳动生产率作为茶叶科学研究重点。1962 年，召开第三次全国茶叶科学研究工作会议，讨论茶叶科学十年远景规划，使中国茶叶科学研究走上了扎扎实实的发展道路。

各产茶省也加强了对茶叶科技工作的领导，对茶叶科技机构又作了进一步的调整和充实。1959 年，广东省成立了"广东省英德茶叶试验场"；1960 年，"安徽省祁门茶叶试验站"改为"安徽省祁门茶叶科学研究所"，1962 年，又改为"安徽省农业科学院祁门茶叶研究所"；1962 年，四川省灌县茶叶试验站迁址川东永川，改名为"四川省农业科学院茶叶试验站"。同年，贵州省茶叶试验站改名为"湄潭茶场茶叶研究所"；1963 年，云南省将"云南省思茅专署茶叶科学研究所"改名为"云南省勐海茶叶试验站"，从而形成了全国范围的茶叶研究机构网络。不少研究单位还开展了应用基础研究，将中国茶叶科学研究进一步推向深入。

此外，随着茶叶科学的发展，各省有关茶叶的科研、教学、生产、贸易部门纷纷联合起来，还建立了全国及地方性的群众学术团体茶叶学会，开展学术交流。20 世纪 50 年代起，安徽、浙江、福建、湖南相继建立了省级茶叶学会，1964 年中国茶叶学会在杭州正式成立，形成了群众性的学术团体体系，有力地推进茶叶科学研究。

（二）茶叶生产和加工技术革新

1. 从开辟新茶园到管理科学化

20世纪50年代初期，茶园大多荒芜，仅有300多万亩零星分散的茶园，树老株稀，80%左右茶园实行粮茶间作。茶叶工作者和广大茶农先后复垦200多万亩荒芜茶园，综合治理了300多万亩低产茶园，新发展了800多万亩成片集中的新茶园。20世纪50~70年代，茶树栽培以提高茶叶产量为主要目标，重点改造低产茶园，改造初期局限于补缺增密和树冠改造。20世纪60年代初提出"上改茶树下改土"，20世纪60年代中期发展为"改土、改树、改园"，这项技术的推广对恢复和发展茶叶生产起到了重要作用。至20世纪70年代，低产茶园"三改"发展成为包括"改管"在内的"四改"技术。对旧茶园进行移栽归并、补植缺株、合理修剪、老树更新等，使之成为新式茶园；开辟新茶园，合理布局、深挖整理、条植密播、整齐茶行，有利于机械化耕作、科学化管理。

中华人民共和国成立前，茶树不施肥，导致茶树生长不良，因而重采春茶、少采夏茶、不采秋茶，所谓"春茶一担，夏茶一头"。中华人民共和国成立后，茶园改为四季施肥，采春茶、夏茶还采秋茶，有些地方还采冬茶。同时提高施肥技术，如用远山高山种绿肥、近山低山施土肥、茶季施化肥、冬季培生泥等方法来提高茶园土壤肥力。

茶园耕作采取浅耕结合深耕的办法，春夏浅耕、冬耙土培蔸的技术措施使茶树生长茂盛，从而提高产量。为预防茶叶生产的冻害、旱害、病虫害三大灾害，进行茶园水利化防止干旱，并采取各种技术措施，如茶园提早秋、冬耕锄，茶树根部培土，施用大量有机基肥等，来增强茶树抗寒能力。采取综合性病虫防治措施，做到防重于治，并开始采用生物防治技术。

2. 从采摘到鲜叶加工技术革新

民国时期，茶区普遍采用"一把捋"或"一扫光"的采摘方法，老嫩不分、大小不匀，并混有茶果、茶梗和老叶枯枝与其他夹杂物，导致产量不高、品质不好。新中国成立后，采用"及时采、分批采、留叶采、采大留小"的技术措施，根据茶树萌芽早迟、制茶种类不同灵活采用不同批次、不同标准的采摘。

改革茶叶加工技术，着重外销红、绿茶的技术革新。工夫红茶的日光萎凋改为室内自然萎凋，继而用萎凋槽控制萎凋。揉捻，改一次揉捻为分次充分揉捻，使茶叶条索紧结、茶汁充分挤出、渥红快。渥红，采用调节温湿度的新技术，创造渥红有利条件。渥红适度，立即高温快烘。这一系列新技术措施的运用大大提高了茶叶品质。

炒青绿茶的技术革新为：现采现制，高温快速杀青，闷抖巧结合；揉捻分次、解块、分筛；分次干燥，先烘后炒；炒分毛火和足火，毛火后分筛，筛上筛下分开足火。

切细红茶从毛茶切细改为鲜叶分次揉切，直接采用新技术，不仅缩短了制毛茶的过程，且降低了成本，品质也符合切细红茶的规格要求，有利于扩大外销。

三、新时期茶叶科技的繁荣

（一）茶叶科研机构与学术团体繁荣

首先，形成了中国茶叶科研的新体制。湖南、四川、云南等省茶叶研究机构都改为茶叶研究所，统属省级农业科学院领导。此外，江西省成立了"江西省农科院蚕茶研究所"，湖北省成立了"湖北省农科院果茶研究所"，广西壮族自治区成立了"广西壮族自治区桂林茶叶研究所"。1978 年，全国供销合作社在浙江杭州成立"杭州茶叶蚕茧加工研究所"，1982 年改为"商业部杭州茶叶加工研究所"，2000 年更名为"中华全国供销合作总社杭州茶叶研究院"。

其次，中国茶叶学会和各产茶省茶叶学会相继恢复。1978 年，中国茶叶学会在山西太原召开的中国农学会学术讨论会上宣布复会，同年 10 月在云南昆明召开了中国茶叶学会学术讨论会，进行学术讨论和换届改选。安徽、福建、浙江、湖南等省茶叶（业）学会也恢复活动。1978 年，四川、贵州、广东、广西、江苏、湖南等省成立了茶叶（业）学会。1979 年，河南成立蚕茶学会。1980 年，北京成立茶叶学会。1983 年，上海成立茶叶学会。目前，全国各省区（地市）已有 48 个茶叶（业）学会。中国茶叶学会已成为拥有 9800 余名个人、660 余个团体会员的大型学会。

再次，茶学高等学校科研平台纷纷建立，国家级茶叶研究机构和茶产业技术体系逐步构建。1997 年，安徽农业大学"农业部茶叶生物技术重点开放实验室"批准成立；2003 年，被批准为"安徽省茶叶生物化学与生物技术重点实验室"；同年 11 月，被批准为"茶叶生物化学与生物技术教育部重点实验室"；2011 年，获批"农业部茶树生物学与茶叶加工重点实验室"；2015 年，获批为省部共建"茶树生物学与资源利用国家重点实验室"，在全国茶学学科国家级研究平台实现突破；2016 年，安徽农业大学"茶叶化学与健康国际合作联合实验室"获教育部立项建设。

四川农业大学茶学实验室 2003 年获批"茶业科学与工程省级重点实验室"，另外还建设有四川省科技基础条件平台"藏茶产业工程技术研究中心"；湖南农业大学于 2006 年获得教育部与湖南省政府共建"茶学教育部重点实验室"，另外还建有国家植物功能成分利用工程技术研究中心、科技部药用植物资源国际合作研究中心等科研平台；福建农林大学于 2008 年承担中央与地方共建茶学重点实验室，还建设了"福建省茶产业工程技术研究中心"创新平台，以及与安溪县政府共同建设的"国家茶叶质量安全工程技术研究中心"；云南农业大学于 2011 年组建"普洱茶学教育部重点实验室"，2015 年通过教育部验收。与此同时，中国农业科学院茶叶研究所还建有"农业农村部茶树生物学与资源利用重点实验室"，浙江大学、华南农业大学、贵州大学等高校也设有相关的茶叶研究所、技术研究中心。

国家级茶叶科研机构的建设为中国茶产业的健康可持续发展提供了强有力的技术支撑。1988 年，国家茶叶质量监督检验中心成立，这是我国专业从事茶叶及茶叶制品检验、茶叶标准制修订、茶叶检测技术研究等工作的国家级检测检验机构。2007 年，国家茶产业工程技术研究中心获批，经农业部认定，于 2008 年 4 月正式授牌成立。2008 年 3 月，全国茶叶标准化技术委员会（SAC/TC339）经国家标准化管理委员会批准成立，服务了我国茶产业标准化建设工作。

（二）茶叶科技繁荣发展

1. 茶树种质资源的收集与新品种的选育

茶树种质资源是品种遗传、改良重要的物质基础。20 世纪 80 年代以来，先后对云南、湖北神农架和三峡地区、海南五指山地区以及黔西南、桂西、川北、陕南等地进行资源考察，发现大批优良的茶树种质资源，并以此为基础，于 1990 年在浙江和云南分别建立了"国家种质杭州茶树圃"和"国家种质勐海茶树分圃"[①]。除此之外，还在福建、湖南、广西、贵州、广东、江西、重庆、江苏等省（市、区）建有许多地方资源圃。这为我国茶树遗传改良和新品种的选育、推广奠定了坚实的基础。

福建、安徽、浙江、湖南等省的茶叶科研单位和农业院校陆续开展茶树品种调查、引种的单株选种工作，并从杂交后代中选育出大批优良品种、品系。在 2016 版的《中华人民共和国种子法》出台之前，我国育成国家级审（认、鉴）定茶树品种 134 个，其中无性系品种 117 个。另外还有省级审（认、鉴）定品种 200 余个。

特异性茶树资源是遗传育种的特色基因源，也是促进茶产业发展的优异种质资源。1981 年，张宏达发现一种不含咖啡碱的茶树新品种"可可茶"，并在此基础上培育出可可茶 1 号、可可茶 2 号；1985 年，云南省茶叶科技人员从大叶种茶树中选育出紫化茶树新品种"紫娟"，紫芽、紫叶、紫茎，叶片中花青素、茶多酚以及总儿茶素的含量较高；20 世纪 80 年代初，浙江安吉县林科所开展叶色白化的特异性茶树品种短穗扦插育苗获得成功，命名为白茶 1 号[②]；1998 年，浙江余姚成功选育了叶色呈黄色的特异性茶树品种"黄金芽"，并在此基础上培育了中黄 1 号、中黄 2 号、中黄 3 号等黄化茶树品种。2008 年，安徽农业大学茶业系与安徽黄魁茶业有限公司成功培育了"黄魁"黄化茶树新品种，并于 2015 年通过了安徽省非主要农作物品种鉴定登记。近年来，四川农业大学茶树育种团队与四川一枝春茶业公司合作选育了高花青素含量的珍稀新品种"紫嫣"，并于 2017 年获得了新品种授权。此外，湖南保靖的"黄金茶"也是从地方群体资源中选育而成的特异茶树新品种。

2017 年，中国科学院昆明植物研究所研究团队与国内外多家单位联合攻克了茶树高杂合、高重复和基因组庞大的植物基因组测序的难题，首次破译了茶树基因组并揭示茶叶风味、适制性及茶树全球生态适应的遗传学基础。

2018 年，安徽农业大学茶树生物学与资源利用国家重点实验室联合深圳华大基因和中国科学院国家基因研究中心（上海）等研究团队，以茶树品种舒茶早（中国种）为材料，破解了世界上分布最广的中国种茶树的全基因组信息，标志着我国茶树生物学基础研究取得重大突破。

在选育新品种的同时，也注重无性系良种繁育与推广。从 20 世纪 50 年代起，大力推广无性繁殖法，尤其是短穗扦插法，使良种推广速度明显加快。在浙江鄞县福泉山、广西桂林、云南思茅、贵州遵义和晴隆、四川名山、湖南郴县、湖北咸宁、安徽休宁和东至、江西南昌、浙江新昌相继建立 12 个省级茶树良种繁育场和 150 余个县级茶树良种场，使良种苗全年生产能力达到 6 亿株以上。根据农业农村部种植业司统计数据，到 2017 年底，全国无性系茶树良种推广率达 60.94%，新品种推广成效显著，其中福建省无性系的普及率已达 95% 以上。除短穗扦插法外，自 20 世纪 90 年代以来嫁接法

① 陈杰丹，马雷，陈亮. 我国茶树种质资源研究 40 年. 中国茶叶，2019（6）：1-5；46.
② 程玉龙. 安吉白茶的历史渊源及栽培现状. 茶叶通讯，2007（3）：25-26.

在广东、浙江等省也作为一种无性繁殖技术在茶叶生产中应用。

1980年，陈振光、廖惠华用福云7号花药培养出具根、茎、叶的单倍体植株，这是国内外首次获得的单倍体茶树。1981年，移苗获得成功。20世纪80年代后，已能将茶树茎、叶、花药、子叶、子叶柄、下胚轴、胚、未成熟胚等培养成株。利用组织培养（未成熟胚、茎切段）等进行茶树种质资源保存，并在超低温（−196℃）保存等方面进行了深入研究，为遗传育种开拓了新的技术领域。

2. 茶树病虫害的综合治理

20世纪50年代以来，在茶树病虫防治技术上，经历了单项防治、综合防治、综合治理三个阶段。20世纪40年代末到50年代初，主要采用鱼藤精、除虫菊、菸碱、硫磺、波尔多液等无机杀虫剂。20世纪50年代，开始使用"滴滴涕（DDT）""六六六"防治茶树虫害。20世纪60年代，开始推广有机磷杀虫剂（滴滴涕、敌百虫、乐果等，现已禁用）与有机杀菌剂（灭菌丹、代森锌等）。由于过多地依靠化学防治，特别是高残留农药的大量使用，影响天敌数量和种群间的平衡，使得害虫猖獗。20世纪70年代中期，开始使用菊酯类杀虫剂，强调包括化学防治、农业防治和生物防治在内的综合防治。1972年起，在茶叶生产中停用"滴滴涕"和"六六六"，在农药的选用上也开始选用高效、低毒和低残留农药，并提出农药的安全使用标准，开始重视农药残留问题。

20世纪80年代起，农业防治和生物防治引起更多的重视，昆虫病毒和虫生真菌开始在茶园中应用，并在综合防治中贯穿了生态学的主线，在病虫防治中提出了"控制"而不是"消灭"的观点，目标是将有害生物的种群数量压低到允许密度以下。茶叶生产也越来越重视如何致力于减少化学农药的用量，并已开始由综合防治向综合治理的方向过渡。

20世纪90年代起食品安全质量问题越来越引起人们的重视，使得茶园有害生物的防治更加依赖于农业防治和生物防治，因此提出了有害生物的无害化治理。

3. 茶叶生产与加工机械化

（1）采茶机械　中国采茶机械化经历了漫长的道路。20世纪50年代起，中国开始进行采茶机的研制。1965年，诞生了中国第一台部级鉴定的NIC型电动采茶机，之后，又推出十多种采茶机型。20世纪80年代后，重点发展双人抬式采茶机与修剪机，中国农科院茶科所与安徽农业机械化研究所先后研制双人采茶机型，并在全国各茶区推广应用。1994年，农业部审定通过了行业标准《机械化采茶技术规程》。

（2）绿茶加工机械　在绿茶加工机械中，按照炒青工艺进行成套机具研制，尤其是锅式杀青机和滚筒杀青机的开发，成功为绿茶品质形成奠定了基础。杀青机最初为手摇单锅式，配用动力转动，称58型锅式杀青机。1962年改为双锅杀青机，以后又进一步改为双锅连续或三锅连续杀青机。20世纪70年代初，槽式连续杀青机开发成功。1986年，综合以上两种杀青机的优点，又研制出滚槽式连续杀青机。

1987年，完成了6CRX系列茶叶揉捻机的开发。

1970年，发明电烘机，后又发明了烟道式烘干机、无烟灶焙茶机。1972年，发明了链式自动烘干机、三层六面抖筛式烘干机、园式干燥机。

1956年，发明了铁木结构旋转转动的锅式炒干机。1958年，发明了斜锅炒干机和瓶式炒干机。1965年，发明了炒手作往复运动的斜式炒干机和转筒式炒干机。1967年，发明了旋转式炒干机、大炒手板的珠茶炒干机。1974年，发明了双滚筒瓶炒机。1977年，安徽农学院创造了瓜片炒制机。

绿毛茶精制加工设备有抖筛机、飘筛机、塑料静电拣梗机、方袋联合包装机和茶叶拼和装箱机，以及烘车联装和机拣联装设备。

名优茶加工机械有了很大发展。20世纪60年代中期起，浙江、安徽等省先后试制成功了龙井茶电热炒茶锅、龙井茶整形机等机械。江苏于1988年推出名特茶整形机，在针形茶和扁形茶加工机械方面跨出一步。1990年代，发明转筒杀青机、扁茶理条机及扁茶整形机、往复式多槽扁茶炒干机、名茶多功能炒制机等。

1998年，第一台多功能机研制成功，集杀青、理条、做形、初烘于一体，替代了传统的手工做形；2002年，发明了专用单锅式扁形茶炒制机。2006年以来，研制出多锅式、连续化自动式等更先进的设备。南京雨花茶、黄山毛峰等针芽形茶理条机和精揉机也逐步实现了连续化作业，倾斜理条角度、滚动导轨技术、高速气缸驱动等新技术的应用，使连续化理条技术进一步完善[①]。

近年来，电磁内热杀青、微波-远红外杀青等节能型设备得到了广泛应用，整形机、精揉机、长板式龙井茶炒制机等一系列名优绿茶加工机械得到快速发展和推广。针芽形、扁形名优绿茶及大宗炒青绿茶均不同程度地实现了清洁化、连续化加工，部分工序可全自动控制[②]。

（3）红茶加工机械 红茶加工机械中，1963年由中国农业科学院茶叶研究所设计的萎凋槽使能源耗量减少1/2、劳动力减少2/3、占用厂房面积减少3/4。

1970年5月，广东省成功研制了系列转子机，不仅实现了红碎茶揉切连续化作业，而且在切碎率和茶汤品质方面比原来的盘式揉切机有明显提高。此后，各地因地制宜相继开发出一些转子机产品。

1983年，云南省创制挤揉机，由于在挤揉机芯上采用了独特的半球型凸体而荣获国家发明三等奖（1986年）。海南省于1985年突破了切齿技术，试制成功茶叶挤切机。1993年，云南省进一步试制成功CTC红碎茶的成套机械设备，包括振动给料机、洛托凡揉切机、CTC三联机组、连续发酵机及振动流化床烘干机，把中国红碎茶加工机械的设计制造技术提高到一个新水平。

为了丰富红茶种类，新设备不断地应用到红茶加工中。精揉机、曲毫机、扁形茶炒制机等设备被用于加工扁形红茶、卷曲形红茶等。光补偿连续萎凋机、低氧冷揉捻设备、可视化连续发酵机等一批可控化程度极高的新设备用来组建现代红茶生产线。条形、针形红茶自动清洁化生产线等已在生产上大量应用[③]。

（4）特种茶加工机械 1967年，浙江嵊县发明珠茶炒干机，并荣获国家发明四等

---

① 张小福，李尚庆，王世峰，等.节能型气动上加热理条机的设计研究.农业机械化，2014（5）：232-234；243.

② 江用文，袁海波，滑金杰.中国茶叶加工40年.中国茶叶，2019（8）：1-5.

③ 江用文，袁海波，滑金杰.中国茶叶加工40年.中国茶叶，2019（8）：1-5.

奖。1974 年，第一台窨花机出现。1980 年代，完成花茶窨制联合机研制，相继投产运行。1986 年 9 月，成功研制 6CZX-15 型窨花机，开创了茶、花分离，应用隔离、封闭、充氧与花香循环窨制之机械的先例，所窨之花茶的鲜灵度与花香浓度均显著提高，下花量减少 12%~25%，是花茶窨制机械的一大突破。

乌龙茶的包揉和做青是乌龙茶独有的特殊工艺。在 20 世纪 70 年代后期，综合做青机与包揉机在福建省问世，做青所需的特定温湿度人工控制室也研究成功。颗粒形乌龙茶做形设备已由单机包揉设备速包机和平板包揉机，发展成由压揉机和输送带组成的连续化造型生产线①。乌龙茶加工已开发出可自动控制的水筛摇青机、振动摇青机、智能化做青机等，微波干燥、远红外干燥、茶叶色选拣梗机等设备也被应用到乌龙茶生产中。乌龙茶初制自动化生产设备，采用冷热风吹干、红外晒青，并与热风微波杀青装置、自动成型装置及自动烘干装置结合使用，实现乌龙茶生产的全程自动化、连续化生产②。

在 20 世纪 70 年代后期，先后开发了联合压砖机和压制生产线，全线从原料到脱砖凉放只需 30 分钟。

新技术在茶叶机械产品的应用上日益发展，将喷流和热管技术应用于茶叶烘干机的热风炉、流化床式茶叶烘干机（江苏、四川、浙江）、远红外茶叶烘干机（福建、浙江）、高频和微波式茶叶烘干机（江苏）、窨制花茶的茶花配比自动控制装置（上海、福建）、揉捻机投叶与加压出叶的自然控制装置（安徽）、可变程序揉捻机（浙江）、计算机控制茶叶烘干机和扁茶炒干机（浙江）、乌龙茶综合做青机（福建）等，这些都使中国茶叶加工机械的总体质量有了很大的提高。

4. 茶叶生化检验与标准化生产

20 世纪 50 年代茶叶生物化学研究工作取得很大进展，茶叶中成分的常规分析方法早在 20 世纪 60 年代即已建立。除了常规的化学分析外，气相色谱、气质联用、液相色谱、液质联用、原子吸收光谱、紫外分光分析、红外分析、远红外分析、核磁共振、薄层扫描等高精度的分析仪器也已普遍应用于茶叶成分的分析中。茶叶中农药残留水平的多检出分析已经可以成功地从一个茶叶样品中分析检出近 50 种农药，检测水平已达到十亿分之一（微克/千克）到千亿分之一（纳克/千克）。用等离子发射光谱进行茶叶中重金属（包括铜、铅、铝等）的检出也已成功地应用。

茶叶理化检验的研究工作也取得了很大进展。中国农业科学院茶叶研究所提出的"红茶内质化学检定法"和"绿茶滋味化学鉴定法"试用结果与感官审评结果有较高吻合率，这使得茶叶品质的理化审评向实用化阶段又前进了一步。新技术特别是机器视觉技术、电子鼻技术和电子舌技术发展，为茶叶品质检测提供了广阔的前景。

20 世纪 90 年代以来，中国越来越重视行业标准。到 2003 年上半年，中国已制定有行业标准以上的茶叶及相关标准 150 余项，其中包括产品标准 39 项（包括无公害食品茶、有机茶、绿色食品茶、花砖茶、茯砖茶、红碎茶、绿茶、龙井茶等），检验方法

---

① 占杨. 闽南乌龙茶连续化生产线及其关键工艺优化试验研究. 福建农林大学，2014：60-64.
② 江用文，袁海波，滑金杰. 中国茶叶加工 40 年. 中国茶叶，2019（8）：1-5.

标准 63 项（包括水分测定、总灰分测定、游离氨基酸总量测定、茶多酚测定、咖啡碱测定、茶叶中多种农药的检测等），其他相关标准 53 项（包括无公害食品茶生产技术规程、有机茶生产技术规程、茶叶包装等），这些标准的制订对规范中国茶叶生产、促进茶产业发展具有重要作用。

目前茶叶现行有效国家标准 109 项，基本涵盖茶产业领域的重要基础通用标准、产品标准、方法标准等，初步建立了我国茶叶标准体系。

5. 茶叶生物化学研究与茶叶生物技术应用

茶叶生物化学研究是茶叶学科的基础，主要包括咖啡碱、茶氨酸和儿茶素的生物合成及调控，以及茶叶加工过程中品质成分变化规律的机理[①]。

茶对人体健康的作用，除已明确的提神、明目、益思、除烦、利尿、降压、防龋等作用外，20 世纪 80 年代以来的研究进一步明确了茶叶具有抗氧化、抗血小板凝集、抗癌、降血糖、防辐射、抗过敏、杀菌、抗病毒、促进肠道有益微生物繁殖、抗溃疡、保护肝脏等作用，尤其是茶叶对癌症的预防和抑制效应，引起了医学界的广泛关注。茶叶这些功效已通过活体外实验、活体内实验、临床试验，有的正在进入流行病学调查，茶叶中开发有效组分作为一种药物已初显端倪。

研究表明，茶多酚不仅是一种天然的、无毒的抗氧化剂，而且也是一种理想的天然药物，具有清除自由基、抗氧化、抗菌、抗病毒、抗紫外线照射、防治心血管病、除臭、延缓衰老、抗龋护齿、抗肿瘤、抗辐射等多种保健功能和药理作用。

茶树中主要多酚类物质儿茶素类合成机理得到深入研究。首次证实酯型儿茶素合成途径的存在，茶树中非酯型儿茶素和没食子酸在尿苷二磷酸葡糖（UDPG）葡萄糖基转移酶（UGGT）和没食子酰基转移酶（ECGT）作用下，没食子化形成酯型儿茶素——表没食子儿茶素没食子酸酯（EGCG）和表儿茶素没食子酸酯（ECG）。克隆了儿茶素糖苷基因、类黄酮合成结构基因、类黄酮糖苷转移酶基因等一系列类黄酮合成途径中的新基因。系统地对茶树中主要酚类物质，包括儿茶素、黄酮醇、酚酸类、花青素、原花青素、水解单宁进行了定性和定量检测分析。

咖啡因的生物合成途径及关键的酶已经得到基本解析。2019 年 6 月，美国化学会（The American Chemical Society，ACS）《有机快报》（*Organic Letters*）杂志在线发表安徽农业大学茶树生物学与资源利用国家重点实验室研究发现的咖啡碱代谢新途径。

20 世纪 90 年代起，在茶与健康的作用机制上进行了大量研究。茶叶中有效组分的抗氧化活性、清除自由基功能，对各种人体致病关键酶的调控、对致病过程中信息传递的阻断、抗血栓形成等机制的不断发现，对开发茶多酚类和茶氨酸等活性化合物成为一种药物提供了理论基础。

酶工程、细胞工程、基因工程及发酵工程四大生物工程技术在茶学领域广泛应用。利用酶的高效生物催化功能，促使茶叶内不利成分及无效成分的有益转化，改善茶叶综合品质，是酶工程在茶学领域研究中的主要内容；细胞工程在茶学上主要用于茶树离体培养和茶叶内一些重要的次生代谢物质生产；基因工程在茶学研究上的应用主要

---

① 张梁，陈琪，宛晓春，等. 中国茶叶生物化学研究 40 年. 中国茶叶，2019（9）：1-10.

包括 DNA 分子标记技术、茶树基因的分离和克隆以及茶树遗传转化系；随着茶叶深加工技术的升温，利用食用菌及有益微生物发酵开发具有特殊风味及营养保健功效的新型茶叶制品也开始受到重视。

在茶叶综合利用方面，以低档茶叶为原料，利用固体发酵技术制取果胶酶、纤维素酶。另外，还可发酵生产木糖酶和过氧化物酶等多种酶制剂。

中国茶叶科学研究已经形成比较稳定且各具特色的茶树栽培、茶树遗传育种、茶树生理生态、茶树保护、制茶工程、茶叶生物化学、茶的综合利用等分支学科。

第二节　茶叶经济和贸易的曲折发展

茶业作为中国的传统产业，在中华民国时期和中华人民共和国成立后，都经历了不同程度的现代化改造，在克服困难和艰苦探索之后，其发展也逐渐展现出了新的生机和活力。

一、民国时期茶业曲折发展

民国时期，中国茶业陷入极度危机，生产萧条，茶区凋疲，市场萎缩，外销锐减。虽然 20 世纪 20 年代后期曾有短期的复苏，但在日本侵华战争和继之而来的国民党发动的全面内战的打击下，茶业经济无可挽回地走向崩溃。

（一）茶叶经济的三个阶段

民国茶叶只有 37 年发展时间，生产有起有落、曲折环生，可划分为迅速衰退-逐渐复苏-走向破产三个阶段。

1. 迅速衰退阶段

1912 年—1916 年，民国茶业并未走出晚清茶业衰微的趋势。受第一次世界大战的影响和英国禁止中国茶进口的波及，茶叶生产更是雪上加霜，"不独茶商受损，钱业亦受牵累，而种茶山户与采茶制茶摘茶之数十万男女工人受困尤甚"[1]。民国新辟茶区、对茶园精心耕作的现象实属寥寥无几，而茶产、茶地又在不断地减少。据《上海对外贸易》一书作者估算，1919 年茶产量为 276. 66 万担，比 1894 年少 110. 26 万担。1919 年—1920 年是茶叶出口百年来的最低谷，由此看来茶园面积、产量的递减是必然之事。原农商部调查，中国主要产茶区，仅安徽省祁门茶 "栽种制造，尚称合法"，湘鄂赣浙闽等省茶区 "均树老山荒，久未添种，味淡质薄，向不施肥，培植既甚少讲求，制造率多粗劣，而作伪掺杂，尤为各省之通病"[2]。江西修水在光绪初产茶近 20 万箱，1917 年已不足光绪初产茶量的三分之一。俄国十月革命后 "宁茶不但不能发展，且衰败更为剧烈"[3]。福建茶产入民国后 "茶山之人亦罕稀，其茶园荒芜者有之，茶树枯萎者亦有之，故出产因之递少，茶市也因之减色，操斯业者未免为之叹息"[4]。湖南红茶，

---

① 汉口市面与茶业之恐慌 . 申报，1917-03-06（6）.

② 陈祖椝，朱自振 . 中国茶叶历史资料选辑 . 农业出版社，1981：630.

③ 俞海清 . 江西之茶业 . 国际贸易导报，1932-09-01，4（4）.

④ 陈叔隽 . 福建茶业及茶品 . 福建文化，1934，2（14）：17-18.

1915 年输出 70 余万箱，1919 年仅为数万箱。湖南在 1918—1919 年后，茶业极形衰落，茶山荒芜，茶市萧条，茶商只得改制内销茶，然产量也极有限。外销不振，茶价随之"年年落价"。

2. 逐渐复苏阶段

1923 年起，民国茶业渐有回升，进入复苏阶段。于外销有所增加，茶区情况略有好转。虽然这样，某些茶区仍继续衰败，某些地区则有回潮，尤其是 20 年代末这种趋势比较明显。兹以湖南、安徽、云南为例说明之。

湖南红茶，"民国十二三年，红茶畅销，稍呈转机。至十五六年，茶山复间有垦复者"。1929 年中俄断交后"茶业复趋衰落矣"。1933 年，俄商又来汉口购茶，"将历年陈货，悉数售罄，三茶价格超过头茶，销售数量达四五万箱之谱，茶庄之获利者，多则二万元，少则数千元，因此翌年入山制茶之茶商，稍形踊跃云"。考据海关记载，1923 年，湖南茶出口量为 40946 担，1924 年、1925 年均为 5 万余担，1926 年最多，为 66135 担，嗣后又严重下降①。

安徽祁门红茶产量虽比不上全盛时期，但动荡中有前进。1927 年精茶为 54321 箱，1929 年为 42142 箱。30 年代初，"无论洋庄红茶、绿茶、土庄青茶、安茶，悉受亏折，失败已达极点"。安徽茶 10 年前还有万余担出口，1933 年左右只有 10 年前的 20%②。茶农鉴于茶价大跌，竟"顾自贬价，邀求号家收买，以供柴米之需，而资生活"②。祁门茶价 1933 年比两年前减少 57%，屯绿价仅占常年的 70%，1936 年出口仅 2 万~3 万箱（合 1 万余担），与兴盛时 10 万余箱相比，可谓一落千丈。1936 年后，民国政府对祁门茶进行统制，1938 年茶叶外销售价较有起色，1939 年祁红毛茶山价高涨，曾达 1 担毛茶 10 石（1 石≈100 升）米的市价，茶号也随之增多。抗战前祁门、至德、休宁、歙县、石埭、贵池共有茶号 649 家。1939 年，仅祁门公私茶厂就有 330 家，这也是 20 世纪 20 年代后民国皖南茶业昙花一现的"繁荣时期"。

云南腾冲县植茶始于清同光宣间。20 世纪 20 年代"封维德又提倡广种"（民国《腾冲县志稿·物产》）。镇康县改土归流后始种茶，并"渐次推广"。1936 年前的"二十余年来，除热处不宜外，其余各区乡镇，无处不种，年出数千石，行销外县。观其情形，以后日益发达，不可限量也"（民国《镇康县志初稿·物产》）。车里的猛海、南糯、倚邦、易武、攸乐产茶尤为著名，制造业中以茶叶为大宗，年产量约 3 万担，广销重庆、香港、昆明、缅甸、印度、泰国、西藏等地。江城县 30 年代也是"茶树县属各乡俱多种植之"，年产千余担，多运销猛莱州，"商民获利颇厚"③。

3. 最后崩溃阶段

1939 年—1949 年的茶叶经济，以 1945 年 8 月为界，可分为两个阶段，前期是日本侵华时期，后 4 年是国民党发动内战时期。无论哪个时期，茶业均遭灭顶之灾，出现了百年来最为衰落的时期，走进了"死胡同"。

① 中国实业志·湖南省. 实业部国际贸易局，1935：56；74-75.
② 中国历史第二档案馆档案. 祁门安茶号郑三益等请豁免茶类营业税，全宗号：四二二（4）9294.
③ 朱自振. 中国茶叶历史资料续辑. 东南大学出版社，1991：75.

1938 年，日本侵占中国大片领土，其中许多是生产红茶的茶区。年底，汉口、广州、上海等重要茶埠落入敌手，外销一蹶不振，茶叶生产遭到极大摧残，生产量急剧下降。1934 年—1938 年全国平均产量为 409.51 千公担（1 公担＝100 千克），1940 年减为 344.92 千公担。太平洋战争爆发后，外销断绝，茶价暴跌，以致茶农"砍掉拔掉茶树，改种其他杂粮，是抗日战争各地方茶区的普遍现象"①，茶产量骤降至 91.15 千公担，翌年更只有 14.49 千公担，1944 年 5.42 千公担②。由此不难想象各地茶叶生产的惨状。

外销断绝及产量锐减迫使茶区更为荒芜、衰败。皖西大别山盛产六安茶，抗战爆发后，"整个茶区，为敌人封锁，致产销阻滞，山价奇低，茶农所得，不敷成本，遂相率放弃茶园经营，甚至将茶树掘除，改种杂粮"，1945 年茶产量比战前减少 10 倍③。福建崇安茶厂本有 130 余家，由于外销不畅，成本加巨，茶商积极性大受挫折，岩山"或听其荒芜，或仅派代理人前来，而仅汇款委托代办也不少。致岩山荒芜衰落"。据调查，1940 年有 65 家茶厂采制茶叶，翌年仅满 50 家，1942 年不足 40 家，且大多压缩产量④。湖北著名茶市渔洋关，战前有茶厂 10 余家，1944 年荡然无存。抗战时江西德兴茶区，受洋庄茶滞销影响，农民放弃茶业而从事制糖、制纸、植树、种稻等事业，"对茶树之复兴，不暇顾及"，茶商也"多经营商货"，即使茶价回升也"颇不愿重整经营"，直到 1947 年，德兴茶市"仍在长眠状态中"⑤。

抗战胜利后茶叶生产继续衰退。以祁门为例，1946 年各地到祁门采茶、拣茶的人"络绎不绝的相望于道"，政府也信誓旦旦地作出了复兴计划，提出了以茶叶抵押货款的办法，但在"物价狂胜"之下，外销滞迟，茶商原有资金"既亏蚀殆尽"，新的资本"又无财源可开辟"，收茶的厂号，全县不到 10 家，即使收进茶叶，茶款也无法兑付，加上通货膨胀，茶贷几乎被完全抵消，工人得不到工钱，茶商资本奇缺，只有欠茶价、欠工钱，借高利贷进行生产。1949 年祁门红茶产量是 4631 箱，仅及 1939 年66829 箱的 6.93%。茶农茶商"揉苦一块，惟有望茶兴叹，徒唤奈何！"据统计，1946年全国茶叶产量估计尚不及抗战前的 1/3，而符合外销茶叶的总数，仅 15 万担左右，即使全部输出，也不足抗战前的 1/6。

（二）外贸衰颓与从业者的抗争

民国茶叶出口贸易虽有涨有跌，但延续了 1886 年以来贸易下滑的总体趋势。1915年出口 107749 吨，翌年也有 93257 吨，茶叶贸易似乎大有东山再起之势。1917 年俄国十月革命爆发，边境被封锁，茶叶贸易中止，中国茶痛失主要市场。大西洋由于德国"厉行封锁政策后""航运阻滞"，欧洲商船来华不多，吨位也有严格限制，贸易工具奇缺，运费高昂，许多茶叶滞留国内无法外销。茶叶贸易跌入深渊，输出大减，倒退至鸦片战争前的水准。1918 年底，第一次世界大战终于结束。茶叶外销形势仍无好转，

---

① 庄晚芳．庄晚芳茶学论文选集．上海科学技术出版社，1992：24-31．

② 许道夫．中国近代农业生产及贸易统计资料，上海人民出版社，1983：239．

③ 彭泽益．中国近代手工业史资料：第 4 卷．中华书局，1962：495．

④ 林馥泉．茶业研究特辑：武夷茶叶之生产制造及运销（附图表）．福建农业，1943，3（79）：126-127；130-214．

⑤ 江西茶业衰退现状．商报，1947-06-09．

国内"陈茶积滞未销，商力极形疲乏"。1920年5月调查，闽、鄂、湘、皖等省存茶不下20万箱。至翌年1月，鄂、湘存茶还有10余万箱，销出去的仅一二成。祁红销去六成，尚存2.4万箱。上海秀眉绿茶存底8万余箱，总计红茶绿茶存底30万余箱，红茶"十存八九，绿茶亦仅销十之三四"。茶商忙于销陈茶，但收效甚微，即使运到海外，茶叶销路也不佳。如1921年6月中国茶叶销英114万磅，存货有2025.2万磅。因此，1920年是近百年中茶叶出口最少的一年，仅出口茶叶18501吨。在经历了低谷后，民国茶叶贸易在1923年起渐有回升，进入复苏时期，是为民国茶业的"繁荣"期。1923年后，苏俄设立协助会，开始在上海、汉口接洽购茶，并回到中国市场，同时第一次世界大战造成的滞销茶叶也处理得差不多了。20世纪20年代末北非市场得到开拓，也对茶叶外销起促进作用。从1925年起，华茶出口持续增长，保持年销5万吨以上水准，1928年、1929年出口较多，分别为55981吨和57293吨，代表着民国茶业的巅峰水平。嗣后至1938年大多徘徊在4万吨左右。

茶叶外贸的衰颓、茶叶经济的衰颓，导致的直接结果是茶园荒芜、茶号倒闭、茶工失业。"产茶地区连年灾荒"，茶农"生活维艰，无力垫本"[1]，有的仅摘掉头茶后即任其荒芜，有的根本就无心去料理，全国各地茶山万般萧条，惨不忍睹。茶商的盘剥、政府的茶叶统制等，进一步加深了茶农的经济困顿，走投无路之下，抗争和暴动屡见不鲜。1935年6月，绍兴瑞隆茶栈绰号为"乾隆皇帝"栈主宋小忠，压迫茶农，激成众怒，导致民变。宋小忠命茶栈十五六人持枪伏击乡民，导致一人丧命。虽有当地乡绅出面调停，但当地茶农还要联合四乡失业饥饿民众，再图报复。茶业组织内部存在尖锐的生存斗争，国民政府的一些政策进一步激化了这些矛盾。[2] 如国民政府在祁门实施红茶统制的结果是，茶农暴动普遍地开展起来，在祁门已有好多家茶行茶号被茶农捣毁："因为茶叶统制汇票停兑之后，茶商看破政府统制的无力，利用政府贷与的款项，不拿出自己的资本积极推广营业，仅图掩盖政府的耳目。对于茶农则变本加厉地加以剥削，趁新茶登场而汇票停兑的机会，竭力抑低茶价，因此引起贫苦茶农极大反感，以致不可遏止地暴动了起来。"[3]

（三）茶业复兴与产业现代化的推进

面对茶业发展的困顿，长期活跃在生产实践一线的管理者、研究者包括一部分从业者，试图改造中国茶叶经济结构，实现茶业的复兴。他们要求政府承担产业振兴的责任，推动茶业现代化的发展。当时提出的茶业复兴主要有两项任务和目的：一是采分区的形式，实行统制发展运销；二是采用科学的研究方法，提高品质，减低成本。

1. 机器制造的兴起和推广

进入民国以后，晚清机器制茶举步维艰的情形有了很大改观，机器制茶渐次成为一种风潮。1915年在江西修水成立的宁州茶叶振植公司，设立目的之一便是"用机器

① 茶人. 一年来的皖南茶业. 中国茶讯, 1951-1.
② 茶农暴动. 绍兴民友, 1935（13）：1.
③ 施克刚. 皖赣茶业统制的检讨, 见陈翰笙、薛暮桥、冯和法编:《解放前的中国农村》第3辑. 中国展望出版社, 1989：391.

以代手工，以冀挽回华茶大利"①。该公司开始使用的是日本制造的 9 部揉捻机，后因质量存在问题，改从英国购进印度式揉茶机 4 部。1924 年，杭州省立农业试验场场长周清、浙江省省立农业学校校长高孟征、余杭林牧公司经理庄景仲及上海商人，在杭州北部的余杭设立振华制茶厂。工厂机器都从日本引进，有蒸汽发动机、蒸茶机、采茶机、焙茶机等。留日专事茶叶学习的吴觉农负责经营茶厂，工厂技师是同有留日经历的方翰周。该厂被时人誉为"中国新法机械制茶之鼻祖"，其产品受到上海贸易公司的青睐，美国也有商人来电订购，当年基本售罄。② 振华制茶厂经营较为得法，到 1939 年还在营业。另外，湖南安化茶业学校设立湖南机器制茶厂，有绿茶机 12 部，红茶机 10 部。该厂不仅使用进口机器，还使用本土生产机器、自造机器或者是定制机器。这些机器的技术含量多不高，但毕竟是本土茶叶机器制造业之肇始。工厂还从上海延聘 2 名机器制茶师。1937 年，官商合办的中国茶叶公司成立后，浙、皖、赣、湘、鄂、闽等省都设立机器制茶厂，西南的川、康（西康省，现已撤销，今川西及西藏东部地区）、滇、黔也在推进，四川灌县也如此。③ 机器制茶出现了发达的迹象。

这些有代表性的机器制茶的陆续出现，代表了新兴的产业力量。与晚清时期机器制茶业相比，民国时期在进步表现在：其一，人才与机器相互结合，特别是茶叶专家发挥了领导作用，如振华制茶厂的吴觉农、方翰周，振植公司的陈翊周等；其二，技术与专业教育给制茶业提供了技术的指导和帮助，如湖南机器制茶厂依托湖南安化茶业学校，振华制茶长更是依靠杭州省立农业试验场和浙江省省立农业学校；其三，制茶厂的资本更加雄厚，不乏几十万投资的制茶厂，在发展中出现了股东增资的情况。当然，我们也要看到民国时期的机器制茶业存在的缺陷：机器未普遍推广和应用，只局限在一些示范性的工厂，大部分制茶仍用手工。

2. 茶业公司的组建

机器制茶业的发展，自然离不开现代化生产组织方式——公司。民国时期，早期设立的公司带有示范性质，主要从事茶叶的生产改良和制造改进。随着产业的发展，一些新设的公司开始进入运销领域，甚至尝试打通从生产到销售的各个环节，通过现代化的经营方式，改造旧有的产业组织模式。1916 年，以前身"谦顺安茶行"为基础，在上海组建"中国茶业公司"。该公司成立以"从改革旧法入手"，不仅在采摘、制造方面有一定成绩，还在销售改良、外销茶包装、商品宣传等方面产生一定影响，在茶业现代化方面迈出了重要一步。

1937 年，为振兴茶业、开拓市场、打破洋商操纵、提升国际竞争能力，在实业部的推动下，安徽、江西、湖南、湖北、浙江、福建等主要产茶省份联合，发起官民合办的中国茶叶公司。该公司股本为国币 200 万元，官商各半，实业部常务次长周贻春出任董事长，聘请寿景伟为公司总经理，这是中国历史上第一个由政府主导的全国性茶业公司。但抗日战争爆发后，政府对公司增资改组，以强制性的手段将商股及地方

---

① 宁茶振植公司股东会成立. 申报，1918-04-02（10）.
② 振华制茶公司之新发展. 申报，1924-11-21（15）.
③ 陈祖棨. 中国茶业史略. 金陵学报，1940，10（12）.

官股退还，再全数注入并增加资本，公司成为全国茶叶的收购、储存、运输及销售的代理，沦为利益集团统购统销、垄断外贸的重要工具①。1944年，财政部组织专门调查组对公司开展调查，发现中国茶叶公司存在严重问题，主要表现为人员臃肿，尸位素餐；玩忽职守，贪污舞弊，茶叶易货及绝大部分的外销业务未能履行，在运输茶叶时竟发生掺杂石块、以次充好的情况；还有弄虚作假，账目混乱，伪造证明，骗取货款等。1945年，财政部发布训令，命令中国茶叶公司裁撤，人员和资金转复兴商业公司，运行8年的公司就此寿终正寝。除了对外贸易，边茶贸易也成立相关的公司，如1939年在西康省政府的主导下，成立了官商合办的康藏茶业股份有限公司，主要从事西康边茶贸易，这类公司大多与中国茶叶公司有类似的结局，但在促进西藏与内地的经济贸易往来方面发挥过作用②。

3. 组织改造与茶叶"统制"

政府出面组织茶叶公司的重要目的之一，在于改造传统的茶商组织、革除旧式的弊病。也就是说，晚清没有承担起国家统筹经济的责任，而作为统一中央集权的民族国家的国民政府理应出面，使用国家的力量，充分实现改良的计划，以实现整体性地改造。1935年，吴觉农、胡浩川在《中国茶业复兴计划》中，抛出了一系列救弊强业的建议，其中影响最大的政策之一便是国家要对茶业实施统制，而这也构成了之后战时国家对产业进行整体统制的重要思想来源和实践基础。1936年，茶业统制的序幕正式拉开。皖、赣两省率先行动，联合全国经济委员会农业处在安庆成立了皖赣红茶委员会，议定了统制两省红茶的运销办法。运销处首先与上海茶栈发生了尖锐的冲突，上海茶栈群起反对，进行"誓死的抗争"。面对茶栈的强大压力，运销处被迫妥协。这次统制虽然没有实现推倒中间盘剥、实现茶农利益的初衷，但为随后全面实施统制政策提供了经验。1938年春，贸易委员会着手改进茶业，全面实施统制政策，主要政策和手段有：建设组织，完善法制，保证统制工作顺利进行；成立公司，转换出口地点，保证茶叶出口正常进行；组建合作社，发放低利贷款，扶助茶叶生产发展；建设实验茶厂，改进产制技术，促进茶业改良。战时的茶叶统制有其进步性的一面，主要表现在：基本革除了茶叶贸易中的陋规恶习，促进了茶业经济的繁荣，保护了部分茶商和茶农的利益，促进了茶业合作和茶业改良事业，培养了人才。但其弊端也不容忽视，如一些有权势的投机者趁机寻租、侵占资源、谋取私利，变成了减缩生产和剥削茶农的不良政策，反而导致生产的低落③。

民国时期，对茶业组织改造的矛头重点指向茶栈。茶栈是茶业组织中的重要机关，特别是在茶叶外销方面承担介绍华茶对外贸的使命，但在当时制度不良，导致茶栈交易时存在众多陋规：第一，重利转放，茶栈向茶号、茶客发放贷款，控制了下游茶商组织的金融命脉；第二，延期支付货款数日到数十日，沉淀自身资金并多收利息；第三，扯盘，茶栈努力向洋行宣传与其有关系的茶号的茶叶，而他们的茶叶往往较劣，

① 郑会欣. 从官商合办到国家垄断：中国茶叶公司的成立及经营活动. 历史研究, 2007（6）：110-131.
② 董春美. 西康民族地区康藏茶业股份有限公司研究. 贵州民族研究, 2014, 35（7）：195-199.
③ 陶德臣. 民国茶业统制述评. 安徽史学, 2000（3）：84-88.

而将没有关系的茶号的优质茶放在推后交易；第四，扣样，扣留一箱到数箱的茶叶作为茶样，实则被茶栈经手人及买办所私吞；第五，栈租与保费，茶号茶叶在茶栈中存放往往被多收租金和保险金；第六，挜卖（强卖），在到期无法偿还银行业融资时，茶栈会强迫茶号降价销售，这也给洋商压价提供了机会[1]。当时，为破除茶栈之弊采取的方式促使金融机关直接向茶号和茶农放款，尝试设立公卖制度（国家承担茶栈职能），创设企业化茶厂。这几项措施，鲜有成效。另一重要措施是指导茶叶合作社的发展，即学习日本茶业的发展模式，将广大分散的茶农组织起来，实现跟茶号特别是茶栈的抗衡，这也是茶叶统制的核心措施之一。民国茶叶合作社创立于 1933 年安徽祁门，由安徽省政府聘请专家指导成立。当年多家茶号经营亏损，而合作社却盈余 15%，起到较好示范作用。后在经济委员会农业处及上海银行的支持下，茶叶合作社推进较快，1935 年有 17 家，1936 年有 35 家[2]。统而观之，茶叶合作社从无到有，区域由小到大，数量从少到多，从而使制茶数量不断增加，盈余也不断提高，取得一定成绩。[3] 而其问题也不容忽视，如资本、技术、规模不足等，更没有实现冲破茶栈垄断的目的和任务，却为建国后茶叶合作化运动奠定了基础。

4. 出口茶叶检验制度的创设

民国以后，茶业领袖、商业团体和地方政府等，对于第三方检验方面有所倡议，并开始进一步探索。中央政府开始尝试设立第三方检验机关。1912 年，北洋政府工商部拟就出口货丝、茶、棉、羊毛等 4 项，在汉口、上海、广州、营口、张家口等地设立检查所。这些方案同样因经费等方面的原因，未被当时政府所采纳，但实开在国家层面设立检验部门倡议之嚆矢。1927 年南京国民政府成立，国家经济建设和外贸发展迎来新契机。1928 年 12 月 25 日，行政院发布指令，饬工商部遵令办理出口商品检验事项，上海棉花检验局，并核准其所拟具的商品出口检验局暂行规则及章程。[4] 可以说，西方所推出市场准入门槛、中国贸易商品品质下滑是设置检验政策的直接原因。因此，创立检验政策时，有四项原则："一为提高信誉；二为增进对外输出；三为督促生产改良；四为保障人民食用。"[5] 上海商品检验局成立之初，开办棉花检验、牲畜正副产品检验等，1929 年又开始接手万国生丝检验所，筹备生丝检验。[6] 茶叶检验也是最早行动起来的项目，前期准备工作包括购置种仪器设备，对配备人员进行技术训练，分函美国、日本、印度、锡兰等国的各主管机构，索取有关茶叶检验章则等，同时又分函各消费国主要商会，征求对华茶品质和推销等方面的意见等[7]。1930 年秋，农作物检验处下设茶叶检验课，由技正吴觉农主持工作。1931 年 6 月 20 日，实业部公布《实业部商品检验局茶叶检验规程》，该检验规程对报验程序、取样规则、不合格之情

① 吴觉农，范和钧.中国茶业问题.商务印书馆，1937：237-243.
② 魏本权.茶叶产销合作与茶区乡村变迁：以民国时期皖赣茶区为例.古今农业，2009（4）：94-103.
③ 康健.20 世纪 30 年代祁门茶业合作化运动.农业考古，2017（2）：90-95.
④ 指令：中华民国国民政府行政院指令：第一六七号.行政院公报，1928.
⑤ 吴觉农，范和钧.中国茶业问题.商务印书馆，1937：257.
⑥ 宋时磊.检权之争：上海万国生丝检验所始末.中国经济史研究，2017（5）：115-126.
⑦ 邹秉文.上海商品检验局的筹设经过与初期工作概述，载中国人民政治协商会议全国委员会、文史资料研究委员会《文史资料选辑》第 88 辑.中国文史出版社，1983：113-114.

形、检验时限、检验费用等作出明确规定。1931 年 6 月 26 日，行政院核准《实业部上海商品检验局茶叶检验细则》。细则对检验规程进一步细化，以弥补规程的不足。

茶叶出口检验招致了茶商的抗议，他们掀起了多轮请求废除活动。政府直言训令茶商代表所声称理由均不足辩，取消茶叶检验之事毋庸议。在茶叶出口检验取消与否的博弈过程中，政府对推行检政的态度坚决而明确，对茶商代表之辞也直接驳斥，华商对此无计可施，只得遵照法令执行。此后，政府不断调整标准，将出口检验前移到重要产茶区，实施产地检验，茶叶出口检验总体上得到较好的推行。

5. 茶业调查的初兴

1931 年—1932 年，国民政府成立行政院农村复兴委员会，该机构承担着振兴农业的使命。在吴觉农等人的操持下，政府组织了对各重点茶区的调查工作，吴觉农、胡浩川合著的《中国茶业复兴计划》和《祁门红茶复兴计划》就是在茶区调查的基础上完成的。另外，商品检验局也在从事茶业的基础调查和研究。1933 年，商品检验局拟定救济华茶的具体步骤，第一项要务便是调查考察，主要通过两个途径进行。一是国内的调查，与全国经济委员会携手，1934 年派专员赴浙、皖、赣、闽、桂、粤、湘、鄂、川等各产茶区域调查茶叶产制情况，并宣传改良品质的政策。例如 1934 年，傅宏镇曾以调查皖省茶业专员的身份，一边调查屯溪茶业情况，一边召集全体茶商，痛切指出茶业衰败的症结及弱点，竣事之后，又到皖属宁国、太平、广德、宣城，浙江省的淳安昌化等地调查。另有，叶懋、陈为植两人到上海调查，实业部科长马克强赴汉口等地调查茶叶产销及检验情形。二是接受全国经济委员会委托，商检局派遣吴觉农于 1934 年 11 月至 1935 年年底，多次到日本东京、静冈，印度，锡兰（斯里兰卡），爪哇以及欧洲等地实地查考。这些调查员根据所实地走访，获取了一手的资料和数据，撰写了大量报告，并在此基础上提出了华茶改良的系统方案，比较有代表性的成果：俞海清的《中国制茶种类概况》，傅宏镇的《祁门之茶业》《平水茶业之调查》《红茶筛分法之研究》，吴觉农的《华茶在国际商战中的出路》《华茶对外贸易之瞻望》《日本与台湾之茶业》《中国茶业复兴计划》等。

民国短祚，仅 38 年便走到了历史的尽头。在有限的时间内，茶叶产业虽然有一些新的气象和转机，但无法对商业组织再造、无法冲破帝国主义的垄断、无法大规模实施品种和技术的革新。

二、中华人民共和国茶业的恢复与腾飞

中华人民共和国成立后，在中国共产党的坚强领导下，政府对茶业进行了系统的改造，茶业经济迎来了新的发展机遇。我国茶业的发展可以分为两个阶段：前 30 年建立了计划经济的产业模式，政府采取了一系列恢复生产、发展经济、拓宽外销的措施，茶业经济得到全面恢复和发展，呈现出欣欣向荣的良好局面；改革开放以来，中国全面向市场经济转轨发展，中国茶业全面复兴的时代已经到来。

（一）计划经济时代茶业的恢复与发展

中华人民共和国成立之初，茶业已经跌入低谷。1950 年，全国茶园只有 16.93 公顷，产量 6.52 万吨，出口 0.85 万吨。当时全国人口有 4 亿多，茶叶的产量无法满足人民的消费需求，市场供应十分紧张，边疆少数民族地区更是如此。中央人民政府认为，茶叶是对外贸易的重要出口物资，是国内人民经常所需的消费品，也是山区农民的主要生产内容和收入之一。[①] 因此，茶叶经济的发展，对赚取外汇、支援社会主义建设，繁荣国民经济有很大作用，受到党和国家的高度重视。当时，借鉴苏联所建立的计划经济体制在国民经济中全面落实，茶叶产业同样不能例外，这对我国前30年的茶业发展产生了深远影响。

1. 茶业组织的彻底再造

为了快速恢复茶叶的生产和发展，中央决定将茶叶、生丝、桐油等重要的出口物资由中央财经委员会统管。在贸易部和农业部的领导下，1949年11月成立中国茶业公司，是建国后最早成立的全国性专业公司之一。随后，各产茶主要省区、县也设立茶叶公司，是中国茶业公司的分支公司。中国茶叶公司在政府的领导下，做好茶叶增产、出口保障、国内供应等方面的安排。1953年是我国第一个五年计划的开局之年，茶叶被列入国家建设的重要发展行业。在完成土地革命之后，产茶区开展了互助合作运动。1958年，中国农业生产大跃进，农村实现了人民公社化，各产茶区在人民公社下建立了茶叶生产专业队，生产队下面又设有若干生产小组。新茶园的开辟、茶园的管理、采茶和制茶等工作都由专业生产队来统一管理和完成，这在一定程度上克服了茶叶小农生产的弊端：茶叶产制彼此衔接，茶叶生产、技术研究、劳动力等都统筹安排，茶叶生产有了专业分工与长远规划。民国时期只顾眼前和当下，不同生产主体利益相互博弈和争斗的情形得到彻底改变。

2. 推广生产技术，推进机械化应用

1954年，周恩来在政府工作报告中提出实现农业现代化的目标，毛泽东又推出了"土、肥、水、种、密、保、工、管"农业八字宪法，对于科学种田起到推动作用。在此背景下，茶叶的生产技术和机械化应用都得到了发展。在茶树培植繁育方面，福建创造了短穗扦插法，这一技术又向江苏等地推广，解决了茶树繁殖依靠种子的局限，对于茶园面积的迅速扩大起到了重要作用。在采摘方面，执行留鱼叶采、分批采的采摘方法，提高了茶叶产量和品质；又大力推广采夏茶和秋茶，特别是秋茶，对茶叶增产起到良好作用。[②] 在现代生产工具应用方面，根据各地实际条件，实行初制茶的机械化，使用畜、水、风、电等不同形式的动力，主要产茶区逐步实现了从半机械化制茶到机械化制茶的转变，为节省人力成本，采茶机的研究、试验和推广也提上议事日程。[③] 另外，政府十分重视经验的推广和先进典型的塑造，经常组织现场学习会议，使得最新的增产技术、短穗扦插法、双手采茶法、制茶机械化等得到迅速推广，掀起了促茶叶生产的热潮。

3. 茶园面积、茶叶产量和贸易量在波折中快速增长

经过三年的经济恢复，到1952年茶叶产量达到8.2万吨，实现翻番，出口和内销

① 蒋芸生. 发刊词. 茶叶, 1957 (1).
② 张家治. 从10个农业社的夏秋茶增产情况来看本省茶叶增产的潜在力. 茶叶, 1957 (2).
③ 程照轩. 十年来我国茶叶生产的伟大成就. 茶叶, 1959 (4).

量增加到 2.9 万吨和 5.3 万吨，但仍然无法满足消费的需求。1953 年第一个五年计划开始实施，到五年计划的最后一年，茶园增加到 10 万公顷，其中近一半为新开辟的茶园，产量增加到 11.5 万吨，出口也有所扩大，为国家换回了大量外汇，有力地支持了国家工业化的建设。在第二个五年计划（1958—1962），茶业发展经历了困难。1958 年开始的"大跃进"运动让茶叶生产也进入跃进时代，浮夸风盛行。1958 年福建安溪放"卫星"，全年有 47 亩高产茶园年产干茶 1500~2000 斤。盲目追求产量的短视行为，短时内促进了茶叶产量的提升，但品质大幅下滑，还有茶叶"片叶下山"和茶树"赤膊过冬"等严重违反茶树生产规律的行为，导致 1961 年—1962 年的茶叶大减产。1963年—1965 年的三年调整期，茶叶的生产、出口和内销有所增长，但仍没有超过 1957 年的水平。1966 年，进入"文化大革命"十年动乱期后，茶业所受冲击有限，相反因为受到重视而有所增长，在 1966 年—1969 年平均每年增产 0.5 万吨，1970 年—1975 年平均每年增产 1.5 万吨，到 1975 年茶叶总产量达到 21.1 万吨，出口量达到 6.1 万吨，内销供应量为 15 万吨，平均每人供应量不足 200 克。[①] 1976 年，中国茶叶产量超斯里兰卡，居世界第二位。1977 年，中国茶园面积达到 101.4 万公顷，茶叶产量 25.21 万吨，产量终于超过 1886 年鼎盛时期的 23.4 万吨。到 1980 年，茶叶产量已经增加到30.4 万吨，出口量达到 10.8 万吨，内销量达 19.6 万吨，但由于该时期中国人口增长较快，茶叶的供给仍然不足。

4. 茶叶的统购统销与消费的限量供应

1956 年底，社会主义改造后，很多茶叶企业实行公司合营，茶业的行业管理机构逐渐废弛。20 世纪 60 年代初，私营茶厂完成社会主义改造，茶叶被定为二类物资，实行统购统销，农业部门负责生产，供销合作社负责收购及逐层批发和零售，中国土特产总公司茶叶处（后改为中国茶叶进出口总公司茶叶处）负责外销茶的出口，此情形一直维持到 1980 年代初期[②]。随着统购统销茶业经销体制的建立，茶叶消费也进入计划经济模式，茶叶的流通和分配都是在统一的计划安排下展开。在城市中，茶叶跟粮油、布匹等日常物资一样，需要凭票购买，按人口等限量供应，常见的有"茶券""茶票"等。之所以要限量供应，很大程度上是因为计划经济比较僵硬，无法满足不断增长的消费需求。到 1980 年代初期，国家才逐渐放开内销和外销的统购统销，只对边销茶统购统销。

5. 计划经济之下茶业发展的优势和弊端

20 世纪 50 年代中期到改革开放前，茶叶是在计划经济体制下，全国一盘棋开展生产、流通和分配等经济活动，这改变了明清以来茶业散乱无章的状况，很快就扭转了茶业发展的颓势。新的茶园被开辟，旧的茶园得到管理，一批国营茶场兴建起来，富余的农村劳动力在集体经济之下统一调度和支配，整个产业开始呈现生机，这是计划经济的优势。但计划经济体制下的茶业也存在不少问题，如政府承担了市场的功能，缺乏灵活性，容易导致资源的错配，有的资源紧缺、有的资源限制，同质化发展和重

---

① 张堂恒，刘祖生，刘岳耘. 茶·茶科学·茶文化. 沈阳：辽宁人民出版社，1994：37.

② 陈椽. 茶业经营管理学. 中国科学技术大学出版社，1992：40.

复性投入的问题比较突出，政府和企业的功能都出现了错位；单一化的生产无法满足对口味和花色等方面有着多元化需求的市场需求，甚至无法满足国内消费数量方面的需求；茶叶被视为初级农产品和低附加值的产品，成为经济困难时期出口创汇的物资，质量偏低且没有品牌，在国际市场销售困难，滞销的情况时有出现；茶农的生产积极性被压抑，劳动生产效率不高，流通渠道单一。随着经济发展任务和形势的转变，计划经济的体制越来越束缚茶业的自由发展，对此进行彻底改革势在必行。

（二）市场经济时代的茶业崛起与腾飞

改革开放以后，国家意识到计划经济的根本性缺陷，开始向社会主义市场经济全面转轨。相应地，茶业也进入市场经济体制。所谓茶业的市场经济体制，是指将市场机制作为茶叶市场资源配置的基本调节手段的茶业经济运行方式，按照经济发展的基本规律来发展茶业①。与计划经济相比，市场经济能够持续地满足不断快速变化的消费需求，更加方便灵活、富有效率，因此，该体制也有力地促进了当代茶叶产业的崛起和腾飞。

1. 生产、流通、消费等领域的市场化改革不断深化

1978年改革开放以后，中国政府坚定不移地向着社会主义市场经济的方向迈进，激活生产要素的内在动力。第一，在生产体制方面做出改革。1982年，明确提出包产到户、包干到户是社会主义集体经济的生产责任制，此后家庭联产承包责任制不断巩固和完善。茶园承包给农户自主经营、自负盈亏，改变了集体茶园和国营茶园"大锅饭"的弊端，实现了激励和约束相容，调动了茶农的生产积极性。第二，生产体制改革带动了生产，但流通领域不发达导致生产出来无法销售，又给生产带来困难，于是流通领域的改革势在必行。国内流通方面，1984年，国务院批转商业部《关于调整茶叶购销政策和改革流通体制意见的报告》，提出内销茶和出口茶彻底放开，实行议购议销，按经济区划组织多渠道销售，彻底放开市场，允许茶商自由采购和销售。自由流通给茶业发展带来了活力，城市、集镇、茶区的梯级市场形成，各级茶叶批发市场、集贸市场、集散中心、零售商店、直营店等纷纷建立，解决了一批茶业从业者的就业问题；外贸流通方面，下放外贸经营权，茶叶进出口公司从原来的4家增加到19家，打破了外贸权高度集中的局面，提振了各省扩大茶叶出口的积极性。1997年，茶叶出口管理体制改革，促进了产业出口。2006年，全面取消茶叶出口配额，放开茶叶出口经营权，茶叶出口从国企垄断进入到公平竞争的阶段②。第三，生产和流通也带动了消费体制的改革。在1980年代后期，凭票供应茶叶的情况基本消失，茶叶实现了自由购买；2009年以后，消费者的购茶渠道从线下店铺拓展到网络电商平台，极大地提升了购茶的便利性；近年来随着供给侧改革和产业升级转型的呼吁越来越高，茶文化发展的热潮带动了茶叶消费，茶叶的消费形态也更加多样化。

2. 名优茶大发展、品牌竞争战略提速

在改革开放的前20年，随着以市场为导向的经济体制的建立，茶农从劳动力向市

① 陈宗懋. 中国茶叶大辞典. 中国轻工业出版社，2000：496.
② 詹罗九. 中国茶业走向，高麟溢、陆尧. 现代茶产业发展研讨会论文集. 商务印书馆，2000：37.

场理性经济人转变，茶叶加工制造企业向综合性的茶叶经营企业转变，价格和供需关系的调解下不断调整茶类结构和产品品种，主要生产适销对路的茶叶。在市场的淘汰和历练中，一批名优茶开始崛起，因制作精良、风味独特、品质优异而深受消费者喜爱，在市场上比较抢手。1982年，商业部评选出全国名茶30种。1985年，国家农牧渔业部和中国茶叶学会评出名茶11种。1989年，农业部又评选出25种。据《中国名茶志》统计，2000年全国有各种名茶1107种，其中以湖南（131种）、湖北（112种）、四川（含重庆，90种）、安徽（89种）、浙江（75种）等省最多。1990年—2003年这14年间，全国名优茶有了长足的发展，其产量产值由占全国茶叶总产量、总产值的5%、13.5%上升到26.14%、60.8%。名优茶的发展，刺激了人们对茶叶的消费，满足了消费水平的提高和消费的多元化，培育了健康、绿色、品质的消费理念，而消费观念的变化，又进一步促进了名优茶的发展，中国茶叶的发展逐渐从粗放的数量型发展进入到节约型的质量型发展阶段。进入21世纪以后，随着茶叶生产的激增以及消费增长的趋缓，茶叶产业的竞争变得日益激烈，这促使了品牌意识的觉醒。名优茶和品牌的不同在于，名优茶是市场对某一地域茶叶品质的认可，而品牌是对某一商标或企业的青睐。为推进经济的快速发展、提高茶农的收入，而不同层级的政府也在积极推动所属区域公共品牌的打造，如积极组织申报无公害农产品、绿色食品、有机农产品和农产品地理标志（统称"三品一标"）的认证，并做好统一品牌宣传、统一商品管理、统一包装、统一质量标准等方面的统筹和协调工作。品牌战略的实施主体是企业，各茶叶企业在市场竞争中意识到品牌溢价的作用，也开始积极发展品牌。

3. 茶叶产业空间扩大、新业态不断拓展

从茶叶到茶业是从产品转换为商品的过程。在中国传统的经济体系中，茶业是指围绕着茶叶为中心所展开的有关经营活动的总和，具体是指茶叶的种植与生产、采摘与制造、贩卖与流通、购买与消费等。改革开放以来，这一基本的业态被打破，茶叶产业的空间得到扩展，无论是内部还是外部都出现了新的变化。就内部而言，茶叶的生产供应日益多元化了，除了各主产区所盛产的各种类型的茶叶外，冰茶等各种瓶装和罐装茶饮料发展起来，出现各种速溶茶、液体茶、保健茶，茶叶商品向加香茶、调味茶、药用茶、保健茶不断延伸，既美化了茶叶形象，又扩大了茶叶加工、茶叶商品范畴，提升了茶叶商品价值；在科技的助力下，茶多酚、茶色素、咖啡因等茶叶的各种成分经过深加工被提炼出来，被应用于化学、医疗、保健、美容等行业，提升了茶叶自身的附加值。就外部而言，茶被广泛应用到食品和餐饮行业，红茶、绿茶（及其制成的抹茶）、乌龙茶等被添加到糕点、面包、冰激凌、饼干、口香糖等食品中，以其独特的茶风味深受消费者喜爱；依托于茶园、茶区及茶叶贸易路线，以茶为主题的旅游、游学及茶文化节等项目也发展起来，带动了当地的经济发展，又传播了茶文化；评茶师、茶艺师、茶文化培训等面向职业群体或普通大众的茶教育业也发展起来，既提升了从业者的职业技能，又增强了茶的吸引力。

4. 茶叶产业走向新时代、竞争力不断走强

在市场经济体制的带动下，改革开放以来茶叶产业实现了对计划经济的超越，逐渐走向转型升级、提质增效的新时代。目前全国茶树良种种植面积已达400多万亩，

约占茶园总面积的四分之一。茶树良种的推广，改善了茶树品质结构，提高了茶叶产量和茶叶品质，为茶叶生产发展奠定了坚实的基础。经过垦复荒芜茶园，综合治理低产茶园，发展集中成片的高标准新茶园，全国茶园面积不断扩大。从 1981 年到 2005 年，茶园面积增加 27.46%，茶产量增加 172.88%，单产每公顷增加 114.09%。新时期茶园种植质量和生产水平有了很大提高。据统计，全国产茶省、自治区、直辖市已有 20 个（含台湾省）。2005 年茶园面积超 10 万公顷的有浙江、安徽、福建、四川、云南、湖北，产量超过 10 万吨的有福建、浙江、云南。2001 年全国采摘茶园平均亩产量是 1949 年的 2 倍多，其中江苏、浙江、湖南、广东、广西、福建、海南、重庆、四川平均亩产已超过 50 公斤。与此同时，一大批具有相当规模的茶厂、茶场、茶叶生产和出口基地相继建立。到目前为止，全国已形成不同层次和类型的茶叶加工企业。据不完全统计，全国有 160 多个大型精制（拼配）茶厂，250 多个大茶场初制茶厂或初精制联合厂，同时全国还有 6.7 万多个中小型茶叶加工厂。

正是有了这些茶叶骨干力量，才促进了茶叶生产的迅速发展。目前，机械化已基本代替手工制茶，特别是大宗红茶、绿茶加工已实现全程机械化，并逐渐向连续化、自动化生产发展。同时特种茶加工机械相继创制成功，如珠茶炒干机、龙井茶整形机、雨花茶揉制机、乌龙茶摇青机和包揉机、花茶拼和机及多层窨花联合机、紧压茶蒸压机等均已研制成功并得以推广，特种茶加工的机械化正在逐步实现。此外，机械化作业还延伸到茶园，采茶、修剪、中耕除草、播种、喷药、灌溉也采用了机械操作。茶叶加工工业的发展带来茶叶生产工艺和技术的变化。大型茶厂（场）的建立，实现了茶叶初精制一厂完成，改变了茶叶初制、精制异地或异厂加工的局面。在生产工艺上，更多地使用物理化学、生物化学、热力学等现代科学进行加工管理，这有利于茶类优化生产和成品茶规范化。电子计算机也开始运用到茶机上，生产自动化已经起步。茶叶工业的发展还大大丰富了茶叶品类，扩大了茶叶商品范畴。

2005 年，我国茶叶产量超过印度，达到 93.5 万吨，时隔 100 多年之后恢复世界第一产茶大国的地位。近几年，中国茶园面积、茶叶产量、茶叶产值、茶叶消费、从业人员等均达到世界第一。截至 2017 年，茶叶种植面积为 305.9 万公顷，占全球茶叶种植面积的 62.6%，是排名世界第二位印度的近 6 倍；我国干毛茶总产量 246.04 万吨，是世界排名第二位印度产量的近 1 倍；出口量 35.35 万吨，仅次于世界茶叶出口排名第一的肯尼亚，但中国出口金额排名世界第一，为 16.10 亿美元；内销量 184.20 万吨（含 2.97 万吨进口），消费总量居世界第一。

5. 中国茶叶产业的问题与出路

当然，中国茶业发展仍旧面临着一些问题，如茶园的单产量过低，茶园利用率不高；仍旧以小农经营为主，大规模的茶园不多；行业比较分散，品牌辨识度有限，行业集中度不高；龙头企业规模不大、产值不高，营业收入超过 20 亿元的茶企凤毛麟角；茶叶的附加值不高，在国际市场的售价比较低迷，竞争力尚不突出；土地污染和农药残留等问题，引发消费信任危机。人均消费量不高，年轻消费群体有流失化的现象；供大于求，产能过剩问题较为突出。

这些问题会给中国茶业未来的发展带来风险和危机，但其中也蕴藏着巨大的发展空间和商机。坚定不移地推行改革开放，吸收先进的产业发展经验和做法，走具有中国特色的社会主义市场经济，在竞争中激发创造潜力，才是中国茶叶产业的未来发展之途。

第三节　茶学教育的诞生和发展

中国茶学教育是伴随着传统教育体制的改革、新式学校的建立而产生和发展起来的。中华民国时期，一些大学成立了茶学系科。中华人民共和国成立后，茶学教育发生了质的变化，发展迅速并走向繁荣。

一、民国时期茶学教育的诞生

（一）第一阶段

茶学教育层次低、规模小，课程设置不成体系，教育方式以茶务讲习所、训练班为主。

早在19世纪末，针对中国茶业一蹶不振的客观情况，洋务派、维新派及社会上一些有识之士从振兴茶业的根本目的出发，提出了种种补救措施，其中就有建立学校、培养茶叶专门人才的内容。1899年创办的农务学堂，招生告示中公布开设"方言、算学、电化、种植、畜牧、茶务、蚕桑"7门课①，这是中国学校设立茶类课程的最早记载。随后出现的茶务讲习所，使茶类不再只是一门课程，而是发展成专业教学。

清末民初，全国已经有多所茶业讲习所出现②。1907年，在南京紫金山成立的江南植茶公所，附设茶务讲习所，招生120名③。1909年，湖北省在羊楼洞茶业示范场开设茶务讲习所。1910年，四川省在灌县开设通商茶务讲习所。1916年，湖南省在长沙岳麓山开设湖南茶业讲习所。1918年，安徽省在屯溪开设两年学制的茶务讲习所，设置茶树栽培、制茶法、茶业经营等专业课程，培养了胡浩川、方翰周、傅宏镇等。1923年，云南省设立了茶务讲习所。同年，安徽省立六安第三农业学校在农科内设茶业专业，成为中国第一所设立茶业专业的学校④。

20世纪30年代至40年代，由于茶叶生产实际需要，各地陆续举办过一些训练班或讲习所。1935年，全国经济委员会农业处在安徽祁门开设以初中生为招收对象的训练班，用以指导茶农合作事业。1936年，上海商品检验局产地检验处举办以高中学生为招收对象的茶业训练班。1938年，民国政府实行茶叶统制统购，贸易委员会富华公司在香港和上海开设茶业训练班，招收高中程度人员进行短期训练，翌年被派往东南各茶区。在此期间，浙江、安徽、湖南、江西、福建的茶管处、改良场、茶厂也都开设过类似的训练班，其中安徽、浙江尤为突出。1938年—1941年，安徽省茶叶管理处在祁门茶叶改良场举办2期茶叶高级技术人员训练班，学制1年；1939年—1942年又

① 朱自振.茶史初探.中国农业出版社，1996：132.
② 陈宗懋.中国茶经.上海文化出版社，1992：49.
③ 陶企农.调查皖苏浙鄂茶务记.中华实业界，1915，2（6）.
④ 李传轼，孙自琪.六安三农——我国第一所创立茶业专业的学校.农业考古，1997（2）：69.

在屯溪茶叶改良场举办了 1 期茶叶初级技术人员训练班，学制 3 年。1937 年—1941 年，浙江省三界茶叶改良场在嵊县三界举办茶叶技术训练班 3 期，学制 2 年。1938 年，浙江省在绍兴平水、章家岭等地举办茶业讲习会。1939 年，浙江省油茶棉丝管理处茶叶部举办驻茶厂管理员训练班。这些训练班开设了茶树栽培、茶叶制造、茶树病虫害、茶业经济等课程，为我国培养了一批从事茶叶生产、教育和科研工作的人才。

（二）第二阶段

茶学教育开始向层次较高，规模较大，课程设置合理，教育方式开始向以中等教育、高等教育为主的模式转化。

茶叶中等教育，主要是农校和茶校茶学专业的开设。1935 年，福建省创办福安茶业学校。后来，崇安也成立了一所茶业学校。1940 年，方翰周创办了婺源茶业职业学校，1947 年迁修水，改名修水茶业学校。1940 年—1944 年，安徽省立徽州农业职业学校增设茶叶科，学制 3 年，共办了 2 届。此时期，主要产茶省份的农业学校都设有茶叶科，培养中等茶叶技术人员。

茶学高等教育始于 20 世纪 40 年代初期。虽然 1931 年广东中山大学农学院创设茶蔗部，开设茶作课，并开辟茶园，建立茶叶初制厂，培养高级茶叶人才，开创了中国茶学高等教育之先河，但直至 1940 年，"比较有规模的训练高级技术人才的应当首推复旦大学茶业系科的建立，以及在东南的苏皖技艺专科学校茶业科的成立"①。此外，1940 年秋，国立英士大学特产专修科附设茶业专修班。1940 年前后，国立中央大学、浙江大学、安徽大学、金陵大学、中山大学等都在农学院开设过特作或茶作的课程②。设于福建崇安的苏皖技艺专科学校，设茶科，有学生 20 余名，后因经费关系，招收的茶科学生移并福建省农学院继续学习。而 1940 年开设的复旦大学农学院茶叶组，则是民国时期最有影响，也是唯一一所本专科兼招、教学和科研相结合的茶叶高等教育机构。

当时茶叶虽然是中国的重要出口物资，但由于缺乏科技人才，国内对茶叶的研究开发落后于印度、斯里兰卡、印度尼西亚、日本等国家，在国际上的竞争力日趋下降。为了振兴我国茶叶事业，时任财政部贸易委员会茶叶处处长兼中国茶叶公司协理和总技师的吴觉农认为必须先培养人才，便在 1939 年底与内迁重庆的复旦大学洽谈，拟在复旦成立茶叶专业。1940 年春，复旦大学成立了茶叶组和茶叶专修科，并由吴觉农任首任主任，次年由胡浩川接任主任。这是诞生在中国高等学校的第一个茶叶专业科系，对发展中国茶业高等教育，培养、造就、积蓄人才和振兴中国茶业，都有着重大而深远的影响。茶叶专修科学制 2 年，目的是培养适应当时茶叶经营业务上急需的人才。学习的课程包括茶叶概论、茶树栽培、茶叶制造、茶叶病虫害防治、茶叶化学、茶叶贸易、茶叶检验、茶厂实习、经济学、遗传育种、土壤学、肥料学、植物生理学等③。开设课程相当全面、系统和丰富，并注重理论与实践的有机统一；茶叶组（本科）除

---

① 中国茶叶学会. 吴觉农选集. 上海科技出版社，1987：267.
② 陈宗懋. 中国茶经. 上海文化出版社，1992：49.
③ 中国茶叶学会. 吴觉农选集. 上海科技出版社，1987：7.

培养茶叶技术上与业务上的专门人才外，还要促进茶叶学术研究，学制为 4 年。一二年级修习农业基本学科，三四年级除加习工商学科外，还致力于茶叶实际研习，其中又分为制造和贸易两门，并从事茶场和茶厂的业务实习。

1945 年抗战胜利后，复旦大学迁返上海江湾。1946 年茶叶专修科恢复招生，王泽农任主任，延聘陈椽等执教。

二、中华人民共和国茶学教育的发展

中华人民共和国成立以后，茶学教育受到高度重视，越来越多的院校设立茶学专业，中国茶学教育进入快速发展时期，建立起由高等教育、中等教育及各类培训班组成的具有中国特色的茶学教育体系。

（一）前 50 年茶学教育的恢复与发展

1950 年秋，复旦大学茶叶专修科恢复招生，陈椽任主任，延聘庄晚芳等执教。1950 年，中国茶业公司中南区公司与武汉大学农学院合办茶叶专修科。1951 年 11 月，在重庆设立西南贸易专科学校，设有茶科。

1952 年，为配合国家经济建设对专门人才的需要，全国高等学校进行院系调整。复旦大学农学院迁往沈阳建校，但茶叶专业在安徽省政府的争取下，同年 8 月全体师生从上海迁到安徽省芜湖市，成为安徽大学农学院茶叶专修科，王泽农、陈椽等随调到安徽大学。1954 年 2 月，安徽农学院独立建院，同年 7 月迁至合肥。1956 年，茶叶专修科改为 4 年制的茶业系本科。1978 年，受中华全国供销合作总社委托，安徽农学院茶业系创办机械制茶专业，全国招生。1995 年，安徽农学院更名为安徽农业大学，茶学专业隶属于安徽农业大学茶与食品科技学院。

1952 年，西南贸易专科学校茶叶专修科并入西南农学院园艺系，有吕允福等执教。西南农学院于 1985 年 10 月更名为西南农业大学，2005 年 7 月又与西南师范大学合并组建西南大学，茶学专业隶属于西南大学食品科学学院。

1952 年，浙江农学院开办茶叶专修科。武汉大学茶叶专修科于 1952 年并入华中农学院，1954 年调整入浙江农学院茶叶专修科。1956 年改为本科，有蒋芸生、庄晚芳、张堂恒等执教。从 1957 年开始招收国外留学生，1962 年开始招收研究生。浙江农学院于 1960 年改为浙江农业大学，于 1998 年与浙江大学、浙江医科大学、杭州大学合并为浙江大学，茶学专业隶属于浙江大学农业与生物技术学院。

1956 年，湖南农学院农学专业茶作组发展为茶叶专业，属园艺系，有陈兴琰、陆松侯等执教。1994 年，湖南农学院更名为湖南农业大学，茶学专业隶属于湖南农业大学园艺园林学院。

20 世纪 70 年代，中国茶学教育发生了较大的变化。由于茶叶生产的迅速发展，茶业专业人才的匮乏，刺激了广东、云南、福建、四川、广西等许多产茶省（自治区、直辖市）的农业院校纷纷设置茶业系或专修科[①]。例如，1972 年，莫强开始筹建华南农业大学茶学专业。1974 年成立茶叶教研室。茶叶专业从 1977 年起招收本科；福建农

---

① 陈宗懋．中国茶经．上海文化出版社，1992：49.

学院 1950 年已将茶树培栽和加工内容列入农学系和园艺系的讲授内容。1975 年创建茶叶专业（专科），1978 年开始招收本科生；1972 年，云南农学院筹建茶桑果系，张芳赐、沈柏华等为主要筹建人。1973 年，茶学专业正式开始招生。安徽劳动大学于 1975 年、四川农业大学于 1976 年相继成立了茶学专业。

20 世纪 80 年代以后，是我国茶学教育全面发展的阶段，设立茶学专业的大专院校有所增加，办学层次也得到进一步提升，许多茶学专业开始招收茶学硕士、博士研究生，茶学专业进入了前所未有的繁荣发展阶段。

高等学校招收研究生始于 20 世纪 60 年代，如浙江农业大学 1962 年招收国内第一位茶学研究生，安徽农学院 1964 年起招收硕士学位研究生①。

安徽农业大学 1981 年被批准为茶学硕士学位授予点，1996 年被批准为安徽省重点学科，1998 年被批准为茶学博士学位授予点，1999 年被批准为农业部重点学科。

浙江大学 1981 年被批准为茶学硕士学位授予点，1987 年被批准为我国第一个茶学专业博士学位授予点，1989 年被国家教委批准为茶学专业第一个国家重点学科。

湖南农业大学 1981 年被批准为茶学硕士学位授予点，1982 年被列入湖南省首批重点学科，1993 年获得博士学位授予权。

此外，还有华南农业大学、西南大学、华中农业大学、福建农林大学、四川农业大学、云南农业大学、山东农业大学、南京农业大学、西北农林科技大学等院校陆续开始招收茶学专业博士或硕士学位研究生。此外，中国农业科学院茶叶研究所也培养硕士生、博士生。

中等学校的茶学教育也取得了较大发展。20 世纪 90 年代设有茶叶专业的中等学校有 12 个，分别为杭州农校、婺源茶校、屯溪茶校、宜宾农校、宁德农校、句容农校、安顺农校、安康茶校、豫南农校、常德农校、恩施农校、襄阳农校。另外，浙江供销学校（前身为浙江商业学校）于 1974 年设置茶叶专业，宜昌市农业学校于 1974 年设有果茶专业（前身为湖北省农校），咸宁农校 1975 年设茶叶专业②。在中华人民共和国成立后的 50 余年中，全国各产茶省区设立的中等茶业学校或中等学校设有茶叶专业的学校至少在 30 所以上，培养的中等茶叶科技人员超过 5000 名③。

各种不同层次的职业教育、不同类型的茶叶技术训练班是中国茶学教育的又一重要形式。为普及茶叶生产技术，各个业务部门举办了多种类型的茶叶培训班，以适应对茶叶技术的迫切需要。此外，全国产茶省、自治区、直辖市的农商部门、外经贸部门、农垦、侨委和公安部门，也举办了大量的职业培训。这些培训由于参加人员广泛、培训形式多样、方法灵活、内容明确，因而都有效地提高了参培人员的业务素质，推动了茶叶技术的普及，培养了大批基层茶叶技术人员，起到了良好的作用。

中国构建起不同层次、不同功能、立体式、网络型的茶学教育体系，建立起世界上最为庞大的茶叶教育和科技人才库，具有中国特色的茶学教育局面已经形成④。

---

① 陈宗懋. 中国茶经. 上海文化出版社，1992：699.
② 陈宗懋. 中国茶叶大辞典. 中国轻工业出版社，2000：768.
③ 王泽农. 中国百科全书·茶业卷. 农业出版社，1988：332.
④ 陶德臣. 中国近现代茶学教育的诞生和发展. 古今农业，2005（2）：62-67.

（二）新世纪茶学教育的繁荣

安徽农业大学茶学学科、专业，2007年被批准为国家重点（培育）学科、教育部首批特色专业。2008年，茶学团队被教育部评为国家级教学团队。依托茶学学科组建有茶叶生物化学与生物技术重点实验室（省部共建国家重点实验室培育基地，教育部、农业部和安徽省重点实验室），国家农产品加工技术研发中心茶叶加工分中心和安徽农业大学中华茶文化研究所。2015年1月20日，茶树生物学与资源利用国家重点实验室获批，由科技部和安徽省人民政府联合共建，先后获批为安徽省首批省级科技创新团队（2006）、教育部"知名专家和创新团队发展计划"创新团队（2011）、"全省十大优秀产业创新团队"（2013）、第五届"全国专业技术人才先进集体"（2014）、首批安徽省实验室建设计划（2018）、首批全国高校黄大年式教师团队（2018）。

浙江大学茶学专业于2002年，2007年再度被教育部评为国家重点学科。茶学系设有茶叶研究所，具有农、工、商、文、医等多学科交叉和综合的专业特色，形成茶树生物技术与资源利用、制茶工程、茶叶化学与综合利用、茶产业经济与茶产业文化等多个研究方向。

湖南农业大学于2006年获得教育部与湖南省政府共建"茶学教育部重点实验室"，并被国家科技部定为"国际茶叶深加工技术与理论培训基地"。2008年，茶学专业获批湖南省和教育部特色专业。2010年，茶学学科入选湖南省优势特色重点学科。2014年入选教育部、农业部和农业部农垦局第一批卓越农林人才教育培养计划试点专业。

2006年2月，中国国际茶文化研究会与浙江林学院联合设立了浙江林学院茶文化学院，当年面向全国招收了旅游管理专业（茶文化方向）学生，在中国首创培养本科层次的茶文化专业人才。2009年，武夷学院茶学与生物学系开设茶学（茶文化经济方向）专业，并建有茶文化中心。2011年，安徽农业大学设置茶学（茶文化与贸易）专业，培养具备扎实的茶艺、茶文化、茶学方面的基础理论、基本知识和基本技能，能从事茶艺编创与服务、茶席设计与茶会组织、茶馆经营与管理、茶叶加工与审评、茶文化教学与研究等工作的应用型、技能型高级专门人才。

此外，西南大学、华南农业大学、福建农林大学、四川农业大学、云南农业大学、华中农业大学、长江大学、西北农林科技大学、南京农业大学、山东农业大学、河南农业大学、贵州大学、青岛农业大学、信阳师范学院、信阳农林学院、梧州学院、贺州学院、黔南民族师范学院、贵阳学院、滇西应用技术大学、安康学院、湖北民族大学科技学院等高等学校也先后开设了茶学相关专业，部分学校还招收茶学博士、硕士研究生。

新世纪，大专层次的茶学教育也顺应茶产业的需要而蓬勃发展，一大批高职高专院校纷纷围绕"茶艺""茶文化"等课程开设了茶文化与经济、茶艺与茶叶营销、茶艺与茶叶加工等专业。2002年，西南大学首办2年制茶文化高职专业。2003年，浙江树人学院开设应用茶文化专科专业。2005年，安徽农业大学首办2年制茶艺高职专业。目前，我国开设茶学、茶文化相关专业的大专院校有江苏农林职业技术学院、苏州农业职业技术学院、浙江经贸职业技术学院、浙江农业商贸职业学院、安徽财贸职业学院、安徽林业职业技术学院、黄山职业技术学院、漳州科技职业学院、福建艺术职业学院、宁德职业技术学院、武夷山职业学院、江西外语外贸职业学院、江西水利职业学院、江西婺源茶业职业学院、湖北三峡职业技术学院、三峡旅游职业技术学院、天门职业学院、湖南商务职业技术学院、广东科贸职业学院、广西职业技术学院、宜宾职业技术学院、雅安职业技术学院、四川文化传媒职业学院、安顺职业技术学院、黔南民族职业技术学院、遵义职业技术学院、六盘水职业技术学院、铜仁职业技术学院、毕节职业技术学院、贵州盛华职业学院、西双版纳职业技术学院、汉中职业技术学院等40余所。

我国茶学高等教育本专科人才培养形成了茶学、茶树栽培与管理、茶叶生产与加工、茶文化、茶艺与茶叶营销等方向。据不完全统计，2023年，全国招收本专科茶学专业学生的院校共计73所，其中本科33所，专科40所。

不仅茶学高等教育繁荣，茶学中等教育也获得了发展，当前仅贵州省开设茶学专业的中等职业学校就有12所[①]，其他各产茶省份、茶区也均有开设。此外，社会上不断涌现各种茶书院、茶艺、茶文化培训机构，进一步充实了茶学教育。

第四节 茶文化的曲折

一、茶文化的低迷

（一）饮茶之风衰退

中华民国时期（1912—1949），历经军阀混战、抗日战争、解放战争，由于社会动荡不止，经济衰弱、民生维艰。中国茶产业陷入危机，茶区凋疲、生产萧条、市场萎缩、外销锐减。除在一些大中城市外，小城市、乡镇和广大农村地区，茶叶消费急剧下降。中华人民共和国成立后，百废待兴，经济逐步得到恢复。但由于受到极"左"路线的影响，生产力发展缓慢。虽然绝大多数城乡居民生活水平有所提高，但仍然有少部分人群没有解决温饱问题。茶叶生产逐步恢复，产量不断提升，但由于人口基数大，年人均消费茶叶量仍然较低，这种状况一直延续到十一届三中全会的召开。

民国时期，南京、上海、北平（北京）等大城市，以及抗战时期的大后方重庆、成都、昆明等城市，茶馆业却异常发达。

秦淮河孕育了金陵古城，也孕育了南京的茶馆，有"秦淮茶馆甲江南"之说。民国时期，仅流经夫子庙的这段秦淮河两岸就有茶馆二三十家之多。整个秦淮河畔的茶馆，约略有300余家。名气大的有"新奇芳阁""德义园""通济楼""得志园""永和园""雪园""六朝居"等十几家。夫子庙的许多茶馆在当时又可以成为戏茶厅，茶客可以一边品茶一边听戏。南京不仅有陆上茶馆，还有水上茶舫，每入夏季，桨声灯影、茶舫轻弋、笙歌彻夜。

民国时期，重庆各行各业、各种不同身份的人，都有天天上茶馆喝茶的习惯，到茶馆里休息、品茗、聊天、会友和议事，茶馆就是人们社交的主要场合。据1947年3

[①] 蒲应秋，张源源. 贵州茶学教育发展的历史透视与现状分析. 教育文化论坛，2019（4）：26-32.

月《新民报》发表的统计，全城新旧市区共有街巷 316 条，茶馆竟有 2659 家之多。而据成都市茶社业同业公会的记载，1949 年成都的茶馆有 598 家，远逊于重庆。

重庆城里袍哥规模的香堂近百个，帮会茶馆也就多如牛毛。抗战时期，外地的帮会组织也迁入重庆，洪帮大洪山香堂设在机房街"悦合"茶园、白龙池"集明"茶社。九龙山设在江家巷"武汉"茶社。重庆城里除去袍哥开设的茶馆外，各行帮（行业）也有自己的茶馆，历时久、名气大的行帮（行业）茶馆都集中在老城区。

茶馆还是大众的娱乐场所，戏剧是从宫廷、堂会、乡场庙会、坝戏而进入茶馆，最后才出现专业性剧场的。重庆城里第一家既可喝茶又可看戏的叫"翠芳"茶园，表演评书、竹琴、扬琴的茶馆比比皆是。抗日战争期间，外地来渝定居的人口超过 70 万，在茶馆内演出的剧种也就相应增多了。茶馆里除了演出川剧外，还有京剧、越剧、豫剧和黄梅剧等等演出。茶馆里不时还有民间艺人来卖唱。

重庆茶馆卖的茶主要是花茶、沱茶两大类，绿茶、红茶则是抗战时期，为了适应下江人（指长江下游的江浙人）的口味而逐渐风行的。花茶被称为"香片"，以成都茉莉花茶为主，沱茶主要是云南下关、昭通一带所产。

（二）茶文学不振

连横（1878—1936），台湾省台南人。民国初年漫游大陆，回台湾著《台湾通史》，1933 年到上海定居，著有《剑花室诗集》。其《茶》组诗，这里选二首，一写武夷岩茶："新茶色淡旧茶浓，绿茗味清红茗秾。何似武夷奇种好，春秋同抱慢亭峰。"一写安溪铁观音："安溪竟说铁观音，露叶疑传紫竹林。一种清芬忘不得，参禅同证木犀心。"

张伯驹（1898—1982），诗人、收藏家，有《张伯驹诗词集》。其《听泉》："清泉汩汩净无沙，拾取松枝自煮茶。半日浮生如入定，心闲便放太平花。"

茶事散文，这期间有鲁迅的《喝茶》、周作人的《喝茶》、梁实秋的《喝茶》、苏雪林的《喝茶》、林语堂的《茶与交友》、冰心的《我家的茶事》、秦牧的《敝乡茶事甲天下》、陈登科的《皖南茶乡闲话》、何为的《佳茗似佳人》等。

民国时期小说中，鲁迅的短篇小说《药》中许多情节都发生在华老栓家的茶馆里。沙汀写于 1940 年的短篇小说《在其香居茶馆里》，整篇故事都发生在茶馆里。作者把茶馆这一特定场景作为人物活动的舞台，让全镇各种势力的代表人物纷纷登场，使场景十分集中、情节完整，矛盾冲突渐次展开。

李劼人（1891—1962）的长篇小说三部曲《死水微澜》《暴风雨前》《大波》，对成都茶馆有许多大段的生动描写。如对大茶馆的堂皇和小茶铺的简陋，对形形色色茶客们的种种表现，还有依附茶馆营生的戏曲曲艺艺人、小手艺人、小商贩的生活，都有入木三分的刻画。小说中对"吃讲茶"等的描述，反映了昔日茶馆多方面的社会功能；又以茶馆中专设"女宾座"等情节，折射出新潮与旧浪的冲突。

民国时期的茶事小说，不能不提张爱玲的一系列小说。张爱玲小说中的"茶事"多且细致，她笔下的女主角们常与茶为伴。比如《茉莉香片》的开头就是以茶作引的："我给您沏的这一壶茉莉香片，也许是太苦了一点。我将要说给您听的一段香港传奇，恐怕也是一样的苦——香港是一个华美的但是悲哀的城。"

现代第一部茶事长篇小说是陈学昭的《春茶》，作品着力描写了浙江西湖龙井茶区从合作社到公社化的历程，同时也写出了茶乡、茶情、茶趣、茶味。

（三）茶艺术吉光片羽

1. 茶戏剧

《天下的红茶数祁门》，作者胡浩川（1896—1972），中国现代著名茶学家。剧本初创于 1937 年，当时剧名叫《祁门红茶》。从茶树种植开始，述说了祁红采摘、初制、精制的整个过程。当时只完成了剧本创作，并没能排演。1949 年 10 月间，为庆祝祁门县解放，组织了一台戏曲晚会，于是将《祁门红茶》剧本改编成六幕采茶戏《天下的红茶数祁门》，进行排练并正式上演，引起强烈反响。祁门采茶戏《天下的红茶数祁门》分序曲、种茶、采茶、制茶之一（初制）、制茶之二（精制）和尾曲六幕。

《茶馆》是老舍（1899—1966）于 1956 年编剧，1958 年由北京人民艺术剧院首演，中国现代话剧史上的经典之作。该剧通过写一个历经沧桑的"老裕泰"茶馆，在清代戊戌变法失败后，民国初年北洋军阀盘踞时期和国民党政府崩溃前夕，在茶馆里发生的各种人物的遭遇，以及他们最终的命运，揭露了社会变革的必要性和必然性。通过《茶馆》，可以看到从晚清至民国时期的中国社会变迁的缩影。

此外，田汉的《环璘珴与蔷薇》中也有不少煮水、沏茶、奉茶、斟茶的场面。京剧《沙家浜》的剧情就是在阿庆嫂开设的春来茶馆中展开的。

2. 茶歌舞

新中国成立后，在音乐工作者的精心创作下，一批优秀茶歌相继问世。它们都具有浓重的民族风格、鲜明的时代特征。其中以《请茶歌》《挑担茶叶上北京》《采茶舞曲》《请喝一杯酥油茶》等为代表的茶歌在全国广为流传，家喻户晓。

20 世纪 50 年代，根据福建茶区《采茶灯》改编的《采茶扑蝶》，是舞、曲兼美的茶歌舞，由陈田鹤编曲、金帆配词。曲调来自闽西地区的民间小调，是一首享誉国内外的采茶歌舞曲。它的曲调是将两首《正采茶》和《倒采茶》茶歌的曲调，借转调手法叠合而成。旋律活泼、明快，节奏性强，适宜边唱边舞的采茶动作，气氛热烈欢快；反映了茶乡的春光山色和姑娘采茶扑蝶、你追我赶，喜摘春茶的欢乐情景和对茶叶丰收的喜悦。1953 年在第四届世界青年与学生联欢节上荣获二等奖。

3. 茶书画

吴昌硕（1844—1927）的行书得黄庭坚、王铎笔势之欹侧，黄道周之章法，个中又受北碑书风及篆籀用笔之影响，大起大落，遒润峻险。行书茶联："剪取吴淞半江水，且尽卢仝七碗茶"。落款"癸丑花朝"，当是 1913 年作（图 6-1）。

郭沫若（1892—1978）的书法既重师承又有创新，笔挟风涛、气韵天成，被誉为"郭体"。湖南长沙高桥茶叶试验场在 1959 年创制了新品高桥银峰茶。1964 年，郭沫若到湖南考察，品饮之后特作《一九六四年夏初饮高桥银峰》（图 6-2）。诗中赞美高桥银峰堪比古代名茶湖州顾渚紫笋、洪州双井白茶。茶能让人提神、醒酒，何如屈原所说的"众人皆醉我独醒"。

吴昌硕《煮茶图》（图 6-3），画中高脚泥炉一只，略呈夸张之态，上置陶壶一把，炉火腾腾，旁有破蒲扇一柄，当为助焰之用。另有寒梅一枝，枝上梅花数簇，有孤高之气。此画极写茶、梅之清韵。

图 6-1　吴昌硕茶联　　　　　　　　图 6-2　郭沫若茶诗

　　齐白石（1864—1957）的《煮茶图》（图 6-4），画中泥炉上一只瓦壶，一把破蒲扇，扇下一把火钳，几块木炭。此画表现的是日常生活中的煮茶，同时也体现了主人清贫俭朴的操守。齐白石尚有《茶具梅花图》，92 岁时作且赠送毛泽东。画面简洁，红梅形象简练而丰富，有怒放的花朵、有圆润的蓓蕾，生机盎然。茶壶浓墨染，茶杯细笔勾勒。

　　丰子恺（1898—1975）的漫画，多为日常生活情景，具有普遍的人情与情趣，雅俗共赏。其形式介于国画与漫画之间，风格简洁朴素，隐含着出世的超然之意和入世的眷眷之心。《青山个个伸头看，看我庵中吃苦茶》（图 6-5），画题中的两句诗取自明朝园信的《天目山居》："帘卷春风啼晓鸦，闲情无过是吾家。青山个个伸头看，看我庵中吃苦茶。"画中人独居在这山间小屋中，吟吟诗、喝喝茶、望望山景，十分优雅。一座座的青山好似一个个人伸着头在看，看独居人坐在庵中吃苦茶。有群山为伴，便不觉寂寞。

　　丰子恺的《人散后，一钩新月天如水》（图 6-6），画中窗外新月如钩，室内茶杯几只。人的一生，遇上过多少个一钩新月天如水的夜？人走了，茶香和余温久久袅绕、依稀尚存。

图6-3 吴昌硕《煮茶图》　　　　图6-4 齐白石《煮茶图》

图6-5 丰子恺《青山个个伸头　　图6-6 丰子恺《人散后，一钩新月天如水》
看，看我庵中吃苦茶》

《小灶灯前自煮茶》（图6-7），画中诗出自南宋诗人陆游的《自法云归》："落日疏林数点鸦，青山阙处是吾家。归来何事添幽致，小灶灯前自煮茶。"坐在台前，暂时

放下手边的闲书，架起炉子，烧水煮茶。这个时候已经是悬灯夜半，一不待客、二不邀友，只是兴之所至。深夜无人，与茶为伴，风雅也就呼之欲出。

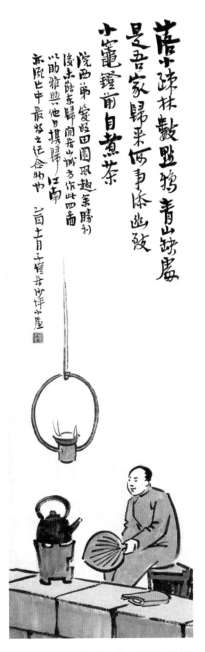

图 6-7　丰子恺《小灶灯前自煮茶》

此外，茶画尚有张大千的《玉川先生烹茶图》、冯超然的《煮茶图》等。

（四）茶道和茶书

民国时期，由于战乱，社会动荡，茶道式微。中华人民共和国成立初期（1949—1979），包括茶道在内的整个茶文化都受到冲击。

茶书撰著总体不算少，但基本限于茶叶科技和生产方面，茶叶历史和文化方面的著作屈指可数。1945年，胡山源辑《古今茶事》，选辑收入古代一些代表性的茶书和茶事资料。翁辉东（1885—1965）的《潮州茶经工夫茶》从茶质、水、火、器具、烹法诸方面，对潮州工夫茶进行总结。

1940年，胡浩川在为安徽茶人傅宏镇所辑《中外茶业艺文志》一书所作的前序称："幼文先生即其所见，并其所知，辑成此书，津梁茶艺。其大裨助乎吾人者，约有三端：今之有志茶艺者，每苦阅读凭藉之太少，昧然求之，又复漫无着落。……"胡浩川首创"茶艺"一词，但如空谷足音，在当时未引起反响。

从民国时期到"文革"结束的这一时期，是中国茶文化的低迷期。

二、茶文化的复兴

（一）饮茶的再普及

1. 中国成为世界第一的茶叶消费大国

2002年，茶叶生产国中国、印度的茶叶消费已大大超过老牌茶叶消费大国英国、美国等。到2006年，中国的茶叶消费量急剧增加，达到78万吨，首次超过印度成为第一大茶叶消费国。2014年，世界茶叶消费量最大的国家仍是中国，达165.0万吨；居第二位是印度，为92.7万吨；其次是土耳其，为23.5万吨。中国大陆年人均茶叶消费增长较快，到2014年已经上升到世界第12名，年人均消费茶叶为1.14千克。2015年以来，中国茶叶消费总量稳居世界第一位。

2. 当代茶艺馆的兴起

20世纪80年代，随着中国台湾经济的腾飞，台湾茶馆业也随之蓬勃发展。但不能重复旧时代的那种老式茶馆，于是，新式茶艺馆应运而生。

在台湾，一位从法国学习服装设计回来的管寿龄小姐，在台北市仁爱路开设了一家"茶艺馆"。管寿龄开设的"茶艺馆"同时经营茶叶和艺术品的买卖及餐厅业务，1979年取得正式经营执照。1981年，管寿龄又在台北市双城街取得"茶艺馆"的营利事业登记证，这是以"茶艺馆"名称公开对外营业并取得合法执照的第一家，这可以说是现代"茶艺馆"的起源。第二家正式挂招牌的是位于台北市西门町狮子林的"静心园茶艺馆"。一些虽然没有冠名"茶艺馆"而实际上属于现代茶艺馆的，如李友然的"中国茶馆"、钟溪岸的"中国工夫茶馆"等。

1989年1月，叶惠民首先于中国香港九龙成立了"雅博茶坊"，后有陈国义的"茶艺乐园"和李少杰的"福茗堂"相继开张，奠定香港茶艺馆的发展基础；1997年12月，罗庆江开设澳门第一家茶艺馆——"春雨坊"。

1991年以后，中国大陆的茶艺馆开始建立。最早的是福建省福州市博物馆设立的"福建茶艺馆"，而后上海、北京、杭州、厦门、广州等城市相继出现了茶艺馆，并影响到内陆许多城市相继出现了茶艺馆。

20世纪90年代以来，大陆茶馆业的发展更是突飞猛进。现代茶艺馆如雨后春笋般地涌现，遍布都市城镇的大街小巷，茶艺馆成为当代茶产业发展中亮丽的风景。

3. 茶具的新开拓

传统的紫砂、陶瓷茶具老树新花，花样翻新，层出不穷。闻香杯、公道杯、飘逸杯等冲泡、品饮器具创新发明，各种茶具成套组合琳琅满目，自动、半自动煮水茶器品种多样。银、锡、铜、铁、玻璃、石英、竹、木、漆茶具应有尽有，茶具的丰富和功能远超前代。

（二）茶道的复兴

1. 茶艺的复兴和开拓

从1974年秋天开始，在一年多时间里，记者郁愚在《台湾新闻报》"家庭"副刊发表30多篇茶文，最后整理汇集成《茶事茶话》（台北世界文物出版社1976年）一书。其中有《遵古炮制论茶艺》，文章标题涉及"茶艺"。

1978年9月4日，台湾"中国功夫茶馆"在《中央日报》刊出整版广告。其中《识茶入门》由台湾原制茶业同业公会总干事林馥泉撰写，其中谈道："中国自然有其'茶道'。茶祖师陆羽（727—804）著《茶经》，可以说是中国第一部'茶道'之书。中国称'茶道'为'茶艺'，是单纯在讲究饮茶之养生和茶之享用方法。"

蔡荣章在担任"中国功夫茶馆"经理期间，依循林馥泉"发扬喝茶艺术必从识茶起"的观点，以笔名香羽在《民生报》开辟"茶艺"专栏。

1977年，以中国民俗学会理事长娄子匡教授为主的一批茶的爱好者，倡议弘扬茶文化，为了恢复弘扬品饮茗茶的民俗，有人提出"茶道"这个词；但是，有人提出"茶道"虽然建立于中国，但已被日本专美于前，如果现在援用"茶道"恐怕引起误会，以为是把日本茶道搬到台湾来；另一个顾虑，是怕"茶道"这个名词过于严肃，中国人对于"道"字是特别敬重的，感觉高高在上的，要人们很快就普遍接受可能不容易。于是提出"茶艺"这个词，经过一番讨论，大家同意才定案。"茶艺"就这么产生了。（范增平《中华茶艺学》，台海出版社，2000）

台湾茶人当初提出"茶艺"是作为"茶道"的代名词。

约在20世纪70年代后期，特别是经林馥泉、娄子匡、蔡荣章等人的推动，终于使得"茶艺"一词被确立和传播开来。20世纪80年代以来，中华茶艺开始复兴。

"中国功夫茶馆"关闭后，蔡荣章在天仁茶业董事长李瑞河的支持下，于1980年12月25日在台北市衡阳路成立"陆羽茶艺中心"，主要致力茶艺文化的宣传，开设茶艺讲座，有系统地传授茶艺知识，定期出版《茶艺月刊》杂志等。1982年9月，在台北市茶艺协会和高雄市茶艺协会的基础上，"中华茶艺协会"成立，并创办《中华茶艺》杂志。此后现代茶艺在台湾迅速推广，并出版了画册和一批茶艺书籍。台湾茶艺形式主要是工夫茶艺，小壶泡法非常普及。蔡荣章主持的台北陆羽茶艺中心，结合当代实际，形成"陆羽式泡茶法"，即二十四式的小壶泡法。后来，台湾茶界发明公道杯分茶，又增加闻香杯嗅闻茶香，形成改良的台式工夫茶艺。

1988年，范增平到上海等地演示茶艺。1989年，台湾天仁集团陆羽茶艺文化访问团访问大陆，先后到北京、合肥、杭州演示交流茶艺。以此为发端，现代茶艺在大陆各地逐渐兴起和流行。

大陆的茶艺，除继承传统的武夷、安溪、潮汕工夫茶艺外，台式工夫茶艺也大行其道。同时，传统的盖碗茶艺、壶泡茶艺不断得到完善，玻璃杯泡茶艺以其简易、优雅而广为流行。各种混饮茶艺也在一定程度上传播。总之，中华茶艺呈现出百花竞放的兴盛局面。

正是鉴于当代茶艺的迅速发展，1998年茶艺师列入《中华人民共和国职业分类大典》，茶艺师这一新兴职业走上中国社会舞台。2006年，《茶艺师国家职业标准》颁布，进一步引导、规范茶艺的健康发展。

2. 当代茶道理论研究

台湾省是现代中国茶道的最早复兴之地。林馥泉、娄子匡、林资尧、蔡荣章、林瑞萱、范增平、吴智和、张宏庸、周渝等是台湾较早致力茶道理论研究和实践的人。

林资尧（1941—2004），曾任"台湾中华民国茶艺协会"秘书长，后转任天仁茶艺文化基金会秘书长，长期致力于国际茶文化交流和茶道教学，尤爱茶礼，促进茶礼生活化、社会化。尊礼古圣先贤，曾有祭孔、祭神农、祭屈原、祭陆羽等茶礼；为体现大自然的运作、时节的更替，创立四序茶会；又创五方佛献供茶礼、金色莲花茶礼、郊社茶礼，对中国现代茶礼的开拓、建设有功。

蔡荣章的《现代茶艺》（1984），吴智和的《中国茶艺论丛》（1985）和《中国茶艺》（1989），张宏庸的《茶艺》（1987），林瑞萱的《心经讲义——茶道精神领域之探求》（1989）等，都是肇始阶段关于饮茶艺术研究方面的有影响之作。

范增平的《台湾茶文化论》（1992）、张宏庸的《台湾传统茶艺文化》（1999）和《台湾茶艺发展史》（2002）对台湾地区的茶艺文化进行细致的研究。蔡荣章、林瑞萱的《现代茶思想集》（1995）探讨现代茶道精神和美学。

大陆地区，在茶道的理论和实践的探索上有突出表现的则有庄晚芳、张天福、童启庆、陈文华、余悦、阮浩耕、丁文、马守仁、丁以寿等。

庄晚芳在1990年2期《文化交流》杂志上发表的《茶文化浅议》一文中明确主张"发扬茶德，妥用茶艺，为茶人修养之道。"他提出中国的茶德应是"廉、美、和、敬"（图6-8），并加以解释：廉俭有德，美真康乐，和诚处世，敬爱为人。

张天福深入研究中外茶道、茶礼，于1996年提出以"俭、清、和、静"为内涵的中国茶礼。他认为：茶尚俭、勤俭朴素；茶贵清，清正廉明；茶导和，和衷共济；茶致静，宁静致远。

童启庆的《习茶》（1996）、《生活茶艺》（2000）、《影像中国茶道》（浙江摄影出版社2002），为现代茶艺、茶道提供了范式。

陈文华不仅在《长江流域茶文化》（2004）、《中国茶文化学》（2006）等著作中，对茶艺、茶道的概念、特征、精神作了精要的阐释，而且还发表了《茶艺·茶道·茶文化》[《农业考古》1999，（4）]、《论中国茶道的形成历史及其主要特征与儒、释、道的关系》[《农业考古》2002，（2）]等论文，进一步对茶道进行理论阐释。

图 6-8　庄晚芳《中国茶德》

余悦在《中国茶韵》（2002）中对茶艺、茶道概念、茶道与儒道释的关系等作了精要的阐释，他在《儒释道和中国茶道精神》［《农业考古》2005，（5）］、《中国茶艺的美学品格》［《农业考古》2006，（2）］、《中国古代的品茗空间与当代复原》［《农业考古》2006，（5）］等论文中进一步阐释了茶艺美学、茶道精神。

马守仁作《无风荷动——静参中国茶道之韵》（2008），并通过《茶艺美学漫谈》［《农业考古》2005，（4）］和《中国茶道美学初探》［《农业考古》2005，（2）］揭示茶艺美学的形式美、动作美、结构美、环境美、神韵美五个特征和茶道美学的大雅、大美、大悲、大用四个特征。

丁以寿主编《中华茶道》（2007），系统地论述了中国饮茶的起源、发展以及历代饮茶方式的演变，"道"字的起源、抽象以及儒、道、佛的道思想，中华茶道的概念、构成要素以及形式，中华茶道与文学、艺术、哲学、宗教的关系，中华茶道的精神、美学、历史以及对外传播；《中华茶艺》（2008）系统地论述了茶艺的基本概念和分类原则、茶艺要素、茶席设计、茶艺礼仪、茶艺美学、茶艺形成与发展历史、茶艺编创原则、茶艺对外传播以及中国当代茶艺。

丁文在《茶乘》（1999）中对茶道与儒释道的关系进行了深入的研究，乔木森的《茶席设计》（2005）对茶席设计的基本构成因素、一般结构方式、题材及表现方法、技巧等进行了有益的探索。阮浩耕等的《茶道茗理》（2010）以历代茶人为线索，阐述中国茶道精神和意境。

3. 当代茶道的实践

（1）四序茶会　四序茶会是原天仁茶艺文化基金会秘书长林资尧所制定，透过茶会，表现一种大自然圆融的律动。在会场内，悬挂"四季山水图"和"万物静观皆自得，四时佳兴与人同"的对联，烘衬出茶会的主题。茶席的布置为正四方形，东面代表春季的青色条桌，南面为表示夏季的赤色桌，西面是白色的秋季，北面是黑色的冬季。正中央的花香案则铺以黄色桌巾；这分别象征着四序迁流，五行变易。花香案设"主花"，旨意"六合"，天地四方之意。球型香炉二件，象征"日""月"；四部茶桌设"使花"，旨意"春晖"（图6-9）、"夏声""秋心""冬节"（图6-10）；主花与使花相应涵摄，说明了大自然的节序，以及普遍生命之美。

图6-9　四序茶会茶席之一

图6-10　四序茶会茶席之二

　　在悠扬的古琴声中，司香二人和司茶（花）四人在门口迎宾，主人引茶友入席，24把座椅象征24个节气。两位司香行香礼，以香礼敬天地及宾客。四位司茶（花）则依时序，手捧代表四季的插花款款入场，先行花礼，之后入座。司茶（花）优雅地烫杯、取茶、冲水，然后均匀斟进小茶盅，分敬给客人。司茶（花）依序奉上第一道茶、第二道茶、第三道茶以及第四道茶；按顺时针次序转动，象征四季更迭。每位客人都品到象征四季的四道茶，时光在不知不觉中流转。宾客品味茶汤，也品味着大自然的芳香。人们在这样一个宁静、舒适的场所，通过茶艺、茶礼的熏陶，完全将自己融入大自然的韵律、秩序和生机之中，既品出了茶的真趣味，又得到了彻底的放松。

　　（2）无我茶会　无我茶会（图6-11）是由台北陆羽茶艺中心总监蔡荣章所创立的一种茶会形式。人人自备茶具、茶叶围成一圈泡茶、奉茶、品茶。如果规定每人泡茶四杯，那就把三杯奉给左边三位茶侣，最后一杯留给自己。如此奉完规定的泡数，聆听一段音乐演奏后（也可省略），收拾茶具结束茶会。

　　无我茶会有七大精神。第一，无尊卑之分。茶会不设贵宾席，参加茶会者的座位由抽签决定。因此，不论职业职务、性别年龄、肤色国籍，人人平等。第二，无求报偿之心。参加茶会的每个人泡的茶都是奉给左边的茶侣，而自己所品之茶却来自右边茶侣，人人都为他人服务，而不求对方报偿。第三，无好恶之心。每人品尝四杯不同的茶，由于茶类和沏泡技艺的差别，品味是不一样的，但每位与会者都要以客观心情来欣赏每一杯茶，从中感受到别人的长处。第四，无地域流派之分。第五，求精进之心。自己每泡一道茶，自己都品一杯，每杯泡得如何，与他人泡的相比有何差别，要时时检讨，使自己的茶艺日益精深。第六，遵守公告约定。茶会进行时并无司仪或指

（1）　　　　　　　　　　　　　　　　　　（2）

图 6-11　无我茶会

挥，大家都按事先公告进行，养成自觉遵守约定的美德。第七，培养集体的默契。茶会进行时，均不说话，大家用心于泡茶、奉茶、品茶，时时自觉调整，约束自己，配合他人，使整个茶会节奏一致。

（三）茶文学的复兴

1. 茶诗

赵朴初（1907—2000）于 1982 年为陈彬藩《茶经新篇》赋诗一首，化用唐代诗人卢仝"七碗茶"的诗意，引用唐代高僧从谂禅师"吃茶去"的禅林法语，诗写得空灵洒脱，饱含禅机，为世人所传诵，是体现茶禅一味的佳作。"七碗受至味，一壶得真趣。空持百千偈，不如吃茶去。"1990 年 8 月，当中华茶人联谊在北京成立时，特为大会作《贺中华茶人联谊会成立之庆》，不仅赞美茶之清，更号召大家仔细研究广涉天人的茶经之学。

不美荆卿夸酒人，饮中何物比茶清。相酬七碗风生腋，共汲千江月照心。梦断赵州禅杖举，诗留坡老乳花新。茶经广涉天人学，端赖群贤仔细论。

2. 茶事散文

当代茶事散文极其繁荣。季羡林的《大觉明慧茶院品茗录》、邵燕祥的《十载茶龄》、汪曾祺的《泡茶馆》、邓友梅的《说茶》、忆明珠的《茶之梦》、黄裳的《栊翠庵品茶》、李国文的《茗余琐记》、贾平凹的《品茶》、叶文玲的《茶之魅》、陆文夫的《茶缘》、张承志的《粗饮茶》、琦君的《村茶比酒香》、余光中的《下午的茶》、董桥的《我们喝下午茶去》等均是优秀茶文。个人出版茶事散文专集的，有林清玄的《莲花香片》和《平常茶非常道》、王旭烽的《瑞草之国》和《旭烽茶话》、王琼的《白云流霞》、吴远之和吴然的《茶悟人生》、胡竹峰的《闲饮茶》等。

3. 茶事小说

20 世纪 80 年代以来，发表了一批茶事小说，诸如邓晨曦的《女儿茶》、曾宪国的《茶友》、唐栋的《茶鬼》、潮青和蔡培香的《花引茶香》、廖琪中的《茶仙》、宋清海的《茶殇》等。

代表当代茶事小说最高成就的，则是王旭烽的《茶人三部曲》。《茶人三部曲》分为《南方有嘉木》《不夜之侯》《筑草为城》三部，以杭州的忘忧茶庄主人杭九斋家族四代人起伏跌宕的命运变化为主线，塑造了杭天醉、杭嘉和、赵寄客、沈绿爱等众多人物形象，展现了在忧患深重的人生道路上坚忍负重、荡污涤垢、流血牺牲仍挣扎前行的杭州茶人的气质和精神，寄寓着中华民族求生存、求发展的坚毅精神和酷爱自由、向往光明的理想。

（四）茶艺术复兴和开拓

1. 茶戏剧

歌剧《茶——心灵的明镜》通过追述中国茶文化的起源和中国茶圣陆羽所著的《茶经》，而引出中国唐代公主与来唐学习茶道的日本王子之间的一段浪漫爱情故事。作曲：谭盾；故事歌词：谭盾、徐瑛；导演及编舞：江青。全剧以茶文化为切入点，探讨中国古代文化的精髓，挖掘中国传统文化中的禅道精神和生活智慧。

2. 茶歌音乐

（1）茶歌　进入新时期，茶歌不断推进升华，兴盛不衰。《前门情思大碗茶》《龙井茶，虎跑水》《茶山情歌》《三月茶歌》《古丈茶歌》等茶歌，传唱大江南北。

（2）茶乐　《闲情听茶》系列音乐以中国人最熟悉的"茶"为主题，表达出人们对茶的款款爱恋的情感。作曲家灵活运用各种乐器的特有气质，使传统乐器在崭新的曲风中，呈现清新的生命与风貌，将茶中无法言喻的意味细腻地表现出来，让茶味随着音乐在人的心中弥漫。如《湘江茶歌》乐曲是根据湖南茶歌改编创作，由二胡和琵琶相偕演出一段充满湖南茶山气息的优美旋律，飘送出湘江两岸令人欲醉的茶香。如《轻如云彩》乐曲是选用江南小调《忆江南》为素材，借由二胡清新、洁净、雅致的音色，轻柔的画出鸡头壶般如山峰般的翠色与如云般的飘逸气质。《闲情听茶》运用排箫、高胡、古筝、琵琶、笛等传统乐器，巧妙地结合虫鸣、鸟叫、流水等自然的声音，风格清新自然，让人在音乐中也能品尝茶的无限滋味。

3. 茶影视

进入新时期以来，涉茶的影视作品异军突起，引人注目。

电影《茶馆》（1982）改编自老舍的同名话剧，曾获1983年第3届中国电影金鸡奖特别奖；电影《绿茶》（2003）讲述一个散发神秘绿茶清香的都市爱情故事；电影《茶色生香》（2006）讲述发生在采茶期间的爱情故事；电影《斗茶》（2008）以"斗茶"为主线，将中国茶文化与日本茶道融合在一起；《茶约》（2013）是一部弘扬中国茶文化的微电影，15分钟左右。

电视剧《第一茶庄》（2006）以穷苦采茶女与江南第一大茶商家族发生的爱恨情仇为主线索，讲述一代茶商家族兴衰史；电视剧《铁观音传奇》（2007）以福建安溪铁观音的由来为主线，将民间广为流传的关于其起源的两种传说巧妙地结合起来，淋漓尽致地描述了以铁观音为代表的闽南茶文化的个性特质；电视剧《茶馆》（2010）改编自老舍的同名话剧；电视剧《茶颂》（2013）讲述19世纪末西南茶马御史——云南大理白族世家段子苴，在统领西南茶政期间，团结少数民族首领，以云南大理和普洱六大茶山为基地，联合中华各路茶商，让中国茶叶享誉世界的故事；

电视剧《闪亮茗天》（2015）讲述的是一个出身茶门的平凡女孩，在经历一系列考验后，成长为一流品茶师的励志故事；电视剧《那年花开月正圆》（2017）以陕西省泾阳县安吴堡吴氏家族的史实为背景，以泾阳伏茶为线索，讲述了清末出身民间的陕西女首富周莹跌宕起伏的人生故事。

4. 茶事书画

1991年，身为中日友协副会长的赵朴初，为"中日茶文化交流800周年纪念"题诗一幅（图6-12）："阅尽几多兴废，七碗风流未坠。悠悠八百年来，同证茶禅一味。"赵朴初的书法结构严谨、笔力劲健、俊朗神秀，以行楷最擅长，有东坡体势。静穆从容，气息散淡，自然脱俗。为许多重要茶事活动题诗，多半写成书幅，诗书兼美，堪称双绝。赵朴初曾一再书写"茶禅一味"（图6-13），发挥赵州"吃茶去"宗旨。

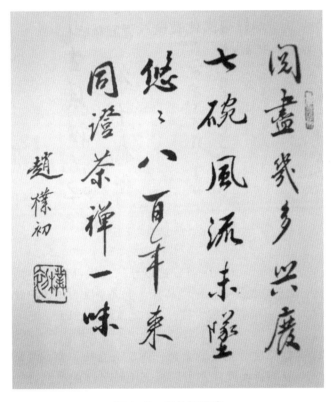

图 6-12　赵朴初题诗

图 6-13　赵朴初茶禅一味挂轴

　　启功（1912—2005）的书法成就主要在于行楷，其书法赋有传统气息，但更具有翩翩自得的个人风范——文雅而娴熟、清冷而端丽。

　　1989年，在北京举办"茶与中国文化展示周"，他题诗（图6-14）："今古形殊义不差，古称茶苦近称茶。赵州法语吃茶去，三字千金百世夸。"

　　1991年5月，启功书赠张大为一幅立轴绝句（图6-15）："七椀神功说玉川，生风枉诧地行仙。赵州一语吃茶去，截断群流三字禅。"

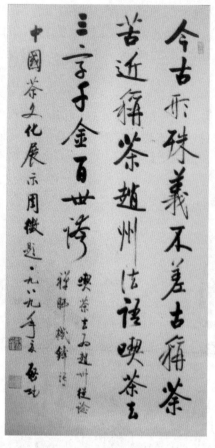
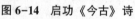

图6-14 启功《今古》诗

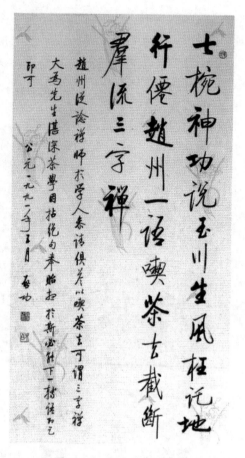

图6-15 启功《七碗》诗

　　刘旦宅（1931—2011）的《东坡取泉图》（图6-16）是以苏轼《汲江煎茶》诗"自临钓石取深清"句意所作，画的上部是修竹婆娑、圆月高挂，下部是巨石横铺、数丛兰草生于石缝。东坡行于石上，左手拎一水瓮，右手拄一竹杖，似汲水归来。左下以行书题录《汲江煎茶》全诗。

　　《东坡试茶图》是以《次韵曹辅寄壑源试焙新茶》诗意作画。石为几、凳，清泉绕石而流。东坡坐于石上专注品茶，侍女侧目而视。左上以行书题录《次韵曹辅寄壑源试焙新茶》全诗。

　　刘旦宅以《次韵曹辅寄壑源试焙新茶》为诗意还作过《佳茗图》一幅。以东坡梦已雪水烹小龙团茶而作回文诗二首诗意作《东坡饮茶梦诗图》，以颜真卿等《竹山联句》作《瀹茗联吟图》，以及数十幅茶画，1996年结集出版《刘旦宅茶经图集》一册。

　　范曾（1938—）以茶圣为题画过多幅，神态各异：或凝神或疾书或传道或聆听。而造型最独特的一幅，是作于1989年的《茶圣图》（图6-17），画家让茶圣俯卧在一个高古的床榻之上，专注地指点一个茶童烹茶；而在床头边上，另一个茶童则笑眯眯地看着他的小师兄扇火。《煮茶图》，画中仅茶圣和童子二人，茶圣席地而坐，童子执扇煮茶，画首题字："茶圣夏夜候客，小子欲有所询。"

图 6-16　刘旦宅《东坡取泉图》

图 6-17　范曾《茶圣图》

《茶圣》，画中三人，右侧一童子正对茶炉扇火，茶圣居中，俯卧石上，与左侧一童子注目右侧童子煮水。画上题诗跋："乌龙冻顶胜猴魁，饮罢猴魁醉不归。汲取黄山清涧水，芳茗味共白云飞。"

此外，当代画家亚明、林晓丹、胡定元、丁世弼、吴山明等也有茶画传世。

（五）茶文化研究的开展

1. 肇始阶段（1980—1989）

对于陆羽及其《茶经》的研究起步较早，如傅树勤、欧阳勋的《陆羽茶经译注》（1983），蔡嘉德、吕维新的《茶经语释》（1984），湖北陆羽研究会编的《茶经论稿》（1988）。张宏庸在1985年对陆羽及其《茶经》已经有了一个比较全面的整理，计已出版的有《陆羽全集》《陆羽茶经丛刊》《陆羽研究资料汇编》的相关史料整理。吴觉农主编的《茶经述评》（1987），更是《茶经》研究的集大成之作。

此外，庄晚芳的《中国茶文化的传播》[《中国农史》，1984（2）] 等论文，为新时期"茶文化"这一名词概念的确立起了积极推动作用。

2. 奠基阶段（1990—1999）

（1）茶文化综合研究　王家扬主编的《茶的历史与文化——90杭州国际茶文化研讨会论文选集》（1991）收录23篇论文，内容涉及茶字和饮茶的起源、茶文化的形成与发展、茶道茶艺等。

王冰泉、余悦主编的《茶文化论》（1991），收录30多篇论文，如余悦（彭勃）的《中国茶文化学论纲》、王玲的《关于"中国茶文化学"的科学构建及有关理论的若干问题》，对构建中国茶文化学科的理论体系进行了深入探讨。

姚国坤、王存礼、程启坤编著的《中国茶文化》（1991），从茶文化之源、茶与风情、茶之品饮、茶与生活、茶与文学艺术、历代茶著6个方面全面论述中国茶文化。这是第一本以"中国茶文化"为名称的著作，筚路蓝缕，功不可没。

1992年，王家扬主编的《茶文化的传播及其社会影响——第二届国际茶文化研讨会论文选集》收录40多篇论文，内容涉及茶文化的内涵、发展、传播、社会功能、茶俗、茶艺、茶道；王玲的《中国茶文化》自成体系，简明扼要；朱世英主编的《中国茶文化辞典》作为第一部关于中国茶文化的辞典，具有开拓性。

通过对茶文化广泛而深入的研究，到20世纪90年代初，"茶文化"作为一个新名词、概念被正式确立。

（2）其他方面　赖功欧的《茶哲睿智》（1999）对茶与儒道释的关系进行深入研究，东君（滕军）的《茶与仙药——论茶之饮料至精神文化的演变过程》论文揭示了道教在茶从饮料向精神文化发展中的作用。

钱时霖《中国古代茶诗选》（1989），选择中国古代有代表性的茶诗进行注解；石韶华《宋代咏茶诗研究》（1996），从宋代咏茶诗形成的历史过程、创作背景、主要内涵、艺术表现等方面，对宋代茶诗进行了全景式的研究；胡文彬的论文《茶香四溢满红楼——〈红楼梦〉与中国茶文化》系统、全面、深刻地论述《红楼梦》中的茶文化。

姚国坤、胡小军的《中国古代茶具》（1999）对中国茶具的历史和发展作了梳理；寇丹的《鉴壶》（1996）对紫砂壶进行鉴赏和研究。

陈宗懋主编的《中国茶经》（1992）专设"茶史篇""茶文化篇"，其"饮茶篇"

也涉及饮茶史和饮茶艺术。

3. 深化阶段（2000 年以来）

（1）茶文化综合研究　姚国坤的《茶文化概论》（2004）、陈文华的《长江流域茶文化》（2004）和《中国茶文化学》（2006）、刘勤晋主编的《茶文化学》（2007），余悦主编的《茶文化博览丛书》（2002），阮浩耕、董春晓主编的《人在草木中丛书》（2003），丁以寿的《中国茶文化》（2011）、施由明的《明清中国茶文化》（2016），对茶文化进行多方位研究。

陈宗懋主编的《中国茶叶大辞典》（2001），其中也有部分茶文化的内容；朱世英、王镇恒、詹罗九主编的《中国茶文化大辞典》（2002），收入词条近万，是一部全面而宏富的中国茶文化辞典。

（2）其他方面　于良子的《翰墨茗香》（2003）对中国古代的茶事书画篆刻作了系统的研究；沈冬梅、张荷、李涓的《茶馨艺文》（2009）从茶与文学、茶与美术、茶与表演艺术三个方面，对古今涉茶的文学艺术作品进行了解析。

宋伯胤的《茶具》（2002）、胡小军的《茶具》（2003）、吴光荣的《茶具珍赏》（2004）对中国历代各式茶具进行了鉴赏和研究。

旅美学者王笛的《茶馆——成都的公共生活和微观世界（1900—1950）》（2010）以 1900 年第一天清早的早茶为开端，在 1949 年的最后一天晚上堂倌关门而结束。讲述了在茶馆里发生的各种故事，揭示了茶馆在城市改良、政府控制、经济衰退、现代化浪潮的冲刷中，随机应变地对付与其他行业、普通民众、精英、社会、国家之间的复杂关系。王笛的作品可以证明，茶馆是中国社会的一个缩影。

第五节　近现代时期中国茶的传播

一、民国时期茶的传播

中国茶种继续向国外输出。1925 年，居住在马来西亚吉打的华侨，在圣奇倍西的矿山区播种中国茶种 140 英亩（1 英亩＝4.04686×10³ 平方米），供应华侨饮用。南美洲的秘鲁于 1912 年开始种茶，至 1934 年，秘鲁生产茶叶 2 万磅，输入茶叶 1367000磅，其中从中国输入的茶叶达到 385000 磅。阿根廷于 1924 年开始种茶，由其农业部向中国购买茶籽 1100 磅，分发北部地区试植，结果生长得很好。接着在科连特斯、恩特雷里奥斯、图库曼等地相继扩种、辟建茶园。到了 20 世纪 50 年代以后，阿根廷茶园面积与产量不断提高，一跃成为美洲最大的茶叶生产、出口国[1]。

中国茶叶技工到国外传播制茶技术。福州窨花茶技工吴依瑞、吴寿忠父子和杭州茶工方念祖于 1918 年到日本静冈茶业组合中央会议所机械研究室，传授花茶、毛峰、大方的制法。1929 年，日本仿效中国珠茶制法，制出 "Yonhon"，在静冈市场称作 "Guri"。

① 孔宪乐. 茶对外传播与国际技术合作的发展. 中国茶叶加工，2001（3）：40-41.

1932 年，日本中央会议所悬赏征得其名"玉绿茶"①。

中国茶叶通过贸易的方式继续向世界传播。上海华茶公司成立于 1916 年，是中国开设最早的一家私营茶叶出口行，后来发展成与英商怡和、锦隆、协和等洋行并列的上海四大茶商②。1937 年 5 月，中国茶叶公司在上海成立，7 月派专员赴英国及摩洛哥调查红茶、绿茶市场，并派员在伦敦设立经理处，推销红茶。

中国茶文化典籍继续向国外传播。1940 年日本诸冈存博士访问湖北天门县，获赠《陆子茶经》带回日本。

民国时期国内政局多变，中国茶的传播受限。

二、中华人民共和国成立后茶的传播

中华人民共和国成立以后，无论是国内还是国际，茶的传播范围都更广、方式更多。

（一）国内传播

山东省首先实施南茶北引工程。1952 年，泰安县率先引茶种植于徂徕山。1959 年，山东省商业、农林、供销等部门从安徽黄山引进茶籽，在东南沿海 7 个县种植约 330 公顷，只有青岛市中山公园的少量成活。1964 年，青岛市加工试制毛茶 3 斤，采收第一批茶籽。1965 年，青岛播种茶籽并正常出苗，先在五莲、青岛、临沂等地试栽。1966 年扩大到淄博、烟台、潍坊、泰安等地。

青岛市试种茶苗成功后，全国各地纷纷效仿，北起内蒙古、南到山东，开始广泛试种茶苗，其中以山东临沂最为出色。1973 年 10 月，农业部在日照县召开了 6 省区（山东、西藏、新疆、陕西、河北、辽宁）"南茶北引西迁"经验交流会。山东省"南茶北引"成功，创造了适合北方茶区的"区田栽培法"，打破了理论界长期认为北纬30°以北不能种茶的历史。到 1978 年，山东省茶园面积达到近 7300 公顷，以后又在日照、胶南、五莲、荣成等地开展茶叶高产栽培攻关试点，促进茶叶产量提高。自 20 世纪 90 年代开始，面积逐年扩大，质量不断提高，效益显著增长。2008 年，山东省茶园面积达 17200 公顷，茶叶产量 9800 多吨。2016 年，面积超过 20000 公顷，产量接近 2 万多吨。形成 3 个优势茶区：东南沿海茶区，包括崂山、胶南、日照、莒南、莒县、五莲和临沭等市县；鲁中南茶区，包括沂水、沂南、平邑、泰安、新泰和莱芜等市县；胶东半岛茶区，包括海阳、乳山、文登、荣成、即墨、莱西、平度等市县。

（二）国际传播

1. 拓展茶叶外销市场

中华人民共和国成立初期有 19 个国家和地区进口中国茶，随后许多国家相继与中国签订贸易协定，大多包括华茶输出条款。1950 年，中国茶业公司与波兰对外贸易公司在北京签订中华人民共和国成立后第一个茶叶合同，由中国供应 120 吨茶叶。同年，中国茶业公司与捷克食品进出口公司签订供应 300 吨茶叶的合同，与蒙古国供应人民

---

① 陈椽. 茶业通史. 北京：农业出版社，1984：98-112.

② 中国茶叶股份有限公司，中华茶人联谊会. 中华茶叶五千年. 北京：人民出版社，2001：181-282.

需用合作社中央联合社签订供应 1500 吨（28000 篓）青砖茶的合同。1952 年，中国茶业公司与匈牙利国外贸易公司签订供应 300 吨茶叶的合同，与罗马尼亚布加勒斯特国营对外贸易食品出口公司签订供应 40 吨茶叶的合同。

1956 年，中国茶叶出口公司召开第一届全国经理会议，要求巩固和发展对苏联及东欧国家的茶叶贸易，进一步发展对亚洲、北非和其他地区的出口，努力打造阿富汗、南美、东南亚市场，积极增加对美国、法国等国家的贸易[①]。到 1957 年，已有 50 多个国家和地区进口中国茶叶。1965 年，中国茶叶外销扩大至 90 多个国家和地区[②]。

1956 年，中国茶叶出口公司派员参加中国国际贸易促进会组织的代表团，首次访问摩洛哥、突尼斯和利比亚等国，摩洛哥表示拟成立专门公司经营中国茶叶。1957 年，中国茶叶出口公司参加中国国际贸易促进会组织的摩洛哥卡萨布兰卡国际博览会，3.3 万包小包装的茶叶一售而空。1978 年，中国土产畜产进出口公司和摩洛哥茶糖办公室在北京签订第一个茶叶贸易长期协议，规定自 1979 年至 1982 年每年中方售给摩方中国绿茶 12000 吨，根据需要每年可再增加 2000 吨；直至 1993 年，每隔几年均签订协议[③]。1992 年 4 月，中国土产畜产进出口总公司和摩洛哥茶糖办公室联合在摩洛哥卡萨布兰卡市举行中国茶叶展览会，有 3 万多人参观。

2. 开展茶叶国际合作

（1）欧洲国家　根据中国和苏联科学技术合作第三届会议有关决议，1955 年，苏联农业部茶、柑橘、热带作物总局副局长伊凡诺娃，全苏列宁农业科学植物栽培研究所引种系主任塞夫楚克来中国华东、华南及西南等地区，考察茶叶及其他农作物的栽培技术、地方品种及试验研究工作。伊凡诺娃在南京、祁门、杭州、余杭、海口、灌县、江津等地，对茶叶生产、茶叶试验站等工作进行考察。1956 年，苏联又派遣茶叶考察组 5 人来华，到浙江、福建、安徽、湖南、湖北等省茶区和北京、上海，考察茶树栽培、茶叶加工以及有关科研工作。1958 年，庄晚芳编著的《茶作学》被译成俄文在苏联出版发行。

（2）亚洲国家　20 世纪 60 年代初，中国协助柬埔寨恢复茶叶生产。1956 年，根据中国和越南两国政府经济技术协定，中国派遣茶叶专家赴越南，协助河内茶厂恢复和发展生产，建立茶叶品质标准、工艺规程及质量检测技术体系并帮助培养技术干部。1959 年，中国派遣制茶专家赴越南，指导由中国提供的制茶设备的安装、调试以及相关工艺改革，以提高制茶的技术水平与产品质量。

（3）非洲国家　1962 年，根据中国和马里两国政府经济技术合作协定，中国首批援马农业专家组赴马，考察帮助发展茶叶生产[④]。此后派出多批茶叶专家，进行茶场勘探、试种、选场以及茶园建设等工作，经过 10 多年努力，建成拥有 100 公顷茶园的农场。茶叶加工厂也于 1971 年奠基，1972 年竣工投入试生产。1972 年 12 月，中、马两国政府签署《关于法拉果茶叶农场技术合作协定》，中国继续派出茶叶专家对茶场进行

---

① 中国茶叶股份有限公司，中华茶人联谊会. 中华茶叶五千年. 人民出版社，2001：218-235.

② 陈椽. 茶业通史. 农业出版社，1984：512-513.

③ 中国茶叶股份有限公司，中华茶人联谊会. 中华茶叶五千年. 人民出版社，2001：236-338.

④ 中国茶叶股份有限公司，中华茶人联谊会. 中华茶叶五千年. 人民出版社，2001：226-350.

合作管理。1973 年 8 月，中国援建马里的法拉果茶叶农场和锡拉索茶叶加工厂建成投产并举行移交仪式。1987 年 3 月，中、马两国政府在巴马科签订《关于马里法拉果茶叶生产和加工管理合作协定》，中国茶叶专家组由浙江省负责派出。1990 年 11 月，中、马两国政府续签《关于中国和马里合作管理马里绿茶生产和加工的议定书》。

1962 年，根据中国和几内亚两国政府经济技术合作协定，中国援助几内亚建立一个茶叶农场和茶叶加工厂。1963 年 11 月，中国对几内亚援建一座由红茶初制、绿茶初制和红绿茶精制 3 个车间组成的茶叶加工厂。1968 年，中国援助几内亚在玛桑达建成茶叶加工厂和茶场。茶叶加工厂也由 3 个车间组成，共有制茶设备 223 台，这是用中国产茶机装备在国外建成的第一个茶厂。茶场从 1963 年开始，由浙江省先后派出多批茶叶专家进行勘察、规划、设计和茶园建设等工作，经过 5 年努力，建成茶园 100 公顷，中国鸠坑种茶占 62.8 公顷。

1964 年，中国与坦桑尼亚两国建交后，中国派技术人员赴坦桑尼亚协助开辟茶园，发展茶叶生产。

1977 年，应上沃尔特（今布基纳法索）政府要求，中国派出茶叶专家，赴上沃尔特进行茶树试种可行性考察，并在博博省的姑河盆地将中国茶籽进行育苗试种工作。经过两年多努力，采用速成高产栽培、加强肥水管理等办法，茶树生长迅速，并于 1979 年 4 月制出第一批炒青绿茶。1980 年，茶树试种成功验收[1]。

（4）美洲国家 20 世纪 70 年代，中国台湾曾派专家赴玻利维亚援建茶园 287 公顷和红茶加工厂两座，后因茶园荒芜、单产低、品质次，茶厂经营亏损，濒临倒闭。根据中国和玻利维亚经济技术合作协定和援玻茶叶种植与加工合同，国务院和对外经济贸易合作部委托广东省于 1987 年至 1993 年先后派出两批茶叶专家，对玻利维亚原有茶园和茶厂进行技术指导和援助。1987 年 11 月，杭州茶叶机械总厂生产的浙茶精 766 型茶叶平面圆筛机出口到玻利维亚，这是中国茶叶机械首次进入拉丁美洲市场。1993 年援建取得成效，玻利维亚茶园恢复到 200 公顷，年产红茶百余吨，单产和品质有较大的提高，茶厂扭亏为盈。

3. 举办与参加茶叶国际会议和活动

中国土产畜产进出口总公司在国内外举办了多次茶叶贸易促进活动。1981 年 4 月，首次于日本东京、大阪、名古屋、仙台、北海道 5 个城市举办中国茶叶博览会，重点展销乌龙茶、普洱茶、花茶等各类茶叶近 200 个花色，展出陆羽《茶经》、明清茶具以及古今名人的茶诗、茶画等。展厅设置具有民族特色的竹制茶室，并现场冲泡多种茶叶，供观众品尝，参观者约 30 万人次。1988 年 11 月，在新加坡首次举办中国特种茶展销会。1991 年 8 月，在日本东京举办中日茶文化交流 800 周年纪念展览会，向日本介绍中国茶文化，进行中国清宫茶仪表演。1992 年 5 月，首次参加国际贸易促进会在韩国汉城（今韩国首尔）举办的中国贸易展览会，展出各类茶叶和宣传图片，免费赠送样品，进行中国云南民族民风、中国清宫御茶茶仪表演[2]。

---

① 中国茶叶股份有限公司，中华茶人联谊会 . 中华茶叶五千年 . 人民出版社，2001：259-387.
② 中国茶叶股份有限公司，中华茶人联谊会 . 中华茶叶五千年 . 人民出版社，2001：270-351.

1990 年 10 月，第一届国际茶文化研讨会在浙江杭州召开，有日本、韩国、美国、斯里兰卡等国家和地区以及中国各省市的代表共 187 人参加。1992 年 3 月，第二届国际茶文化研讨会在湖南常德举行，有日本、韩国、新加坡、中国台湾和香港以及中国各省市的专家学者约 260 余人参加，以茶文化的传播及其社会影响为主题进行研讨，并进行茶艺、茶道、茶礼表演①。国际茶文化研讨会每两年一届，至 2018 年分别在中国杭州、昆明、广州、青岛、重庆、西安、开封、株洲以及韩国首尔、马来西亚吉隆坡等地成功举办了 15 届，已经成为国际茶界的最高规格会议，是世界茶人相互交流的重要盛会。

随着国际交往日益频繁，茶的传播方式呈现出大型化、现代化、社会化、网络化和国际化的趋势②，中国茶已经成为人类共享的物质与精神财富。

---

① 中国茶叶股份有限公司，中华茶人联谊会．中华茶叶五千年．人民出版社，2001：334-381.
② 俞晖．试论网络时代中国茶文化的传播．农业考古，2006（2）：44-48.

参考文献

［1］白鹤文，杜富金，闵宗殿，等．中国近代农业科技史稿［M］．北京：中国农业科技出版社，1996．

［2］蔡荣章．茶道基础篇［M］．台北：武陵出版有限公司，2003．

［3］蔡荣章．茶道教室［M］．台北：天下远见出版股份有限公司，2002．

［4］蔡荣章．茶道入门三篇［M］．北京：中华书局，2006．

［5］蔡荣章．茶席 茶会［M］．合肥：安徽教育出版社，2011．

［6］蔡荣章．现代茶道思想［M］．台北：商务印书馆，2013．

［7］蔡荣章．现代茶艺［M］．6版．台北：中视文化事业股份有限公司，1987．

［8］蔡镇楚，施兆鹏．中国名家茶诗［M］．北京：中国农业出版社，2003．

［9］蔡镇楚．茶美学［M］．福州：福建人民出版社，2014．

［10］陈彬藩．中国茶文化经典［M］．北京：光明日报出版社，1999．

［11］陈椽．茶业通史［M］．北京：农业出版社，1984．

［12］陈椽．论茶与文化［M］．北京：农业出版社，1991．

［13］陈椽．制茶技术理论［M］．上海：上海科学技术出版社，1984．

［14］陈椽．中国茶叶外销史［M］．台北：碧山岩出版社，1993．

［15］陈慈玉．中国近代茶业之发展［M］．北京：中国人民大学出版社，2013．

［16］陈观沧．五十年茶叶研究录［M］．杭州：浙江摄影出版社，1993．

［17］陈文华．茶艺·茶道·茶文化［J］．农业考古，1999（4）：7-14．

［18］陈文华．长江流域茶文化［M］．武汉：湖北教育出版社，2005．

［19］陈文华．论当前茶艺表演的一些问题［J］．农业考古，2001（2）：10-25．

［20］陈文华．论中国茶道的形成历史及其主要特征与儒、释、道的关系［J］．农业考古，2002（2）：46-65．

［21］陈文华．论中国茶艺及其在中国茶文化史上的地位［J］．农业考古，2005（4）：85-92．

［22］陈文华．中国茶文化基础知识［M］．北京：中国农业出版社，1999．

［23］陈文华．中国茶文化学［M］．北京：中国农业出版社，2006．

［24］陈兴琰．茶树原产地——云南［M］．昆明：云南人民出版社，1994．

［25］陈宗懋．中国茶经［M］．上海：上海文化出版社，1992．

244

［26］陈宗懋．中国茶叶大辞典［M］．北京：中国轻工业出版社，2001.

［27］陈祖槼，朱自振．中国茶叶历史资料选辑［M］．北京：农业出版社，1981.

［28］程启坤、杨招棣、姚国坤．陆羽《茶经》解读与点校［M］．上海：上海文化出版社，2004.

［29］丁文．茶乘［M］．香港：天马图书有限公司，1999.

［30］丁文．大唐茶文化［M］．香港：天马图书有限公司，1999.

［31］丁以寿，章传政．中华茶文化［M］．北京：中华书局，2012.

［32］丁以寿．《茶经》"《广雅》云"考辨［J］．农业考古，2000（4）：211-213.

［33］丁以寿．茶艺［M］．北京：中国农业出版社，2014.

［34］丁以寿．茶艺与茶道［M］．北京：中国轻工业出版社，2019.

［35］丁以寿．工夫茶考［J］．农业考古，2000（2）：137-143.

［36］丁以寿．日本茶道草创与中日禅宗流派关系［J］．农业考古，1997（2）：278-286.

［37］丁以寿．苏轼《叶嘉传》中的茶文化解析［J］．茶业通报，2003（3）：140-142、（4）：189-191.

［38］丁以寿．饮茶与禅宗［J］．农业考古，1995（4）：40-41.

［39］丁以寿．中国茶道发展史纲要［J］．农业考古，1999（4）：20-25.

［40］丁以寿．中国茶道概念诠释［J］．农业考古，2004（4）：97-102.

［41］丁以寿．中国茶道义解［J］．农业考古，1998（2）：20-22.

［42］丁以寿．中国茶文化［M］．合肥：安徽教育出版社，2011.

［43］丁以寿．中国茶文化概论［M］．北京：科学出版社，2018.

［44］丁以寿．中国茶艺概念诠释［J］．农业考古，2002（2）：139-144.

［45］丁以寿．中国饮茶法流变考［J］．农业考古，2003（2）：74-78.

［46］丁以寿．中国饮茶法源流考［J］．农业考古，1999（2）：：120-125.

［47］丁以寿．中韩茶文化交流及比较［J］．农业考古，2002（4）：317-322.

［48］丁以寿．中华茶道［M］．合肥：安徽教育出版社，2007.

［49］丁以寿．中华茶艺［M］．合肥：安徽教育出版社，2008.

［50］东君．茶与仙药——论茶之从饮料至精神文化的演变过程［J］．农业考古，1995（2）：207-210.

［51］范增平．台湾茶文化论［M］．台北：碧山岩出版社，1992.

［52］范增平．台湾茶艺观［M］．台北：万卷楼图书有限公司，2003.

［53］范增平．中华茶艺学［M］．北京：台海出版社，2000.

［54］方健．中国茶书全集校正［M］．郑州：中州古籍出版社，2015.

［55］方健．中国茶书全集校正［M］．郑州：中州古籍出版社，2015.

［56］傅铁虹．《茶经》中道家美学思想及影响初探［J］．农业考古，1992（2）：204-206.

［57］顾风．我国中晚唐诗人对于茶文化的贡献［J］．农业考古，1995（2）：217-220.

［58］关剑平．茶与中国文化［M］．北京：人民出版社，2001．

［59］关剑平．世界茶文化［M］．合肥：安徽教育出版社，2011．

［60］关剑平．文化传播视野下的茶文化研究［M］．北京：中国农业出版社，2009．

［61］郭孟良．中国茶史［M］．太原：山西古籍出版社，2000．

［62］韩金科．法门寺唐代茶具与中国茶文化［J］．农业考古，1995（2）：149-151．

［63］胡长春．道教与中国茶文化［J］．农业考古，2006（5）：210-213．

［64］胡文彬．茶香四溢满红楼——《红楼梦》与中国茶文化［J］．农业考古，1994（4）：37-49．

［65］黄纯艳．宋代茶法研究［M］．昆明：云南大学出版，2002．

［66］黄志根．中华茶文化［M］．杭州：浙江大学出版社，1999．

［67］静清和．茶席窥美［M］．北京：九州出版社，2015．

［68］静清和．茶与茶器［M］．北京：九州出版社，2017．

［69］寇丹．鉴壶［M］．杭州：浙江摄影出版社，1996．

［70］寇丹．据于道，依于佛，尊于儒——关于《茶经》的文化内涵［J］．农业考古，1999（4）：209-210．

［71］赖功欧．茶道与禅宗的"平常心"［J］．农业考古，2003（2）：254-260．

［72］赖功欧．茶理玄思［M］．北京：光明日报出版社，2002．

［73］赖功欧．茶哲睿智［M］．北京：光明日报出版社，1999．

［74］赖功欧．儒家茶文化思想及其精神［J］．农业考古，1999（2）：18-24．

［75］赖功欧．"中和"及儒家茶文化的化民成俗之道［J］．农业考古，1999（4）：30-42．

［76］李斌城，韩金科．中华茶史——唐代卷［M］．西安：陕西师范大学出版社，2016．

［77］李家光．巴蜀茶史三千年［J］．农业考古，1995（4）：206-213．

［78］李晓．宋代茶业经济研究［M］．北京：中国政法大学出版社，2008．

［79］梁子．法门寺出土唐代宫廷茶器巡礼［J］．农业考古，1992（2）：91-93．

［80］梁子．中国唐宋茶道［M］．西安：陕西人民出版社，1994．

［81］廖建智．明代茶文化艺术［M］．台北：秀威资讯科技股份有限公司，2007．

［82］林乾良．茶印千古缘［M］．北京：中国农业出版社，2012．

［83］林治．中国茶道［M］．北京：中华工商联合出版社，2000．

［84］林治．中国茶艺［M］．北京：中华工商联合出版社，2000．

［85］刘海文．试述河北宣化下八里辽代壁画墓中的茶道图及茶具［J］．农业考古，1996（2）：210-215．

［86］刘森．明代茶业经济研究［M］．汕头：汕头大学出版社，1997．

［87］刘勤晋．茶文化学（第二版）［M］．北京：中国农业出版社，2007．

［88］刘清荣．中国茶馆的流变与未来走向［M］．北京：中国农业出版社，2007．

［89］刘盛龙．四川宜宾农村的茶俗［J］．农业考古，1994（2）：117-118．

［90］刘勇．近代中荷茶叶贸易史［M］．北京：中国社会科学出版社，2017．

［91］楼宇烈．茶禅一味道平常：中国禅学第三卷［M］．北京：中华书局，2004.

［92］卢国平．清香醉人的修水茶俗［J］．农业考古，1994（4）：105.

［93］马嘉善．中国茶道美学初探［J］．农业考古，2005（2）：53-57.

［94］马林英．凉山彝族茶俗简述［J］．农业考古，1996（4）：57-59.

［95］马守仁．茶道散论［J］．农业考古，2004（4）：103-104.

［96］马守仁．茶艺美学漫谈［J］．农业考古，2005（4）：96-98.

［97］马舒．漫话元代张可久的茶曲［J］．农业考古，1991（4）：173-174.

［98］欧阳勋．陆羽研究［M］．武汉：湖北人民出版社，1989.

［99］彭泽益．中国近代手工业史资料［M］．北京：中华书局，1962.

［100］钱时霖，姚国坤，高菊儿．历代茶诗集成：宋金卷［M］．上海：上海文化出版社，2016.

［101］钱时霖，姚国坤，高菊儿．历代茶诗集成：唐代卷［M］．上海：上海文化出版社，2016.

［102］钱时霖．《陆文学自传》真伪考辨［J］．农业考古，2000（2）：264-268.

［103］钱时霖．我对"《茶经》765年完成初稿775年再度修改780年付梓"之说的异议［J］．农业考古，1999（4）：206-208.

［104］钱时霖．再论陆羽在湖州写《茶经》［J］．农业考古，2003（2）：220-227.

［105］钱时霖．中国古代茶诗选注［M］．杭州：浙江古籍出版社，1989.

［106］阮浩耕，沈冬梅，于良子．中国古代茶叶全书［M］．杭州：浙江摄影出版社，1999.

［107］尚进．蒙古族茶文化探析［D］．北京：中央民族大学硕士学位论文，2012.

［108］沈冬梅，黄纯艳，孙洪升．中华茶史——宋辽金元卷［M］．西安：陕西师范大学出版社，2016.

［109］沈冬梅，张荷，李涓．茶馨艺文［M］．上海：上海人民出版社，2009.

［110］沈冬梅．茶经校注［M］．北京：中国农业出版社，2006.

［111］沈冬梅．茶与宋代社会生活［M］．北京：中国社会科学出版社，2007.

［112］施由明．明清茶文化［M］．北京：中国社会科学出版社，2017.

［113］史念书．茶叶的起源和传播［J］．中国农史，1982（2）：95-97.

［114］宋伯胤．茶具［M］．上海：上海文艺出版社，2002.

［115］宋时磊．唐代茶史研究［M］．北京：中国社会科学出版社，2017.

［116］孙洪升．唐宋茶业经济［M］．北京：社会科学文献出版社，2001.

［117］陶德臣．中国茶叶流通与市场管理研究［M］．南京：南京大学出版社，2016.

［118］陶德臣．中国传统市场研究——以茶叶为考察中心［M］．北京：长虹出版公司，2013.

［119］滕军．日本茶道文化概论［M］．北京：东方出版中心，1992.

［120］滕军．中日茶文化交流史［M］．北京：东方出版中心，2003.

参考文献

［121］童启庆，寿英姿．生活茶艺［M］．北京：金盾出版社，2000.

［122］童启庆．习茶［M］．杭州：浙江摄影出版社，1996.

［123］王冰泉，余悦．茶文化论［M］．北京：文化艺术出版社，1991.

［124］王笛．茶馆——成都的公共生活和微观世界1900—1950［M］．北京：社会科学文献出版社，2010.

［125］王河，虞文霞．中国散佚茶书辑考［M］．西安：世界图书出版公司，2015.

［126］王家扬．茶的历史与文化——90杭州国际茶文化研讨会论文选集［C］．杭州：浙江摄影出版社，1991.

［127］王建平．茶具清雅［M］．北京：光明日报出版社，1999.

［128］王玲．中国茶文化［M］．北京：中国书店，1992.

［129］王平．谈中国茶文化中之道缘（《道教教义的现代阐释——道教思想与中国社会发展进步研讨会论文集》）［J］．北京：宗教文化出版社，2003.

［130］王旭烽．不夜之侯［M］．杭州：浙江文艺出版社，1998.

［131］王旭烽．南方有嘉木［M］．杭州：浙江文艺出版社，1995.

［132］王旭烽．品饮中国——茶文化通论［M］．北京：中国农业出版社，2013.

［133］王旭烽．筑草为城［M］．杭州：浙江文艺出版社，1999.

［134］王泽农．中国农业百科全书——茶业卷［M］．北京：农业出版社，1988.

［135］王镇恒．茶学名师拾遗［M］．北京：中国农业出版社，2019.

［136］吴光荣．茶具珍赏［M］．杭州：浙江摄影出版社，2004.

［137］吴觉农，范和钧．中国茶业问题［M］．上海：商务印书馆，1937.

［138］吴觉农，胡浩川．中国茶业复兴计划［M］．上海：商务印书馆，1935.

［139］吴觉农．茶经述评［M］．北京：农业出版社，1987.

［140］吴觉农．中国地方志茶叶历史资料选辑［M］．北京：农业出版社，1990.

［141］吴智和．明人饮茶生活文化［M］．台北：明史研究小组，1996.

［142］吴智和．中国茶艺［M］．台北：正中书局，1989.

［143］夏涛．制茶学［M］．北京：中国农业出版社，2016.

［144］夏涛．中国绿茶［M］．北京：中国轻工业出版社，2006.

［145］徐冀野，傅伯华．修水茶俗［J］．农业考古，1992（4）：314-315.

［146］徐荣铨．陆羽《茶经》和唐代茶文化［J］．农业考古，1999（4）：203-205.

［147］许明华、许明显．中国茶艺［M］．台北：广播月刊社，1983.

［148］扬之水．两宋茶诗与茶事［J］．文学遗产，2003（2）：69-80.

［149］杨浩．稀珍"茶俗"知多少［J］．文史杂志，1990（4）：30-31.

［150］姚国坤，王存礼，程启坤．中国茶文化［M］．上海：上海文化出版社，1991.

［151］姚国坤．茶文化概论［M］．杭州：浙江摄影出版社，2004.

［152］姚国坤、胡小军．中国古代茶具［M］．上海：上海文化出版社，1999.

［153］姚国坤．惠及世界的一片神奇树叶［M］．北京：中国农业出版社，2015.

[154] 姚国坤．中国茶文化学［M］．北京：中国农业出版社，2019.

[155] 姚贤镐．中国近代对外贸易史资料［M］．北京：中华书局，1962.

[156] 游修龄．《茶经·七之事》"茗菜"的质疑［J］．农业考古，2001（4）：211-213.

[157] 游修龄．茶叶杂感［J］．农业考古，1995（4）：35-36.

[158] 于良子．翰墨茗香［M］．杭州：浙江摄影出版社，2003.

[159] 余悦．"茶禅一味"的三重境界［J］．农业考古，2004（4）：211-215.

[160] 余悦．禅林法语的智慧境界［J］．农业考古，2001（4）：270-276.

[161] 余悦．禅悦之风——佛教茶俗几个问题考辨［J］．农业考古，1997（4）：96-103.

[162] 余悦．儒释道和中国茶道精神［J］．农业考古，2005（5）：115-129.

[163] 余悦．事茶淳俗［M］．上海：上海人民出版社，2008.

[164] 余悦．问俗［M］．杭州：浙江摄影出版社，1996.

[165] 余悦．中国茶俗学的理论构建［J］．农业考古，2015（2）：154-156.

[166] 余悦．中国茶文化当代历程和未来走向［J］．农业考古，2005（4）：42-53.

[167] 余悦．中国茶艺的美学品格［J］．农业考古，2006（2）：87-99.

[168] 余悦．中国茶韵［M］．北京：中央民族大学出版社，2002.

[169] 詹罗九．中国茶业经济的转型［M］．北京：中国农业出版社，2004.

[170] 张海鹏，张海瀛．中国十大商帮［M］．合肥：黄山书社，1993.

[171] 张宏庸．台湾茶艺发展史［M］．台中：晨星出版有限公司，2002.

[172] 张堂恒．中国茶学辞典［M］．上海：上海科学技术出版社，1995.

[173] 张泽咸．汉唐时期的茶叶：文史. 11 辑［J］．北京：中华书局，1981.

[174] 郑建新．徽州古茶事［M］．沈阳：辽宁人民出版社，2004.

[175] 郑培凯，朱自振．中国历代茶书汇编校注［M］．香港：商务印书馆，2007.

[176] 中国茶叶股份有限公司，中华茶人联谊会．中华茶叶五千年［M］．北京：人民出版社，2001.

[177] 中国茶叶学会．吴觉农选集［M］．上海：上海科技出版社，1987.

[178] 钟伟民．茶叶与鸦片：十九世纪经济全球化中的中国［M］．北京：生活·读书·新知三联书店，2010.

[179] 周国富．世界茶文化大全［M］．北京：中国农业出版社，2019.

[180] 周志刚．陆羽年谱［J］．农业考古，2003（2）：211-219、（4）：223-233.

[181] 周志刚．陆羽与怀素交往考［J］．农业考古，2000（4）：208-210.

[182] 周志刚．陆羽与李季兰交往考［J］．农业考古，2000（2）：269-270.

[183] 朱乃良．试析陆羽研究中几个有异议的问题［J］．农业考古，2000（2）252-254.

[184] 朱乃良．唐代茶文化与陆羽《茶经》［J］．农业考古，1995（2）：58-62.

［185］朱乃良．再谈陆羽研究中几个有异议的问题［J］．农业考古，2003（2）：201-204.

［186］朱世英，王镇恒，詹罗九．中国茶文化大辞典［M］．北京：汉语大辞典出版社，2002.

［187］朱自振．茶史初探［M］．北京：中国农业出版社，1996.

［188］朱自振．中国茶叶历史资料续辑［M］．南京：东南大学出版社，1991.

［189］庄晚芳．中国茶史散论［M］．北京：科学出版社，1988.

［190］庄晚芳．中国茶文化的传播［J］．中国农史，1984（2）：61-65.

［191］邹怡．明清以来的徽州茶业与地方社会［M］．上海：复旦大学出版社，2012.